国外油气勘探开发新进展丛书（十）

海底管道工程

（第二版）

[英] 安德鲁 C.帕尔默　罗杰 A.金　著

梁永图　张妮　黎一鸣　等译

石油工业出版社

内 容 提 要

本书阐述了海底管道的选线和规划、设计、铺设、安装、材料及其腐蚀、检测、焊接、维修、风险评估、相关设计标准和规范等内容，并且对管道水力计算、强度、稳定性、断裂、向上和侧向弯曲以及管道退役等进行了详细论述。

本书可供从事海底管道工程设计、施工的技术人员和管理人员使用，也可供高等院校相关专业师生参考使用。

图书在版编目（CIP）数据

海底管道工程：第 2 版／（英）帕尔默，（英）金著；梁永图等译．
北京：石油工业出版社，2013.8
（国外油气勘探开发新进展丛书；10）
书名原文：Subsea Pipeline Engineering
ISBN 978-7-5021-9576-2

Ⅰ．海⋯
Ⅱ．①帕⋯②金⋯③梁⋯
Ⅲ．水下管道－海底铺管－工程技术
Ⅳ．P756.2

中国版本图书馆 CIP 数据核字（2013）第 085840 号

Translation from the English language edition:"Subsea Pipeline Engineering, 2nd Edition" by Andrew C. Palmer and Roger A. King.
Copyright © 2008 by PennWell Corporation, All Rights Reserved
本书经 PennWell Corporation 授权翻译出版，简体中文版权归石油工业出版社有限公司所有，侵权必究。

著作权合同登记号 图字：01—2010—3916

出版发行：石油工业出版社
　　　　　（北京安定门外安华里 2 区 1 号　100011）
　　网　　址：www.petropub.com.cn
　　编辑部：(010) 64523535　　发行部：(010) 64523620
经　销：全国新华书店
印　刷：北京中石油彩色印刷有限责任公司

2013 年 8 月第 1 版　2013 年 8 月第 1 次印刷
787×1092 毫米　开本：1/16　印张：22
字数：531 千字

定价：96.00 元
（如出现印装质量问题，我社发行部负责调换）
版权所有，翻印必究

《国外油气勘探开发新进展丛书（十）》
编委会

主　　　任：赵政璋

副 主 任：赵文智　张卫国

编　　　委：（按姓氏笔画排序）

　　　　　　于兴河　马　纪　刘德来　李保柱

　　　　　　张仲宏　陈建军　周家尧　郭　平

　　　　　　章卫兵　梁永图

序

为了及时学习国外油气勘探开发新理论、新技术和新工艺，推动中国石油上游业务技术进步，本着先进、实用、有效的原则，中国石油勘探与生产分公司和石油工业出版社组织多方力量，对国外著名出版社和知名学者最新出版的、代表最先进理论和技术水平的著作进行了引进，并翻译和出版。

从2001年起，在跟踪国外油气勘探、开发最新理论新技术发展和最新出版动态基础上，从生产需求出发，通过优中选优已经翻译出版了9辑50多本专著。在这套系列丛书中，有些代表了某一专业的最先进理论和技术水平，有些非常具有实用性，也是生产中所亟需。这些译著发行后，得到了企业和科研院校广大生产管理、科技人员的欢迎，并在实用中发挥了重要作用，达到了促进生产、更新知识、提高业务水平的目的。部分石油单位统一购买并配发到了相关的技术人员手中。同时中国石油总部也筛选了部分适合基层员工学习参考的图书，列入"石油图书进基层活动"书目，配发到中国石油所属的4万个基层队站。该套系列丛书也获得了我国出版界的认可，三次获得了中国出版工作者协会的"引进版科技类优秀图书奖"，形成了规模品牌，产生了很好的社会效益。

2012年在前9辑出版的基础上，经过多次调研、筛选，又推选出了国外最新出版的6本专著，即《油气储层表征》、《深水沉积过程与相模式》、《碳酸盐岩油气藏开发新技术》、《天然气工程手册》、《天然气开采工程》、《海底管道工程》，以飨读者。

在本套丛书的引进、翻译和出版过程中，中国石油勘探与生产分公司和石油工业出版社组织了一批著名专家、教授和有丰富实践经验的工程技术人员担任翻译和审校人员，使得该套丛书能以较高的质量和效率翻译出版，并和广大读者见面。

希望该套丛书在相关企业、科研单位、院校的生产和科研中发挥应有的作用。

中国石油天然气股份有限公司副总裁

译 者 前 言

当今世界能源需求不断增加，经过多年的勘探开发，陆上油气资源逐渐匮乏。而海上油气资源的勘探资料表明，海底蕴藏着丰富的石油和天然气资源，海洋油气资源开发的前景十分广阔。随着海上油气田产出原油和天然气量的不断增长，需要借助更多更长的海底管道将采出的油气输送至陆地终端进行储存或加工处理。海底油气管道是海洋油气集输与储运生产系统中的一个重要组成部分，将海上油气田与陆上石油工业系统联系起来，因此，海底管道工程在现代石油工业中具有相当重要的地位。

译者长期致力于管道工程的科学研究和教学工作，近年来在教学和科研实践中，发现国内海底管道工程类书籍较为缺乏，经过长时间的文献调研，选择国外优秀的书籍进行翻译出版，以开拓该学科领域国内外相互交流和学习的渠道，扩展视野。

本书译自安德鲁 C. 帕尔默和罗杰 A. 金所著的《海底管道工程》（第二版），全书共 18 章，涵盖了海底管道工程相关各领域的内容，包含海底管道历史，管道路线和材料的选择，管道直径和壁厚的确定，管道内外腐蚀机理及防腐保护措施，焊接操作，管道水力计算，管道强度和稳定性设计，管道铺设方法，管道屈曲和悬空，管道检测，维修准则及相关案例介绍、管道退役、未来发展等。

本书的翻译工作由梁永图组织完成，其中第 1、第 2、第 9 至第 17 章由黎一鸣翻译，第 18 章由肖俏翻译，第 3 至第 8 章由张妮翻译，全书由梁永图统一校对。本书在翻译和出版过程中还得到了何国玺、杨桢、张雪琴、冯浩等的帮助，在此一并表示感谢。

尽管译者付出了艰辛的劳动，并力求反映作者的原意，但由于水平所限，翻译不当之处在所难免，望读者批评指正。

译 者

2012 年 11 月

前　　言

　　海底管道工程是石油天然气工业的重要分支，尽管在视觉上没有海上平台和浮式生产系统壮观，但在工程实践中非常重要，并且人们对此充满了激情和兴趣。该领域内的技术取得了巨大的进步，20年前还停留在梦想阶段的工程如今已经成为现实。

　　一个很偶然的机会让我接触到了这一行业。1965年，我在布朗大学完成博士学位，之后在剑桥授课，1970年我受邀回到了布朗大学并在那里度过了整个夏天。当时阿拉斯加油气管道正在建设中，以前工程学院的同事记得我曾经研究过冻土，并且他们在环境岩土力学领域内有一定的科研资金，于是他们询问我是否对此有兴趣并提供资助。我对该问题非常感兴趣，后来我通过剑桥的同事联系到了英国石油公司（BP）在伦敦研究该问题的工作人员。我向他们表达了我并不是为了钱而是渴望能有一个好的研究题目的意愿。于是他们将解冻冻土的不均匀沉降问题交给了我，我对此进行了研究并与休斯敦的管道项目组取得了联系。

　　一年后，BP再次联系我并告知计划中的北海福蒂斯油田的第一条大口径海底管道出现了一些问题，这条管道位于水深125m处，这在当时被认为是深海。

　　"这听起来很有意思，"我说，"但我对海底管道一无所知。"

　　"我们认为这正是优势，"他们回复道，"你可以带来全新的想法，加入我们吧！"

　　这个电话改变了我的人生。在此后的数年中，我在铺管机理、屈曲传播、管道与沙波间的相互作用和表面牵引等领域进行了许多研究。从那以后，我的大部分研究都是关于管道的。1975年我开始为海底管道工程领域内的顶尖顾问R.J.布朗事务所工作，业务遍及北海、加拿大北极圈和中东。在那段时间我认识了本书的合作者罗杰 A.金，随后我们一起在曼彻斯特理工大学（UMIST）工作。10年后，我开设了自己的咨询公司安德鲁·帕尔默事务所并研究那些遍布各大洲的令人激动的项目。

　　每一本书都有其存在的价值。尽管当时已经有很多关于陆地管道和河口管道的优秀书籍了，但本书是唯一涵盖海底管道工程的书籍，我们相信这一点，而更重要的是很多人也向我们证实了这一点，这也是我们编写本书的原因。已经有很多技术论文发表了，但大部分都是会议论文并且不能随意获取。我和罗杰认为，将它们整理在一起供非专业人员阅读，同时对那些我们没有详细介绍的方面也提供了参考。本书主要考虑的是在相对高压下并且有时在极深的水中运行的油气管道，但其中涉及的很多方法对输水管线和排污管线同样适用。

　　毫无疑问书中会出现错误，我们希望读者能指出这些错误。

　　笔者在第二版中更新了数据资料，更正了错误并指出了新的发展方向，衷心希望读者能为此书提出宝贵建议使其日臻完善。

于新加坡和曼彻斯特
2007年7月26日

鸣　　谢

我非常感谢这些年来帮助过我的人们，尤其是鲍勃·布朗和杰克·埃尔斯。杰克·埃尔斯是英国石油管道领域的专家，是他让我这个从未听过铺管船的应用力学学者在海底管道领域有所建树。他对于可实现的事物和可能存在的困难有着敏锐的洞察力。5 年后，我开始为鲍勃工作。他愿意接受我这个从未在大学校园以外工作过的人，并且在很多方面给予我指导。他富有创造力，魅力超凡，充满活力并且有很多新的想法，他的很多创意都在海底管道实践中起到关键作用。

我曾工作过的剑桥大学、布朗大学、利物浦大学、曼彻斯特科技大学、哈佛大学、R.J. 布朗事务所、安德鲁·帕尔默事务所、科学应用国际公司（SAIC），以及很多客户公司和我参加过的专业课程都使我获益良多，同事们给予我的友谊和建议使我受益匪浅。我在剑桥大学的科研工作得到了面向剑桥大学和丘吉尔学院的贾法尔基金的慷慨资助，在此我对哈米德·贾法尔先生的支持和鼓励表示衷心的感谢。

在本书的编写过程中提供过帮助的人非常多，除了杰克·埃尔斯、鲍勃·布朗和哈米德·贾法尔外，我还要特别感谢杰克·阿普加、史蒂夫·布思、戴维·布鲁顿、克里斯·卡勒丁、马尔·科姆卡尔、菲尔·科比什利、奈杰尔·柯森、丹·德鲁克、肖恩·福克斯 - 威廉、帕特·方丹、加里·哈里森、威洛特·希尔德（Willot Heerde）、雅克·海曼，以及乔治·欣克尔、戴维·凯、约翰·肯尼、易卜拉欣·科努克、卡尔·兰纳、B J·洛、艾伦·尼多罗达（Alan Niedoroda）、马林科·奥弗沃特（Marinke Overwater）、阿曼达·派亚特、艾伦·里斯、吉姆·赖斯、安德鲁·斯科菲尔德，另外，还有特德·舒尔茨、西蒙·肖、劳伦斯·特博思（Lawrence Tebboth），以及斯图·托兰（Stu Tholan）、约翰·寺津（John Tiratsoo）、戴维·沃克和罗恩·沃特金斯。

非常感谢本书的合著者罗杰 A. 金，他是一个富有幽默感和耐心的人。在一次雅加达到新加坡的飞机上，罗杰和我想到要出本书，这本书陪伴我们经历了很多。此书是在哈佛大学休假的一年内完成的，哈佛有着平静但又能鼓舞人心的气氛，我很感谢坎布里奇允许我请假去那里写书。

第 12 章中的图片由 Heerema 公司、Allseas 公司、德希尼布 - 科弗莱西普（Technip-Coflexip）公司、Saipem 公司和环球工业公司提供，在此我和罗杰 A. 金表示衷心的感谢。封面图片由 Saipem 公司提供。

感谢 PennWell 公司员工的大力支持，尤其是马拉·帕滕森和休·罗兹·多德，他们为本书出谋划策，并纠正了很多晦涩难懂和表达不当之处。

感谢我的妻子简和女儿埃米莉对我一直以来的理解和支持。

最后，感谢新加坡国立大学校长施春风，院长锡然教授，陈恩颂（Chan Eng Soon）教授，周耀桑（Choo Yoo Sang）教授，周巧本（Choo Chiau Beng）和查尔斯·富为我提供在新加坡国立大学工作的机会；感谢珍妮·科博斯基（Korbosky）为第 2 章绘制的地图；

感谢CE5712组的学生，PennWell公司的特雷莎·巴伦茨菲尔德（Barensfeld）和托尼·奎，感谢所有对本书提出宝贵意见和为我们指出错误的人。

安德鲁 C. 帕尔默

目 录

第1章 绪论 ··· 1
1.1 目的 ··· 1
1.2 本书是如何组织的 ··· 2
1.3 历史背景 ·· 3

第2章 选线 ··· 5
2.1 概述 ··· 5
2.2 物理因素 ·· 6
2.3 与其他海床使用者之间的关系 ································· 7
2.4 环境和政治因素 ··· 8
2.5 案例研究 ·· 9

第3章 碳锰钢 ··· 13
3.1 概述 ··· 13
3.2 管道采购 ·· 13
3.3 材料性能 ·· 16
3.4 管道生产 ·· 29
3.5 制管 ··· 35
3.6 管道参数 ·· 41
3.7 规格清单 ·· 42

第4章 提高耐腐蚀性能 ··· 44
4.1 概述 ··· 44
4.2 提高耐腐蚀性的方法 ·· 46
4.3 适用的耐腐蚀合金 ··· 51
4.4 耐腐蚀合金管道制造 ·· 56
4.5 内复合管的焊接 ··· 62
4.6 耐腐蚀性评估 ··· 62
4.7 外保护层 ·· 63
4.8 造价对比 ·· 63

第5章 焊接 ··· 67
5.1 概述 ··· 67
5.2 焊接工艺 ·· 67
5.3 焊接作业准备 ··· 70
5.4 焊接次序 ·· 72
5.5 人工、半自动和自动焊接 ····································· 73

5.6	焊缝组成	74
5.7	焊接强化机理	75
5.8	热影响区	75
5.9	焊缝缺陷	76
5.10	管钢的可焊性	79
5.11	焊接材料组成和涂层	80
5.12	双相不锈钢的焊接	81
5.13	复合管的焊接	82
5.14	焊接检验	82
5.15	焊缝优先腐蚀	84
5.16	下游焊缝腐蚀	84
5.17	不完全穿透	85
5.18	未来可用的焊接技术	85
5.19	水下焊接	87
5.20	服役中管道的焊接	90
5.21	堆焊	91

第6章 柔性和复合管线 93

6.1	概述	93
6.2	制造	94
6.3	内腐蚀	100
6.4	酸性服役	101
6.5	外部腐蚀	101
6.6	柔性管的失效模式	102
6.7	柔性管的检测	102
6.8	复合管线	103

第7章 内腐蚀与防腐 105

7.1	概述	105
7.2	腐蚀机理	107
7.3	甜性腐蚀	109
7.4	输油管线中的腐蚀	114
7.5	输油管线中流动对腐蚀的影响	115
7.6	输油管线中的固体	117
7.7	输气管线中的腐蚀	118
7.8	输气管线中流动的影响	120
7.9	酸性腐蚀	122
7.10	注水管道	130
7.11	腐蚀抑制	131
7.12	微生物腐蚀	133

第8章 外腐蚀、防腐层、阴极保护以及混凝土防护层 139

8.1　外腐蚀 ······ 139
8.2　外涂层 ······ 141
8.3　阴极保护（CP） ······ 149
8.4　混凝土配重层 ······ 166
8.5　隔热 ······ 169

第9章　管道水力学 ······ 174
9.1　概述 ······ 174
9.2　牛顿流体的单相流动 ······ 174
9.3　计算示例 ······ 179
9.4　热传递和流体温度 ······ 181
9.5　水合物 ······ 182
9.6　多相流 ······ 183

第10章　强度 ······ 187
10.1　概述 ······ 187
10.2　抗内压设计 ······ 187
10.3　抗外压设计 ······ 191
10.4　纵向应力 ······ 194
10.5　弯曲 ······ 197
10.6　凹痕 ······ 202
10.7　冲击 ······ 203

第11章　稳定性 ······ 206
11.1　概述 ······ 206
11.2　设计海流 ······ 206
11.3　设计波浪 ······ 207
11.4　流体动力 ······ 210
11.5　横向阻力 ······ 216
11.6　稳定性设计 ······ 217
11.7　与海底不稳定性的相互作用 ······ 220

第12章　海底管道铺设 ······ 225
12.1　概述 ······ 225
12.2　前导铺管船法 ······ 225
12.3　卷筒铺管船法 ······ 232
12.4　牵引 ······ 234
12.5　沟渠铺设 ······ 237

第13章　管道接岸 ······ 243
13.1　概述 ······ 243
13.2　海岸环境 ······ 243
13.3　现场勘查 ······ 245
13.4　海滩穿越 ······ 245

13.5	水平钻	249
13.6	岩石海岸	250
13.7	隧道	250
13.8	潮滩	250

第14章　上浮屈曲、侧向屈曲及悬空　253

14.1	概述	253
14.2	上浮屈曲	253
14.3	上浮屈曲和侧向屈曲的驱动力	254
14.4	上浮运动分析	256
14.5	可用于防止屈曲的措施	258
14.6	屈曲发生后的改进方法	259
14.7	侧向屈曲	259
14.8	悬空形成	260
14.9	涡流产生的振动	261
14.10	过应力	264
14.11	管道钩挂	265
14.12	悬空修正	266

第15章　内部检测和腐蚀监测　271

15.1	概述	271
15.2	接入	272
15.3	检测技术	273
15.4	清管器	275
15.5	腐蚀监测：侵入技术	278
15.6	腐蚀监测：非侵入技术	284
15.7	流体样品	285

第16章　风险、事故及维修　287

16.1	概述	287
16.2	失效事故	287
16.3	可靠性理论	291
16.4	风险最小化：完整性管理	294
16.5	维修	295

第17章　退役　298

17.1	概述	298
17.2	法律和政治背景	298
17.3	其他方法	299

第18章　未来发展　302

18.1	概述	302
18.2	设计	302
18.3	材料	303

18.4	连接	304
18.5	铺设	306
18.6	维修保养	306
附录 A	词汇表	309
附录 B	规范和标准	321
B.1	背景	321
B.2	可用规范的基本原理	322
B.3	极限状态概念的影响	323
B.4	风险	324
B.5	二级结构可靠性分析的影响	326
附录 C	单位	328
C.1	简介	328
C.2	长度	328
C.3	体积	329
C.4	力	329
C.5	压力	329
C.6	密度	329

第 1 章 绪 论

1.1 目的

人们常常需要将流体从一个地方输送到另一个地方。有时需要长距离、大量地输送水、原油、天然气和二氧化碳等流体；而其他流体，如蒸汽、乙烯、血液、牛奶、酒、氦、水银、硝酸甘油和石化制品则常常采用少量或较短距离的输送方式。

目前有 3 种有效的流体输送方式。第一种是将液体倒入罐中，然后将装满液体的罐运送到需要液体的地方后将罐中液体全部卸出。这种方法基本包括可移动的罐体及装卸的方式。第二种方法是在流体的所在地和需求地之间建设一条管道，然后通过管道泵送流体。第三种方法，有时是与前两种方法结合起来使用，即把流体转换成固体或另一种更容易输送的流体。

罐车输送方法十分灵活且投资成本较低，但其运行成本较高。该方法适用于小批量、高价值流体（如水银、酒、血液和氦）的输送。罐装可以保护流体免受外界污染。而输送的液体可能有泄露和损害环境的风险，这取决于储罐的完整性。由于该方法的灵活性，它被广泛应用于海路运输石油和液化天然气。同样的巨型油轮（VLCC）可以在一次航程中将原油从中东运输到日本，而在另一次航程中将原油从阿拉斯加运输到加利福尼亚。在航运过程中可以出售和转售货物，货物的输送目的地可以更改，还可以将部分货物卸载到另一个地方。在没有管道的地方可以通过铁路槽车来实现原油的长距离输送。产于俄罗斯中部的原油即是通过铁路输送至俄罗斯远东地区的；在油田的产量增加到适合建设一条管道的水平之前，英格兰南部威奇法姆油田的原油都是通过铁路运输出口的。

相比之下，管道输送的方法就显得不那么灵活了。管道是一种需要大量资本成本的固定资产。但是，一旦铺设完成，管道的运行和维护成本相对较少，其运行周期可达 40 年或更久。一条陆地管道很容易受到战争或恐怖袭击的损害，并且管道途经的某个国家的政治干扰还可能造成管道运行中断。正是这一原因阻碍了中东到欧洲的原油管道建设。目前为止，从尼日利亚到欧洲的天然气管道的建设仍处于搁置状态（该方案最近已获得了新的关注）。管道运输的能耗很少，与使天然气液化、运输液化天然气（LNG）和再汽化的能耗相比，它所消耗的能量确实要小得多。

现在，有越来越多的原油和天然气都产自海上油气田，这些产物往往需要借助管道运至海岸。在油田内部，将原油和天然气从采油树和汇管运输到平台上或是从一个汇管输到另一个汇管，这些都是通过管道实现的。有时需要将一个油田生产的天然气运输到另一个油田注入地层以维持油藏压力。也可以将处理过的海水注入油藏中以驱替原油。有时会将二氧化碳从天然气中分离出来并再次注入，北海的史利普纳（Sleipner）油田和印度尼西亚海域的纳土纳（Natuna）油田就采用了该工艺。

很多管道的主体在陆地上，但仍有部分管段不得不穿过海域、岛与岛之间的海峡和河口湾地区。第2章中描述了两个例子，第一个例子是一条到加拿大西部温哥华岛的管道，第二个例子是一条从阿尔及利亚到西班牙的管道。目前一些大型的长距离管道工程中就包括此类穿越，例如从俄罗斯到德国以及从卡塔尔到印度和巴基斯坦的管道。

这些管道主要是输送天然气和原油，但水的运输同样也很重要。人们认为，随着世界人口的增长，水会成为一种比能源更重要的资源，将会成为冲突的主要源头。一些项目都是针对长距离输水管道的，为了满足应用需求，输水管道必然是大型管道。

现在人们越来越关注燃烧化石燃料后释放到大气中的二氧化碳，以及由此对全球气候所产生的影响。一种缓冲的方法是在产生大量二氧化碳的大型发电厂和水泥厂捕集二氧化碳，然后将其储存在深海中或海底下的地层中。如果这些方法能通过，为了改善二氧化碳对气候的巨大影响则需要处理大量的二氧化碳，因为现在每年的释放量为 $70 \times 10^8 t$。任何涉及海洋的存储方案都对管道有大量的额外需求。

水也必须要处理。排污管将处理过的污水和雨水排放到海洋或河流中。沿海发电站从入口处吸入冷却水并通过排水管排出温度较高的水。排水管还被用于排放尾矿和原污水等。由于在环境和法律上对这些处理方法的反对呼声很高，因此，与过去相比，这些方法用得很少了。

第1.2节对本书的结构进行了陈述。第1.3节对管道历史进行了简要介绍。

1.2 本书是如何组织的

书中各章的主题涉及的领域与管道工程师所需要的知识十分吻合。

管道系统设计者的首要任务是选择管道路线。有时这一任务很简单：如果海底平坦且没有什么显著特征，两端点间的直线是最短也是最经济的管道路线。但往往会有各种各样的障碍和干扰使得设计者不得不选择一条更复杂的路线。涉及的因素可能是物理的、环境的、政治的或其他涉及海底的人类活动。

然后设计者要考虑材料。很多管道是由低合金碳钢制成的，这是一种坚固、经济的材料。但管道中的流体对碳钢的腐蚀速率太快以至于不能采用该材料。因此，设计者不得不考虑耐腐蚀合金、柔性材料或复合材料。每一种选择都比低合金碳钢要贵得多，还会出现如连接困难等其他问题，但从整体方案来看比低合金碳钢经济。关于材料的组成和规格的具体决策涉及很多因素，如耐蚀性、可焊性、强度、断裂韧性和成本等。管道必须要连接起来，因此如果采用焊接方式连接管道，那么需要慎重地考虑选材。

下一个任务是确定管道的直径。如果直径太小，则管道两端之间的压降会非常大；但如果直径太大，则成本会不必要地大幅增加。管道中的两相流也可能出现不符合要求的流动模式。

另一个要选择的是管道壁厚。这主要是一个结构工程的问题，设计师要确保管道有足够的强度来承受多种载荷，包括内压、外压、管道建设期发生的弯曲和疲劳、集中载荷以及冲击。

几乎所有的水下管道都有外涂层来防止腐蚀损害，还配有阴极保护系统以防止在涂层损坏情况下的外部腐蚀。很多管道上都有附加的混凝土加重层，使管道在波浪和海流中能保持稳定并防止防腐涂层受到机械破坏。一些管道上有一层或多层绝热层以保证流体一直处于高温下。还有一些管道有内涂层作为防腐保护或提供光滑的内表面以减少流动阻力。

管道必须是可施工建造的。设计者需要知道可用的建设系统的限制条件，并且必须将管道设计成能在安全和经济的条件下建设的。很多管道采用挖沟铺设或埋入铺设以防止管道受到水动力作用和机械损害，或为管道提供热隔离以及防止管道的上浮屈曲。

管道并不总是与海底接触，在剖面图上的低点处有可能出现管道悬空跨越。悬空管段会导致各种结构问题，因此可能需要修正。不平整的海底剖面也会导致垂向屈曲，此时管道在海底上方呈拱形。对该点处的管段也必须采取保护措施，如果有必要的话要进行修正。管道也可能发生横向屈曲。

运行中的管道可能会受到化学和微生物的腐蚀损害。设计者要知道如何能尽量抑制腐蚀以及在壁厚选择时给出腐蚀裕量。运营商还要知道如何运营管道可能使腐蚀最小化以及如何监控管道的腐蚀情况。

管道存在被损害的危险，因此维修就变得十分必要。在第 16 章 "风险、事故及维修" 中对维修所采用的一般原则进行了论述，并介绍了一些需要介入的事故案例以及在每个案例中所采用的维修技术。最终，当管道的运行寿命结束或不再需要时必须报废。报废是一个在不断变化的主题，但它也越来越多地受到运营商、监管机构和社会的广泛关注。它涉及各种各样的因素，包括国家和国际法律、环境保护、其他海底使用者的安全以及工程。

最终的设计和建设都不会是一种成熟或固定的技术，因为不断会有新的想法出现。新的理解可能会推翻已建立的概念，而新的技术可以使管道的建设更经济、更快速、更安全。虽然预测未来是很困难的，但第 18 章还是论述了一些具有前景的想法。

文中的参考文献列举在每章的最后。

1.3 历史背景

最古老的海底管道是排水管，早在 19 世纪人们就意识到简单地将污水倒入河中和海滩上会产生有害的和令人厌恶的污染，因此开始使用排水管。最早的海底原油管道是很短的装油和卸油管线，它们大都是在岸上造好然后通过绞车拖入海中。这仍然是在海岸和海上装载点之间以及河流和河口湾处穿越的常规管道建造方法。另一种方法是牵引技术，先将管道在岸上装好，然后采用各种牵引技术将管道拖至铺设位置。

相对而言，海上石油工业的历史要短一些。第一口海上油井是 1947 年在墨西哥湾的科尔－麦吉希普浅滩区块 32 完钻的，离海岸 17m，水深为 6m。最早的原油管道则要追溯到 1947 年之前，安装在马拉开波海湾和阿塞拜疆附近的里海浅水域里的管道。在第二次世界大战期间，盟军意识到他们不得不进入欧洲大陆并且在登陆作战时会破坏港口，盟军也知道军队需要大量的汽油。军事当局邀请并向英国—伊朗石油公司咨询，即现在的英国石油公司的前身，是否能穿越英吉利海峡铺设一条从英国到法国的管道。设计人员针对该工程设计了两种类型的管道，称为海底输油管线（PLUTO）。一种就像空心的海底电缆，在铅管外包裹了带钢和塑料的防护层。另一种是没有防腐涂层的焊接钢管。

常规的小型海底电缆船可用于铺设电缆似的管道。很长的钢管卷在浮筒上。拖船牵引滚筒穿过海峡，随着拖船的前进展开管道。可以在 10 小时内铺设一条从怀特岛（Isle of Wight）到科唐坦半岛（Cotentin Peninsula）的管道。PLUTO 的价值是有争议的。

一些作者认为与通过罐车运输到重建的港口相比,这是一种浪费资源的做法,因为重建港口耗费的资源很少,但其他人的看法要更积极一些。

卷筒船技术在墨西哥湾出现并得到发展,建造了一系列卷筒铺管船和卷筒船,它也持续占据了大量的管道铺设市场的份额。

同时发展起来的还有另一种技术。它与陆地管道的建设相关,沿着可通行的线路铺设管道,将管段焊接在一起然后缓缓放入沟渠中。铺管船系统主要有一条从船头到船尾带有卷筒的驳船,并且沿着卷筒每隔一定距离设有焊接站。将管道运至驳船船首部分并将其焊接到已完成的管段端点处。驳船一次向前移动一个管段长度。在站内的连续焊道上完成焊接。管道从一个称为船尾托管架的弯曲支撑上离开驳船尾部,向下弯曲直到管道到达海底。

铺管驳船技术是从墨西哥湾发展起来的,然后传播到北海和阿拉伯湾。最早的驳船船体是简单的矩形,像盒子一样,但之后驳船船体的形状变得像轮船一样。一些驳船采用的是半潜式原理,该原理是通过将大部分浮体恰好设置在吃水线以下来减少驳船在航道上的移动,驳船的干舷由相对较细的穿过水面的圆柱支撑。对不同的大型船体和半潜式船型有不同的结合方式,这使得在开放的区域(如北海)的铺管速率增加。

大多数海底管道都是采用铺管驳船的方法来铺设的,结果证明该方法是灵活多变的。最初的驳船是通过长长的锚绳来定位的,其中锚绳是将绞车连接到海底上的锚;但很多近期的驳船都是通过推进器来进行动态定位的,推进器可以消除复杂的锚定系统中的潜在问题。

另一种发展则是通过不同方法来拖曳管道,有时是沿着海底,有时是恰好在海底上方,而有时则是在浮筒的作用下恰好浮在海平面上。许多方法都被广泛用于海岸跨越处,也可用于更深的水域中和更长的管道上。

早期的管道所在的水深范围都是潜水员可以到达的深度,而大量的建设操作都是在潜水员的帮助下实现的,尤其是在需要进行管道连接的情况下。海底石油生产所需的管道建设深度远远超过潜水员可以到达的最大深度(约为300m);而在过去的25年中无潜操作有了巨大的发展。现在常规的深度为1000m。一条穿过黑海的管道实现2200m深度处的铺设,而其他几个深度在1500m和2500m之间的工程也在建设中了。

参 考 文 献

1　Palmer, A.C., and Ormerod, B. (1997). Global Warming: the Ocean Solution. *Science and Public Affairs*, Autumn, 49–51.

2　Palmer, A.C., Keith, D., and Doctor, R. (2007). Ocean Storage of Carbon Dioxide: Pipelines, Risers and Seabed Containment. *Proceedings, 26th International Conference on Offshore Mechanics and Arctic Engineering*, San Diego, paper OMAE2007-29529.

3　Grace, R.A. (1978). *Marine Outfall Systems*. Englewood Cliffs, NJ: Prentice Hall.

4　Yergin, D. (1991). *The Prize: The Epic Quest for Oil, Money and Power*. New York: Simon & Schuster.

5　Searle, A. (1995). PLUTO: *Pipe-Line Under The Ocean, the Definitive Story*. Shanklin, UK: Shanklin Chine.

第 2 章 选　线

2.1 概述

管道设计者的初期任务之一就是选择管道线路。

路线选择是一项非常重要的工作。一条较差线路的花费可能比一条合适的线路多很多。尤其是在遇到意外的地质条件或海底情况时，或是所选择的线路与政府当局、环境利益或其他运营商之间发生冲突时，较差的选线会造成代价高昂的问题并导致工程延期。可以毫不夸张地说，花几天时间（几千美元）对管道线路进行缜密细致的评估可以为以后节省几个月的时间和几百万美元的成本。一些反面例子说明了可能会产生的问题。

有时候线路的选择比较容易。人们对北海和墨西哥湾的很多区域都有超过 30 年的开发经验，对海底岩土和海洋水文情况都很了解，所以在这些地区选线比较容易。据此，人们可以将线路选在平缓均质的海床上，避开障碍或现有的管道并且不与现有的或计划中的管道或海底装置发生冲突。但在世界上很多其他地方，线路的选择很困难。例如在阿拉伯海湾、澳大利亚西北部、印度尼西亚以及接近挪威海岸的地方，海底的地势非常不平整并且很难挖沟。

即便是在已经开发过的地区，选线时也要考虑很多因素，其中有：
(1) 政治；(2) 环境；(3) 到现有的平台和立管的通道；(4) 避开那些存在锚损害的区域；(5) 避开那些存在落物损害的区域；(6) 现有管道的穿越处；(7) 电缆；(8) 海床非常硬的区域；(9) 海床非常软的区域；(10) 砾石区域；(11) 凹坑区域；(12) 冰山犁痕；(13) 潜艇训练区域；(14) 渔业区；(15) 雷区；(16) 垃圾倾泻区；(17) 疏浚区；(18) 失事船只残骸。

没有海底地形和土力学的相关信息是不可能做出合理的线路选择的。在没有进行室内研究之前就进行海洋测量是极不明智的。从图表、地质图、渔区图、航空摄影、卫星摄影和合成孔径雷达、其他运营商、导航当局和海军、当地研究以及更多的鲜为人知的资源中可以获得大量信息。例如，19 世纪观鸟者的一本著作就为穿越俄罗斯北极地区伯朝拉河三角洲（Pechora Delta）的管道线路选择提供了宝贵的信息。

管线登陆点尤其复杂。很多著名的管道建设灾难都发生在接近海岸的浅水区内。的确，登陆地点选择错误会付出昂贵的代价，可能导致巨大的成本超支和不断的法律纠纷。设计者要充分掌握那些决定海岸形状的地貌因素并能预测出管道建设与波浪折射、沿岸沉积物运移、波浪破碎、海底地质学等环境因素之间相互影响的方式。

第 2.2 节中讨论了海底土力学等物理因素，第 2.3 节中对与其他海底使用者之间的相互影响进行了探讨。第 2.4 节中关注的是政治和环境因素，第 2.5 节中描述了两个案例。

2.2 物理因素

　　管道通常置于海床上或海床中。从管道建设的角度来说，理想的海底是水平且平坦的，并且是由稳定的介质——黏土组成的。将管道埋在泥土和细沙中会增加管道的侧向稳定性。如果海底不平坦且多岩，则在管道跨过坑洞和凹地时会出现很多悬空，其中一些悬空较长的管段需要进行线路修正。在最高点，海底和管道之间的集中作用力可能会损害外涂层。要在坚硬的海床上挖沟渠是很困难的，并且需要巨大的投资。如果海底很软，则管道会沉入海床中从而很难对管道进行检测和操作（如连接到其他管道或进行维修）。

　　一些海床的移动性很强，并且包含沙波（可能达到15m高和100m长）和较小的波纹特征（其大小范围可以从几毫米到几米高）。这些特征在管道运行周期内会产生很大的变化，因此建设时在沙波波峰上的管道可能在之后会因为波浪移动而失去支撑。波浪的移动无规律并且很难进行精确的预测。因此选线时应尽可能避开沙波地。例如在北海第一条福蒂斯（Forties）管道的线路向南移动就是为了避开一块沙波地。有时不可避开沙波和巨浪痕，因此在沿沟渠铺设管道之前应先在沙波波谷水平面或波谷下挖出一条沟渠。该技术被称为预清扫，在北海南部的一些管道的建设中已经使用过了。在北海，浅海、强潮汐流、由东北风引起的强波浪以及可移动的散沙，共同形成了复杂多变的海底地势。第11章中对海底活动性及其在管道稳定性中的意义进行了大量的论述。在第12章中对挖沟进行了描述，而在第14章中对悬空进行了讨论。

　　人们终于意识到了海底岩土力学的复杂性。海床地形学和地貌学的变化就像其在陆地上一样多变。有很多都会影响管道线路的选择。

　　当沉积物过载且过于陡峭时会发生海底滑坡。虽然海底滑坡常发生在三角洲地区，如北美的密西西比和弗雷泽三角洲（Fraser Deltas），但在北海也发生过大的海底滑坡。在一个边缘稳定的斜坡处发生的地震可能会引发滑坡。而穿过管道的滑坡则可能导致管线发生大的移动并产生足以造成管道断裂的拉伸力。沿着管道方向的滑坡并没有那么严重，因为它产生的作用力较小。

　　北海挪威区域的部分海底被巨砾和中砾覆盖，其中一些砾石在海床上而另一些则是部分或全部埋入黏土中。这些巨砾是从融化的冰山上落下来的飘砾。它们的直径可能大于1m，并且对大多数类型的挖沟机来说它们都是施工过程中的大障碍。当浅层气逸出到表面时，孔隙内压力降低造成疏松沉积物崩塌，海床上会出现麻坑凹陷。

　　在热带海域，珊瑚会在海床上形成大的隆起或高达15m的珊瑚塔。珊瑚是抗断裂的，要在珊瑚上挖沟是相当困难的。考虑到珊瑚重大的生态学意义，在任何情况下都不应该破坏珊瑚，除非的确是无法避免的情形。热带海域的海底往往是碳酸盐砂（而不是温带气候中的石英砂），如果沙石没有被暴风雨扰乱，则经过化学反应会渐渐硬化为坚硬且具有抗挖性的岩石。

　　在北极海域内还存在其他问题。在春季，河流融化解冻，此时海洋仍是结冰的，河水会淹没海洋冰面。如果冰上有洞或裂缝，则淡水会从洞口向下流，在冰面下形成漩涡流和旋转射流。射流可在底部冲出深洞，称为粗糙冲刷（源于德语中的旋涡）。大冰块漂移至浅水区，在海床上搁浅然后在风以及冰床和积冰的压力驱动下前进。冰在海床上凿出的沟槽可达 10m 深和 100m 宽。因此，如何使线路受沟槽损害的风险最小就是北极海底管道设计的主要挑战之一。在北海北部就发现了由上一个冰河时代的漂移冰山所遗留下来的沟槽。

对于海床上方的水，流体动力因素也会影响管道线路的选择。应避开强海流，以免管道向侧偏移以及铺管的复杂化。强潮汐流会发生在大潮差区域、河口湾以及岛屿间海峡中的浅海区域内。选择一条较长的穿过较弱海流的路线而避开海峡中最窄的部分，这往往是一种较好的做法。

同样，选线也要避开高波浪区域，因为此处对波浪诱发的水移动的稳定性会产生反作用，还会使管道铺设减缓或停止。在水深超过波浪长度的一半的海域内波致速度很小可以忽略不计，但随着深度的减少速度会大幅增加。如果波浪破碎，后果更严重。因此，应该尽量缩短在浅水区内的线路而在深水区内选线，虽然有时候这样的线路较长。

从深水区向岸上移动的波浪的速度在逐渐减慢，并且波浪进入较浅的水域后会变得更陡峭。如果波浪的传播方向与等深线不垂直，则其传播方向会改变并接近于与等深线垂直的方向。传播方向的变化与光线在空气和玻璃间界面上因折射作用产生的方向变化类似。波峰转变从而更接近于与等深线平行，就像在大多数海岸上可以看到的那样。在管道设计过程中做折射分析是一种明智的做法。如果海岸包括岬角，并且等深线在远离海岸的地方凸起，那么这一折射作用会将波浪能集中在岬角上而远离海湾。在远离岬角的地方波浪较高，这是管道线路避开它们的理由之一。另一个原因是岬角处往往有较硬的岩石，因为较软的岩石已经被选择性地侵蚀形成海湾了，而较硬的岩石很难挖掘。

水柱可能会出现密度极度不连续，其中较轻且盐度较低的水在上方，密度较大盐度较高的水在下方。在直布罗陀海峡、东南亚和其他地区都发生过这类情况。在水柱表面会产生内波浪并且在其底部会产生较高的速度。

2.3　与其他海床使用者之间的关系

很多人类活动都涉及海床，因此线路的选择必须考虑到其他人类活动对管道的潜在干扰。

石油和天然气的勘探和生产活动是最显著的冲突。谨慎的做法是保证管道远离平台，除非必须将它们连接到平台上。因为在这种情况下存在管道被落物损坏的可能，被供给船和建设船船锚损害的风险增加，并且平台上的火灾、爆炸或结构失效都可能影响到管道。因此，明智的做法是远离现有的井口和汇管并找出未来可能发生海底活动的地点。

处理好和现有管道之间的关系对设计者来说是最常见的问题。一条管道可以与另一条交叉，但简单地在第一条管道上穿过铺设第二条管道是不可行的。必须要小心地设计跨越使两条管道之间不会造成损害，在两套阴极保护系统之间不存在不良的相互干扰，并且两者都不会出现过应力的现象，也不会出现水动力导致的不稳定。一种简单的方法是在交叉点挖较深的沟渠来铺设第一条管道，在第一条管道上铺设垫层提供物理隔离，防止涂层损坏并隔离阴极保护系统，然后小心地在交叉点上铺设第二条管道。若海床太硬难以挖掘而不能将第一条管线埋得更深时，第二条管线则需要通过由垫层、混凝土构件或岩石块等组成的桥架式结构来实现穿越,这就需要更精心的设计。应尽量减少穿越设计,若确实不可避免,两条管线也应该垂直穿越。如果必须穿越的管道属于另一运营商,那就需要与运营商和监管部门就建造设计和建造期间所需采取的措施进行长时间的讨论。

海底电缆易受损害,并且在海底的很多区域内纵横交错。电缆和管道交叉的常用方法是先割断电缆,将管道铺设好后再将电缆接起来并将其放置在管道上方。但该操作成本很高,因此如果可能的话应尽量避免。

在北海等很多浅海区域内捕鱼是一项重要活动。渔业资源的开发利用水平不断提高,渔民得以进入新的区域和更深的海域中作业,并且与过去相比,渔民使用的船只传动机构也变得更大更重了。尽管是鱼被管道吸引,但在政治上有影响力的渔业还是觉得管道侵占了渔场并对他们的生计产生了影响,因此希望管道能改线以避开最好的渔场。

军事活动对海底的使用是多方面的。战争中埋设的雷在战后也不会取出或变成死雷,炸药和引爆器仍能保持活性,而这些雷可能向着管道漂移,这是在北海和阿拉伯湾(波斯湾)的主要问题。潜水艇训练时可能接近海底航行以避开雷达。一些海域还被用于炮兵轰炸练习。在海床上装有各类磁传感器、声传感器和电传感器以检测潜水艇,这些传感器都是通过电缆连接的。战后遗留下的军需品被丢弃在海上,之后有时拖网会捕获这些物品,然后丢到岸上,随着时间的推移被污染的区域会扩大。

轮船很少在开阔海域里抛锚,而常常在港口附近抛锚,有时是在明确指定的锚定区域但有时是不加选择的。通过挖掘进港航道可以增加船航道的深度。在管道的设计寿命期内可能要为更大的轮船修建新港口,因此要挖掘得更深。失事轮船会沉到海底管道上,至少在两起事故中管道已经损坏了,其中一起是在新加坡,另一起是在北海的荷兰海域内。很多海域内的海床上都有遇难船只的残骸,并且往往都没有记录,人们只能在勘测中发现它们。

海底也是潜在的矿物源。挖掘沙石和砾石是最重要的海底采矿活动。密集的土地使用和环境限制使得陆上采矿点越来越难以发现,因此海底采矿活动就变得更重要了。

过去海底也是倾倒各类物质的场所,从污水、化工废料和核废料到船和核反应堆等废弃设备。直到最近人们才意识到,尽管在一些情况下无选择的倾倒是符合环境要求的,但实际上这是目光短浅而且可能招致麻烦的做法。过去倾倒的物质仍在原地,如果它们被扰动则可能产生破坏性的后果。

2.4 环境和政治因素

人们不能高估环境的重要性和敏感度,尤其是在围绕阿拉斯加管道、布伦特史帕尔储油平台(Brent Spar)的报废、到北威尔士波因特夫艾尔(Point of Air)的管道、从挪威到德国北部的管道、北极国家野生动物保护区以及目前阿拉斯加波福特海(Alaskan Beaufort Sea)所计划的海底管道出现争议之后。对整个项目来说,一项欠考虑地忽略了环境因素的计划可能是致命的。即便不致命,它也足以引起反对的声音,并为那些基于各类政治背景反对石油工业的人们提供了攻击的素材。它所产生的影响是会将工程陷于多年的听证会以及成堆的专家报告中,而且不可避免地与另一方发生冲突从而导致更进一步的争议。

每一个案例都是不同的，因此不会有简单的答案。最好的解决方法就是从一开始就考虑到环境影响的可能性并同相关的组织和个人进行广泛的商榷。

在深海领域对环境的关注往往较少。这种情形可能正在改变，尤其是在那些环境保护运动活跃的地方。人们开始关心建设噪声、对海洋哺乳动物的干扰、对珊瑚和管虫群的损害、对海底生物的损害（尽管与拖网损害相比很小）以及之前的人类活动中沉积到淤泥中的重金属如镉和汞的扰动等。

另一方面在浅水域和管道登陆点，人们对环境因素的关注几乎保持不变。浅水域内的生物是多样化的，其庞大的复杂食物链包括细菌、浮游生物、植物、无脊椎动物、鱼类、鸟类和海洋哺乳动物，因此对其中任一种群的损害都会产生深远的影响。所采取的应对措施是研究并量化这些影响，通过改线和找出缓解方法来消除或将这些影响最小化。通过在合适的季节安排建设周期可以起到一定的减缓危害的作用。

环境问题和政治问题往往是结合在一起的，但还存在着与环境无关的政治问题。尽量将需要交涉的监管部门和政治组织的数量最小化是一个好的处理方法，并且尽量避免跨国界、州界或进入必须要和其他运营商进行协商的近海租赁区域。从北海的管道地图可以发现一些避开了国界的线路实例。

2.5 案例研究

我们通过两个案例研究来说明不同因素之间的相互影响。英属哥伦比亚水电局（British Columbia Hydro and Power Authority，BC Hydro）希望建设一条穿过乔治亚海峡的管道，从温哥华南部的弗雷泽三角洲地区到温哥华岛的码头。帕克对该项目进行了详细的描述。在该计划中，从安全保障的角度出发，要建设两条直径为273.05mm（公称外径10in）的管线以满足预期的要求，如图2.1所示。

管道在三角洲南部49°N的加拿大和美国之间的政治疆界穿过罗伯茨岬（Point Roberts）半岛并向西延伸到乔治亚海峡的中部。之前BC Hydro决定不穿越该边界，因为这样做会使部分管道受到美国联邦当局还有很多州和地方当局的管辖，还会使管道易受到美国法律系统的制约。

三角洲的陆地部分是由地势低洼的岛组成的。三角洲面向罗伯茨湾（Roberts Bank），在低潮时几乎都是干的而在高潮时会被1m深的水覆盖。潮坪的近陆段被草和海藻所覆盖，这也是鱼的产卵区，因此决定避开产卵季节来进行管道建设。潮坪的顶部几乎是平的，但向海段的前缘斜坡相对很陡。

与加利福尼亚南部和阿拉斯加北部相比，不列颠哥伦比亚发生地震的次数较少，但偶尔会发生很大的地震。地震引起的振荡剪切应力会使地质年代较近的疏松的沙子和岸上的泥岩沉积物液化，使部分前缘斜坡变得不稳定、液化并沿坡向下滑入深水中。在前缘斜坡梯度最小的地方液化的风险最小，大约是弗雷泽南汊（South Arm of the Fraser）和卡努海峡（Canoe Pass）的中界处，因此决定管道在该点处穿越前缘斜坡。在前缘斜坡下方管线向前延伸，当泥石流动发生时，沙会沿着管道滑行而不是从横向冲击管道。在沿着管道长

图 2.1　大陆和温哥华岛之间的乔治亚海峡

度的方向上管道可以承受非常大的作用力，但在横向上只能承受较小的作用力。

乔治亚海峡的最大水深约为 380m。在线路调查期间，建设了穿过 380m 深的墨西拿（Messina）海峡（西西里和意大利大陆之间）以及 615m 深的西西里海峡（突尼斯和西西里之间）的大型管道。因此我们相信深海并不是障碍。

在深海西部，砂岩的水下山脊加利亚诺山脊（Galiano Ridge），与加利亚诺和瓦尔德斯（Valdes）岛平行。在示意图上用一条平行于海峡西边岛屿的虚线来表示山脊。山脊与几乎垂直的 20m 高的悬崖接壤。山脊的每一侧海床上都是软的淤泥，难以支撑建设装备和岩石路堤。起初人们认为山脊上没有缝隙。通过对不同的建设方案进行研究，认为最好的方法是将管道铺设在悬崖的顶部，之后在悬崖脚下铺设另一段，然后将两段预先成型的适应悬崖的管段通过高压焊接连接起来。由于悬崖底部到顶部的深度约为 160m，所以该方案是可行的。但是之后在另一次海底调查中发现有一条微微倾斜弯曲的小山谷通向山脊，在山谷中有足够的空间来铺设两条管道。该项目被称为海底谷瓦尔德斯空隙（Valdes Gap），因为它是山脊到瓦尔德斯岛之间的空隙。空隙一词为该项目的反对者提供了依据，他们认为通过这样一个陡倾的峡谷来铺设管道是非常困难的。实际上它的两边都有适当的倾斜度，因此事后看来称其为瓦尔德斯峡谷（Valdes Valley）更合适。

线路继续延伸到瓦尔德斯岛并穿过斯图尔特（Stuart）海峡到达温哥华岛。

在图 2.1 中罗伯茨湾一词下方的弯曲粗线表示的是 BC Hydro 的线路。虽然在冗长的公众听证之后不列颠哥伦比亚省的公用事业委员会采纳了该线路，但最终太平洋能源公司（Pacific Energy Corporation）还是采用了一条更靠北的线路，在图 2.1 中也标示出来了。它离开温哥华向北延伸，穿过大陆到达特克塞达（Texada）岛的南部，继续延伸到达岛的北端，然后向西穿过温哥华岛，管道有一条较小的支线延伸到大陆的鲍威尔里弗。在 20 年后编写本书时，岛屿的天然气需求显著增加，因此计划要沿着一条偏南的位于圣胡安岛（San Juan Island）北部的线路建造第二条管道。

第二个例子是从阿尔及利亚到西班牙的天然气管道，如图 2.2 所示。穿越直布罗陀海峡是最短的海底穿越，但在此铺设管道则意味着要横穿摩洛哥，由于阿尔及利亚和摩洛哥之间存在长期的政治分歧因此该线路不可行。如果要从阿尔及利亚到西班牙直接铺设，那么为了避开摩洛哥海域，管线需要穿过最大水深至少为 2500m 的海域，而在当时要铺设这样的大直径管道在技术上是不实际的。最终选择了另一条线路。

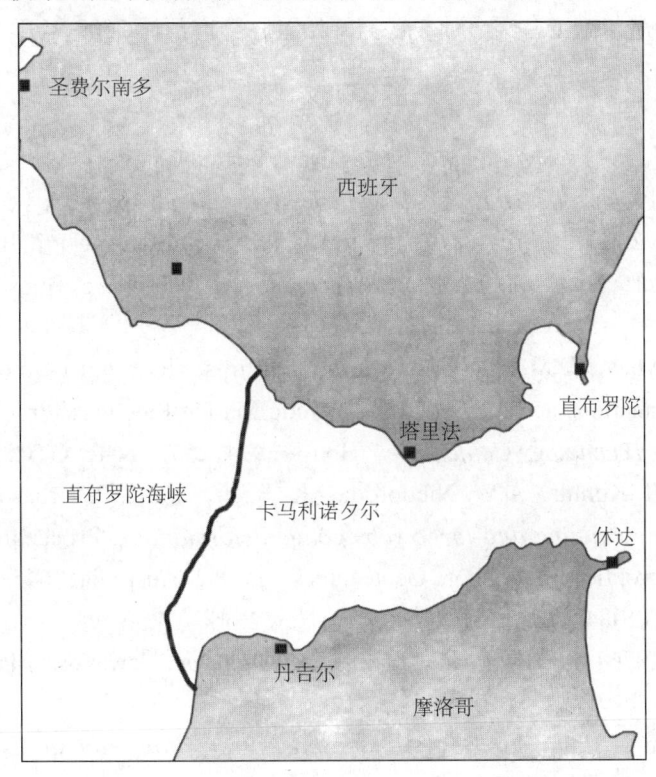

图 2.2　直布罗陀海峡

在 20 世纪 80 年代后期，阿尔及利亚与摩洛哥之间的和解使得穿越摩洛哥的线路变得可行。下一个问题就是在什么地方穿过海峡。在海峡东部的穿越会遇到很深的水域，比直布罗陀南部还要深 900m，但管线需要避开直布罗陀，因为直布罗陀的归属在英国和西班牙之间存在争议。继续向西，由于有被海洋学者称为卡马利诺夕尔（Camarinal Sill）的海底山脉的存在使得水深变得较浅，它呈南北不规则曲线走向。水面到山脉顶部的深度更小，在 200m 到 300m 之间。但是沿着山脉铺设管道会遇到两个困难。第一个困难是山脉的地形粗糙破碎，就像我们在陆地上看到的类似的山脉那样。沿着山脉山脊的管道上可能会出现很多长的悬空。第二个困难与穿过峡谷的复杂水流有关。地中海海域内的高密度高盐度水从东向西穿过峡谷底部。低盐度低密度的大西洋水流则从西向东穿过峡谷的顶部。向西的海流和向东的海流之间的交界面会随着大西洋的潮汐变化，并会受到大规模的海洋变化的影响。在分界面上会形成内部波浪，结果造成海流强大且多变，可以在几分钟内发生巨大变化。在卡马利诺海底山脊的山峰上的影响最严重，而在其两侧较深的水中影响较小。这是要避开山脉山脊的另一个原因。最终选择的路线避开了山脊向西，如图2.2所示。在一份会议记录中详细描述了该项目。

　　西班牙的天然气需求在一年内上升超过了17%，在水深超过2000m水域中成功穿越黑海和墨西哥湾的管道建设使得从阿尔及利亚直接铺管到达西班牙成为现实。Medgaz项目选择了一条从阿尔及利亚的贝尼萨夫（Beni Saf）北部到西班牙境内阿尔梅里亚（Almería）附近的卡沃－德加塔（Cabo de Gata）半岛长达210km的线路。待建管道的管径为609.6mm（24in），输送能力为$8\times10^9 m^3/a$，最大深度为2160m。在2007年11月本书编写时，已经签订了管道和施工合同，建设已经开始了，管道预计2009年开始运行。

参 考 文 献

1　Sleath, J.F.A. (1984). *Sea Bed Mechanics.* New York：Wiley.
2　Komar, P.D. (1976). *Beach Processes and Sedimentation.* New York：Prentice Hall.
3　Palmer, A.C. (2000). Are We Ready to Construct Submarine Pipelines in the Arctic? *Proceedings of the 32nd Annual Offshore Technology Conference*, Houston, 4, 737–744, OTC12183.
4　Woodworth-Lynas, C.M.L., Nixon, J.D., Phillips, R., and Palmer, A.C. (1996). Subgouge Deformations and the Security of Arctic Marine Pipelines. *Proceedings of the 28th Annual Offshore Technology Conference*, Houston, 4, 657–664, OTC8222.
5　Palmer, A.C, I. Konuk, A.W. Niedoroda, K. Been, and K.R. Croasdale, K.R. (2005) *Arctic seabed ice gouging and large sub-gouge deformations.* Proceedings, International Symposium on Frontiers in Offshore Geotechnics, Perth, Australia, 645–650.
6　Sleath, J. F. A. (1984). *Sea Bed Mechanics.* New York：Wiley.
7　Komar, P.D. (1976). *Beach Processes and Sedimentation.* New York：Prentice Hall.
8　Ibid.
9　U.S. Army Corp of Engineers., (1973). *Shore Protection Manual.* Coastal Engineering Research Center.
10　Park, C.A., Palmer, A.C., McGovern, R., and Kenny, J.P. (1986). The Proposed Pipeline Crossing to Vancouver Island. *Proceedings, European Seminar on Offshore Oil and Gas Pipeline Technology*, Paris.
11　Kenny, J.P. (1995). Gibraltar Submarine Gas Pipeline：Meeting the Challenges. *Proceedings*, Conference, IBC.
12　www.medgaz.com/medgaz/index (2007).

第3章 碳锰钢

3.1 概述

由于经济性好，碳锰钢被广泛用于油气生产和输送钢管以及（油田）注水系统钢管的制造。管道设计人员必须熟知现代钢管生产技术以及生产管道所需专用钢材的限制因素，制管钢材的选择与管道中输送的油品特性有关。本章描述了碳锰钢管的生产过程，并介绍了用于生产钢管的钢板的成分及制造方法。本章内容还涉及钢管材料规格的确定，以及当管道用于含硫油品的运输时如何恰当地修正钢管材料规格。在第7章关于内腐蚀的部分讨论了碳锰钢的腐蚀、腐蚀裕量的计算以及腐蚀限制等内容。

将长度较短的管子称为管段，连接在一起就形成一条管线（管道）。早期由于没有合适的钢材而且焊接技术不成熟，管道施工主要采用螺纹连接、法兰承插连接方式。虽然目前这些机械连接方式仍然沿用，但几乎所有油气生产和输送管道都采用电弧焊焊接的方式，将多根钢管段熔接在一起。用于制成钢管段的材料是低碳锰钢。其中强度等级较高的是微合金化的低碳锰钢，这种钢被称为高强度低合金钢（HSLA）。船舶、压力容器、泵体与石油管材（OCTG）使用的钢的类型相似。

从材料和腐蚀的角度来看，无论对于新铺管线还是服役中的管线而言，管道维护都变得越来越困难。例如，某些海底多相流管线处于深水中，工作温度超过150℃，且关井压力和二氧化碳浓度都很高。在中东以及其他一些原油和天然气多呈酸性的地区，现存管线用途已经发生了某些变化。在这些地区，过去很多油气田公司曾采取这样的政策，即当油井大量产水时就关闭油井（停产），这种政策现在已经不被采用。过去的管线生产系统用干烃环境避免腐蚀问题。由于服役条件变得恶劣，中东地区新油气田建设和开发生产后期的老油气田现有管线更换都需要更高质量的钢管。为满足这些要求，钢材和管段生产过程变得比以前复杂得多。

3.2 管道采购

3.2.1 管道规格

管线尺寸和服务对象确定后，管材规格就能确定。管道需要符合美国石油学会API 5L标准（或之后将讨论的其他标准）的要求，而且制管材料还需要满足一些特定的要求。

管道供应商在得知钢管材料规格、需求量和发货日期后，就会进行规格审核并与业主协商，然后报出钢管供货价格。供应商通常会请求业主让步，因为他们已有的生产程序不可能满足业主所有的需求。这些请求通常是合理的，但不一定会得到业主同意。应避免对管材的超标准要求，因为太高的要求通常会导致与供应商更多的谈判。对一家供应商做出让步，通常也得对其他供应商做出同样的让步，如果让步太多会导致无法按期交货。

3.2.2 生产工艺技术规格书（MPS）

每 1000m 管线需要 82 根单根钢管组成，每根钢管长度约 12.2m。仔细检查每根钢管是不切实际的。为确保钢管质量，制造商需提供钢管生产工艺技术规格书（MPS），在该规格书中列出生产钢管的全部细节并量化，包括钢材生产、合金元素的添加和检查、钢材铸造、钢板或钢带轧制、钢管生产、使用的焊接程序、焊后处理以及为确保钢管质量而进行的测试和检查等。每个供应商会提交生产工艺技术规格书，并应通过业主审批。

3.2.3 生产工艺认证

指定制造商应按照经批准的生产工艺技术规格书生产首批钢管。为确保能够满足技术规格书要求，这些钢管需经过严格检验，包括大量破坏性测试。典型的检验包括尺寸和管材组成成分核对、原材料和焊缝的屈服与拉伸测试以及冲击与撕裂测试。如果首批钢管通过测试，生产商便可以严格按照生产工艺技术规格书的要求生产订单要求的全部钢管。

3.2.4 产品测试

即使各方尽最大努力，生产过程仍然可能出现偏差，从而导致生产出不合格的管道。为了避免这样的风险，需要定期从成品钢管中抽取样本进行产品测试。测试时，通常一批次抽取一根管子，或者对于比较大的批次，每 50 根管子抽取 1 根。一批次就是一炉铸钢，对于不同的钢厂，一批次的容量差别很大。

3.2.5 管材标准

世界上大部分地区，用于输送油气的钢管都遵循 API 5L 标准，而海底管道则采用 PSL 2 标准。1999 年，PSL 2 标准被采纳为国际标准，即国际标准化组织（ISO）3183 标准，它涵盖了无缝钢管、直缝焊接钢管和螺旋缝焊接钢管的选择和使用。ISO 3183 标准逐渐代替了 API 5L 标准，它比 API 5L 标准涵盖了更广泛的管材原料成分组成。ISO 3183 标准分为 3 个部分，前两个部分分别涵盖了不同的钢材等级，第 3 部分在一定程度上是以工程设备和材料用户协会（EEMUA）文件 166 为基础的，包括对管材组成和酸性服役的要求，是适用于海底管道的相关规范。之前的 API 5L 标准按照屈服强度将钢材的等级定为 X42 到 X80，其中的数字表示屈服强度（每平方英寸的千磅数）。因此，等级 X52 表示屈服强度为 $52klbf/in^2$（ksi）或 $52000lbf/in^2$（psi），或者用公制单位表示为 358.5MPa，即 145.04psi 等于 1MPa。更多的计量单位转换见附录 C，表 3.1 给出了一系列标准管材强度。较新的版本和 ISO 标准现在都使用国际标准单位制，以下简称 SI 单位制。

API 5L 规范可以追溯到 20 世纪 20 年代，但它大概在 1948 年成为基本的国际规范。当时最高的管材强度等级为 X42。现在 ISO 标准包括的管材等级已达到 X80。虽然现在 ISO 标准改为采用 SI 单位制，但在石油和天然气行业仍保留了习惯用法，在一般讨论中使用"英尺—磅—秒"单位制。为了兼顾以前和现在的设计术语，这里采用了 API 5L 标准，但参考 ISO 3183 标准进行注释。欧洲标准 EN 10208 起源于英国标准 EN 1028，其

第 1 部分和第 2 部分与新的 ISO 3183 标准一致。EN 10208 通常只规定管材组分含量最大值，而如果需全面考虑，还应规定最小值。EN 10208 只在欧洲地区使用，其他地区仍以 ISO 3183 标准为准。

表 3.1 标准强度等级和屈强比

等级	最小屈服强度		最小抗拉强度		屈强比
	lbf/in²	MPa	lbf/in²	MPa	
A25	25000	172	45000	310	0.556
A	30000	207	48000	331	0.625
B	35000	241	60000	413	0.583
X42	42000	289	60000	413	0.700
X46	46000	317	63000	434	0.730
X52	52000	358	66000	455	0.788
X56	56000	386	71000	489	0.789
X60	60000	413	75000	517	0.800
X65	65000	448	77000	530	0.844
X70	70000	482	82000	565	0.854
X80	80000	551	90000	620	0.889

API 5L 规范规定了可用管材规格的最低要求，大多数承包商和运营商会提出附加要求。该规范给出的钢材化学组成很有限，而业主往往希望通过与钢管生产者或钢管供货商商谈细节从而得到更为合适的钢管。较高等级钢材的典型化学组成由表 3.2 给出，并会在后面的章节详细讨论。API 5L 规范详细给出了钢材的机械性能、生产钢管和测试成品钢管的方法。API 5L 规范的一个更重要的作用是对钢管的尺寸和公差进行分级，包括标准直径、壁厚、单根钢管长度、椭圆度以及失直度。

表 3.2 钢管材料的典型成分组成

管线等级/壁厚	最大百分含量，%												
	C	Mn	Si	Al 10^2	Ca 10^3	Ni	N 10^2	Cu	V 10^2	Nb 10^2	Ti 10^2	B 10^3	P 10^2	S 10^3
典型配方														
基本 API 5L 标准	0.31	1.80											3	30
API 5L	0.16	1.56	0.35	4			12		7	5		1	3	15
甜性、陆上管道	0.11	1.56	0.35	4		0.2	1	0.25	8	5			2.5	10
甜性、海上管道	0.08	1.56	0.30	4	3	0.2	0.8	0.25	8	4			1.5	5
酸性、海上管道	0.05	1.00	0.30	4	5	0.2	0.7	0.25	6	5		4	1.5	1

续表

管线等级/壁厚	最大百分含量，%													
	C	Mn	Si	Al 10^2	Ca 10^3	Ni	N 10^2	Cu	V 10^2	Nb 10^2	Ti 10^2	B 10^3	P 10^2	S 10^3
管道钢实例														
X65/16mm	0.02	1.59	0.14							4	1.7	1	1.8	3
X65/25mm	0.03	1.61	0.16			0.17				5	1.6	1	1.6	3
X65/25mm	0.06	1.35				0.25		0.33	7	4	1.8		2.5	5
X70/20mm	0.03	1.91	0.14							5		1	1.8	3
X70/20mm	0.08	1.60						0.04		7				

对于海底管道，大部分国家采用类似的标准。挪威船级社（DNV）于2000年出版了挪威海底管道标准OS-F101《海底管道系统》，开始在世界上被广泛应用，而不仅限于北海地区。它非常详细地给出了规范要求，首次增加了一条可供选择的更严格的规范要求——"补充要求U"（Supplementary Requirement U），目的是限制使用屈服应力可变性高的材料。设计中采用的典型屈服和抗拉强度被规定为最小屈服和抗拉强度乘以材料强度系数 α_U，屈服应力变化正常的材料强度系数为0.96。对于符合"补充要求U"的材料，这个系数可以增加到1.00，这样就增加了屈服强度的可靠度。

3.3 材料性能

3.3.1 强度要求

管道钢材必须具有高强度，同时具备足够的延展性、断裂韧度和可焊性。这些特性会互相冲突。强度体现管材及焊缝在使用和安装过程中承受纵向和横向拉伸的能力。延展性表示管道通过变形承受超限应力的能力。韧性是指管材承受冲击和震动载荷的能力，可以允许管材自身存在缺陷，如缝隙、凹坑等。金属工程材料通常具有韧性但缺乏延展性，因此它们在被破坏前会发生屈服。相形之下，脆性材料像玻璃一样，以突然断裂的形式失效。可焊性表示材料形成优质焊缝具有足够强度和韧性的热影响区的能力和难度。大部分金属可以焊接，但不是都具有良好的可焊性。比如，铝合金飞机的组件是用螺丝、铆钉和黏合剂组装在一起，而不采用焊接的方式。对于海底管道而言，经济效益是要求管材具有良好可焊性的本质原因。由于铺管船的运行费用很高，所以一条海底管线造价最高的部分是管线安装。焊接速度越快，管线安装速度就越快，使用铺管船的时间就越短。

不同性能（强度、延展性、韧性以及可焊性）间的权衡，必须根据预定的管线用途决定。以北极地区的一条服役条件极为恶劣的管线为例，管内介质为高压酸性天然气/凝析油。这种管道需要有很厚的管壁，在低温环境中有较高的韧性，有可焊性，且能抵抗硫化物应力腐蚀开裂。厚管壁会增加焊接难度。生产高强度高韧性且具有良好可焊性的钢材需要一定的合金化处理，并结合微合金化，进行复杂的热处理。

屈服强度是设计的首要参数。屈服强度越高，需要的管壁厚度就越小。较薄的管壁可以减少管材费用、运输费用、铺管船托管架的载荷以及焊接费用。20 世纪 50 年代之前，油气管线的管径和工作压力比较小，很多管线都用无缝钢管焊接而成。由于油田不产出难处理的气体或产出气体被点燃，产品相对比较干净。20 世纪 60 年代中期，石油和天然气的消耗增加，因此需要大幅增加长距离输气管道的管径，并高压运行以减少运输成本。增加管径、提高工作压力必然需要增加管壁厚度。传统的焊条焊接可能导致厚壁管道的焊缝处出现氢致开裂问题，称为低温开裂。应通过改变焊接工艺，包括使用低氢焊接丝以及对焊接区域进行预热和焊后热处理的方法克服低温开裂。有人试过改变管材成分，但没有取得显著效果。人们意识到，最划算的途径是增加管材的强度从而允许通过热处理技术使用壁厚更小的管道，并减少合金含量，这样可以保持管材的可焊性。

通常，海底管线的设计强度等级不高于 X65。采用这个强度等级而不用最高可用强度的原因与管线设计的一些其他要求有关，这些要求规定的管道壁厚可能超过承受内部压力所需要的壁厚。这些要求包括在海床上的稳定性，对安装中的屈曲和矫直中施加应力的承受能力。对于弯曲和屈曲的承受能力主要取决于管线的直径和壁厚之比（D/t），另外也受管材性质（比如屈服强度和弹性模量等）的影响，但这些性质的影响要小得多。具体原因会在第 10 章中阐述。因此如果屈曲是管道壁厚设计的主导因素，那么增加钢材强度等级不如使用低造价低强度等级的钢材经济性好。高强度钢材的焊接过程需要精密控制，这在某些情况下也可能成为限制强度的一个因素。但是，一般来说，使用高强度等级钢材更划算，因为减少钢材用量而节约的成本可弥补因单价高而增加的成本。

在过去的 10 年中，很多陆上管线都是用强度等级为 X70 和 X80 的钢材建造的，人们使用和焊接这类钢材的信心大增。现在已经开始考虑使用强度等级为 X100 的管道。人们希望高强度等级钢材（如 X70 和 X80 钢）未来能够更广泛地应用到海底管道建设中。比如，在深水中采用"S"形铺管船法安装较大口径的管线时，悬挂重量成为施工安装的制约因素。可以采用部分充装海水方式安装管线以降低管道屈曲的风险。使用 X80 等级的钢材可以减少悬挂力，同时又能降低 D/t 比值。管束中的管道是在陆上组装好的，不需要焊接站。因为管束有浸没重量最小化要求，因此管束最好能使用高等级钢材，这样可以达到最小壁厚，从而降低浸没重量。

3.3.2 提高强度

钢材强度可以通过下面的一种方法或几种方法的组合来提高：
(1) 固溶强化，即在钢中添加碳、硅、锰这样的合金元素；
(2) 细晶强化；
(3) 沉淀强化，是将钢与铌、钒、钛元素进行微合金化；
(4) 转化强化，即形成铁－碳合金沉淀；
(5) 位错强化，即进行加工硬化。

对于上述提高管道及石油管材强度的方法，图 3.1 说明了其历史变革。有些强化方法对海底管线有负面作用，在以下相关部分将会特别指出。对于含锰量为 1.5% 的 API 5L 型管材，在表 3.3 中给出了影响作用率。

表 3.3　强化机制的作用效率

强化方式	机理	强度影响百分率，%
基础强度		18
添加硅和氮	固溶强化	8
添加锰	固溶强化	12
细化晶粒尺寸	细晶强化	45
微合金化	沉淀强化	17

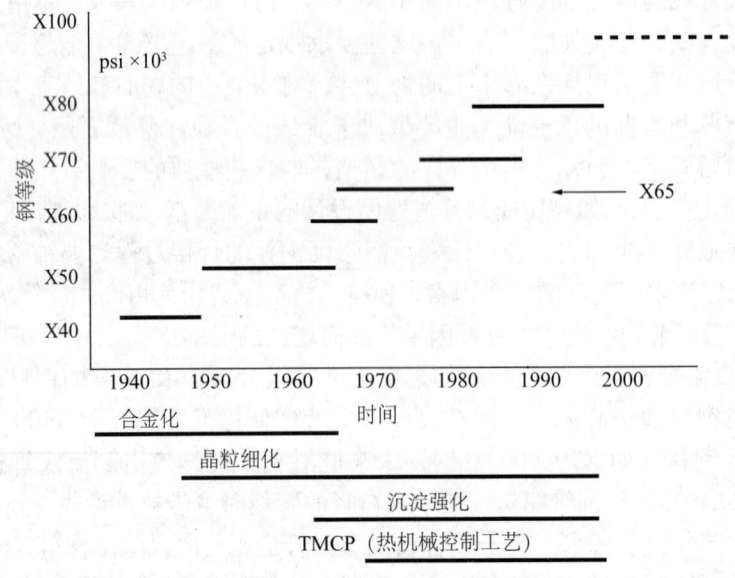

图 3.1　强化机理在管线钢中的应用历史

3.3.3　固溶强化

最早最简单的增加材料强度的方法是增加合金元素，这种方法称为固溶强化。当熔化的钢凝固时会产生很小的铁晶体，铁晶体间紧密地互锁，从而增加了材料的强度。这些小晶体被称为晶粒。当管材受力时，由于晶粒中原子的滑移（位错）以及晶粒间滑移导致晶粒边界上的应力传递，使得应力在晶体中得到释放。位错集中在应力较强的区域，减少了进一步的滑移和金属内部原子的运动。通常认为这种位错导致了钢材局部加工硬化。从宏观上来看，这种过程是可逆的。如果使得钢材变形的应力在可逆范围内，则钢材会弹性地恢复到原来的形状。如果加在钢材上的应力进一步增加，到达一定值后这种位错运动成为不可逆，那钢材就发生了永久性变形。这种变形发生在钢材的屈服点。进一步增加应力会导致钢材内聚力破坏，超过钢材的抗拉强度时就会发生拉裂。当材料疲劳时，位错团会不可逆地稳定增长从而产生微空隙，最终导致材料的进一步断裂。

合金元素的采用可以使晶格畸变从而减少位错运动的自由度。在变形后的晶格中，产生位错运动需要更大的应力。虽然材料被强化了，延展性却降低了。进一步增加合金成分到某一点，位错滑移不再发生，金属完全失去延展性，变成脆性的。铸铁和球墨铸铁就是这样的例子。高碳含量（约为3%）能使材料具有很好的强度（210～480MPa），但几乎完全失去延展性。高合金化对钢影响的另一个实例是硅钢（硅含量约为14%），硅钢具有较高的强度（380MPa），却是脆性的。表3.4给出了更多常用于结构钢中的合金元素的强化关系。

表3.4 固溶强化

元素	强化量 MPa/元素的质量分数	元素	强化量 MPa/元素的质量分数
碳	5500	铜	40
氮	5500	锰	30
钒	1500	钼	11
磷	700	镍	0
硅	80	铬	−31

在可用的固熔合金元素中，碳、硅和锰是最为有效的。固溶强化所能达到的强度是有上限的，仅靠这种方法不足以生产高等级的管材。而且虽然添加固溶强化元素能够增加钢材强度，但很多固溶强化元素导致材料韧性和可焊性下降。对于强化钢最有用的元素，比如碳和氮元素，都对韧性不利。锰似乎是最为合适的元素，因为它不仅能减小晶粒尺寸，而且对沉淀强化粒子的分布有益。然而，硫化锰是一种不稳定化合物，是降低钢抗氢致开裂能力的主因，而材料的抗氢致开裂能力在酸性服役环境中极为重要。

碳是一种主要的合金元素，对焊接过程有较大的影响。当熔化的金属凝固时，形成的晶格是面心立方体（FCC），也被称为γ体、奥氏体或奥氏体结构，在晶格中，立方体每个顶点分布一个铁原子，每一个面分布一个其他原子。进一步冷却时，晶格自然地变为体心立方（BCC），也被称为α体，铁素体或铁素体结构，其中铁原子位于立方体的各顶点上，另一个原子（碳原子或铁原子）位于立方体的中心。FCC形式合金中，钢溶解了相当多的碳；而BCC形式合金中，碳的溶解度降低了，过剩的碳作为单独的铁－碳相沉淀下来。

碳和铁均达到平衡状态的钢只能在实验室中产生，因为达到平衡需要非常长的时间，实际生产中根本无法实现。在实际中，钢并不处于平衡态，因为一些多余的碳和其他合金元素会保留在钢中或以一种非平衡形态流出。碳－钢相互作用的数量和形式会改变钢的性质。这些将在第3.3.7节转化强化问题中予以讨论。

快速降温会导致碳被困在铁素体晶粒中，形成一种针形结构，称为马氏体，这种结构非常坚硬且易于破裂。较慢的冷却有利于平衡材料形成，材料中散布着一种不平衡结构，称为珠光体。珠光体是由铁素体层和碳化铁层交替组合而成的,在高倍光学放大镜下观察发现其具有光滑表面。因此,用碳作为强化剂需要对强化后的钢材进行后续热处理,以获得合适的相分布。

回火是将钢材重新加热到一个低于奥氏体形成温度的温度点(有专门公式计算,其值约为740~760℃)。正火是指先将钢材加热到转化温度范围,保持温度以实现转化过程和合金的溶解,然后控制降温速率,将温度降至转化点以下的某个适当温度。退火是指钢材在炉中很缓慢地冷却,形成延展性好强度低的钢材,这种技术不能用于生产制造管道的钢板。淬火是指快速将钢材从转化温度以上冷却下来,该过程通常需要使用油或水(有时也使用强制风冷或盐水)。在淬火过程中,铁素体组成的高碳相可以转变成马氏体和很小的晶粒。回火可以使马氏体转变为铁素体和珠光体或贝氏体。淬火和回火通常用于等级低于X70的钢材生产工艺中。时间温度转化图(TTT)或连续冷却转化图(CCT)是用来确定热处理对象属性的实用图。

3.3.4 可焊性

合金元素对钢材的可焊性有影响,这个问题在第5章会详细介绍。焊缝本身是浇铸结构,焊缝周围的钢材被加热到奥氏体温度范围内,然后又被后续焊接工艺退火。这一过程导致该区域内钢材晶粒的组成和形态发生改变。在焊接过程中,一些氢气会渗透到奥氏体中,当钢材转化成铁素体时,这些氢气会试图逸出。如果形成了马氏体或贝氏体钢,氢气试图逸出可能会导致氢致开裂。人们已经推导出两个经验公式以指导加入的合金量,使得加入合金后的钢材既能保持可焊性又能避免氢致开裂。这两个非常重要的公式是国际公式(适用于 API 5L 规范)和伊托-别所(Ito–Bessyo)公式 [也称冷裂敏感指数(PCM)公式]。这两个公式运用经验系数将每种合金元素含量换算为碳当量(CE)从而得到一个单一相对值。公式如下:

国际公式:

$$CE=C+Mn/6+(Cr+Mo+V)/5+(Cu+Ni)/15 \quad (3.1)$$

伊托-别所(Ito–Bessyo)公式:

$$PCM=C+Si/30+(Mn+Cu+Cr)/20+Ni/60+Mo/15+V/10+5B \quad (3.2)$$

焊接术语将在第5章进行解释。国际公式可用于高含碳量钢材,由于其名义上适用所有含碳量等级,通常认为它对于碳含量不低于 0.15 的钢材都适用。对于低碳钢和含碳量低于 0.15 的钢材,通常认为 PCM 公式更能准确预测钢材在焊接过程中的性能。通常人工金属电弧焊的碳当量限制在 0.43,但对于现代钢和半自动焊接,碳当量会减少到 0.34,甚至 0.32。冷裂敏感指数规定在 0.18~0.22 之间。合金元素的分布遵循正态分布,因此,单根钢管的 CE 值和 PCM 值也趋向正态分布。

工程设备和材料用户协会(EEMUA)166 文件中建议,如果某些元素超过分析范围,则需要做全面的可焊性检验。这些极限值汇总在表 3.5 中。

表 3.5 EEMUA 166 文件规定的进行可焊性检验前的各组分含量范围

合金元素	组成范围, %	
	无缝管	焊接管
C	0.16	0.10
Mn	1.10 ~ 1.40	1.05 ~ 1.55
Si	0.20 ~ 0.45	0.20 ~ 0.45
Ni	0.25	0.30
Cu	0.20	0.35
Cr	0.20	0.10
Mo	0.20	0.10
V	0.05	0.08
Nb	0.04	0.05
Ti	0.015	0.02
Al	N 含量的两倍到 0.05	
Ca	S 含量的两倍到 0.005	
Cr+Mo+Ni+Cu	0.80	
Nb+V	0.10	
Nb+V+Ti	0.12	

3.3.5 细晶强化

20 世纪 50 年代，人们发现，晶状铁素体颗粒的微小改变可以在不牺牲可焊性的前提下，同时提高钢材的强度和韧性，这一发现使得钢的制造技术得到彻底革新。随着温度升高，铁元素变形，导致晶粒尺寸发生变化。当加热到超过转化温度时，体心立方铁素体转化成面心立方奥氏体。转化温度随合金元素的数量和性质而变化。在转化过程中，铁晶粒重结晶，重新整合为较小的晶粒，但如果保持温度不变，晶粒的尺寸又会变大。钢的重结晶和快速降温能保持较小的晶粒。

但是，合金元素可以阻止晶粒的长大。相对于奥氏体结构，铁素体结构中铁原子间的空隙度是有限的。在高温条件下，铁可以溶解相对大量的合金元素，但当钢恢复到铁素体形式时，这些元素必然会分离出来。碳沉淀物的形态对于钢的力学性质影响很大。有些碳沉淀物对管线钢材的力学性质有好处，但有些是必须避免的（比如马氏体）。

强度与晶粒尺寸之间的关系由下面的公式表示：

$$屈服强度 = 晶粒摩擦力 + 位错锁定系数 \times (晶粒直径)^{-0.5} \tag{3.3}$$

晶粒摩擦力是单个晶粒间滑移阻力的量度，而位错锁定系数是晶粒内位错运动减少的量度。两个力都是由给定的钢的化学组成决定的。由此推导出其他模型，这些模型将屈服强度、抗拉强度与钢的化学组成、晶粒尺寸联系到一起，并考虑到各合金元素的影响：

$$屈服强度 = 53.9 + 32.3\%Mn + 83.2\%Si + 354\%N_{free} + 17.4\delta^{-0.5} \quad (3.4)$$

$$抗拉强度 = 294 + 27.7\%Mn + 83.2\%Si + 3.85\%珠光体 + 7.7\delta^{-0.5} \quad (3.5)$$

式中　Mn——锰的质量分数；

　　　Si——硅的质量分数；

　　　N_{free}——游离氮的质量分数；

　　　δ——平均晶粒尺寸。

可以通过几种方法减小晶粒尺寸。管线钢材最常用的技术是用铝作为细晶强化合金。将约 0.03% 的铝加入钢水包，然后铝与氮结合形成氮化铝，分散于钢中。在加热处理过程中，这些粒子锁住奥氏体形晶粒，阻止晶粒生长。在冷却过程中，微小的奥氏体晶粒转化成微小的铁素体晶粒。添加碳和锰可减少奥氏体向铁素体的转化，这与更快降温对晶粒尺寸的影响类似。基础钢组成与铝细晶强化结合，可以生产出强度达到 X42 钢级的钢。要生产出更高强度的钢，还需要利用其他强化工艺。

3.3.6 析出强化

铝细晶强化所能达到的强化效果是有上限的，因为过多加入铝（超过 0.03%）会降低钢的抗疲劳性能。氮化铝析出物强化工艺可以运用到其他合金析出强化钢材上。对于结构钢，经济有效的析出强化合金有：钒、铌和钛。这些材料难溶于钢，且易与碳和氮结合。通常添加 0.1%~0.2% 钒、0.05%~0.1% 铌。当钢从奥氏体转化为铁素体时，这些微合金元素溶解在熔化的钢中，反应生成碳化物（—C）、氮化物（—N）或氰化物（—CN），在奥氏体与铁素体的边界析出。铁素体晶粒的增长受到约束。在正火过程中，奥氏体的形成与转化使晶粒尺寸进一步减小，一种晶粒极为细小的钢就生产出来了。沉淀物也增加了晶粒间的摩擦力，而摩擦力直接影响钢的强度。在所有微合金介质中，钒的强化效果最好，每单位重量钒可增加强度 1500MPa。

3.3.7 转化强化

当钢被加热到奥氏体转化温度以上时，碳和很多其他合金元素融入奥氏体中。在降温转化为铁素体时，过量的碳分离出来形成碳化铁次相。沉淀出的碳化铁的性质与冷却速率有关。如果缓慢冷却，形成的是铁素体和碳化铁层交替的结构，即珠光体。如果快速冷却，无论是否伴随固溶强化，都会产生不太确定的微结构：出现两种形式的铁素体和碳化铁微结构——贝氏体和马氏体。这两种微结构都能使钢具有很高的强度，但都以降低钢的韧性和延展性为代价。马氏体对钢的韧性和延展性损害特别大，而且会影响焊接，因此在管线钢材中使用马氏体是不可行的。

铁素体和珠光体钢的抗拉强度为 450~600MPa（X65—X80）。同样组成的贝氏体钢的强度为 600~1000MPa，马氏体钢的抗拉强度为 1000~1200MPa。用于高等级钢的转化微结构是珠光体。但是钢的抗拉强度的增加是以韧性的减少为代价的。为了使焊缝周围的热影响区和热成形弯管达到足够的强度，转化强化是至关重要的。

3.3.8 位错强化

如果钢发生塑性变形，即应力超过屈服极限，则晶格移动的位错（为材料提供延展性）被锁定，此时材料的强度提高但失去延展性。这个过程称为位错强化。但当它是非人为产生时，通常称之为加工硬化。这种技术通常用在生产钢板的一种热机控制工艺中，以提高管线钢材强度。在纵向焊接完成后对管道进行扩张时，U—O—E工艺（稍后介绍）生产的管道也会发生一定程度的位错强化。

当采用"S"形铺管船法铺管或将管道卷到卷筒式铺管船上时，管道上弯段张紧，此时也会发生某些加工硬化。这些过程中，尽管加到管道上的总应力（包括剩余应力）可能达到屈服极限的95%，但管道的应变是严格控制在弹性限度内的。当管道跌落、凹陷或受到其他粗暴处理时可能会发生意外加工硬化。这种不受控制的钢材加工硬化应该避免，如果管道发生严重变形，需要重新评价它是否还可用。管线材料和安装说明书应包括具体条款来详细说明管道发生意外加工硬化时应采取的措施，尤其对于酸性环境服役的管道。

3.3.9 强度的测定

屈服强度是设计管线时用到的一个主要标准。管道的标准强度见表3.1。一般引用的值为最小屈服强度（SMYS）。测定屈服强度（YST）和极限抗拉强度（UTS）最常用的方法是对已成形的样品进行单向拉伸。有标准化的样本尺寸和测量规程。图3.2中展示了应力和应变之间的典型关系。应力的定义是：施加在样本上的拉力与测试前样本的初始横截面积之比。应变是一个规定计量长度的样本的伸长值与原始计量长度之比。

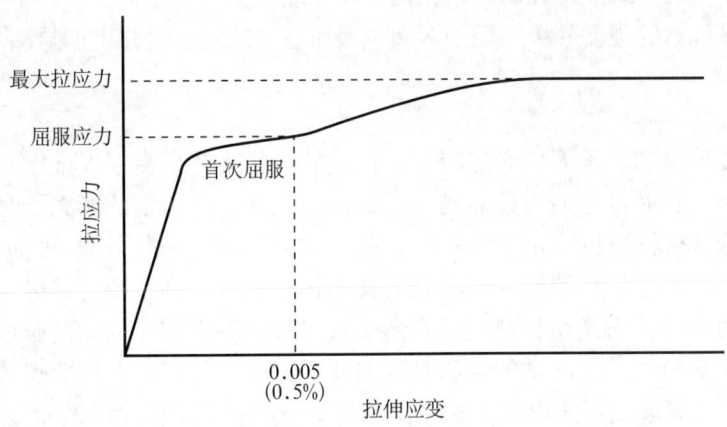

图 3.2　抗拉试验中应力与应变之间的关系

按照惯例，屈服应力定义为：应变达到0.005（0.5%）时的应力。这不是材料开始发生非弹性变形时的应变（略小一些，约为0.002）。由于加工硬化的原因，屈服后继续变形引起应力增加。当应变达到一个大得多的值（一般为0.20）时，得到最终拉伸应力。

拉伸样品是从管道具有代表性的部分切割得到的，并且必须低温压平做成抗拉试验样品。压平过程本身必然引起塑性变形而导致机械硬化，这是包辛格效应的一种表现。包辛格效应在塑性理论中用于描述拉伸前的塑性应变对应力－应变关系的影响。这种影响可以改变材料的表观抗拉强度。抗拉强度可能增大或减小。例如，对于X70级的钢管，这种影响会降低70～80MPa（约15%）的表观屈服强度。还有几种其他的测试方法，比如，将环向张力施加到一个从管道上切下的环形样本上。可以说，环形测试体现的应力－应变关系更为可靠。环形测试耗时长耗资大，管道生产商通常不愿意大量地做这种测试。

由于存在包辛格效应，可能导致一些存在争议的问题。一根合适的管段，可能由于表观抗拉强度低于规范标准而无法通过测试。有些管段虽通过了测试，但其真实强度并不够。更常见的是，管线材料通过了测试，但钢的强度比需要的强度和管道设计强度高很多。这可能给"S"形铺管和卷筒式铺管带来困难。

包辛格效应产生的影响大小与钢的微结构有关，因为微结构是影响屈服应力改变量的一个主要因素。含有铁素体—珠光体结构的钢受包辛格效应影响最大。马氏体钢受到的影响很小或不受影响，而低温转化形成的钢的强度可能增加。钢可以分类如下：

（1）强度损失很大的钢：
①高碳铁素体—珠光体钢，以铌或钒为微合金剂。
②标准化的高碳铁素体—珠光体钢，以铌或钒为微合金剂。
③低碳控制轧制珠光体钢材，以铌或铌和钒为微合金剂。

（2）强度略有减少或不减少的钢：
含有珠光体缩小转化产物的控制轧制的低碳钢，添加了钒、铌和铬。

（3）强度增加的钢：
①冷加工高强度等级铁素体钢，含有缩小的珠光体，以铌或钒为微合金剂。
②超低碳高强度等级控制轧制的两相钢，以铌或钒为微合金剂。

通常海底管线钢的强度等级局限于X65，因而通常的问题是强度明显减小。

3.3.10 延展性

随着钢强度的增加，延展性必然减小。正确的强化工艺组合应保证增加强度的同时不牺牲太多延展性。延展性是通过拉伸测试机给样品施加一个给定的稍大于名义屈服强度的拉应力，然后测试材料样品的伸长率来测定的。标准的管线测试样品长度为50.8mm（曾用2in）。允许的伸长率范围为20%～40%，具体由钢材的抗拉强度决定。另一个方法是埃里克森实验的一种变形，它是使材料变形直到失效。管道的纵向和横向的强度、延展性都不同，测试规格中必须说清楚测试的值和对应的测试方向。简单弯曲试验也被用来评估材料的延展性，这类实验涉及不同程度的压扁管子及检查管子表面裂纹等。

延展性阶段的应力范围很重要。当钢的强度增加时，屈服强度和抗拉强度之差减小，也就是管道的弹性行为和拉伸失效之间的延展性范围变小了。这对于管道安装和运行具有重要的影响。例如，如果管道受应力过大，在安装过程中遇到恶劣天气，管道可能被拉裂而不仅仅是发生变形。在管道安装和已损管道更换过程中必须小心控制管道上施加的应力水平。拉伸失效可能使管线落入海底，而修复费用可能会很高。如果延展性范围不足，即使应力控制在一定范围内，管道也可能发生屈曲而不是弯曲。由此看来，这个问题主要与管道的横向强度有关，而非纵向强度。

为了保证屈服强度与抗拉强度之差足够大，通常指定屈服强度和抗拉强度的一个最小比值。举例来说，比值 0.93 表示屈服强度必须限制在抗拉强度的 93% 以内，或者换言之，抗拉强度必须至少比屈服强度高 7%。在管道规范中对于该比值通常是这样规定的：甜性环境服役管线横向最大取 0.90，纵向取 0.92，酸性环境服役管线横向取 0.93，纵向取 0.95。通常陆上管线的横向和纵向屈强比差别稍大，规范中一般取横向 0.85，纵向 0.875。在 API 5L 标准中，屈强比是基于最小屈服强度和抗拉强度的，比上述取值要小得多，但实际上可能无法被采用。

3.3.11 超强

过去，钢制造商努力制造出高强度等级的钢材，但现在，生产出的钢强度高于服役需要的情况越来越多，即钢超强。比如，名义上 X52 等级的钢可能实际上是 X60 等级钢。大多数情况下，只要不另外增加费用，使用超强的钢是没有问题的；但重要的是，管线工程师要了解钢材强度的实际平均值，而不是仅仅假设它达到规定水平。

了解钢的实际强度可以节约成本，因为对于悬空管线和服役环境易导致垂向屈曲的管线，其行为受到强度的影响。但并不是强度越高优势越明显，往往计算结果并不随强度变化。相反，有时可能需要对钢材的强度进行限制，比如用卷筒式铺管船铺管的情况。通常，管道超强的危害大于可能的好处，规范中开始越来越多地规定允许的强度水平上限。此上限可以设为实际强度值，比如 450MPa，−0，+140MPa，也可以设为百分比，如 125%YS（屈服强度）。

DNV 规则要求最小安全系数为 80%，这是通过设定平均屈服强度、抗拉强度和壁厚等的最小值得到的。实际上，这个规则设定了 SMYS（规定的最小屈服强度）、SMTS（规定的最小抗拉强度）和轧制管壁厚的取值范围。关系如下：

$$平均 YS - 2 \times 标准偏差 \geqslant SMYS$$

$$平均 UTS（极限抗拉强度）- 3 \times 标准偏差 \geqslant SMTS$$

$$平均厚度 + 2 \times 标准偏差 \geqslant 最小壁厚$$

如果可能的话，应该将管材强度的统计分布数据收集并保存到管线档案中。多数管道生产者可以通过测试项目收集数据，并能方便地以电子图像或电子表格的形式提供这些数据。在未来，这些统计分布数据对于意外损害和剩余寿命评估都会很有用。剩余寿命评估需要获取管道的统计学性质，然后用它来计算管线失效的风险。一旦管线安装完成，各方都开始进行下一工程，这些信息就不可能再更新了。

3.3.12 韧性

韧性是当存在人工缺陷时管材对于冲击载荷的抵抗力的量度。韧性材料在冲击下屈服，以一种可延展性的、渐进的方式失效。无韧性的脆性材料却不会。脆性破裂是突然发生的，可能导致灾难性的后果。通常用玻璃作为脆性材料的例子，但这个比方是不正确的，因为玻璃是非晶体。或许脆性金属材料更贴切的例子是老式灰口铸铁。韧性是通过用一个以某一规定速度移动的重物撞击钢材样品来测量的。

  BCC 晶体材料，比如钢，在温度下降时其韧性很容易受到影响而改变。当钢温度下降时钢收缩，晶格中的原子聚得更紧了。BBC 晶格紧密排列，限制了可能的收缩水平。高合金材料收缩较小。超过收缩的下限后材料就不可能再收缩了，材料失去吸收冲击能的剩余弹性，而以脆性方式失效。当受到冲击时，脆性材料的晶面间会裂开而导致失效。使材料从韧性变为脆性的温度称为转变温度。以脆性方式破裂的材料是以切平面方式断开的，所以断裂面呈现一种闪闪发光的水晶质外观。材料以撕裂方式失效产生了微小的杯状和圆锥状形态，所以韧性方式断裂的断裂面呈现一种粗糙撕裂的外观；试样延展性断裂截面的尺寸也发生了小变化。

  韧度—温度曲线由两个平台线段及两者之间的连接斜线组成。钢的韧性用于衡量对突然冲击的抵抗能力。在温度下降到上临界点前，韧性随着周围环境温度降低只有轻微减小。当温度小于等于上临界点时，钢的韧性开始下降。当温度在下临界点以下时，钢的冲击抵抗能力保持在一个相对稳定的较低值。无延展性转变温度约为上下临界点的中间值。对于高碳钢，上下临界点之间的斜线坡度很大；而对于低碳钢，这个坡度比较平缓。两个平台分别称为上平台和下平台。通常在冲击试验结束后检测破裂表面。韧性断裂形成一个粗糙的杯锥表面。这个面积与整个断裂面积之比，作为评估从韧性转变为脆性的转变点的一个参数。对于管线材料，通常要求在给定测试温度下韧性断裂面积达到整个断裂面积的 85%。

  从韧性到脆性的转变点温度被定义为无延展性转变温度（NDTT）。在这个温度下，断裂面有 50% 是韧性的，50% 是脆性的。主要的难题是不同的测试方法给出的临界温度不同。因而，订货方和材料供应商对试验方法和测试结果的解释是否能达成共识就显得尤为重要。

  NDTT 是金属化学组成、晶粒尺寸、测试品厚度和冲击速度的函数。斜坡的倾斜度表示钢内部这些属性的统计学变化。厚截面材料的转化温度比薄截面材料的高，因为较薄材料可能容易发生屈服，从而降低了应力传递的有效率。较慢的冲击载荷允许材料以塑性方式变形，从而降低 NDTT。管线测试通常使用管道壁厚的全厚样本。当然，如果管壁厚度很大也可以使用较薄的样本，但这需要买方和管道生产商协商决定。

  人们对材料强度很熟悉，但对韧性却不是这样。增加韧性可以通过减少合金含量或/和减小晶粒尺寸来实现。但还有其他一些重要的影响因素，比如，钢中的相分离程度、夹杂物的存在、脱氧不彻底造成的钢基体内气泡残留、表面和/或内部存在缺陷等。合金含量的减少能提高韧性，但会使钢强度下降，所以用回火或正火热处理来保证钢的韧性。热处理方法是通过减小晶粒尺寸、排除钢中的相分离和硬脆性物或区域来达到保证钢韧性的目的。钢生产商通过以下公式描述添加合金量和晶粒尺寸 δ 对于屈服强度、抗拉强度、无延展性转化温度的影响：

$$NDTT = -19 + 44\%Si + 700\%Ni^{0.5} + 2.2\% 珠光体 - 11.5\%\delta^{-0.5} \tag{3.6}$$

式中 Si——硅的质量分数；

Ni——镍的质量分数；

δ——平均晶粒直径。

管道需要的强度和允许的转变温度取决于管道所处的运行环境和运输任务。特别是天然气和凝析液管线，需要很高的韧性。这两类管道中有非常高的气体压缩能，一旦发生管道破裂，由于焦耳－汤姆逊冷却效应，气体膨胀造成气体和相邻的钢的温度迅速下降。温度下降可能导致管道特性由韧性转变为脆性。对于敏感材料，最初的失效可能发展成扩展裂纹。裂纹以声速在材料中持续扩展，直到气体驱动能降低到临界水平或者裂纹遇到管道中十分坚韧的部分为止。

确保与规定的韧性标准一致是 API 5L 的补充，生产者通常只在补充要求 SR 5A 和 SR 5B 所属的材料规范中提供此项。补充要求 SR 5A 与 NDTT 有关，而 SR 5B 与夏比吸收能有关。即使不要求材料在低温下具有良好的抗冲击能力，最好也要在标准试验温度 0℃下进行冲击试验。标准夏氏"V"形冲击试验能够很好地体现钢的一般质量，这个试验可以用于质量管理/质量控制（QA/QC），但不作为评价突加载荷下钢行为的权威指南。如果管线是在冰冻温度以下安装或使用，或是用于输送天然气或多相流的，则需对该管线低温韧度有所要求，而测试中的冲击能和测试温度必须在 SR 5A 和 SR 5B 所属的材料规范中明确规定。

几种测试方法可以保证钢具有足够的韧性。所有测试方法都采用突然施加力的方式。落锤撕裂试验和夏氏试验是典型的测试方法。测试的目的是保证管材能够达到管线工程师确定的两个设计值：NDTT 和夏比吸收能。规定的 NDTT 要求应比预期管线运行的最低温度情况还略苛刻一点，最低的温度要么是环境温度，要么是管线失去完整性所造成的低温。如果按照安装条件设定 NDTT 值，若在寒冷气候中进行管线安装，温度可能下降到 0℃以下，夏比吸收能规定值应足够承受管线安装过程中可能出现的冲击。例如，NDTT 值可能根据放在铺管船甲板上温度为 -10℃的一段管道确定。如果 NDTT 值按照管线运行条件设定，规定的夏比吸收能应基于计算管线工作载荷及/或管道泄漏载荷而定。然而，对于北海海域，规定 -10℃时的夏比吸收能典型值为 68J（焦耳），最小允许值为 27J，这些值主要反映安装需要而不是运行需要。

海底水温不会低于 4℃，因为低于这个温度水的密度会减小而温度上升。这个温度范围说明，服役过程中，海底管线通常对很低的 NDTT 下的韧性没有要求。甚至伴随气体膨胀造成的降温也会由于海水传导到管线上的热量而受到限制。但是管线可能需要在寒冷有风的条件下安装，材料温度可能由于风冷因素而远低于零度。立管，尤其是平均海平面以上的部分，通常是管线中需要单独考虑的部分。

夏氏测试是管材规范中最常见的要求。在这个测试中，会在一个管道样品上用机器制成一个 2mm 深 55mm 长的"V"形凹槽，然后将样品冷却到相关测试温度。冷却后，用台钳夹住样本，然后用一个连接在钟摆上的重锤撞击样本，钟摆允许锤子从一个规定的高度落下。锤子的类型取决于试验所遵循的试验规范 [ISO 或 ASTM（美国测试与材料标准）]。钟摆撞击样本后的上摆幅度用于计算撞击样本过程中被吸收的能量。

夏氏"V"形冲击试验操作便捷且费用合理，它给出存在严重缺陷时产生裂缝所需能量的信息，但不能给出裂缝扩展的信息。通常，在规定温度（-40～0℃）下，钢需要具有承受一定能量的能力（例如，25～75J）。对于管径较大且在冷水中运行的管道，这个值往往取决于管道壁厚和析出强化过程中的微合金化程度。规定壁厚低于20mm的管道在-20℃时平均夏比吸收能为60J，而壁厚为20～30mm的管道在-30℃时的平均夏比吸收能值为60J。微合金材料不改变夏比冲击吸收能，但改变转化温度。

应当在成形的管段上进行韧性测试，而不是在制造管段的钢板上进行，这点非常重要。通常，管子的抗冲击韧性约比钢板低10～20J。U-O-E管（大口径直缝焊管）的纵向焊缝热影响区抗冲击韧性通常比母板低10J，而且在-20℃以下时可能更低。纵向焊缝成分也很重要。碳合金仅能在0℃时提供足够的韧度，需要加入镍和钼才能使碳合金在-20℃时具有足够的抗冲击韧性，还需加入钛和硼来得到较低的转化温度。

钢晶粒的形状使钢的横向和纵向抗冲击性能差别很大，晶粒形状是在生产管道或钢板时的轧制中形成的。对于典型的管材，纵向截面吸收的冲击能量至少是横向截面的两倍。晶粒结构越好，这个差异越小，但因为轧制导致晶粒伸展，这个差异总是存在的。对于服役中的管道的韧性，规定夏氏试验在横向截面上而非纵向截面上进行，因为裂缝是纵向传播的，而抗裂性要求应垂直于裂缝的传播方向。就安装韧性而言，最可能失效的区域是焊缝周围，正确的做法是对与焊缝相邻的热影响区进行夏氏试验。

仅靠夏氏"V"形冲击试验不能真实反映抗撕裂能力，还需要做补充测试和/或替代测试。作为夏氏"V"形冲击试验的替代试验或补充试验，应用最广泛的是巴特尔落锤撕裂试验（DWTT），它应符合API RP 5L3的规定。试验中，用落锤撞击采用卧式安装并提前冷却到所需试验温度的样本。宽75mm，长305mm的样本在撞击点用机器制作一条凹槽，凹槽代表一条裂纹。所有冲击能都被样本吸收，用从撞击点到止裂点的裂纹长度评估材料抵抗脆性破坏传播的能力。DWTT试验对象是从管道横切面上取得的全厚扁平样本。这个试验能够比夏氏"V"形冲击试验更真实地评估材料可能的行为。通过对试样的检查得到断口剪切面积，而不是夏比吸收能，因此，这个试验评估的是缺陷扩展抵抗力，而非夏氏"V"形冲击试验评估的抗裂能力。对于甜性服役管线，通常0℃时允许的断口剪切面积百分比为85%，-10℃时为75%；而对于酸性服役管线，0℃时允许的断口剪切面积百分比为80%，-10℃时为70%。

可根据断裂力学数据计算管道的最大允许裂纹尺寸。为得到断裂力学数据，可以用裂纹顶端张开位移（CTOD）试验评估管材。全厚样本需在敏感区域刻出贯穿全宽的凹痕，例如，纵向焊接的融合线，然后将样品拉裂，并测量裂纹顶端位移量。0℃或-10℃时允许的典型值为0.15～0.2mm。

还有一些其他测试方法，用类似的技术评估材料受到冲击时的行为，但大多数更适于评价罐和船用钢板，而不是管道。如果需要使用巴特尔DWTT和/或其他测试方法，这些方法需要在API 5L补充要求SR6中指出。

强调材料的固有韧性很重要，但还得注意对管道某些部分或整条管道的韧性有明显影响的其他因素。需尽量避免管道上的表面瑕疵和焊接缺陷，因为它们可能成为裂缝萌生点。必须严格控制焊缝形态，确保避免不利因素（裂缝，侧壁熔合不足，孔隙度过高）出现。运行中还须克服焊缝上的点蚀。

3.4 管道生产

3.4.1 制管用钢的冶炼

在 20 世纪 50 年代,生产管道所用的钢是用酸性平炉法炼制的。这是可用于生产中等低碳钢的最有效方法。熔化的钢用锰处理,去除大部分硫和氧。然后用钙、硅和铝镇静,从而在倒入铸模前去除剩余的氧和氮。完成的铸块被转移到成形车间切成方钢,用于生产无缝钢管或热轧成钢板用于焊接管的生产。现在炼钢仍沿用这一方法,但该工艺所制钢不能用于生产钢管,除非是生产低强度等级且服役条件不太恶劣的钢管。

制造高品质管道所用的钢板,是用碱性氧气吹炼法或电弧熔炼法炼制的钢熔融后制成的,图 3.3 表示碱性氧气吹炼法过程,该方法制成的钢被称为碱性氧气转炉钢 [BOS]。生产出的钢含碳量低,含硫、磷、氧、氢、氮(合称 SPOHN)量也低,且需要加入锰和微合金元素。钢板的生产顺序是:初级钢生产、二级钢或钢包生产、铸造。中间过程包括磁搅动和脱气。

用于生产初级钢的初级熔炉内衬有碱性材料,通常是白云石。分级矿石、生铁和废料被放入熔炉处理,通过在钢中吹入氧气除去过多的碳,吹入氧气的方式有两种,一种是用吹氧嘴管深插入熔融的钢中吹入,另一种是从底部进口注入。其他添加剂也是通过吹入的方式加入的,这样可以保证添加剂分布均匀。通过相继添加锰、硅和铝除去硫和溶解氧。

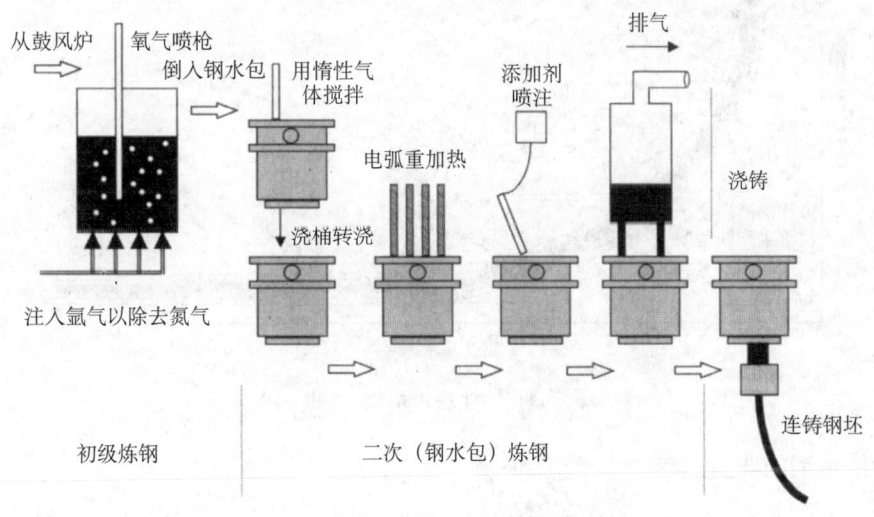

图 3.3 碱性氧气吹炼法和二次加工系统示意图

在生产过程中,钢会吸收多种不同的气体。这会降低钢的抗疲劳性能,因为钢中的小空隙增加了局部应力,局部应力可能在循环载荷作用下合并从而产生微孔。管道用钢必须完全"镇静"。溶解在熔融钢中的氧气和氮气可以用氩气清洗的方式除去,这种方法需搅拌钢液,搅拌也有助于脱碳和脱磷,帮助浮选炉渣,以及减少钢中吸收的氮含量。多种添加剂,比如硅、铝和钙,被用于吸收剩余气体。真空脱气也是常用的方法。

处理过的熔融钢倒入钢水包,进行二次炼钢。靠磁力搅拌第一个钢水包中的钢水,帮助除去残余炉渣,然后转移到另一个钢水包,通常从第一个钢水包的底部转移,以减少漂浮炉渣携带。电弧重加热后,往钢中注入适量的相关微合金添加剂以及其他主要合金元素,注入的同时进行磁力搅拌,确保添加剂和其他合金元素分布均匀。二次炼钢后,钢被脱气然后快速连续浇铸成钢坯。

采用连铸是因为这样生产的产品连续性较好,也有助于减少钢坯中的相分离,相分离会导致轧制出的钢坯机械性能不连续。图3.4表示了一个典型的连续铸造系统。

连铸机包括一个喂槽,钢从底部以一定速率倒出,通过喂槽进入铸模。钢的外表面在铸模中冷却形成坯壳。连续喷水冷却坯壳内的液态钢,带有液心的铸坯边移动边凝固。铸坯流过一系列被水冷却过的支撑导辊,这些导辊将钢从竖直引导成水平的,并使液态钢降温形成最终的平板状。钢中的有害材料的熔点较低,集中在铸坯的中心。为了减少有害材料含量,来自铸模的铸坯被压轮紧压,有害材料作为液态钢中的熔融流动核存在。紧压导致钢坯被热轧,其厚度约减少12mm,完全凝固后,将含有害材料的部分从成形钢板的末端切除,循环到初级钢生产单元。

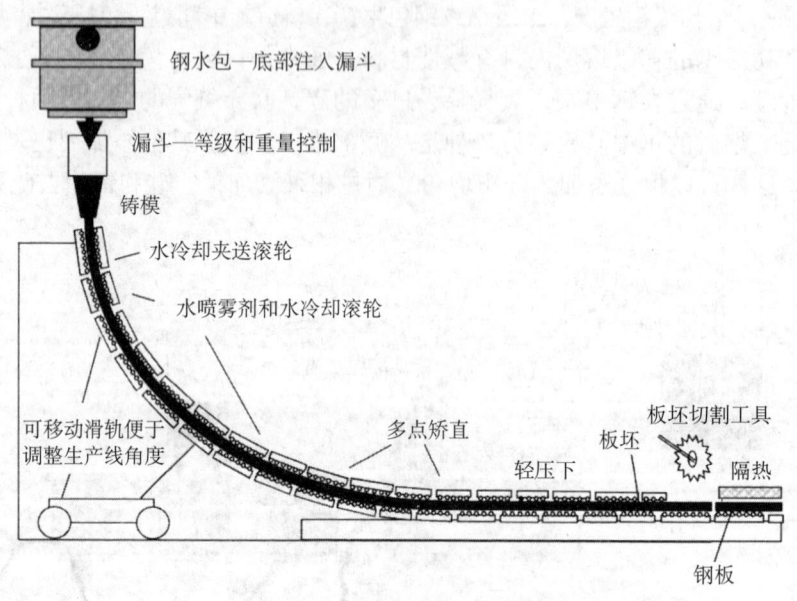

图3.4 钢坯连铸系统示意图

3.4.2 管线用钢的典型组成

管线钢中加入合金元素可以改变钢的机械性质,而且对腐蚀性能也有影响。表3.6列出了典型合金元素以及它们对钢的影响。API 5L考虑了众多的成分,但只对少数合金元素的最大剂量作出了规定。这使得钢生产商可以通过不同的生产工艺达到规定的强度、韧性和可焊性。

表3.6 合金元素对钢性能的影响

合金元素	对钢机械性能和腐蚀性质的影响
碳 C	增加抗拉强度和硬度但降低韧性。降低可焊性,增加腐蚀
锰 Mn	增加抗拉强度、硬度和抗磨蚀能力。降低孔隙度,减少开裂,形成可能导致氢致开裂的硫化物

续表

合金元素	对钢机械性能和腐蚀性质的影响
磷 P	增加脆性和开裂。用量逐渐受到限制，对于甜性介质管道用量小于0.025%，对于酸性介质管道用量小于0.015%
硫 S	增加孔隙度、脆性和开裂。形成的硫化锰俘获氢，导致内部开裂。表面出现的硫化物导致点蚀。用量逐渐受到限制，对于甜性介质管道用量小于0.01%，对于酸性介质管道用量小于0.005%
硅 Si	增加抗拉强度但显著降低韧性。可作为还原剂用于钢的镇静（脱气）。限制用量在0.35% ~ 0.4%
铝 Al	用于细晶强化，可增加硬度。作为脱氧剂添加来镇静钢。当添加量为0.02% ~ 0.05%时，有助于增加焊接韧性
铜 Cu	提高对pH > 4.5环境中酸性开裂的抵抗力。影响焊接热影响区的腐蚀性。与Ni一起能稳定腐蚀产物膜，减少腐蚀。常与Ni一起用于弯管以及管道的厚壁段
铬 Cr	增加抗拉强度和硬度。降低可焊性。是耐腐蚀性的主要影响因素。含铬量Cr ≥ 12%时，材料成为不锈钢
钙 Ca	脱氧剂和脱硫剂。用于酸性服役钢管中夹杂物形态控制的二级添加物
钼 Mo	增加抗拉强度和耐腐蚀性。减少点蚀。用于优质弯管
钛 Ti	微合金元素。增加抗拉强度、硬化性能和耐磨性。与碳组合形成碳化物会降低韧性
铌 Nb	碳钢中的微合金元素，常添加于X42以上等级的钢中
钒 Vn	增加抗拉强度、硬化性能和耐磨性。用作厚管材的微合金元素
氮 N	增加强度但降低低温韧性。用量限制在0.01
镍 Ni	增加抗拉强度和低温韧性，提高耐腐蚀性。降低焊接腐蚀敏感性，提高焊接强度。应用于弯管。镍含量大于1%的管材不允许用于酸性环境

品种繁多的化学组成和为达到要求规格的钢所进行的热处理体现了管线设计师需做出的技术决策的复杂性。幸而不需要过于具体地规定生产初级板坯的炼钢过程。通常只需要限定采用碱性氧气吹炼法和电弧炉法，这两种方法，都能生产出低碳低SPOHN（硫、磷、氧、氢、氮）且具有细晶粒和较高低温冲击韧性的钢。还应规定钢是镇静钢（完全脱氧的）且具有细晶粒。表3.2给出了典型管线钢材的化学组成。

用于生产电阻焊钢管（ERW）卷钢的现代钢含碳量非常低。由于碳含量低，快速焊接的同时能够保持足够的韧性。但是，管线建成后，焊缝周围的热影响区强度可能明显低于母管和焊件。这是因为没有足够的碳通过转化硬化增加钢强度。同时，可能因细晶强化不足而导致晶粒过度生长。这通常不会有问题，但对于用卷筒式铺管船铺设的管子可能有影响。通过对墨西哥湾的一条管道的观察发现，当管道被卷起时，由于母管和热影响区（HAZ）的最终抗拉强度不同，导致管道热影响区出现椭圆化和撕裂。

3.4.3 制造焊接管所用钢板和钢带的生产

钢坯须经过轧制制成具有合适尺寸的钢板，然后用于制造钢管。钢板的尺寸与生产出的钢管尺寸近似相等，用于制造U–O–E管道。U–O–E管道是用潜弧焊（SAW）纵向焊接而成的，钢板厚度不超过50mm。生产出钢板后趁热（约450℃）将其堆叠，这样保温时间较长，利于残存氢气逸出。卷钢用于生产 ERW 和螺旋焊管，制造卷钢时，连续滚压一大块板坯，直到得到合适的厚度，这样就形成一张很长的钢板。卷钢的厚度上限约为 25mm。然后将钢板卷起存放，运输到管道生产厂。钢卷是在钢热时制成并保存在静止空气中，从而较长时间保持钢卷热度利于残存氢气逸出。

初始板坯应铸成生产最终钢板需要的尺寸，但有些钢生产商先铸成较大的板坯，然后切成合适的宽度。如果采用这种方法，应切出奇数块小板坯。某些情况下，中间那块可能不能用于生产管道。如果生产管道钢板的板坯是用大板坯切成两半得到的，管道纵向焊缝的一边将是由大板坯中心的钢制成的，而这个部位的钢夹杂物最多且存在游离的化合物。制成管道后，夹杂物会与纵向焊缝相邻。这种类型的管道可能不适合酸性服役。

3.4.4 钢板生产的热机控制过程

过去，用热轧工艺将板坯压成合适的尺寸，然后将板坯热处理从而达到最终的机械性能。传统的热轧过程，将板坯加热到奥氏体温度范围（1200～1500℃），然后保持此温度（浸泡），在此温度下再结晶产生较粗的奥氏体晶粒。并从该温度开始热轧钢板，热轧过程持续进行到钢板降温至 1000℃。热轧导致形成狭长的大晶粒。热轧后，钢就可以在空气中冷却了。奥氏体晶粒在重结晶的同时也发生了一些细晶强化。

为了进一步细化晶粒，需要对钢进行正火热处理，即将钢重新加热至奥氏体温度区进行重结晶，然后控制冷却速率，从而得到较小的铁素体晶粒尺寸。另外一种方法是对热轧钢板进行淬火和回火（Q&T）处理。在此过程中，钢被加热到奥氏体温度范围内进行重结晶，然后迅速降温从而使晶粒定格。通过快速冷却，形成了非平衡结构——马氏体。淬火形成的钢晶粒小且强度很大，但是脆性的，需要通过回火来降低强度而增加韧性。Q&T 过程比正火更易控制钢的最终性质。经过热轧和热处理生产出的板材的最终强度是通过相对高合金含量、微合金化和限制细晶强化达到的。因此，强度上限约为 X60，而较高等级的钢需要通过严格控制热处理过程来得到。这些钢的碳当量很高，这对可焊性有影响。通常这些钢的碳当量为 0.35～0.43。通过热轧生产出的强度和韧性均满足要求的钢种类是有限的。用于制造管线的高等级高质量钢板开始越来越多地使用控制轧制工艺生产。控制轧制工艺有几种不同变体，常称为热机控制工艺（TMCP），就是精细控制温度，通过几个阶段轧制钢板。图 3.5 中对比了正火、淬火、回火和 TMCP 管道的温度与轧制过程。图 3.6 描述了不同的 TMCP 工艺。

图 3.6 中的方法 1 是最简单的 TMCP 工艺，也是最早的控制轧制工艺，用于生产建造轮船和大型油船的大块高强度钢板。板坯被加热到 1200～1250℃，钢被轧制到增韧阶段。钢板允许被冷却到一个温度，在此温度下钢保持奥氏体，但由于轧制的第二阶段功的输入，再造晶粒不会重结晶。钢被进一步冷至奥氏体和铁素体过渡区边界温度，然后在这个温度下再次轧钢形成细长的奥氏体晶粒，完成轧制过程。在进一步冷却中，钢重结晶形成细小的铁素体和珠光体晶粒。在转化温度下对奥氏体晶粒进行加工，该过程中输入的能量使钢内部形成较小的铁素体晶粒结构，而钢的外观仍保持明显的带状，就像木材的纹理一样。所有钢板加工都在奥氏体温度范围内进行，因此这种方法称为 TM（α）。

方法 2 是在钢板完全转化成铁素体之前的奥氏体+铁素体区，第 3 次轧制钢板，形成

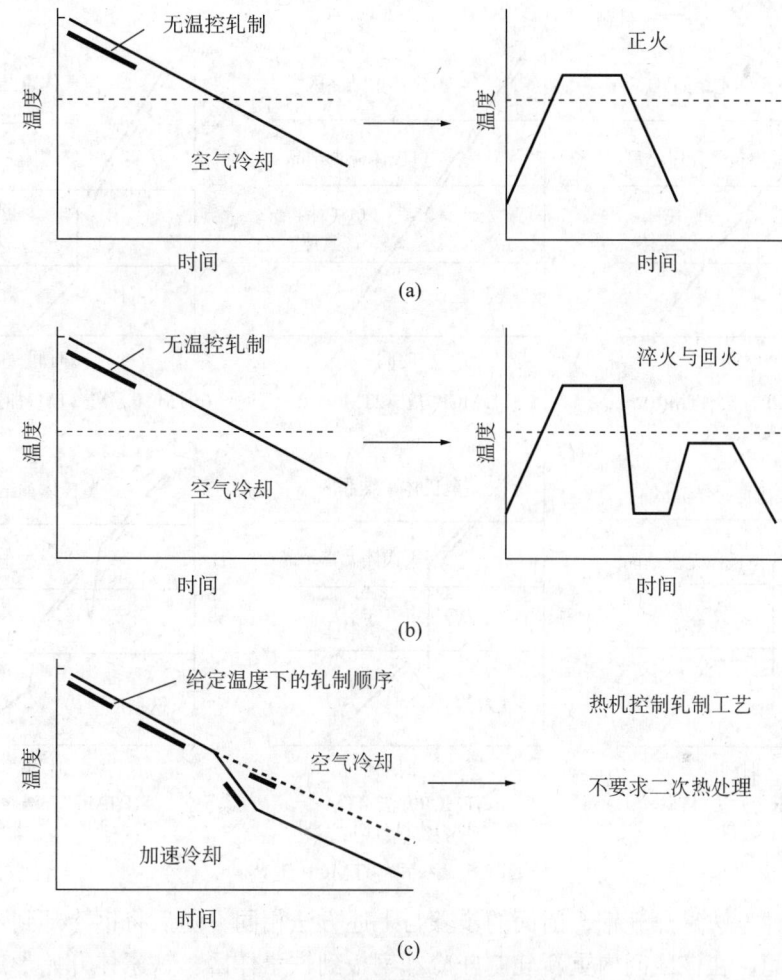

图 3.5 热轧钢板和钢带生产工艺

含有残余带状结构的细小铁素体晶粒结构。由于重结晶附加应力得不到释放,也会发生一些位错强化。因为钢的加工发生在奥氏体区和铁素体区,这种方法称为 TM(α+γ)。

方法 3 轧制钢板的方法同方法 2,但在第 3 次轧制后,是用水迅速冷却钢板。该方法使奥氏体转化为铁素体晶粒,但阻止晶粒的生长。如果钢板在空气中缓慢冷却,晶粒尺寸可能变大。该方法是在奥氏体区和铁素体区加工钢板以及加速冷却,被称为 TM (α+γ) +ACC。冷却时需要控制冷却速率避免钢结构淬火,因为淬火会形成贝氏体和马氏体,还需后续进行回火。

方法 4 是在高温下轧制钢板后允许温度降低一些,在加工过的奥氏体晶粒不会发生重结晶的温度区间内重新轧制钢板。然后用水冷却钢板到铁素体区,实质上是对钢板进行了淬火处理。这种方法生产出的材料强度很高,具有细小但杂乱的晶粒结构,需要回火处理。该过程在奥氏体区进行时,晶粒增长被限制,这个过程称为 TM (α) +Q&T。

方法 5 与方法 4 类似,但钢被淬火到一个足够高的温度,使它具有足够的余温自行回火。这种方法不需要重加热,但只能应用在较厚的材料上。这种方法被称为 TM (α) +Q&ST。

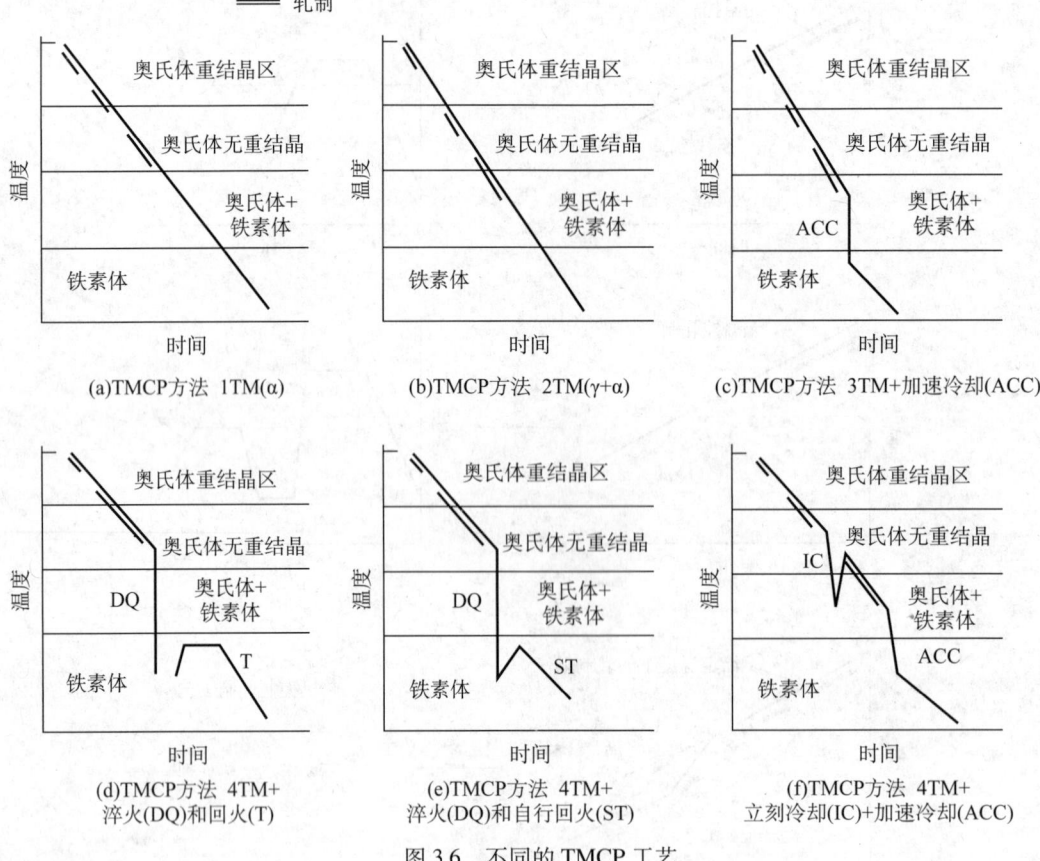

图 3.6 不同的 TMCP 工艺

最后一种方法是热轧钢,前面的步骤与上述方法相同,随后将钢冷却到不会发生重结晶的温度区间,在该区间内重新轧制并冷却钢板到铁素体区。铁素体开始形成,稍微加热钢板,使其温度上升到奥氏体区,在钢板降温至奥氏体与铁素体转化温度时再施以重加工。然后对材料进行加速冷却。这种方法称为 TM（α）IC+（γ）ACC。

初始板坯热轧的加热阶段很重要,因为它控制微合金化过程和晶粒的初始尺寸。每一种微合金元素需要不同的溶解和析出温度。轧制过程中,晶粒变形,如果重加热温度处于重结晶温度和转化温度之间或处于奥氏体和铁素体的双相区,当作用压力超过临界变形水平时,晶粒尺寸会通过轧制阶段之间的重结晶被细化。由于析出强化在晶粒边界产生沉淀物,晶粒的生长受到限制,晶粒不能热生长,而且每次重结晶时都会被细化。

加速冷却越来越多地被应用,因为从双相（αγ）区降温的速度对钢强度有显著影响。降温速度越快,即使合金含量较低,钢强度也会增加越大。因为合金含量低会减少碳当量,因此增加了可焊性,这些钢有很高的强度和韧度,可焊性也很好。应控制冷却速率,避免结构淬火,因为这会导致形成贝氏体和马氏体,这两种结构都需要后续回火处理。

钢板成形后,内部会残存氢气,需要一段时间才能逸出。大多数钢生产商将钢板堆叠储存,从而较长时间保持高温,促进脱氢。管道生产商提供的管道生产工艺技术规格书可能要求核实厚度为 20mm 或 20mm 以上的钢板以及用于生产酸性介质服役管道的钢板是否允许堆叠。

3.4.5 夹杂物形态控制

20世纪60年代，油气的生产开始增长，伴随而来的是大口径管道需求的增加。生产这样的管道需要具有较高强度和韧性的大幅钢板。比如，用U-O-E工艺生产直径为48in的管道需要一张4m宽12.5m长的钢板。新产出的油气很多是酸性的。众所周知，能够耐酸性介质腐蚀的管线需要采用能够避免在材料焊缝处出现应力集中点的方式建造，从而避免发生硫化物应力开裂（SSC）的风险，这是NACE MR-0176规定的。使用低合金含量钢能够很好地满足这项要求，但正如之前所讨论的，低合金含量钢要达到高强度需要具有细小的晶粒尺寸来保证强度和韧性。这种用于制造大口径管道的钢板是采用控制轧制工艺生产的，20世纪60年代时只能使用第一种控制轧制方法。

早期控制轧制生产的钢板做成的管道用于运输酸性原油时，由于钢内的氢气导致管道内部产生裂纹而失效。随着内腐蚀深入钢内部，钢内薄片状硫化锰夹杂物上有一些氢原子结合重新形成氢气。氢气积累形成很大的压力，导致内应力增大到足以导致钢内部开裂，这一过程类似油罐钢在叠片结构处起泡。钢的轧制过程导致带状的钢微结构，晶粒沿着轧制方向被拉长。这样的钢横向和纵向间有明显的各向异性，比如，具有不同的抗拉强度，冲击能吸收因子值差2～3。更重要的是，在酸性服役中，硫化锰夹杂物也被压平拉长，表面积很大，会吸收钢中更多的原子氢。这个方面会在酸性服役相关章节详细讨论。该章节介绍了改变夹杂物形态的方法，这些方法可以降低钢对HIC的敏感性并降低各向异性。

首次尝试生产具有抗HIC性能的钢是将铜混合到钢中。发生腐蚀后，铜在内表面形成富集的硫化铜层，它能催化氢原子结合形成氢分子。侵入钢中的原子态氢数量减少了。但是，当控制轧制生产的含铜钢用于运输酸性湿天然气时，还是会发生开裂。需要再改进钢的组成来减少硫化物夹杂物并改变它们的形态。

最初提高抗HIC能力的方法是减少钢中残存的硫。可以通过改变夹杂物形状进一步减少少量像硫化锰这样的残存硫化物的影响。先添加铝减少硫集中，再进行第一次钙处理。添加铝后再将钙以硅化钙或碳化钙的形式加入熔融的钢中，钙在钢中与硫和氧结合。反应产物进入浮渣被清除。这样硫含量就很低了，通常在0.001%～0.003%之间。锰和铈有同样的作用，但比钙昂贵许多。第二次添加钙是在钢水包阶段，用于将残余硫化物变为球形。经过钙处理，剩余硫化物与钙结合，主要产物是硫化钙而不是硫化锰。这种粒子往往呈现细小的球状，而且很硬，在热轧过程中仍能保持形状不变。这样，留给氢原子的面积明显减小，从而减少了氢气积累，显著提高抗HIC的能力。包样分析中，钙和硫的含量比应不低于1½：1到2：1。如果钙含量较低就不能形成足够多的硫化钙球体，而过量的钙则会形成不利化合物，影响HAZ的机械性能。表3.2给出了耐内部开裂钢的一种典型组成。

3.5 制　管

3.5.1 总述

油气生产管道是采用以下4种生产工艺中的一种制造的：无缝，纵向电阻焊，螺旋焊和纵向埋弧焊。可采用热钢板熔炉对接焊方式制造管道，但该方法不能生产大口径管道。

经过多次纵向焊接成形的管道也不能用于海底管线。

现在，很多管道制造商都是独立的，不隶属于任何综合性钢材公司。制造商们也往往专攻某些管道生产技术，很少有制造商生产的管材涵盖全部管径和壁厚。《石油与天然气杂志》(Oil & Gas Journal) 定期调查管道制造商和他们的生产能力。独立管道工厂生产管道所用的钢板或卷钢可以从任何货源购买，只要供货者能以合理的价格提供合适的材料。为了生产大量的管道，可能需要从几个钢材供应商处购进钢板。即使钢管的机械性能与规格书一致，在铺管船上焊接钢管时也必须注意焊接工艺，尤其是采用自动焊接工艺时，因为钢组分的微小改变可能影响焊缝的质量。

3.5.2 无缝钢管

无缝钢管是通过钢的热加工制成一条没有焊缝的管道。有几种可用的工艺，如图 3.7 所示。

最初成型的钢管可以经后续冷加工得到需要的管径和壁厚，然后进行热处理改变机械性能。一条固体钢棒，称为钢坯，从钢锭上切下来，加热后用穿孔机外围的轧辊造形，生产出一段钢管。曼内斯曼穿孔机可能是最有名的一种穿孔机。在这种穿孔机中，钢坯在旋转的筒状轧辊间被推动，轧辊之间有微小的夹角。轧辊转速约为 100～150r/min。钢坯本身也旋转。穿孔机置于两个轧辊挤压钢坯位置正上方，这样，当成形钢坯穿过两个轧辊间的挤压区时，减少的压力使穿孔机前面的钢材打开。

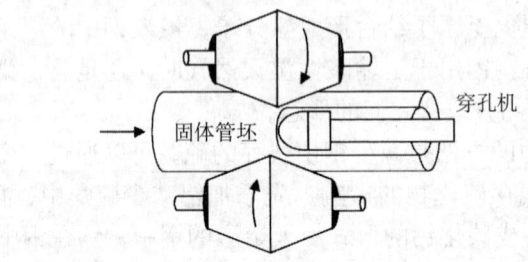

(a)用于制初级管坯的曼内斯曼穿孔机

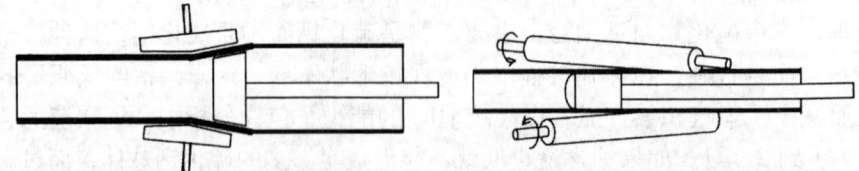

(b)用于将初级管坯转变为钢管的三辊式穿孔机　　(c)用于将初级管坯转变为钢管的卷筒机

图 3.7 无缝钢管生产工艺示意图

穿轧机生产出的管坯，需要经精加工做成钢管。精加工过程中，壁厚会进一步减小。在自动芯棒轧管机中，装在心轴上的直径逐渐变大的转子在轧辊间驱动管坯，轧辊将初级管压出所需的外径。其他方法使用多重锥形轧辊、常规水平轧辊或偏置轧辊。钢管在矫直过程中被修整，矫直过程中钢管在略呈锥形的轧辊之间被推动，然后通过一个定径机，定径机能保证钢管的圆度。

更老的一种工艺是皮尔格工艺。该工艺用偏心轧辊经过几个不连续的阶段轧制钢管。一根心轴插入经穿孔机加工的部分成形管。该装置被推进开放式轧辊，随着轧辊前后往复运动，管被一段段依次推入偏心轧辊，管道外径被轧成所需尺寸，该尺寸是由轧辊偏心度设定的。这种工艺也用于制造耐腐蚀合金钢管。

成形后，管道可能作为成品交货，而对于石油工业，通常需要进行正火处理，或淬火和回火处理。这些热处理会匀化钢管的机械性能，进一步提高钢管的强度和韧性。成形完成后，对钢管进行内部层裂检查和水压试验。

通常这种钢管直径不超过 16in，但少数供应商可以生产出最大尺寸为 28in，壁厚不大于 2in 的钢管。较大口径的钢管是用水力扩张小管径钢管的方式制造的。无缝钢管是一些小管径管线运营商的首选材料。它的主要优势是在使用中有良好记录，并且管道上没有焊缝。但是，较大口径的无缝钢管可能比其他工艺生产出的钢管贵。无缝钢管的劣势是壁厚误差范围比较大，通常在 +15% 到 −12.5% 之间，而且圆度和平直度不足。一流的管道生产厂家可以生产出误差较小的无缝钢管。

钢管外表面可能高度扭曲，导致加涂层前喷砂时出现细小的钢碎片。这些碎片在涂较薄的防腐涂层（比如熔结环氧树脂涂料，FBE）时，可能成为不利因素，管线设计师在对管道供应商进行资格预审时，应注意检查是否存在此问题。

3.5.3 电阻焊接（ERW）管

ERW 管是用卷钢制造的。将钢板展开切成需要的宽度，压平，然后处理钢板边缘。钢板需经过一系列轧辊形成管状。轧辊卷起钢板边缘，然后进一步将钢板卷成圆筒形，为纵向焊缝焊接做好准备。纵向焊缝焊接是采用 ERW 方式（因此钢管命名为 ERW 管）。生产这种钢管不需要焊接耗材。电阻焊接工艺过程如图 3.8 和图 3.9 所示。开始加工一个新钢卷时，将钢板焊接到前一个钢卷的末端，这样新钢板就可以被拉进轧钢机。每条管中间有一个接合点（接缝）。这种管通常不能用于建造海底管线。

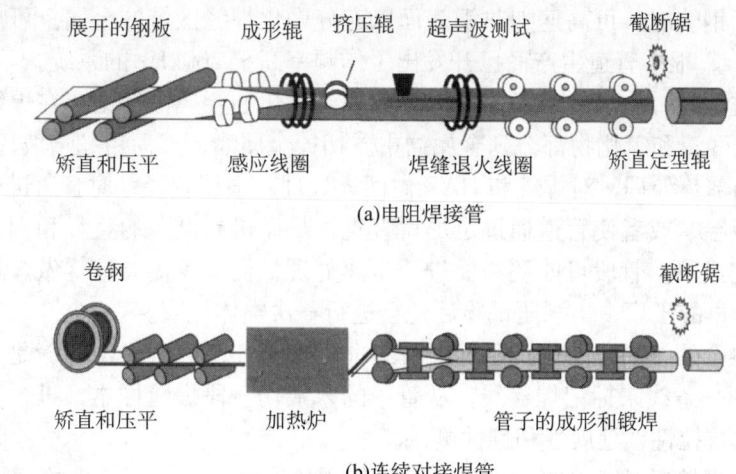

图 3.8　ERW 生产和连续对接焊管

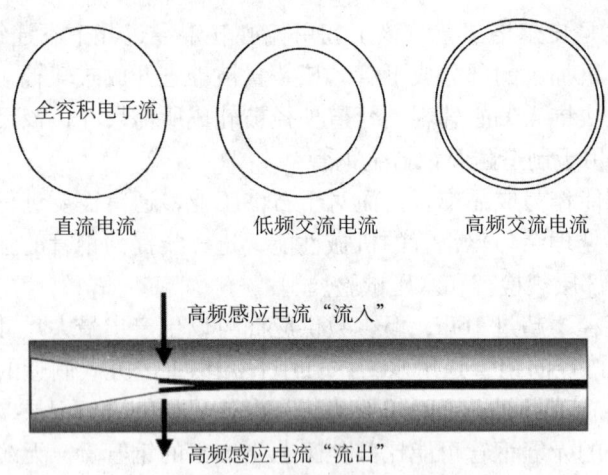

图 3.9 高频率下的表面电流密度集中

接通电流,加热待焊接的钢管表面。加热后马上将钢管表面压在一起形成纵向焊缝。可以用低频交流电(通常频率为 60～360Hz)加热钢管表面,通过滚动接触,直接将电流引入管内,也可以用工作频率约为 100000Hz 的感应线圈将电流引到管内。后一种管道焊接工艺制成的钢管称为高频感应(HFI)ERW 钢管。

早期的 ERW 钢管是使用低频焊接的方式制造的,这种钢管存在一些问题,导致有不良跟踪记录。为此,HFI-ERW 管道制造商通过对产品进行高品质的检查来恢复人们对产品使用的信心。通常,低频 ERW 确实需要高水平的检查,因为这种焊缝很可能出现一种缺陷,焊接术语称为未焊透。焊缝表面的灰尘和氧化物、电弧或焊接中的压力不足都可能导致无法焊透管壁。

用于建设海底管线的现代钢管几乎都采用 HFI 焊接生产。HFI 很有效,因为采用超高频交流电导致趋肤加热效应。当导体中的交流电频率增加时,携带电流的电子更容易流向导体的外表面(集肤效应)。在高频下,电子只在导体外表面 1mm 深或更浅的区域内运动。当趋肤效应用于钢管时,可高速加热钢表面以充分融化焊缝区域的金属。可用于焊接的最低频率是 100kHz,很多管道生产商已开发出工作频率高于 200kHz 的系统。

焊接成形过程中,施加在表面的压力导致表面熔化的金属被挤出,在焊缝上下形成金属瘤。钢表面的残渣和氧化物都流到金属瘤中。切掉金属瘤,然后用超声波探头检测焊缝。再对焊缝进行局部热处理,对焊缝和 HAZ 做回火处理。根据管径,对管道进行重加热,进行轻微地张力减径,或者使管道通过定形矫直辊,从而得到需要的直径和圆度。重新检查焊缝后将管道切成段。管段可能还需要进一步热处理,但很少需要这样做。最后的检测是水压试验。在最早的工厂中,水压试验后还会进行一次整体检查。

大部分熔融金属被挤出,因此形成的焊缝非常细微。用肉眼看出焊缝是不可能的,通常会在管子上画一条线来标记焊缝线。从管子的末端切一段焊缝样本,进行金相检查和分析,同时也会做抗拉性、延展性和韧性测试。

由于形成的焊缝很微小,热处理失败可能使焊接区域易发生更严重的腐蚀,影响 HAZ 的韧性。HFI 生产工艺克服了大多数问题,但由于早期 ERW 钢管曾存在问题,人们还是不愿意用这种钢管建设高压海底管线。通常规定这种材料用于地上管线,有时也可以用于不太重要的海底管线。

ERW 钢管是无缝钢管的主要竞争对手。它比无缝钢管便宜，而且它的壁厚偏差相当小。钢管长度通常是标准长度 ±50mm，可以生产的钢管长度达 27m。虽然 API 5L 允许的壁厚偏差较大，为 +19.5% 到 −8%，但是现代钢管壁厚偏差通常是 ±5%。据称，ERW 钢管管壁厚度可以精确到 0.1mm，而且可以生产 API 5L 标准以外的尺寸。较小偏差可以降低成本，管壁厚度和圆度偏差越小，铺管船安装越快，焊接困难越少。由此带来的铺管船生产效率的提高可显著减少总工程造价。据估计，材料和安装费用总共可节约达 20%。

3.5.4 U–O–E（或 SAW）纵向焊接管

U–O–E 钢管是用单张钢板制成的，先将一块钢板制成"U"形，然后做成圆管（"O"形）。纵向焊接后，再将管道扩张（E）以保证圆度。因为纵向采用的是埋弧焊（SAW）工艺，这种钢管有时也被称为 SAW 管。第 5 章"焊接"中介绍了 SAW 工艺。

将钢板切成精确尺寸，磨平钢板边缘。然后将钢板边缘卷起，慢慢将整个钢板弯成"U"形，然后在压力机中形成圆管。制成"O"形管时的压力可能使管道压缩 0.2% ~ 0.4%，对于酸性服役管道，压缩比可能更高。附在对接边上的引弧板需要进行定位焊，防止主焊接过程中发生移动。然后用多头焊接设备对圆管上的对接边进行 SAW 焊接。至少要焊两个焊道：首先焊内焊缝，然后将管道旋转 180°，焊接第二道外部焊缝。使用引弧板是为了使焊缝的起点和终点均在管道两端以外，以保证管道始端和末端的焊接质量。一些管道生产商先使用气焊焊出一条完整的一次焊道，将钢板两个边连接到一起，然后用 SAW 完成焊接。

焊缝需要经过超声检测和 X 光照相检查。如果焊缝合格，再用液压模具对管道进行扩径，将液压模具插入管道的一端，每扩径一次，沿着管道向里移动一下。每次停止移动，模具进行扩径，形成所需尺寸的圆形管道。通常，冷扩张需限制在 1% ~ 2% 以下，扩张器需要定形以避免对焊缝的损害。管道需进行静水压力测试，然后用自动超声波和 X 光照相术再次检查。焊缝可能还需经过磁性粒子检查。最后，将管道末端切平或做倒角，安装末端保护器，然后将管道移到存放架上。

U–O–E 钢管用于大口径管线的建造。它的中等口径（14 ~ 28in）管可与无缝钢管竞争。制造较小管径钢管时，管道生产商可能使用切割钢板，因为生产窄钢板经济性较差。由于夹杂物和偏析容易集中在钢板中央，切割钢板制造的管道中的夹杂物和偏析部分可能与焊缝相邻。这种管道不适合用于酸性服役。如果使用切割钢板，则应切成奇数块，避免母板的中线与纵向焊缝相邻。

U–O–E 钢管是早期用于大口径高压管线的管材。这种钢管壁厚和椭圆度偏差很小，通常钢管壁厚偏差是 +12%，−10%，椭圆度偏差为 ±1%。很多管道生产商可以生产出偏差更小的管子，通常为壁厚 ±5%，椭圆度 ±0.5%。规范中可能用百分比表示偏差，也可能用以毫米为单位的尺寸值表示。通常，用百分比表示适合大口径管道，而用尺寸表示更适合小管径管道。压力管/弯管可使用超厚壁管，是将钢板卷成圆筒，纵向焊接而成，跟 U–O–E 管类似。弯曲过程使用 3 个轧辊，其中一个是偏置的，通过移动偏置压辊得到需要的管径（图 3.10）。U–O–E 工艺的另一种变形是 J–O–C 工艺，这种工艺中，先将钢板制成"J"形,然后逐渐弯成"O"形进行焊接,最后采用压缩工艺保证圆度。

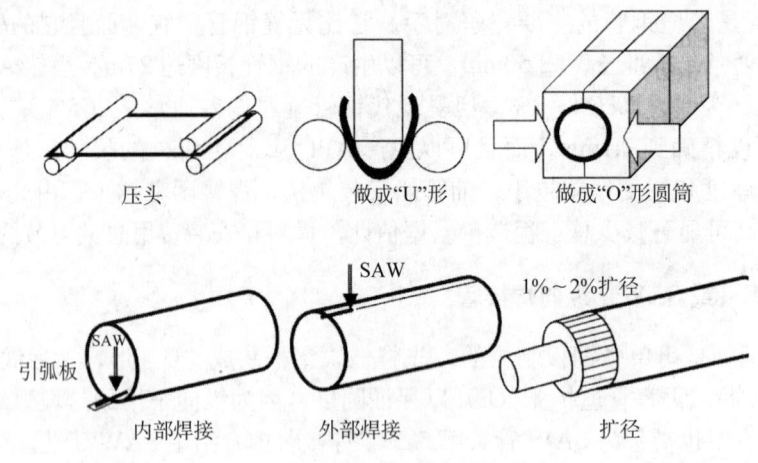

图 3.10 U—O—E 工艺示意图

3.5.5 螺旋焊管

将一个热轧钢卷展开,拉直,压平,并将钢板边缘磨平。然后将钢板按一定的螺旋线的角度(叫做成型角)卷成管坯。钢板的宽度和成型角度决定钢管的直径。钢管成型后,螺旋形内接缝先用惰性气焊或 SAW 焊接,当接缝旋转到顶部时,进行外部焊接。这样就生产出一段连续钢管。成形后,管道通过一系列轧辊以提高圆度。

管道焊缝用 X 光照相术或超声波进行检测,然后将管道切成需要的长度。管道接合处先进行液压试验再复检。如果管道通过检测,就将其末端切平或做倒角,安装末端保护罩并转运到管架上。图 3.11 给出了该工艺的原理图。

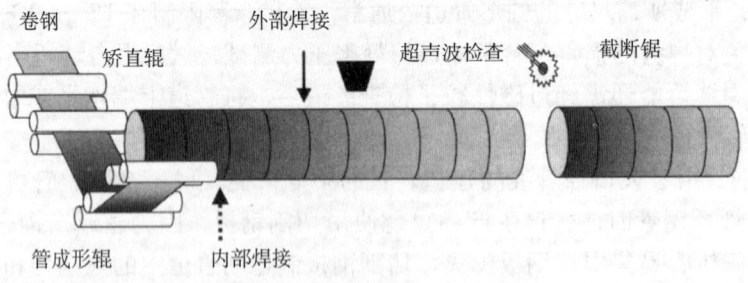

图 3.11 螺旋焊钢管生产工艺原理图

钢卷的末端焊接到下一个钢卷的始端,焊缝与形成管道的螺旋焊缝垂直。该焊缝与管道末端的距离不应小于 300mm。该焊缝接受的检查等级可能与螺旋焊缝不同,所以,管道规范中可能要求水压试验后对这种焊缝进行补充检查。

相比名义 API 5L 尺寸,螺旋焊管可以制成的直径和壁厚范围更广。而且可以制成的长度也大,超过 12m。因为这种钢管是卷钢制成的,与 U—O—E 管相似,其壁厚偏差很小,而圆度偏差可能会较高。螺旋焊管已经用于建造大口径的原油和天然气海底管道,但通常人们认为它没有 U—O—E 工艺制成的钢管那样可靠。它比 U—O—E 要便宜而且广泛地用于沉箱、套管、管束外套管、低压碳氢化合物运输、干气运输以及服役条件温和地区的水输送。焊缝很长,且一部分焊缝会处于腐蚀情况最严重的管道底部,这些被认为是螺旋焊管潜在的弱点,所以通常这种类型的管道不能用于高压腐蚀性环境。螺旋焊接可能会减少智能清管器检查所采集的数据量,因为传感器可能跳过焊缝,在紧靠焊缝的下游形成盲点。

3.6 管道参数

3.6.1 管道壁厚的选择

管道直径的选择是以水力研究为基础的,第 9 章中对此进行了介绍。在某些情况下,壁厚由安装应力决定,但通常壁厚的选择取决于工作压力,设计系数,腐蚀裕量和制造偏差(壁厚的变化量)。这些因素将在第 10 章讲述。常见的做法是在 API 5L/ISO 3183 规定的标准厚度管道中选取最接近且稍大的厚度。与 SAW 管相比,无缝钢管壁厚的负偏差越大,意味着对于给定的直径,无缝钢管比 ERW 管或是 SAW 管需要更大的平均厚度。随着壁厚的增加,焊接的复杂性也会增加。但是,很多现代管道制造商都能制成偏差更小的管道,而这可能需要使用成本效益分析来评估。很多公司要求的偏差比 API 5L 标准小,并且精确指定其所需的壁厚值。然而,对于小批量的钢管,这可能不够经济,因为标准的 API 管往往比这些非标准管要便宜。

腐蚀裕量是通过计算得到的,第 7 章给出了一种计算方法。在无腐蚀的环境下,是不需要腐蚀裕量的。在轻度腐蚀环境下,只需留出合理的腐蚀裕量就足够了,但通常还会使用一些缓蚀剂来抑制点蚀。更恶劣的环境下,则要求必须留有腐蚀裕量,而且同时进行连续缓蚀。在强腐蚀环境下,碳钢将不再适用,可能需要用其他防腐蚀的材料代替。对这一问题的详细介绍见第 4 章。

对上述方案的选择没有简单可用的标准。管道的设计使用年限,使用年限中的压力和流量分布,以及预期的产品液体组成变化,都需要考虑。其他相关的因素包括管线的危害性,检查的方便性,缓蚀剂的可用性,操作工人的技术水平,以及环境因素等。

3.6.2 单根钢管长度

在陆地管道的建设中,焊工沿着管道移动,将单根钢管焊接到不断增长的管线末端,这使得单根管段的长度具有相当大的灵活性。在铺管船上,焊接位置是固定的。当铺设管道和铺管船沿线路前进时,管线需要通过一系列焊接站。焊接站的位置是相对固定的,因此对于海底管道,规定一个固定的单根钢管长度是很重要的:标准的长度是 40ft (12.19m)。海底管道的单根钢管通常规定为 $12.2m \pm 0.3m$。随着焊接工艺复杂性的增大,要求的管长度偏差也会减小。手工焊接仍然是最灵活的焊接工艺。应避免过度设定规格,铺管船承包商应给出一个允许的偏差范围。

3.6.3 弯管

海底管道很少需要弯管,因此可以选择用一般的钢管做成弯管,因为通常会有一些超厚壁钢管可以用。但是,很重要的一点是需要确定这些管材热成形时可以保持其强度。热弯曲制造工艺有可能会过度降低含碳量极低的钢的强度。这种情况下，我们将需要用专门的钢管来制作弯管。

如果建造的管线需要用磁漏清管工具进行检测，那么对弯管的弯曲半径有一定的限制。弯曲半径随着管道直径的增加而减小。对于口径为6in和8in的管道，为满足清管器需要，可能需要安装5D弯管。对于口径为24in的管道，为适应1.5D或2D弯管，设计了更高级的清管器。

3.6.4 平直度

对于海上服役，管道平直度的重要性取决于采用的焊接工艺和水深。自动焊接比半自动和手工焊接要求偏差更低。通常管的平直度偏差遵循直径的对数正态分布，而且可以认为，管道直径越大，管道越直。API 5L允许12m长的钢管其平直度偏差为24mm。通常12m长的钢管平直度偏差可以降到12mm。为了减少总的费用，要避免过度设定平直度。

高温操作的管线可换用具有10°角的管接头，这样，安装好的管道会呈"之"字形。这种结构的管道具有纵向伸缩能力，从而消除向上弯曲的风险，这一点会在第14章中详述。

3.6.5 内部清洗

对于天然气管道，如果在管道的内表面有过多的氧化物（称为氧化皮），内部清洗是很有必要的。服役期间，尤其是酸性服役时，氧化皮会脱落，细小的黑色粉尘随气体经过管线，阻塞过滤器、阀座以及工艺设备。这个问题对于经过淬火和回火加工的无缝钢管特别突出，因为两次热处理会形成很厚的氧化层。管道是用内部喷砂方法清理的。运输水和原油时，通常不需要对管道进行内部清洗，但鉴于输水管线中的碎片会降低抑制细菌生长的杀菌剂的效力，而在输油管道中，碎片会降低腐蚀抑制剂的效率，是否需要内部清洗还需要讨论。

3.6.6 剩磁

管道制造的最后一道工序是将管道的两端切倒角，从而保证它们正对管道纵轴，并且为焊接做好准备。可以用磁粉探伤法（MPI）检查倒角的迭片结构，迭片结构加热时散发气体，导致周围的焊缝多孔。在MPI之后，管道要进行消磁（通常到30Gs），因为剩磁会在焊接时产生问题。因为等离子体是一种电流，它会被剩余磁场所改变，造成等离子弧的失控。应注意，采用磁力探伤清管器检查过的管道在维修时也会出现磁力问题。

3.7 规格清单

(1) 管道类型。
(2) 炼钢法。
(3) 管道运行条件的确定。
(4) 管钢化学性质的限制。
(5) 纵向焊缝化学性质的限制。

(6) 规定最低屈服强度（SMYS）。
(7) 强度上限。
(8) 无延展性转变温度（NDTT）。
(9) 最小允许平均韧度和最低韧度。
(10) 韧性测试温度。
(11) 无损检测，验收标准，非标准规格产品流程。
(12) 水压试验，验收标准，非标准规格产品流程。
(13) 壁厚偏差。
(14) 长度偏差。
(15) 椭圆度。
(16) 平直度。
(17) 末端加工：平边，标准倒角，或专用倒角。
(18) 管道内部清理。
(19) 管两端保护罩的规定。
(20) 接缝失效，有缝管材，剩磁限制。
(21) 检测要求，频率，报告程序。
(22) 要求的特性试验，特殊测试，验收标准。
(23) 制造商跟踪记录。
(24) 担保。
(25) 资格预审要求，工厂参观，投诉程序。

参 考 文 献

1　Craig, B.D. (1991). *Practical Oilfield Metallurgy*. Tulsa, OK：PennWell.
2　American Petroleum Institute Specification 5L：*Line Pipe* (42nd ed.).
3　ISO 3183：Petroleum and Natural Gas Industries—Steel Pipe for Pipelines.
4　Engineering Equipment and Materials Users Association. (1991). *Specification for Line Pipe for Offshore Pipelines (Seamless or Submerged Arc Welded Pipe)*. Publication No. 166.
5　Courteny, T.H. (1990). *Mechanical Behaviour of Materials*. New York：McGraw-Hill.
6　Takeuchi, E, Yamamoto, A., and Okaguchi, S., 2002, Prospect of High Grade Steel Pipes for Gas Pipelines, *Proceedings Pipe Dreamer's Conference*, Pacifico, Yokohama, Japan, 185-203.
7　Palmer, A.C. (1998). Innovation in Pipeline Engineering：Problems and Solutions in Search of Each Other. *Pipes and Pipelines International*, 43, 5-11.
8　Llewellyn, D.T. (1992). *Steels—Metallurgy and Application*. Oxford, UK：Butterworth.
9　Ibid.
10　NACE MR-0175：Sulfide Stress Cracking Resistant Metallic Materials for Oilfield Equipment.
11　Ibid.

第4章 提高耐腐蚀性能

4.1 概述

碳锰钢是最便宜的制管材料,并且可以应用到任何可能的领域,通常会与缓蚀剂结合使用。但是,对于某些服役环境,上述结合不足以防止管内输送介质造成的内腐蚀,因此,必须使用防腐材料。

耐腐蚀性管道可以用硬质防腐合金(CRA)制造,也可用具有CRA内衬的碳钢复合板制造,或做成柔性管。在本章中将讨论金属硬质管道和复合刚性管道的选择。在第6章中将介绍柔性管、复合管以及复合内衬钢管。通常,只有普通的钢材不适用时才会选择硬质CRA管或CRA内衬管,例如运输介质的腐蚀性太强,即便配合缓蚀剂,碳锰钢仍不适用。有时碳钢与缓蚀剂配合使用在理论上可行,但采用缓蚀剂经济性很差或技术上不可行,例如,无人操作的卫星平台,海底装置和远程的生产作业,需要仔细权衡两者利弊进行选择;另外,如果特别需要降低环境破坏的风险,也要慎重选择管道。在这两种情况下,采用防腐合金制造管道可能比用碳钢加缓蚀剂的经济性好。

在选择某一特定CRA时,要考虑技术性因素,同时还必须作严格的经济性论证。任何情况下,设计使用年限都是极其重要的。如果成本效益分析之后需要在某种CRA和碳钢之间作出选择,那么碳钢管道运行所需的隐性费用就必须予以考虑,如定期监测和检查,缓蚀剂的运输和使用,以及管道失效的高风险等。如果是在不同的CRA之间作选择,则应着重考虑与安装相关的费用以及潜在的失效风险。研究显示,对于小口径(10in以下)长度较短(15km以下)而且设计使用年限为15年及以上的管道而言,选用较贵的材料可能使总费用最低。对于其他管道,可能需要重新评估油田整体运行方式,改变采出液的腐蚀性。因此,对于长管道,业界开始考虑多种管材混合应用:在管道入口使用CRA管,而在温度和腐蚀性较低处使用碳钢管。在热气管道中,管道入口处出现冷凝水的可能性比较大,导致管道顶部腐蚀。在管道入口段使用CRA材料是预防这种风险的一种方法(见第7章)。

可选择的CRA很多,但只有少数可以作为硬质材料用于焊接制造的管道。一旦对CRA进行焊接,焊件的部分焊接热影响区会处于溶解退火状态。很多CRA在这种条件下的屈服强度比锻造条件下低。对于已建好的管道,不能通过冷加工或热处理等方法来恢复其强度。增加强度可以使用厚壁管,但这会大大增加管道费用。可用于内部覆层CRA的材料范围比可用作硬质CRA的材料范围要广,这是因为覆层材料的强度不重要,但对覆层材料的熔点有要求。对于小口径管道可用螺纹连接代替焊接,业界已经做了一些研究,螺纹连接使得既可用于硬质管道又可用于复合管道的材料范围大大增加。

由于这些限制条件,目前海底管道最常用的硬质CRA是双相不锈钢。双相不锈钢有着不小于X60钢级的屈服强度,其适用温度范围从$-50℃$到$+300℃$。但是,温度上限会受到应力腐蚀开裂因素的限制。双相不锈钢对于甜性和微酸性流体具有很好的耐腐蚀性,可以在温度高达150℃（为防止阴极保护系统失效，耐温性很重要）的海水环境中使用，但挪威标准化组织M-001建议谨慎对待此温度值。最近发展起来的低镍12%～13%铬合金，价格介于碳钢和两相钢之间，具有可焊性且适用于酸性和甜性高温环境，但对于氯化物比较敏感。

由于管道建好后要对覆层材料进行热处理，因此可用作碳锰钢管内部金属覆层或内衬的材料受到限制。覆层不能增加管道的承压能力，通常用固溶退火条件下的覆层改善管道的耐腐蚀性。为了达到这个目的，需对覆层进行热处理，但热处理温度绝对不能超过1000℃左右。超过此温度，碳钢会发生重结晶以及晶粒生长，这会影响钢管的机械强度。这一点使覆层材料局限于奥氏体不锈钢、高镍合金钢、825钢和625钢，这些材料可以在950～980℃时被退火。表4.1给出了上述材料以及本章中提到的其他材料的组成。

表4.1 耐腐蚀合金的组成

(a) 马氏体不锈钢

合金	UNS 编号	Cr	C	Mn	Si	Mo	S	Fe
410	S41000	11.5～13.5	0.15	1	1		0.03	残余
420	S42000	12～14	0.15	1	1	.	0.03	残余

(b) 奥氏体不锈钢

合金	UNS 编号	Cr	Ni	C	Mo	Mn	Ti	Si	Fe
304	S30400	18～20	8～10	0.08	—	2		1	残余
316L	S31603	16～18	10～14	0.03	2～3	2	—	1	残余
321	S32100	17～19	10～14	0.08	—	2	5xC	1	残余

(c) 高钼-铬-镍不锈钢

合金	UNS 编号	Cr	C	Ni	Cu	Mo	Mn	Fe
904L	N08904	19～23	0.02	23～28	1～2	4～5	2	残余
254SMO	N08925	19～21	0.02	24～26	0.05～1.5	6～7	1	残余

(d) 双相不锈钢

合金	UNS 编号	Cr	C	Ni	N	Mn	Mo	Si	Fe
2205	S31803	21～23	0.03	4.5～6.5	0.08～0.2	2	3	1	残余
2507	S32750	25	0.03	7	0.1～0.25	1.5	2～4	1	残余
F255	S32550	24～27	0.04	4.5～6.5	0.1～0.25	1.5	2～4	0.5	残余 Cu 1.5～2.5

(e) 高镍合金钢

合金	UNS 编号	Cr	C	Ni	Mn	Al	Cu	Mo	Fe
825	N08825	19.5～23.5	0.02	38～46	1	Ti1	0.2	1.5～3	2.5～3.5	22
625	N08925	20～23	0.02	残余	2	Nb4	0.4	0.05～1.5	8～10	5

其他可以考虑用于硬质管道或作为覆层的材料是高钼超奥氏体不锈钢,例如,改良的904L 或 254SMO 钢,它们的耐腐蚀性得到了提高,价格介于普通奥氏体不锈钢和高镍合金之间。但是,这些材料热处理范围受到约束,可能无法在最佳状态下使用。

4.2 提高耐腐蚀性的方法

4.2.1 镍和铬的添加

添加镍和/或铬会显著提高碳钢的耐腐蚀性。图 4.1 分别给出了镍和铬对腐蚀作用的影响。也会少量添加其他元素,如钼,以改善耐特定类型腐蚀的性能。少量地添加铬对甜性系统(含有二氧化碳的流体)中的腐蚀有抑制作用,当铬添加量达到或超过 12% 时,腐蚀最少。经观察发现,添加镍的效果与铬类似,当镍含量达到或超过 9% 时,腐蚀最少。单独使用一种合金元素会使材料费用最小化。单独用铬好一些,因为它比镍便宜,但是单纯的铬合金可焊性较差,容易出现延迟开裂,且 HAZ 的机械性能会明显降低。为了克服这些缺陷,可在碳钢中同时加入镍、铬元素。

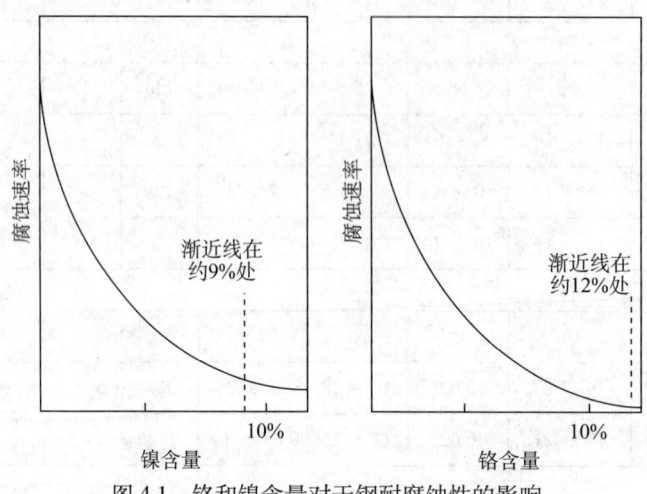

图 4.1 铬和镍含量对于钢耐腐蚀性的影响

虽然常规腐蚀减少了,其他类型的腐蚀却突显出来,如氯化物应力腐蚀开裂(CSCC)、缝隙腐蚀和点蚀。如管道曝露在海水中,则会面临外部腐蚀。CRA 的选择很大程度上取决于避免这些潜在的内部和外部失效机理的需要。除了镍和铬,其他合金元素也可以用于提高材料抗点蚀和缝隙腐蚀的能力,钼和氮是效果最显著的两种元素。

另外,还需考虑到前面提到过的其他内外腐蚀机理,如硫化物或氯化物开裂等。业界发现镍含量在 1%~9% 之间时会降低材料抗硫化物腐蚀开裂的能力。添加合金元素会改变可焊性,甚至有时会降低可焊性,因此为选择管材而进行的成本效益分析中也应考虑添加剂费用和特殊焊接程序。

4.2.2 钝态

铬–镍钢具有耐腐蚀性是由于合金在少量腐蚀后,会形成一层连续坚韧的富含耐腐蚀元素的表面膜。特别是在加入铬元素时，会生成氧化铬膜。这种膜通常是不可见的，但阳极化和/或氧化作用会使它增厚，当达到足够的厚度时光的衍射作用会使其显现出颜色。这种膜相对于基体材料具有高电化学势，不易腐蚀，这种表面膜的存在导致的耐腐蚀性被称为钝态，膜称为钝化膜。钝化膜并不是静态的，实际上，它处于不断重新形成的过程中，但由于过程相当缓慢，材料看起来像并未被腐蚀。

如果材料的表面膜受到保护且能够正常重新形成，材料可以长期使用。高浓度的氯化物和其他卤化物会阻止表面膜的局部重新形成，导致这些有瑕疵的区域发生腐蚀。正常的氧化铬膜在阳极（腐蚀）区域充当阴极，建立起一对电偶。阳极的腐蚀速率取决于阴极和阳极面积比，如果这个面积比大，那么连续的腐蚀作用可能表现为点腐蚀。阴极和阳极的有效面积比与水的局部电导率有关。

不锈钢腐蚀的主要影响因素大体可分为如下几类（大致按照对腐蚀的影响程度排列）：
(1) 氧化物的存在（氧化物帮助氧化膜重新形成）。
(2) 氯离子浓度（氯化物妨碍氧化膜修复）。
(3) 电解液的电导率（影响阴极/阳极比值）。
(4) 裂缝（引发腐蚀）。
(5) 沉积（阻止氧化膜重新形成）。
(6) 水垢和沉淀物（阻止氧化膜重新形成）。
(7) 生物活动（产生黏液和沉淀物阻止氧化膜重新形成，或细胞代谢物引起氧化膜分解）。
(8) 氯化处理（改变环境中的氯含量）。
(9) 不锈钢的表面条件。
(10) pH 值（如果低于 5，会加快阴极反应）。
(11) 温度（改变氧化膜分解的相对速率、腐蚀过程以及氧化膜重新形成的速率）。

4.2.3 耐点蚀当量数（PRE_N）

耐点蚀当量数（PRE_N）也被称为点蚀当量，是 CRA 耐腐蚀性评估中的一个重要的参数。表 4.2 给出了一些 PRE_N 的例子。PRE_N 没有成熟的理论基础，但已通过实践检验。PRE_N 可以用下面的公式计算：

$$PRE_N = \%Cr + 3.3\%Mo \tag{4.1}$$

或

$$PRE_N = \%Cr + 3.3(\%Mo + 0.5\%) + 16\%N \tag{4.2}$$

表 4.2 耐腐蚀合金的机械性能和耐腐蚀性能

材料	最小屈服强度 MPa	最小抗拉强度 MPa	硬度	PRE_N	相对密度
410	205	415	95BHN	11.5～13.5	7.7
420	760	965	302352BHN	12～14	7.72
304	205	515		18～20	7.94

续表

材料	最小屈服强度 MPa	最小抗拉强度 MPa	硬度	PRE_N	相对密度
316L	170	485		22.6 ~ 27.9	7.94
321	205	515		32.2 ~ 36.1	7.94
2205	450	620	30.5HRC	32.2 ~ 36.1	
2507	550	760	31.5HRC	32.2 ~ 44.2	
F255 双相不锈钢	550	760	31.5HRC	32.2 ~ 44.2	
904L	220	490		29.2 ~ 39.5	8.0
254SMO	300	600		38.8 ~ 44.1	8.1
825	172	517		27.8 ~ 35.1	8.14
625	414	827		46.4 ~ 56	8.44

有关这些钢材的规范应考虑这些元素的相对重要性，并规定元素的最低含量。通常保证较高的合金含量，可以在通用标准范围内显著提高耐腐蚀性。PRE_N 高于 40 的材料通常被称为超合金，超奥氏体合金或超双相合金。

4.2.4 点蚀和缝隙腐蚀

材料的表面膜会在使用中受到破坏，但它会迅速重新形成。如果环境条件使钝化膜不能重新形成或重新形成条件不完备，则在钝化膜的缺损处会发生腐蚀。氯化物和其他卤化物是破坏钝化膜的最常见成分，点蚀会在这些区域发生。大量证据表明，很多点蚀发生在钢表面中的非金属夹杂物处。

因为在铬膜未受损伤的地方腐蚀受到抑制，不锈钢中的点蚀往往口窄而且深。点腐蚀发生概率很高，薄壁材料可能出现针孔失效。点蚀在管道处于低流速条件下的一侧形成，由于受到重力，多数情况下破坏会向下蔓延，因为点腐蚀产物会引发进一步的点蚀。腐蚀产物保留在金属表面，降低钝化离子的扩散速度。假定腐蚀过程为如下一系列步骤：

（1）金属溶解（阳极反应）：

$$M = M^+ + 电子$$

（2）阴极反应：

$$O_2 + 2H_2O + 电子 = 4OH^-$$

（3）坑洞处阳离子（M^+）浓度增加引起氯离子向内移动来中和电荷。

（4）可溶性金属氯化物的形成：

$$M^+ + Cl^- + H_2O = MOH + H^+Cl^-$$

如果金属表面用无孔材料覆盖，如密封垫，那么材料与金属表面可能形成一条缝隙。间隙越窄，缝隙腐蚀越有可能发生。发生缝隙腐蚀的条件不如点腐蚀苛刻，因此如果设计能避免缝隙腐蚀的风险，那么点蚀就不太可能发生。

缝隙中的水状流体（电解液）与金属反应，流体中离子浓度变化很快，电解质由主体向外的扩散无法控制离子浓度变化。通常的引发剂是氯离子，它们向缝隙移动的速度比其他离子快，这样就造成了一种不平衡。如前所述，缝隙内流体的pH值和氯化物含量变得与缝隙外的流体主体明显不同。在这种条件下，金属会继续腐蚀直到缝隙被腐蚀产物堵住，或者间隙变得足够大，使得扩散过程能够保证及时重新钝化金属。

点蚀和引起缝隙腐蚀的临界裂缝间隙与第4.4节中讲到的PRE_N有关。图4.2给出了几种CRA的点蚀和缝隙腐蚀速率，该速率是PRE_N的函数。在间隙低于1mm时，304不锈钢会发生缝隙腐蚀；间隙小于0.35mm时，316L钢会发生缝隙腐蚀；间隙低于0.25mm时，904L钢会发生缝隙腐蚀；而对于625合金钢，间隙低于0.1mm时，缝隙腐蚀才开始发生。密封垫是一个明显的缝隙区域，而焊接飞溅，碎屑硬片或脱落的涂层，或有些材料焊接时形成的氧化层，有时也会产生缝隙。

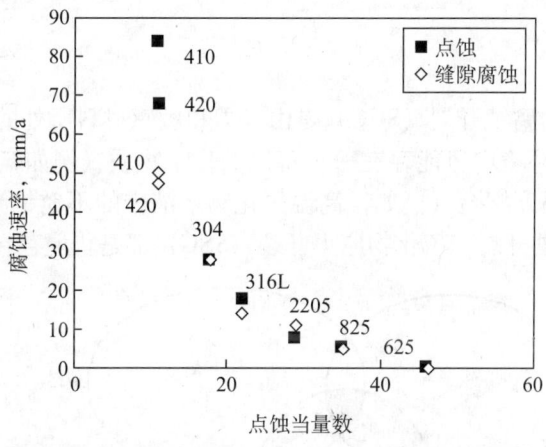

图4.2　点蚀和缝隙腐蚀速率（PRE_N的函数）

腐蚀开始时缝隙中流体的pH值和氯化物浓度也与PRE_N线性相关。例如，410/420铬钢的临界pH值约为2.9，而临界氯化物浓度为35000ppm。316L钢临界pH值为1.6，临界氯化物浓度为15000ppm；625合金钢的临界pH值为0，临界氯化物浓度在200000ppm以上。钼合金化处理具有重要影响，例如，25-6Mo不锈钢的临界pH值低于1，临界氯化物浓度高于200000ppm。缝隙中的腐蚀速率与缝隙尺寸有关，通常在临界缝隙尺寸处的腐蚀速度为0.1mm/a；但随着缝隙尺寸减小，缝隙中的腐蚀速率可能以指数型增长至3～4mm/a。

根据ASTM（美国试验与材料标准）G48和G78规定，通过将材料浸没在酸性氯化铁溶液中来测试材料对点蚀和缝隙腐蚀的敏感性。这是一种模拟测试，但对于合金排序和QA/QC（质量保证／质量控制）是有用的。试验是用弹性橡皮圈套在测试样本上，或将惰性氟碳聚合物垫圈附在样本上，形成缝隙。另一种试验是使用电化学技术，从高化学电位到基极电位进行扫描，再回扫，对电流量做记录。通过记录数据，得到电势对电流量的对数曲线，向上和向下扫描的曲线形成环状，称为滞后环，材料的敏感性可根据滞后环的大小进行评估。CRA排序的其他参数是临界点蚀温度和电势，点蚀行为可用对数氯电位图中的标准电势表示。耐腐蚀合金的缝隙腐蚀临界温度列表见表4.3。

表 4.3 临界缝隙腐蚀温度①

材料	UNS 编号	缝隙腐蚀温度,℃
304 不锈钢	S30400	<－2.5
316 不锈钢	S31600	0
904L 铬－镍合金钢	N08904	0
2205 双相钢	S31803	17.5
F255 双相不锈钢	S32550	22.5
254 SMO	S31254	32.5

① 在 10%$FeCl_3 \cdot 6H_2O$ 中测试, pH 值为 1, 曝露时间 24h。

4.2.5 应力腐蚀开裂

如图 4.3 所示,应力腐蚀开裂(SCC)是由应力和敏感材料所处的特殊环境共同作用下形成的一种腐蚀。所处环境中可能存在一种特殊的化学物质(例如,存在硫化氢时钢的开裂),或者化学物质与温度配合(例如,高温氯化物溶液中的不锈钢)。对于奥氏体和双相不锈钢,氯化物应力腐蚀开裂和硫化物应力开裂(SSC)都是普遍存在的开裂形式。

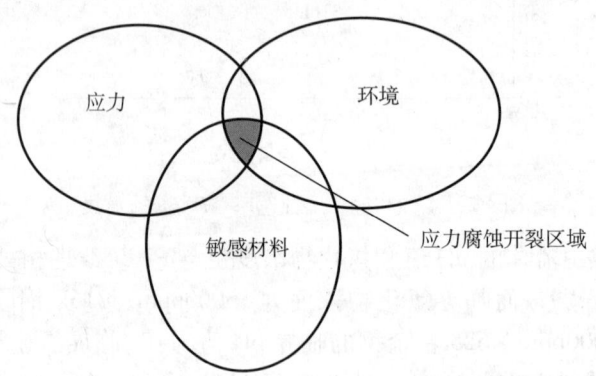

图 4.3 应力腐蚀开裂

管道发生 CSCC 的风险主要是外部问题,但如果管道曝露在溶有空气的海水中,且温度很高,则 CSCC 也可能发生在运行管道的内部。SSC 是一种内部开裂现象。马氏体不锈钢在硫化物环境中会发生硫化物应力开裂,却对 CSCC 免疫。双相不锈钢抗 CSCC 能力明显高于奥氏体不锈钢。图 4.4 给出了 316L 奥氏体不锈钢和 2205 双相不锈钢之间的差别。镍含量超过 40% 的高镍合金钢在抗 SSC 和抗 CSCC 开裂中均有较好表现。

高温且同时存在氧气和氯化物的特殊环境会导致 CSCC 的发生。即使是非常低水平的氧气也足以引起 CSCC。例如,在含有超过 50ppm 的氯化物且温度超过 50℃ 的环境中,316L 钢受到应力作用时会发生开裂。CSCC 的经典开裂形态是高度分支开裂,很像树根从生长点向外延伸。这种开裂可能是晶间的或晶内的,增加了腐蚀机理界定的难度。

开裂始于坑洞和缝隙或其他表面损伤。关于开裂传播的解释有两种假设。第一种假设

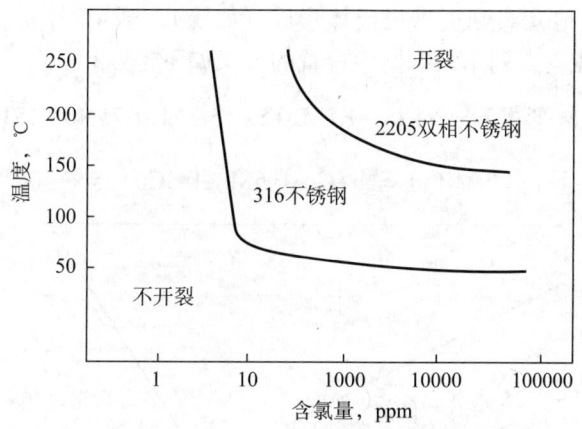

图 4.4 钢应力腐蚀开裂敏感性的比较

涉及不同类型的腐蚀。如果坑洞足够深,坑洞像小缝隙一样,腐蚀过程与缝隙腐蚀相似。一旦坑洞超过一定的深度,则产生应力加强,导致裂纹尖端发生塑性屈服,这会连续不断地破坏氧化膜。因此材料的裂缝顶端不会重新钝化,但裂缝壁上会发生重钝化。由于阳极面积小,阴极表面大,开裂顶端的快速溶解使开裂继续进行。第二种假设与材料开裂顶端的氢脆化有关,这会导致材料失效。氢气移动穿过开裂顶端区域,在(屈服引起的)位错集中处聚集,这个机理与硫化物应力开裂的假设机理类似。

腐蚀产生的氢原子穿过钢从表面移动到内部,导致了合金局部脆化,从而引起硫化物应力腐蚀。在屈服区域,高度的位错集中成为氢原子的聚集处。如果局部应力水平超过材料的脆化强度,裂缝会向延展性材料中传播。单一的无分支穿晶裂缝是典型的裂缝形态。因为不锈钢中的腐蚀速率低于碳钢中的腐蚀速率,而且氢气在不锈钢中的渗透性比较低,这些材料对 SSC 的稳定性明显比碳钢好。但是,这种稳定性对于氯化物浓度很敏感。同时具有高浓度的硫化物和氯化物会导致 SSC;而且,与碳钢相比,这些材料的强度(评估为硬度)一定会受到限制。NACE MR-0175 给出了几种 CRA 的许用值。

阴极保护(CP)对于防止外部点蚀和缝隙腐蚀以及这些钢的 CSCC 很有效。通常,这些材料所需阴极保护电流是碳钢所需阴极保护电流的 10%~20%。因此,针对不锈钢的 CP 不但效果好,而且效率高。但万一有管道的 CP 系统不起作用,敏感的管道材料可能失效。因此,奥氏体不锈钢不用于海底管道。但不可避免 CRA 与碳钢相连,CRA 需要的 CP 电流密度比碳钢低。通常把不锈钢当作碳钢考虑,将整体保护电势设计为 -800mV SSCE(饱和氯化钠甘汞电极)。近期的研究表明,低 CP 电势下的双相不锈钢在高应力作用下会发生氢脆化,对于待选材料,需要测试它的最低允许电势。一种方法是保证材料能够符合 NACE MR-0175,这样就能使脆化风险最小。

4.3 适用的耐腐蚀合金

4.3.1 金相组成

从谢夫列尔组织图(图 4.5)中可以看出不锈钢的金相组成,有一些合金元素促进铁素体形成（如铬），而其他元素则促进奥氏体形成（如镍）。图4.5中的图表给出了所有的不锈钢。用于确定合金在谢夫列尔组织图中位置的公式如下：

$$铬当量（铁素体形成）=Cr+2Si+1.5Mo+5V+5.5Al+1.75Nb+1.5Ti+0.75W \quad (4.6)$$

$$镍当量（奥氏体化）=Ni+Co+0.5Mn+0.3Cu+25N+30C \quad (4.7)$$

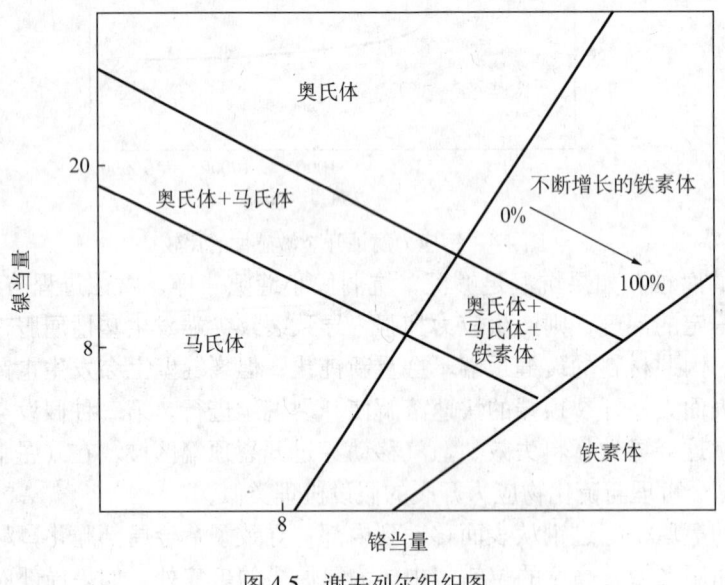

图4.5 谢夫列尔组织图

4.3.2 低铬碳钢

铬含量低于0.75%的可焊性碳钢已经被用于少数管道，低铬含量并不影响焊接过程，这种材料不是CRA，但耐甜性腐蚀的性能比普通的碳锰钢好。降低腐蚀速率可减小腐蚀裕量，通常传统的缓蚀剂可以应用于这种钢材（并非总是如此）。但是，这些材料的耐腐蚀性对氯化物含量、pH值以及流速很敏感。当考虑使用这些钢材时，规定确切的预期服役条件并在模拟试验中进行评估尤其重要。推荐的缓蚀剂也应经过筛选，测试应包括焊接部分，用以检测缓蚀剂对焊缝、HAZ和母板的保护作用。

4.3.3 马氏体不锈钢

马氏体不锈钢常用于OCTG（石油管材）和阀体配件，马氏体不锈钢造价接近碳钢的3倍。表4.4给出了几种CRA造价的比较。这些材料实质上是一些用12%～13%的铬加强的碳锰钢，12%～13%是能保证良好的耐甜性腐蚀性能的最小用量（图4.1）。具有代表性的是AISI 410和AISI 420。AISI 420的碳和锰含量较高，强度明显比较高，耐腐蚀性也稍强。相对于碳钢，AISI 420具有更好的耐冲蚀腐蚀性能，允许的临界侵蚀速率约为碳钢的两倍。马氏体钢在低温下韧性较差，这可能限制了铺设条件。常用的做法是用双重热处理——两次Q&T（淬火与回火）来提高韧性。这种做法同时也提高了抗SSC性能，但第二次回火过程中的晶粒生长降低了耐普通腐蚀的性能。因此只要能保持较高的耐腐蚀性，一般推荐进行单次热处理。

表 4.4 硬质耐腐蚀合金的相对价格

材料	UNS 编号	相对屈服强度	价格因子	相对价格因子
316L	S31603	1.00	1.0	1.00
2205	S31803	2.64	1.1	0.42
317L	S31703	1.21	1.2	0.99
904L	N08904	1.29	2.0	1.55
25-6Mo	N08925	1.76	2.7	1.53
合金 825	N08825	1.01	3.2	3.17
合金 625	N06625	2.44	3.3	1.38
钛	R50250	2.82	8.0	2.84

但是，由于碳当量高，马氏体不锈钢的可焊性很差，而且焊接后会发生延迟氢致开裂。但是，一条安装在印度尼西亚的陆上管道，内衬材料含铬12%，采用离心浇铸法制造，已运行了20多年。为了克服可焊性较差的问题，已经开始用含13%铬的材料作为螺纹连接管道的备选材料。

为克服焊接限制，已经开发出新的低碳13%铬合金，合金元素还包含镍、锰和钼。对于酸性环境，需要提高合金元素浓度。该材料耐腐蚀性与原来的13%铬钢类似，同时可焊性得到足够的提高，可用于焊接管道。这些材料通常使用与双相不锈钢相同的程序和焊料进行焊接，这些新材料的性能介于碳钢和双相不锈钢之间。

由于具有耐腐蚀性的钝化表面膜很容易被氯化物分解，马氏体铬钢的耐腐蚀性受到限制。使用最高极限是：约120℃、局部二氧化碳压力为20bar的10%盐水。适用于碳钢的缓蚀剂也能用于这些材料的缓蚀，但是这可能增加运营支出（OPEX）最小化的难度。

一般的13%铬马氏体钢对SSC敏感。如果要使用这些材料，则只要服役中存在油品发酸的可能，即应查询NACE MR-0175，得到最新的硫化氢容许系数。使用最高极限是：硫化氢分压0.7kPa，相当于典型输气管道硫化氢浓度200～300ppm。

4.3.4 奥氏体不锈钢

奥氏体不锈钢含有铬和镍。镍含量必须足以扩大奥氏体区，使钢在任何温度下都是奥氏体的，所以镍含量必须随着铬含量变化，铬含量为18%时，镍含量最低约为8%，这是普通的不锈钢，即304型。奥氏体不锈钢是无磁性的（深冷加工后可能成为磁性的），广泛应用于化工厂、炼厂和天然气加工厂，用于刀剑制造业和装修业，如电梯门、店面的装修。有成百上千种配制，范围从合金元素含量最少的材料，18%铬加8%镍（304型），到含合金元素含量超过50%的超奥氏体不锈钢，比如，27%铬，30%镍，3%钼。钼用于提高抗点蚀和缝隙腐蚀性能，PRE_N的增加量是钼含量增加的3.3倍。钼能稳定铬氧化膜结构，降低氯化物的破坏作用。使海水（2.5%～3.0%氯化物）中的铬氧化膜稳定所需要的最低钼含量是2.5%。含有2.5%钼的316和316L型，在奥氏体不锈钢中的使用最为广泛。

奥氏体不锈钢耐一般腐蚀的性能较好，但会发生点蚀、缝隙腐蚀和CSCC。值得注意的是，奥氏体不锈钢能抵抗油气井产出流体的腐蚀，但它们可能在海水水力试验中腐蚀，如果高温服役时充气海水进入管道内部，它们也可能在服役中发生CSCC。如果含氧环境中热钢上存在氯化物同时又有应力作用，奥氏体不锈钢会发生CSCC，此应力是残余应力和外加应力的和。316钢的临界氯化物浓度约为50ppm，临界温度为50℃。氧气含量5~10ppb（十亿分之）条件下的开裂问题已有报道，因此为了防止CSCC，氧气水平必须非常低。目前还没有预测CSCC发生的方法；一旦裂缝产生，传播很快。

在充气海水中，如果阴极保护系统不起作用，奥氏体不锈钢会发生外部CSCC，因此奥氏体不锈钢用于海底油气管道并不可靠。这些钢不用作CRA管的另一个原因是低屈服强度。但是，316L不锈钢已经广泛用作运输天然气和凝析油的碳锰钢管内衬，也用于压力容器，阀芯和较小的组件。一条316L复合碳钢管道的造价大约是一般碳钢管道的4~5倍。

在未经加工硬化前提下，奥氏体不锈钢比碳钢的耐SSC性能好。但是，如果硫化氢局部分压很高而且同时存在氯化物，还是会发生SSC。在这种环境中服役必须限制材料强度（通过硬度估算）。

不锈钢容易焊接，但对某些组分需要注意，避免焊缝的敏化作用。这会发生在热影响区（HAZ，毗邻焊缝的区域），因为铬与碳反应形成碳化物，其保护钢材避免发生腐蚀的能力被减弱。为避免该问题，需采用超低碳当量（低于0.03%C），或加入稳定合金元素。钛和铌是稳定剂，可优先与碳结合，因此铬含量就不受影响。一般不推荐钛稳定钢用于海底管道，因为形成的非金属碳化物会引起点蚀。如果管材含碳量低，就不会发生这种问题；但是若用作覆层，在覆层焊接之后紧接着做碳钢管焊接时需要特别注意。通常通用标识数字后面加上后缀L来标识低碳含量钢，如316L型。

奥氏体不锈钢覆层材料更容易发生的一个问题是凝固裂纹，它会在熔融态的焊接材料刚要凝固时发生。奥氏体钢具有较高的热膨胀率，在凝固点时，母材料的收缩会将被液态金属包围的正在凝固的晶粒拉开。应小心控制焊缝根部间隙，焊接过程中，通常会有少量δ铁素体材料在焊缝金属内产生。同时要注意调整焊接材料组成，防止凝固裂纹。

4.3.5 双相不锈钢

双相不锈钢已经用于一些运输湿热甜性流体的海底管道（表4.5）。双相管的造价约为碳钢管的4~5倍。双相钢组成与奥氏体不锈钢类似，但镍含量较低，约为5%~7%，不足以保证材料是完全奥氏体的。因此，材料具有双重或者说双相结构，铁素体和奥氏体区域紧密连接，交替出现。铁素体和奥氏体50∶50的相平衡是对双相不锈钢机械性能和耐腐蚀性最适宜的。

表4.5 海底双相管道举例

地点	服役	直径，in	长度，km
荷兰	天然气	6	5.9
荷兰	天然气	10	3.8
荷兰	天然气	12	9

续表

地点	服役	直径, in	长度, km
荷兰	多相	20	4
荷兰	天然气	8	10
荷兰	多相	10	8
北海	天然气	12	4.7
北海	天然气	20	4.7
北海	多相	双管 6	7
北海	天然气	双管 9	11.5
北海	天然气	6	11.5
北海	多相	6	14
北海	多相	三管 6	16
北海	多相	14	5.5

双相钢强度很大，屈服强度约为奥氏体材料的两倍，同时延展性也很好。它们的耐腐蚀性比奥氏体不锈钢稍差，但抗氯化物应力腐蚀开裂能力明显比奥氏体不锈钢好，而且低温时韧性很好。后面的两种性质都是得益于复合结构，它能防止裂缝传播。虽然奥氏体材料对 CSCC 开裂敏感，但裂缝无法通过具有抗 CSCC 能力的铁素体相传播。低温时，铁素体材料强度降低，但奥氏体相保持高延展性且能承受较大的冲击。假如材料具有等量的奥氏体和铁素体相，没有金属间化合物和非金属化合物，双相钢会是延展性—脆性渐变的。双相钢能适应北极条件（例如，已经用在阿拉斯加），但它们并不适合超低温服役，最低允许服役温度约为 −50℃。

由于钼含量较高，这些材料在高氯化物环境稳定性很好。应用更广泛的三代双相不锈钢还含有 0.15%～0.2% 的铜和氮，两元素的添加有助于提高屈服强度和 PRE_N。最初，由于材料的抗 CSCC、缝隙腐蚀和点蚀的性能较好，且双相不锈钢的导热系数稍高，这种材料代替奥氏体不锈钢用于化工厂（特别是用于热交换装置）。尽管抗 CSCC 能力很高，但这些材料并不能免于开裂。标准 SCC 试验用的是沸腾的 42% 氯化镁（$MgCl_2$），在这种溶液中，所有双相材料最终都会发生开裂。石油工业中更实用的试验是沸腾的 25% 氯化钠（NaCl）试验和灯芯试验。

热处理会影响热成型弯管的两相平衡，也使焊接复杂化。保持在高温时，材料转化成奥氏体。由于奥氏体强度较小，在钢板生产中这是有利因素。但是，温度下降时，材料转化成奥氏体—铁素体混合相。高温强度的不同会导致材料在降温阶段出现内部裂缝。

防止在双相材料中形成 σ 相和/或 χ 相材料也很重要。当材料被保持在 700～955℃时，会产生很易碎的铁—铬—钼相。这种金属间相会降低钢的耐腐蚀性和强度。在 800～850℃时 σ 相和 χ 相材料的形成速度最快，增加铬和钼含量时会相应增加产生 σ 相材料的风险，而增加氮含量会降低这种风险。因此，材料组成应综合考虑生产需要、最终机械性能和耐腐蚀性的要求。

由于材料转化成铁素体很容易，而且有可能形成金属间相，在焊接过程中，需要保持低热量输入，这导致了焊接速度相对较低。当铬和钼含量增加时，热量输入限制变得更加严格。油田的环缝焊接，通常使用钨极惰性气体保护（TIG）焊。在焊接过程中，为防止焊件周围形成热氧化膜，必须用惰性气体清洗管道内孔，这些内孔可能导致点蚀或缝隙腐蚀。双相不锈钢的焊接速度约为尺寸相似的碳钢管道焊接速度的1/3，焊接慢对总体安装费用影响很大，因此，在陆上焊接管道，然后用管束或卷筒式铺管船安装比普通的"S"形铺管经济性好。

焊接规范通常会包括对焊缝铁素体含量的限制，即使焊接过程中倍加谨慎，焊缝处的铁素体含量的确还是容易比母板的高。铁素体含量增加时，材料失去韧性和耐腐蚀性。材料性质变得与铁素体材料相似的临界值是约75%铁素体。目前，ASTM规范不包括对铁素体和金属间相的控制，这主要是因为没有能提供所需信息的简单试验，金相检验不具可复制性，而冲击和腐蚀实验还不适合作为标准试验。管道工程师还会增加补充实验要求和符合ASTM规范的组成要求，例如，受约束的氮水平，证实相平衡和不含金属间相（σ相和x相）的金相检验，规定温度下的韧性测试，以及氯化铁或25%NaCl中的耐腐蚀性实验等。

双相不锈钢的部分屈服强度来源于位错强化，位错强化发生在管道制造过程中。高温运行时，位错强化会渐渐减弱，导致屈服强度随之减小。因此，化学指标相同的钢如果来源于不同的制造厂，可能具有不同的屈服强度。由于钢来源不同，不同的钢强度损失程度使设计复杂化，例如无法规定需要的管壁厚度。一种方法是要求钢供应商保证某个设计温度下的SMYS（规定的最低屈服强度），然后用这个值来确定最适宜的管壁厚度。供货商们可以依据SMYS相应的壁厚投标。另一种方法是使用DNV OS-F101给出的最低等级值。

随着温度升高抗拉强度降低，因此会有一个硬质双相材料的可用温度上限。由于可能需要增加壁厚，导致管道焊接费用的增加，而且导致管道运行时存在上浮屈曲的危险。按照DNV规则使用与应变相关的设计公式设计管道可能比按照API（美国石油学会）规则使用与应力相关的设计公式更好，这个问题将在第11章中进行讨论。目前的趋势倾向于使用较高强度的材料，例如，相对于2205型，倾向使用2507型。

锻造形式的双相钢不能防止SSC。热处理可以提高SSC稳定性，但会降低材料强度。目前不是所有的双相不锈钢都纳入NACE MR-0175。目前与之相关的新的研究还未有定论。欧洲的研究显示，双相钢SSC稳定性明显受到水相中的氯化物浓度的影响，而在高温高氯化物浓度的盐水中，NACE MR-0175的规定可能不够谨慎。有必要在模拟服役条件中对材料进行测试，因此，评估这些材料时，必须能够测得水的组成。

4.4 耐腐蚀合金管道制造

4.4.1 硬质CRA管道

API 5LC是CRA管道的基本规范。与碳钢无缝管道制造相同，双相不锈钢管可通过多种途径制造，包括挤压法、心轴法和不超过16in的自动轧管机法。单根钢管的长度受到钢坯的限制，符合API 5LC的标准长度（12.19m）无缝钢管可能在出厂时带有环形焊缝。较大口径的管道是通过U-O-E工艺成形后纵向焊接制成的，这种焊接方式通常更适合10in以上口径的管道。可以用卷钢制造出标准长度的管道。

4.4.2 内复合管

复合管是碳锰钢管内衬薄层（2～3mm厚）防腐材料形成的，通常认为内部覆层不充当承压单元。复合管的内衬层可以与钢管冶金结合，也可以采用紧配合。复合管同时满足了对管道机械性能和耐腐蚀性能的要求，即复合管既具有碳钢（通常API 5L X65或X70）的高强度，又具有内衬材料的耐腐蚀性。

常用的CRA是奥氏体不锈钢316L型以及高镍合金825和625型。此外，13Cr材料已经被使用，而且人们开始对使用超级不锈钢感兴趣，例如，镍合金904L或254SMO。复合管及其用途已受到广泛关注，表4.6给出了复合管道实例，包括海底管道、陆上管道以及立管。

表4.6 内衬管道和立管实例

地点	服役	内衬	直径, in	长度, km
印度尼西亚	天然气	13Cr	10	12
荷兰	天然气	316	18	5
荷兰	天然气	316	4	3
荷兰	多相	316	8	1
北海南部	天然气	625	12	立管
北海南部	天然气	316	8	12
北海南部	原油	316	30	立管
北海南部	天然气	625	12	0.7
北海	原油	625	6	1
阿尔及利亚	天然气	410	8	—
荷兰	酸性原油	316	10	1.6
荷兰	天然气	316L	12	1.5
沙特阿拉伯	原油	316L	8～24	1.1
荷兰	酸性天然气	825	36	液体段塞捕集分离器
荷兰	酸性天然气	825	12	13
荷兰	酸性天然气	825	8	3.3
荷兰	酸性天然气	825	8	5
荷兰	酸性天然气	625	6	1
印度洋	酸性天然气	825	24	6.5
印度洋	酸性天然气	825	20	4.4
荷兰	酸性天然气	825	6	3
新西兰	天然气	316L	20	16
莫比尔湾，美国	酸性天然气	825	5	5.8
莫比尔湾，美国	酸性天然气	825	6	1.1
阿拉巴马海湾，美国	酸性天然气	825	6～12	0.4
北海	原油	316L	36	立管
阿拉斯加	原油	825	6	0.3
美国	—	825	6	10.6
北海	天然气	825	3～12	立管
密涅瓦	天然气	316L	10	管段

已经开发出几种制造复合管的方法。黏合管是通过挤压两条套在一起的管道制成的，工艺类似于无缝钢管的制造。复合管也可以用事先黏好内衬材料的钢板制造。用于造船的复合材料生产中所采用的爆炸黏合方法正在研发中，也可用于铸造复合管。采用压制工艺成形或钢板辊压黏合制成的黏合钢管是最常用的管型。

4.4.3 热成形结合无缝钢管

将一条管状内衬插入一条无缝钢管；然后用类似生产普通无缝钢管的方式将内衬和管道挤压复合在一起，如图4.6所示。这种方法可以用于制造直径 2～16in，壁厚低于25mm的管道。可制成的长度受到钢坯重量和挤压设备的限制，因此厚壁管道长度可能较短，约为6m。壁厚较小的管道长度通常可以达到12m。标准长度管道是通过连续焊接较短的管道制成的。

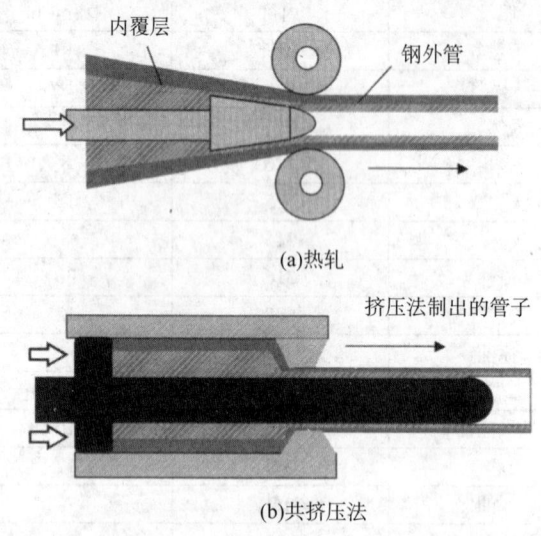

图 4.6 热结合内衬无缝钢管的制造

这种工艺的一种变体是生产一种内部用堆焊方式覆盖CRA的厚壁短钢管，然后将管道热压成需要的尺寸。

4.4.4 高温等静压（HIP）复合无缝管

HIP复合无缝管的内衬是一种热压结的材料，通过高温高压方式与基体管结合。这种方法也可以用于给配件和阀门加覆层。HIP覆层工艺也可以用于制作硬质合金配件（球座和叉形管）。最小覆层厚度为2mm，这种工艺可以用于管径从10～30in的管道，其长度较短仅约为2～4m。因此，要生产出标准长度的管子需要在工厂中进行焊接。

4.4.5 滚轧结合管

为了制成CRA内衬覆盖的钢板，应将板热轧使覆层与钢结合。通常两块钢板同时轧制，CRA内衬面向中间，用非结合性的衬板分开。这样一次轧制操作就生产出两块复合板，而且不会损坏或污染覆层。轧制后，钢板被分开，切边，然后用U-O-E或压弯技术形成圆筒，最后用双焊缝纵向焊接完成，图4.7给出了这个过程。如有可能，最好从管道内部焊接覆层,但这个程序只能用于 8in 以上口径的管子。管径较小的管道是从外面焊透的,总壁厚不超过 30mm 的都可以。大多数制造商生产 8m 长的管子,但有一些工厂可以生产 12m 长的某些管径的管子。

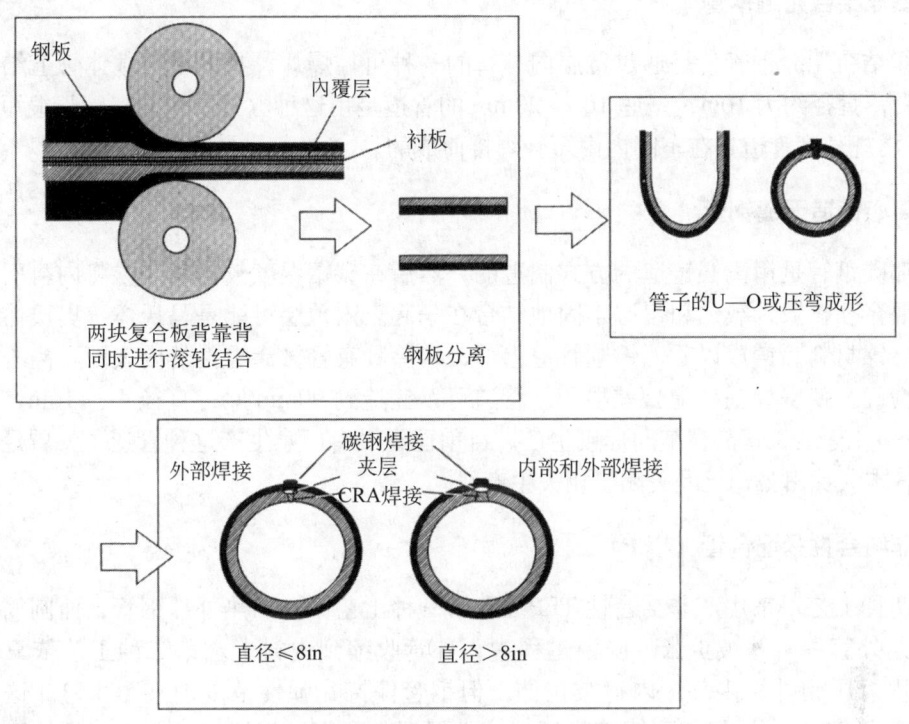

图 4.7　热结合内衬 U–O–E 管的生产

4.4.6　爆炸结合板

钢板用覆层薄板覆盖,用散布在钢板上的塑料垫片稍微将覆层与钢板分开,覆层表面涂有爆炸物,从覆层的一端点燃爆炸物,随着爆炸物前端经过覆层,覆层被压到管子上,内衬和钢板间的一种特殊的波浪形黏合剂使覆层与钢板冶金结合。爆炸结合的压力很高,足以移走钢板表面的碎片,相对于滚压结合,这可以节约准备成本。工艺图如图 4.8 所示。

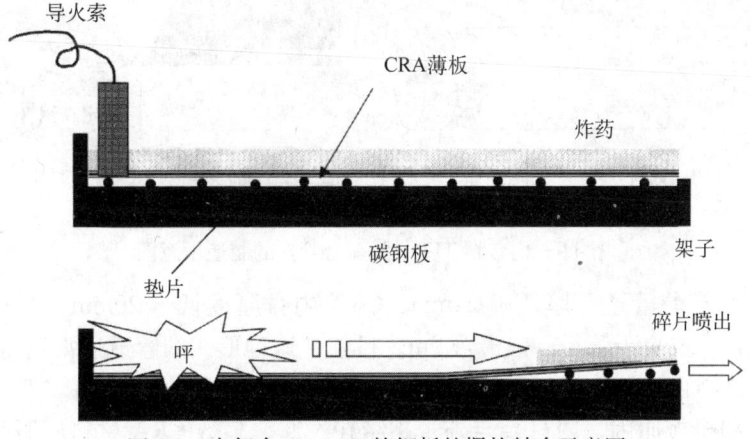

图 4.8　内复合 U–O–E 管钢板的爆炸结合示意图

虽然这种工艺几乎可以将任何两种材料黏合起来，但由于钢板与覆层间需要保持恒定的距离，使得可加覆层的钢板尺寸受到限制。管道长度常常较小，但壁厚可以很大。

4.4.7 爆炸结合无缝钢管

爆炸结合无缝钢管，是通过覆层向外管的一种可控爆炸，将内衬与载体管道结合在一起。通常，直径约为10in，壁厚10~20mm的管道是用这种方式制造的。管长很短，通常为5m。常规长度管道是在车间内由短管焊接而成的。

4.4.8 离心铸造无缝钢管

外部碳钢管是用离心铸造的方式制造的，然后在碳钢温度较高的时候将内衬引入。由于发生混合和扩散，载体和覆层牢固地结合在一起。内覆层可能是马氏体、奥氏体不锈钢或一种高镍材料。铸成以后，镗削管道内部，切除具有轻微渗透性的内表面。离心铸造管的尺寸精确，使得焊前装配公差很小。管道可以铸造到90mm厚，直径4~16in。但长度短，约6m。标准长管需在车间焊接生产。目前已经没有厂家生产这种管道了，曾经生产该管道的日本久保田公司已经关闭了相关生产线。

4.4.9 非结合性紧配合管（TFP）

有两种工艺用来生产非结合性TFP。在第一种工艺中，加热外部钢管，而圆筒形的覆层被插入外管中，并被扩张。降温过程中，外管收缩到内衬上。第二种工艺依靠冷液压扩张将内衬压到外管内部。内衬被拉伸，但钢管保持在弹性范围内（图4.9）。这两种工艺，都需将CRA内衬焊接到钢管的两端，且焊倒角要穿过焊接过的截面。焊接可以保证覆层承受安装过程中内衬的任何运动，避免环形空间中的气体扩充导致环形焊缝多孔性的风险。

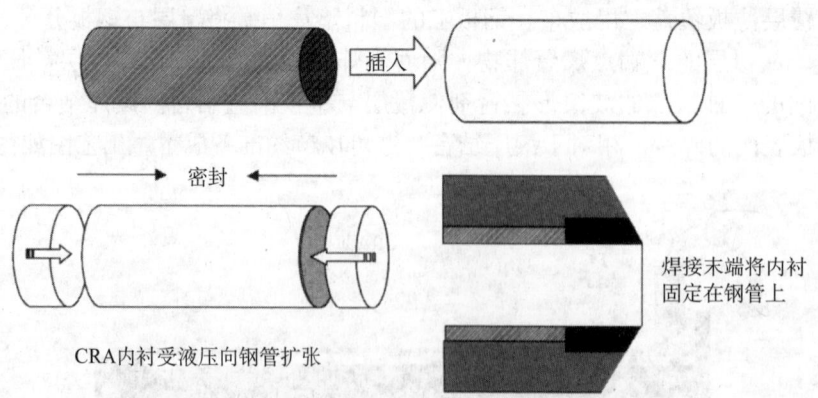

图4.9 内包覆TFP（紧配合管）的制造示意图

这种技术生产的管道壁厚低于24mm，CRA内衬厚度低于20mm，管径为2~16in。可制造的管道长度取决于管径，但最短9m。目前，这种形式的管道通常适合做成大口径内衬管，其造价比结合管低。

由于腐蚀和机械原因，内衬会与外管黏结在一起。多数CRA材料屈服强度比碳钢低，会在碳钢保持弹性行为时发生塑性变形。如果管道承受应变逆转，且应力足以使覆层屈服时，CRA 材料会发生变形。这会在盘绕和退绕时发生，严重松弛或过度弯曲也会导致 CRA 变形。在这种情况下，弯曲会导致未进行冶金结合的管道内衬起皱。

腐蚀过程中，阴极位置会产生原子态氢。大部分原子态氢结合形成氢气溶解在液流中。一些原子态氢会通过覆层迁移，在其他表面重新形成分子态氢。氢气在覆层与碳钢管之间的环形空间形成，这引起了人们对非冶金结合管的担心。随着时间推移，如果环形空间内产生足够多的氢气，当管道内的操作压力降低时，内衬就存在崩塌的危险。碳钢管外部阴极保护过度也可能导致产生氢气，这时原子氢可能向内迁移到达环形空间。关于 TFP 的氢气渗透研究表明，氢气在环形空间的形成是很有限的，究其原因如下：(1) 腐蚀速率低，生成的原子态氢很少；(2) 相对于在碳钢中的扩散速率，原子态氢在多数 CRA 中扩散的速率很小。因此，可导致内衬从外管上剥落的氢气形成时间，可能超过一条正常管道的设计使用年限。但对于一个具体的管道方案，还是需要对该速率进行一定的评估，以确保在管道使用年限内不发生内衬剥落。

4.4.10 镍合金

镍合金材料中镍和其他合金的含量很高，所以比较昂贵。表 4.1 给出了合金组成。高镍合金未必能用作管道的硬质 CRA 材料。如果使用高镍合金，需要考虑合金 625 与合金 825 的对比。虽然合金 625 较贵，但它的屈服强度比合金 825 高很多，大约比合金 825 高 2.5 倍，允许的管壁相当薄，而且它比合金 825 更容易焊接。合金 625 的耐腐蚀性也明显比合金 825 好。但用作覆层时，较高的强度没有经济效益，因此经济上优先选用合金 825。

高镍材料的耐腐蚀性非常好，对 SCC 免疫，其抗缝隙腐蚀和点蚀的性能也很好，有望用于高温酸性油品的输送。包覆高镍合金（825 型）的管道已经用于海底管道，目前规模最大的应用在印度和美国的莫比尔湾。以此合金为覆层的流动环管和多分支管已经在北海使用。对于这些材料，不易获得参考价格，但根据公布价格的比较研究，很可能是碳钢造价的 6～9 倍。管道的造价明显受到制造方法和管径的影响。合金 825 复合管可直接焊接，且在高温下具有与载体管相同的高抗拉强度（通常 X70 级）。由于存在一个中间检查过程，所以总焊接时间是一条尺寸相似的碳钢管道的 2～3 倍。考虑到焊接的影响，与高温高压下服役的厚壁硬质双相管相比，合金 825 复合管的总工程费用不算太多。进一步的细节参见下文焊接复合管材料的详细讨论。

4.4.11 对未来材料的展望

超奥氏体材料可能会被用于硬质管道，但被用作覆层材料的可能性更大。较低的镍含量会将钢费用降低到 300 型奥氏体钢和高镍合金材料价格之间。超奥氏体钢具有高 PRE_N，因此，抗点蚀、抗缝隙腐蚀和抗 SCC 的性能很好。相对于双相不锈钢，这些材料也较易焊接。

超奥氏体材料的替代材料是 904L 和 254SMO。904L 需要改性，添加更多钼（Mo），使钼含量高于 6.1%。Mo 含量增加到原来的 3.3 倍，使 904L 的 PRE_N 达到超奥氏体的标准。254SMO 是一种通用类型，但目前可用的来源有限。

4.5 内复合管的焊接

内复合管的焊接通常必须分两步完成：先焊接外钢管，再焊接 CRA 内衬层。因为内衬层只有 2～3mm 厚，影响 CRA 焊缝准备的一个主要因素是管子的装配。CRA 焊缝是用一种与内衬兼容的材料制成的。管道的内腐蚀行为是内衬的腐蚀行为，应特别注意焊缝处，避免后续碳钢焊接造成焊缝的任何材料损耗，这种损耗可能导致内衬层的防腐性能降低。

直接在 CRA 焊道上焊接碳钢会减弱内衬焊缝的抗腐蚀能力，因此，可使用以下两种工艺中的一种。第一种工艺是在常规载体管碳钢焊接之后，制一条纯铁焊缝作为过渡层。第二种工艺是用一种耐腐蚀材料制作碳钢焊缝，例如，对于 825 型合金覆层，内衬焊缝和碳钢焊缝可以用 625 型合金耗材制作。使用纯铁垫层比较便宜，多种焊接耗材的使用增加了复杂性，而且已经有垫层出现裂纹的报告。

制作碳钢焊缝前也必须对内衬做 X 光检查。这个步骤延长了焊缝完成的时间。因此，焊接较慢，通常与硬质双相不锈钢焊接速度相等。但是，随着经验增加，焊接速度已经得到显著提高。

4.6 耐腐蚀性评估

如前所述，铬合金的抗点蚀和抗缝隙腐蚀能力可以根据抗点蚀数 PRE_N 来评价。根据实际经验，为了使海底管道的腐蚀降到最低，需要双相钢的最低 PRE 值为 33。现在超双相不锈钢的 PRE_N 可以达到 40 以上。裂缝倾向性是基于曝露在热氯化铁溶液中的标准试验的，或用临界点蚀温度（CPT）实验代替。在 CPT 实验中，裂缝或点蚀开始发生的温度作为材料对缝隙腐蚀或点蚀的敏感性的象征。

根据 NACE TM-0177，标准的硫化物应力开裂实验是指在 25℃含有饱和硫化氢的 NACE 溶液（5%NaCl+0.5%醋酸）中测硫化物应力开裂的四点弯曲实验；ASTM G35 采用了连多硫酸；ASTM G36（沸腾的 45%氯化锰）则针对氯化物应力腐蚀开裂。为了对照方便和质量控制，这些材料的低应变率实验使用得越来越多。在这些试验中，将材料样本浸泡在实验溶液里，保持一定应变速率，连续增加材料样本中的应力水平。样本被拉至失效，从失效点可以看出材料阻止裂纹传播的能力。

不同的 CRA 的成分、微观结构和残余应力都不同，因此质量鉴定试验（也可用于竞争性材料的排序）应包含如下内容：
（1）机械试验，可能在周围环境温度、服役温度或设计温度下。
（2）临界点蚀温度（CPT）。
（3）临界裂缝温度（CCT）。
（4）应力腐蚀开裂（SCC）。
（5）疲劳的预裂缝样本在 80%屈服应力下的静态应力环腐蚀实验。
（6）模拟服役环境的热压罐内的硫化物应力开裂实验。
（7）氢脆实验（如果用外加电流 CP 保护或将管道与钢结构电连接）。

4.7 外保护层

与碳钢相比，马氏体，奥氏体和双相不锈钢更需要注意加涂层前的准备工作。必须用无铁砂清理和打磨管道表面。任何被引入钢表面的残余铁都会发生腐蚀，产生氯化铁，从而引起不锈钢的点蚀。为了避免铁污染，可使用铝基研磨料，但现在石榴石的应用越来越广泛。石榴石比氧化铝重，因此效果比较好；而且它对环境无害。

像强化煤焦油或沥青这样的常见涂层会引起裂缝腐蚀，因此并不适用。FBE（熔结环氧树脂）涂层受到破坏时会剥离，因此会降低形成缝隙的风险。因此，FEB 一直是最常用的涂层，但在高温管道中，越来越多地将 FEB 作为初始涂层涂在高聚物涂层或弹性体涂层之下。

实验室试验显示，双相钢对阴极保护导致的充氢敏感。可能比 −950mV 银—氯化银电极的影响还要坏，材料在低应变率测试中表现脆性破裂。在这些实验室试验中，用稳压外加电流 CP 系统提供保护。如果一条 CRA 管道用外加电流 CP 系统保护或与外加电流 CP 系统保护的结构电连接，可能必须评估材料对充氢的抵抗力。提供牺牲阳极的阴极保护时，海水环境中发生析氢的可能性较小，所以对于多数海底管道，未必需要注意双相钢的这个特点。

对于内复合管道，覆层可以保护碳钢载体管道，阴极保护用于一般碳钢管的保护。

4.8 造价对比

由于太多细节是各工程所特有的，所以很难给出造价对比。单独的材料造价不足以分析总体工程费用。从运营商的角度来说，还必须考虑管道使用周期中的节省款项，例如，减少的检验，腐蚀监控，和化学抑制的费用。表 4.7 给出了一个典型分析。

表 4.7 管道材料选择的相关费用比较

费用项目	单位	碳钢	双相不锈钢	825 复合碳钢
材料				
6in 和 12in	美元/t	800	7000	13500
36in	美元/t	800	7000	8000
6in	美元/mile	40500	356400	950200
12in	美元/mile	111700	984300	2417800
36in	美元/mile	401400	3536700	4944400
人工和焊接				
6in	美元/mile	80000	113150	200000
12in	美元/mile	100000	132000	330000
36in	美元/mile	250000	198000	395000

续表

费用项目		单位	碳钢	双相不锈钢	825复合碳钢
焊接速率					
	6in	焊缝数/d	120	40	24
	12in	焊缝数/d	100	27	22
	36in	焊缝数/d	80	25	17
填充金属成本					
	6in	美元/mile	—	5500	11700
	12in	美元/mile	—	11000	24000
	36in	美元/mile	—	33000	70500
腐蚀抑制					
	化学+人工	美元/a	200000	—	—
	装备	美元/a	40000	—	—
检查					
	智能清管器	美元/mile	30000	30000	30000
	频率	a	3~5	6~10	6~10

参 考 文 献

1　Peters, P.A., et al. (1986). Line Pipe for the Transportation of Highly Corrosive Media. International Conference of Duplex Stainless Steel 1986, October. The Hague, Belgium.

2　Schofield, M.J. (1991). *Corrosion Resistant Alloys for Oilfield Applications—Alternatives and Selection Criteria.* Beaune, France：Duplex Stainless Steels.

3　Swales, G.L., and Todd, B. (1989). *Alloy-containing Alloy Piping for Offshore Oil and Gas Production, NiDi Technical Series* [Initially presented at 28th Annual Conference of Metallurgists]. Halifax, Nova Scotia, CA：Canadian Institute of Mining and Metallurgy.

4　Smith, L.M. (1992). *Weighing the Higher Cost of Alternative Pipeline Materials vs Their Potential for Greater Corrosion Protection, Corrosion Protection of Offshore Pipelines,* Institute for International Research (HR), November. London.

5　Smith, L.M. (1992). *Cost Effective Applications of Corrosion Resistant Alloys in Offshore Operations.* Corrosion Asia, Singapore, September.

6　Craig, B.D. (1992). *Economics of the Application of CRA Clad Steel Pipe Versus Carbon Steel with Inhibitors—Factors Involved and Examples.* International Seminar on Clad Engineering, NiDi & I Corr ST, Aberdeen, Scotland, UK.

7　NORSOK M00 1. (2002). *Materials Selection.*

8 Fielder, J.W., and Johns, D.R. (1989). *Pitting Corrosion Engineering Diagrams for Stainless Steels*, UK Corrosion 1989, 1 Corr ST-NACE, April.
9 ASTM G48: Pitting and Crevice Corrosion Resistance of Stainless Steels and Related Alloys by the use of Ferric Chloride Solution.
10 ASTM G78: Crevice Corrosion Testing of Iron-Base and Nickel-Base Stainless Alloys in Seawater and Other Chloride Containing Aqueous Environments.
11 ASTM G61: Cyclic Potentiodynamic Polarization Measurements for Localized Corrosion Susceptibility of Iron-, Nickel-, or Cobalt-Based Alloys.
12 NACE MR-0175: Sulfide Stress Cracking Resistant Metallic Materials for Oilfield Equipment.
13 King, R.A. (1992). *On the Cathodic Protection of Stainless Steels*. Conference on Redefining International Standards and Practices for the Oil and Gas Industry, HR, March. London.
14 Details extracted from product literature provided by NSC. Sumitomo, Kubota, Mannesmann, British Steel Corporation.
15 ASTM A262: Detecting Susceptibility to Intergranular Attack in Stainless Steels.
16 Redmond, J.D. (1986). Selecting Second-Generation Duplex Stainless Steels, Materials Engineering. *Chemical Engineering*, October, 152.
17 Watts, M.R. (1989). Material Development to Meet Today's Demands, *Anti-Corrosion*, February, 4.
18 ASTM G36: Stress-Corrosion Cracking Tests in Boiling Magnesium Chloride Solution.
19 Schofield, M.J., and Klane, R.D. (1991). *Defining Safe Use Limits for Duplex Stainless Steels*. Beaune: Duplex Stainless Steels.
20 Heikoop, G.G., and Milliams, D.E. (1984). *Girth Weld Corrosion in Duplex Stainless Steel Pipeline*. Stavanger, Norway: ONS.
21 DNV OS-F101: Submarine Pipeline Systems, figure 5-1.
22 Eriksson, H., and Bernhardsson, S. (1990). *The Applicability of Duplex Stainless Steels in Sour Environments*, Paper 64, Corrosion 1990, NACE. Las Vegas, NV.
23 Fujita, S., Kobayashi, Y., and Sugar, M. (1990). *Factors Affecting Corrosion Resistance of Duplex Stainless Steel Line Pipes in H_2S Containing Environments*, Paper 62, Corrosion 1990, NACE. Las Vegas, NV.
24 Place, M.C., Mack, R.D., and Rhodes, P.R. (1991). *Qualification of Corrosion-Resistant Alloys for Sour Service*. OTC 6603.
25 American Petroleum Institute Spec 5LC: Specification for CRA Line Pipe.
26 Parlane, A.J.A., and Still, J.R. (1998). An Overview of Pipelines for Subsea Oil and Gas Transmission. *Material Science and Technology*, April, 314.
27 Smith, L.M. (1992). Engineering with Clad Steel. *Proceedings of the International Seminar on Clad Engineering*. NiDi & I Corr ST, Aberdeen, Scotland, UK.

28 Review of CRA Usage, 1993, NACE TPC T1F21D.
29 Charles, J., Jobard, D., Du Poiron, F. and Catelin, D. (1989). Clad Plates: An Economical Solution for Severe Corrosive Environments. *Material Performance*, April, 70−1.
30 Nowell, D. (1987). Bang on for Clad Plating. *Process Engineering*, August, 47.
31 Swales, G.L. (1989). Application of Centrifugally−Cast Alloy Piping and Pipe Fittings in Onshore and Offshore Oil and Gas Production. *NiDi*, *Proceedings of the 28th Annual Conference of Metallurgists*. Halifax, Nova Scotia, CA: Canadian Institute of Mining and Metallurgy.
32 Kane, R.D., and Wilheld, S.M. (1990). *Evaluation of Bimetallic Pipe for Oilfield Flowline Service Involving H_2S and CO_2*, Paper 557. Corrosion 1990, NACE. Las Vegas, NV.
33 National Association of Corrosion Engineers Test Method TM−0177 Laboratory Testing of Metals for Resistance to Sulfide Stress Cracking in H_2S Environments.

第5章 焊 接

5.1 概述

在第3章中已经介绍了按照API 5L和ISO 3138标准通过某种形式的焊接将钢板或带钢制成圆筒生产单根管段的方法。本章中将简略介绍用到的焊接过程。用手动，半自动，或全自动熔焊方式将各管段连接在一起，建成海底管道。针对这些焊接工艺最主要的规范是API 1104和BS 4515。这一章主要介绍这些工艺；第5.18节将介绍一些研发中的新焊接工艺。

焊接方法的选择是由承包商的能力、管径和壁厚决定的，在一定程度上，也受到管道装配位置的影响。在陆上装配并采用卷筒式或管束方式安装的管道以及小管径"S"形安装的管道绝大部分需手动焊接。但是，对于在海上装配并采用"S"形铺设的较大管径管道来说，采用半自动或全自动焊接方式焊更经济，这主要和租用铺管船的费用相关。在管道铺设过程中，焊接是关键性步骤，它决定管道装配的工期长短。因此，对于工程造价影响很大。

管道承包商一直在研究更快的焊接方法，从而加快铺管过程，减少租用铺管船的时间。焊接工艺已经有了相当大的进步。最初在北海安装一条32in的管道需要两条铺管船工作两个铺管季，而15年后，铺设一条36in管道只需一条铺管船工作一个铺管季。但是，传统焊接速度不太可能再有大幅的提高。焊接速度提高主要通过引进新的焊接工艺来实现，比如闪光焊，这种焊接工艺是在乌克兰研发的，广泛用于苏联的陆上管道，还有单极焊，电子束焊，等离子弧焊，和摩擦焊接。用于深水管道铺设的"J"形铺设方式需要有更快的焊接工艺与之匹配。在"J"形铺设中，只有一个焊接站；尽管使用多段联结管（不超过6管段），单个焊接站仍是制约因素。

5.2 焊接工艺

焊接通过使材料聚结将金属联结在一起，具体方法是将金属加热到合适温度，有时配合压力或加入填充材料。聚并是指被焊接金属的晶粒结构混合。焊接过程有3个临界参数：

(1) 热量输入：熔化金属和焊料所必需的能量（W/m^2）。
(2) 热量输入速率：输入能量的速率控制着焊接的速率 [$W/(m^2 \cdot s)$]。
(3) 隔绝空气：隔绝空气是为了防止熔融金属氧化，氧化会导致焊接质量下降。

熔化金属的热量可以用激光或氧炔焰提供，也可用电加热法提供。目前，用激光焊接厚壁管道材料是不可行的，但是从长远来看，未来可能实现联合使用激光加热与加压来连接管子。乙炔气体焊接不能用于管道焊接，但可以用于切割。目前等离子弧切割应用比较广泛。电加热法是用电阻加热或通过在焊接枪和管子之间产生电弧来提供热量。电阻焊（ERW）和闪光对接焊是电阻加热的应用。

生产焊接管道需要快速的焊接，有两种工艺：埋弧焊和电阻焊。用埋弧焊方法焊接的管子通常有两个焊道，一条内部焊道，一条外部焊道。电阻焊是一种单焊道方法，用于口径适中的管子的生产。目前，环形焊缝是通过一系列的弧焊过程完成的，通常需要4~7个焊道，其中的弧是高温等离子放电。具有下垂特性的直流（DC）焊接机被用于手工电弧焊，使用纤维素材料包覆的电极，采用的电压为80~100V，而气体保护金属极弧焊和钨极惰性气体（TIG）保护焊通常采用脉冲交流电（AC）。

焊接技术采用首字母缩写作为工艺的简写。在管道安装过程中常遇到的术语有：

SAW——埋弧焊，被用于U–O–E工艺成型管的纵向焊接，也用于两段连接或三段连接管道（24~36m长）的焊接。通过一个或多个裸露的金属线电极和管子之间闪击的一个或多个电弧将金属熔融，使管壁连接在一起。一团颗粒状易熔材料散布到焊接区域的深层，起到保护电弧和熔融金属的作用。该工艺如图5.1所示。

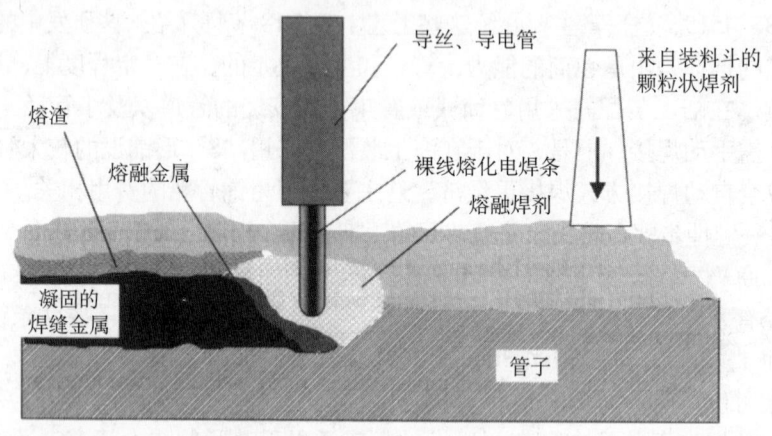

图5.1　埋弧焊工艺示意图

SMAW——焊条电弧焊，是常用的人工电弧焊工艺，该过程中所需的热量是由熔化电焊条和管子间的电弧闪击提供的。电极或焊条上覆盖碱性药皮或纤维素涂料，它们燃烧释放出的二氧化碳可以保护熔融的焊接金属。该工艺如图5.2所示。纤维素涂层是有机纤维混合物，对温度变化敏感，温度变化会改变它们的水分含量。这种电极保存在密封罐中，罐子经过烘烤以确保干燥。电极在罐中保持温热，已经冷却的电极不允许再次进行烘烤。

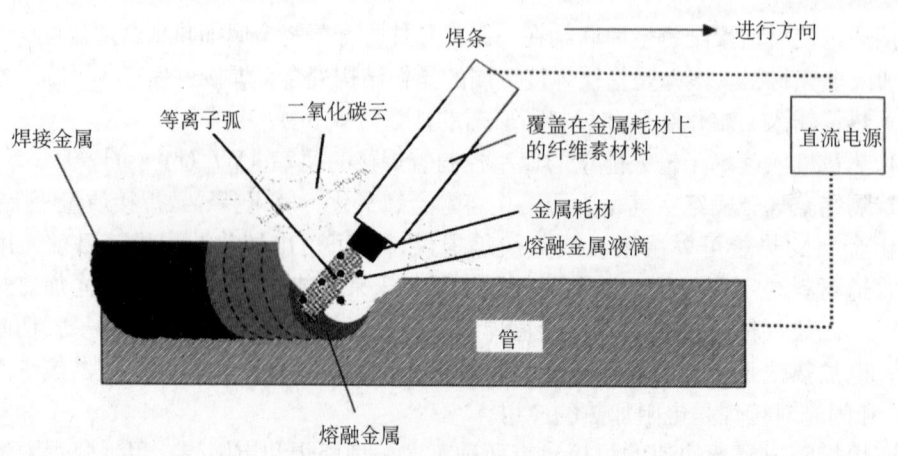

图5.2　人工金属弧焊工艺示意图

GMAW——气体保护金属极弧焊,是通过裸露金属焊丝和工件间的电弧闪击加热完成焊接的。通过焊头连续填充焊丝。通过焊头中围绕焊丝的环引入气体,为熔融的金属提供保护。如果气体是惰性的,这个过程可以称为金属惰性气体电弧焊(MIG);而如果气体是活性的,这个过程就称为金属活性气体电弧焊(MAG)。对于管道焊接,通常使用氩气和二氧化碳的混合气体。此工艺如图5.3所示。现代自动系统使用双(串联)焊头。

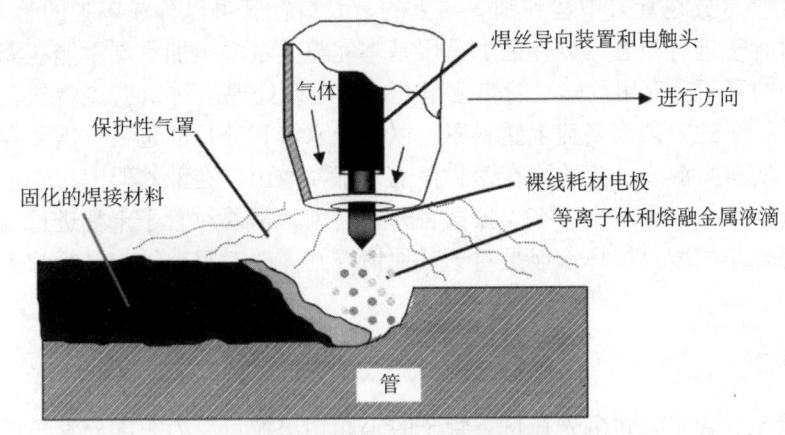

图 5.3　气体保护金属极弧焊

GTAW——气体保护钨极弧焊,也就是钨极惰性气体(TIG)保护焊。该工艺是在惰性气体的保护下,非消耗性的钨电极和工件间产生电弧,而填充金属以焊丝的形式填充到焊池中。惰性或活性气体通过环绕在焊头钨电极上的导管进入工作区域保护熔融的金属。过去,氦气被用作保护气体,因此这种工艺被称为氦弧焊。GTAW用于焊接根部焊道,也用于像双相不锈钢这样的耐腐蚀合金(CRA)的焊接,用氩气做保护气。TIG焊接速度慢,因为热输入速率受到限制。用热焊丝填充到焊池中,会使焊接速度提高20%左右,但是它不适合海上焊接。这个过程如图5.4所示。

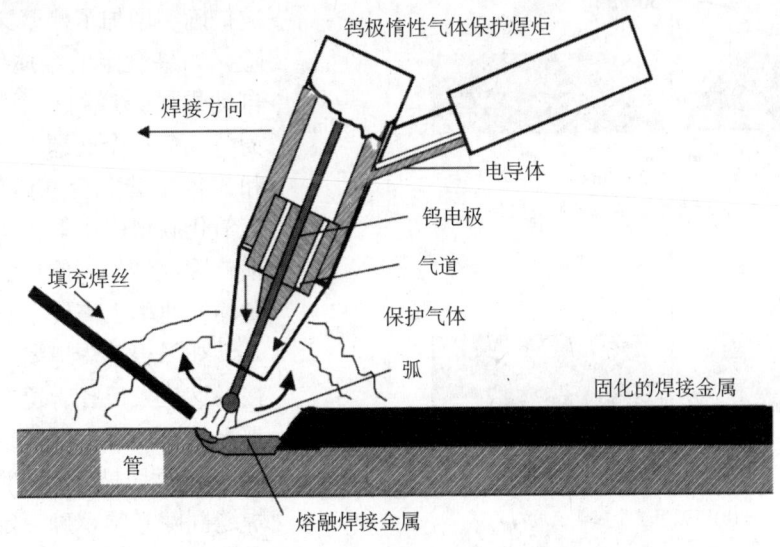

图 5.4　钨极惰性气体焊工艺示意图

5.3 焊接作业准备

5.3.1 管子准备

中小口径管是放在管架中运到铺管船上的，大口径管可以分成单独的管段分别装载。焊接前，须对管子进行检查，以保证加重层基本完整。混凝土加重层不能在海上维修，加重层严重损失的管子应弃用。输气管需要事先内部喷砂处理达到 Sa $2\frac{1}{2}$ 等级，从而移除轧屑，而且每条管子的末端都要盖上塑料罩，以防止水汽和碎片的进入。需要重视的是，一旦罩子移除，所有吸湿袋（应该附在密封盖上）都需取出。在铺管船上，管子需要用气喷净法确保不留下任何残余灰尘。在焊接即将开始之前，需要对管子末端进行处理。打磨和刮削可以修补较小的坡口损坏，但是对于其他情况则需要对整个坡口进行加工或切一个新的坡口。

5.3.2 焊接坡口

要进行焊接的管子必须事先在每条管子的末端切出坡口。为大部分管子预制的经典坡口是约30°的平角切，留1.5~2mm余量，用于制作根部焊道。为了保证第一次焊接能完全融化管子内端，坡口是必需的。

30°角是在早期确定的，那时所有焊接都是用焊条完成的，也就是电弧焊方法(SMAW)。典型的电焊条很厚，这意味着为了允许焊条伸进接头处，并允许保护气体烟雾逸出，需要提供一个大空间。焊接完后需用焊接金属填满大坡口，这会花费时间。只要管壁厚度允许，稍微减小坡口角度是有益的。由于出现了GMAW，它用连续细金属线作为焊条，同时厚管中使用大坡口的需求减少，于是有人设计了角度较小的坡口。图5.5和图5.6中给出了几个坡口实例。但是，小坡口确实增加了侧壁穿透不足的风险，如果设定的金属线穿透不足，自动焊接会遇到一个特定的问题。为了避免这个问题，可以采用氩气和二氧化碳混合气体。加入约5%二氧化碳增强了等离子弧的侧向传播，因此增加了侧壁的穿透性。热量输入速率也需要小心控制。

如果根部焊道要从管子内部焊接（这是大口径管道的常用做法），那么坡口一定会更复杂，因为内外两边都要切坡口。在任何情况下，焊缝间隙必须精确设定，以保证根部完全焊透。

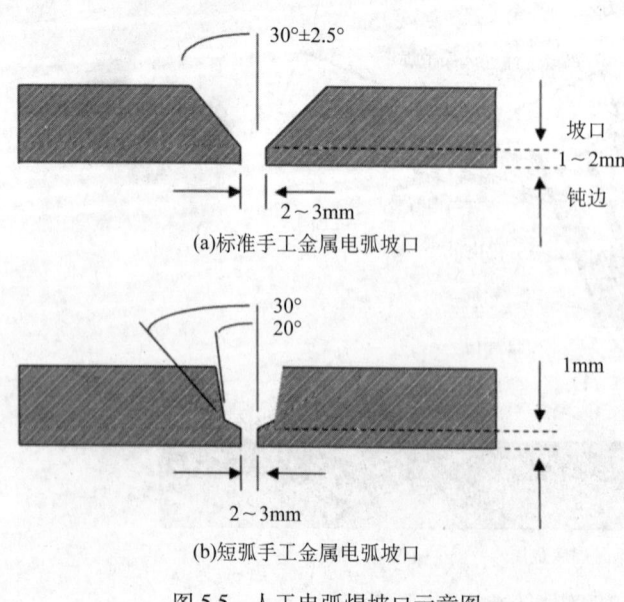

图5.5 人工电弧焊坡口示意图

在将管子移进焊接作业线前，每个管子接头的每个切过坡口的末端处约 40mm 范围内都需要进行彻底清洁并检查。任何出现叠层结构的管子都需切短，重新切坡口，并重新进行检查。通常，为了避免浪费时间，在 25～40mm 范围内进行叠层结构超声波检测。通常也会对管子进行磁粒子检查，以确保新坡口上的所有叠层结构都被清除。叠层结构会导致多孔性，这会使焊缝变弱，导致高破裂风险，但在 X 光检测中查不出来。

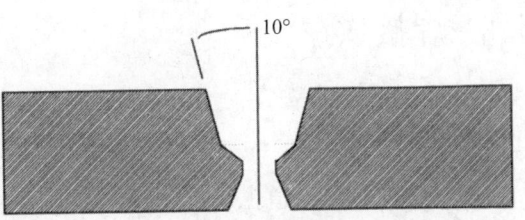

(a) 适用于内部和外部焊接的 UV 型坡口

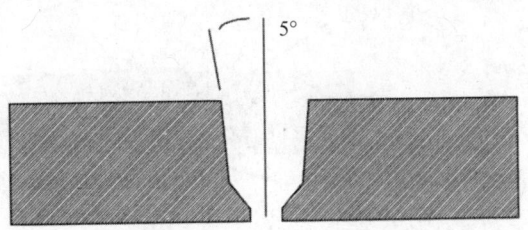

(b) 适用于外部焊接的 U 型坡口

图 5.6 半自动和自动焊接坡口

5.3.3 焊前对管

管段被拉到一起，并用机械或液压夹具对准。对于直径不小于 16in 的管子，夹具通常插在管子内部。通常当根部焊道由内部焊头完成时，必须使用内部夹具。用缆绳拉着内部夹具穿过不断增长的管道。对管需精确完成，以确保内表面尽可能平滑。通常偏差应小于 1.5mm，内部夹具通常都是使用水冷铜垫环或陶瓷垫环，安装在焊缝根部间隙后面，从而防止根部焊道焊接点向管内过度突出。

5.3.4 预热

焊接区域可能需要预热。海上管道在焊接前一般需要预热到约 80℃（无论预热需求怎样）以保证管子干燥，降低产生氢气导致冷断裂的风险。水分解产生的氢气易溶于熔融钢和奥氏体钢，而难溶于铁素体钢。如果在面心立方体（FCC）结构向体心立方体（BCC）结构转化前，溶解的氢气没有足够的时间从钢中扩散出来，当钢转化成铁素体结构时会发生破裂。

厚壁管中，根部焊道焊接冷却很快，且依碳当量不同，可能导致在焊缝和热影响区形成马氏体材料。马氏体材料对氢致开裂很敏感。预热管子保证了焊缝缓慢降温，使得热焊道有足够时间覆盖在根部焊道（或称直焊道）上，这给氢气扩散提供了更长的时间。图 5.7 给出了预热的粗略指导。所需的预热等级取决于碳当量，温度在 150～200℃范围内。厚管道上的窄坡口相当于少量焊接金属位于一个大散热器中，所以预热变得更加关键，以确保焊件被连续焊道恰当地回火。X-65 等级的管子通常需要预热，而在酸性环境下服役的管子则需要特别注意。

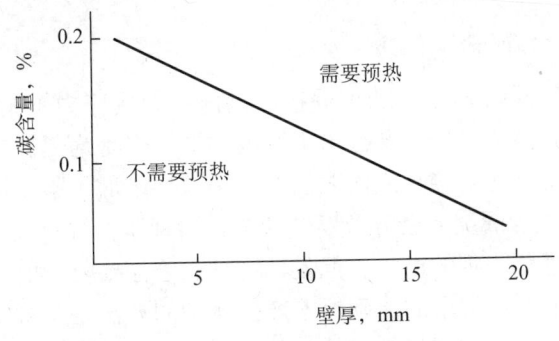

图 5.7 纤维素电焊条的预热需要

5.4 焊接次序

5.4.1 根部焊道

根部焊道是第一道也是最关键的焊道。由于该焊道被焊成一条直线，不使用摆动焊法，有时将根部焊道称为直焊道。焊接顺序如图 5.8 所示。

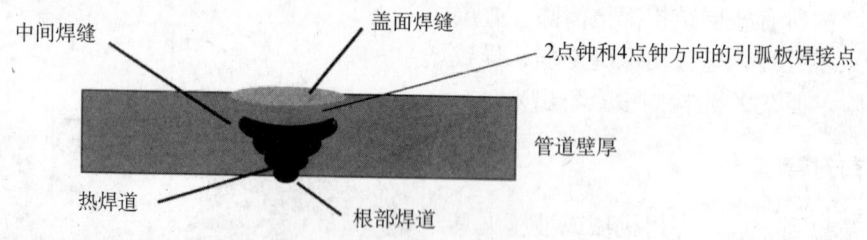

图 5.8 环形焊缝焊接示意图

典型铺管船的操作如图 5.9 所示。按照惯例，根部焊道焊接是从管子顶部 12 点钟位置开始，沿直线向下移动到管子底部 6 点钟位置，两台焊机分别在管子的两侧工作。这是俯焊，也是最快的方法。焊接厚壁管时，必须从下到上用仰焊方式焊接。仰焊稍慢，但会降低氢致开裂的风险。

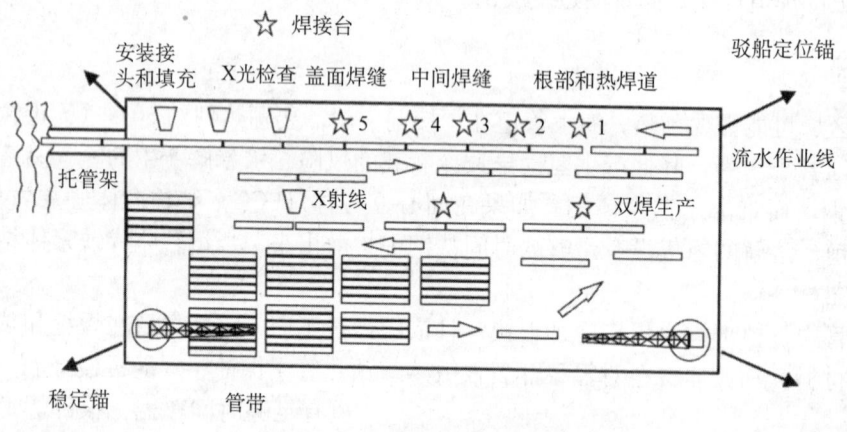

图 5.9 "S"形铺管船焊接实例

对于管径超过 8in 的管子，需多台焊机同时开始和结束焊接，以保持焊接应力平衡。对于管径很大的管子，最多可能需要 4 个焊接位置，这既是出于速度的考虑也是为了应力平衡。焊接过程中，至关重要的是要完全熔化管子接头的内表面，不留未熔区域，不允许过多焊接金属突出于管内（称为冰刺）。这些金属突起会导致腐蚀和损坏清管器。对于大管径管子，可以从管子内部焊接根部焊道以避免冰刺的产生。但是，这种工艺需要复杂的设备，只有对大管径的长距离管道才划算。另一种常用的能确保不产生冰刺的方法是在管子接头处表面附垫板，垫板通常装在夹具上。严格控制垫板或垫环的水冷，以避免焊接金属的污染和/或过度冷却。在根部焊道形成的过程中，需要确保管子不受拉力，因为这可能导致焊缝发生机械性损伤，一旦受拉则必须切下已焊接管段，重切坡口，重做根部焊道。

根部焊道通常采用半自动焊接，当从管子内部焊接根部焊道时，也可以使用全自动设备。根部焊道（或线状焊道）完成以后，内部夹具松开，并随着管子的增长，沿管子移动到下一个接头处。

5.4.2 热焊道

为了避免根部焊道和HAZ受氢气作用发生低温开裂的风险，需尽快在根部焊道上覆盖另一道焊缝。热焊道使第一次的焊道稍微熔化并对HAZ进行热处理。一般情况下，如果使用纤维素焊条，为了保证氢气有效转移，根部焊道的温度不允许降到100℃ ±25℃以下。随着管道强度增加，焊层间温度需要提高，因此对于X65或以上等级钢的焊接，需要的温度约为150℃ ±25℃。热焊道通常需要在根部焊道完成后4～5min内完成。为避免温度降到最低焊层间温度以下，最长允许延迟时间大约是10min。在冷却过程中，必须将根部焊道清理露出金属裸面，清除侧面的熔渣。如果根部焊道允许冷却，那它的强度可能比焊完的接头高130MPa。如果管道出现不受控制的移动，焊缝可能开裂。

应该消除热焊道根部焊道中的小瑕疵。输入热焊道的热量必须足够熔融根部焊道，并防止咬边（就是根部焊道两侧的外边缘凹陷）。热焊道也会熔融所有由于焊缝根部快速凝固而被留在焊道中的焊渣。焊接完成时，除去热焊道上的熔渣，将热焊道清理露出金属裸面，然后进行下一步的焊接。

5.4.3 填充焊道

填充焊道不如根部焊道和热焊道重要，使用的是能够快速产生大量焊缝金属的半自动或全自动焊机。填充焊道时需要轻微摆动——使熔融的填充金属左右运动。摆动有助于确保坡口壁完全熔融。现代的自动和半自动焊机能够模拟这个动作。在每条焊道之间，焊缝必须被仔细地清理成金属裸面。焊接过程会使焊件厚度有变化，因此在焊接盖面焊道之前，可能需要在2点钟和4点钟位置进行立填焊，用来平均管壁厚度。

5.4.4 面／盖焊道

面焊道，或者叫盖面焊道，是最后的焊缝。面焊道遍及管面，填补剩余的凹槽，留下比管面高1～1.5mm的焊缝，以及管子外表面上的一个约1～2mm的焊瘤。如果使用人工弧焊，典型的焊条尺寸是5mm。使用稍低的电流强度，以减少过度加热焊接点或过度摆动导致的多孔性。还需要谨慎地确保面焊道的焊瘤与母管完全熔合。

5.5 人工、半自动和自动焊接

如果一个焊接过程完全用手工完成，则这个焊接过程是人工焊接。对于管径较小的管子，使用电焊条的手工电弧焊（SMAW）是最常用的管道装配技术。这种形式的焊接需要的技术水平高，因为电焊条开始时较长，结束时较短，而且焊接必须从俯焊（1G）平滑地经过立焊（3G）变为平焊（5G）。形状复杂性导致焊工需要不断的判断和重调。焊条的实际尺寸是有限的,这也可能导致频繁地更换焊条。而频繁更换焊条可能导致焊接缺陷。焊接过程中需要多次停止和开始,增加了完成焊接所用的时间。一般500mm的长度需要花费约4min的时间。

半自动方式是GMAW或GTAW。填充金属通过机器自动喂入焊缝,这样焊工就能集中精力控制电弧或电火花。焊头与焊接区域保持不变的距离,焊缝的长度不受限制。由于没有中途停止和开始,焊缝中存在焊口和焊渣的可能性就比较小。通常,500mm长的焊缝采用半自动焊接可以在2min内完成,焊接速率是人工焊接的两倍。半自动焊接方法包括GMAW,药心焊丝电弧焊,SAW,GTAW和冷热送丝。

自动焊接工艺不需要焊工经常性做出调整。只需要偶尔重调,定期对焊机进行设置以完成焊接。机械化焊接与自动焊接类似,但设备在应用中受到的约束较少。多数电脑控制的机械焊接操作台都是自动化的。除了小管径管道和那些陆上建造的管道(水泥加重管道和卷筒铺管船方式铺设的管道)外,离岸管道生产多数使用半自动和自动焊接工艺,以使成本和安装时间最小化。见表5.1。

表5.1 焊接成本比较

参　　数	手工焊接	自动焊接
熔敷速率,kg/h	1.3656	3.6
焊接金属与消耗金属之比,%(kg/kg)	65	90
工作时间与拉弧时间之比,%(h/h)	36	80
长度36in、直径14mm管焊接费用,美元	113	21

方法的选择取决于管径和管道长度,以及承包商的经验。多数承包商拥有半自动和全自动焊接系统,但是影响决策的因素很多,技术也在改变,因此每个承包商采取的策略不同。

5.6　焊缝组成

焊缝是管子上潜在的弱点。稍大的厚度和加强的合金组成能够弥补焊缝的较低强度。由于盖焊过程附加的金属,焊缝通常是比管子厚1~2mm。焊缝材料组成需小心选择,以确保焊缝具有足够的强度。低强度匹配是指焊缝金属的强度低于管材金属的强度。这种情况需要避免,因为外加张力在较脆弱的材料处集中,此处比较容易出现缺陷。超强度匹配是指焊缝金属的强度比管材金属高,保证了外加张力发生在母管上,母管作为一种锻造材料,含有的生产缺陷比较小。

通常,焊缝比母管强度稍高,但应避免过高的强度。对于卷管,需要特别注意焊接强度,因为焊缝处强度过剩可能导致卷管过程中椭圆化时热影响区(HAZ)的开裂。选择好的焊接方法——耗材,预热,热量输入和焊接速率——要保证焊接冶金能够提供需要的强度,并且HAZ不受到不利影响。因此,需要按照规定的焊接标准完成各项焊接程序。同时还需确保焊工能够胜任所选择的焊接程序。

相对于母管,焊缝的面积很小。如果焊缝本身或与焊缝相连的区域比母体金属活性高

（更易腐蚀的），那焊缝和活性较低的母管间可能发生电化学腐蚀；由于不利的阳极与阴极面积比，腐蚀速率会很大。为了避免这种情况，通常选择组分加强的焊缝材料，以确保焊缝比母管活性低。这通常是通过增加焊缝处的合金（例如镍和铜）含量来实现的。

5.7 焊接强化机理

在钢基中加入合金元素能够增加焊缝强度。合金元素原子与铁原子大小不同，它们通过填补晶格中的空隙（间隙元素），或者如果合金元素原子比较大，通过造成晶格变形（替代元素），防止原子在晶格中的滑动。间隙合金和替代合金都是通过降低延展性来增加钢强度的。

转化产物的形成也可提高焊缝和HAZ材料的强度。铁素体相（含有少量溶解碳的纯铁）和渗碳体相（铁－碳化合物）的比例与形式对焊缝的强度有显著的影响。精细的温度调整和热处理能够使两相在材料中平衡分布。

温度也改变金属晶粒的尺寸。但是，这是一个单向过程，在这个过程中，要将大的晶粒变小，必须进行重结晶工艺，也就是将钢加热到转化为奥氏体的温度范围以上。焊接中，HAZ中材料的晶粒尺寸会受到影响（这会在本章稍后部分讨论）。因为焊缝是由熔融钢形成的，它会有一个树枝状结构，但这可以通过焊接后的回火作用修正。

另一个补充增强方法是添加微合金元素，添加比例为0.1%～0.2%，微合金元素在焊缝金属熔融时溶解到焊缝中，但随着温度降低析出。微合金元素聚集在晶粒边缘，增加晶粒间的摩擦力，通过将晶粒固定在一起减少晶粒滑动和金属的延展性。这种析出强化通常是通过添加少量的钛、铌和钒实现的。

5.8 热影响区

在焊接过程中，母管发生熔融。在焊缝处，金属温度约为1550℃，而约300mm远处的母板接近环境温度。温度梯度使焊缝和母管之间产生许多不同的冶金特征，随后转变为不同的机械性能。在焊缝的两边各有一个区域被称为热影响区，如图5.10所示。这个区域的大小取决于管子的厚度，管子的预热量，以及焊缝金属的铺放速度，这与焊接的热量输入有关。紧邻焊缝区域的一部分管壁被加热到奥氏体温度范围，然后迅速降温，这导致钢的晶粒细化。这些重结晶的晶粒是等轴的。重复的填充焊道会提高晶粒温度，导致晶粒生长。但临近这个区域，接下来的温度剧增不足以导致晶粒生长，会留下一个细晶粒区域。紧邻细晶粒区域的部分，温度太低不能发生重结晶，但足以使得晶粒生长及应力释放。在HAZ区以外，锻造母管的狭长晶粒被保留。这些晶粒尺寸变化改变了钢中HAZ区的机械性能，强度和韧性。焊接程序应该保证这些性能仍然能满足服役要求，而焊接规范必须包含适当的测试程序以确保这一点。

由于HAZ中金属结构的变化，这个区域的金属可能很容易发生腐蚀。尽管焊接材料与母板组成相似，但电化学研究显示HAZ和母管可能存在电势差，会形成一个原电池。这个观点将在第5.15节中详细论述。在焊接材料中添加0.6%的镍和0.4%的铜，或者1%的

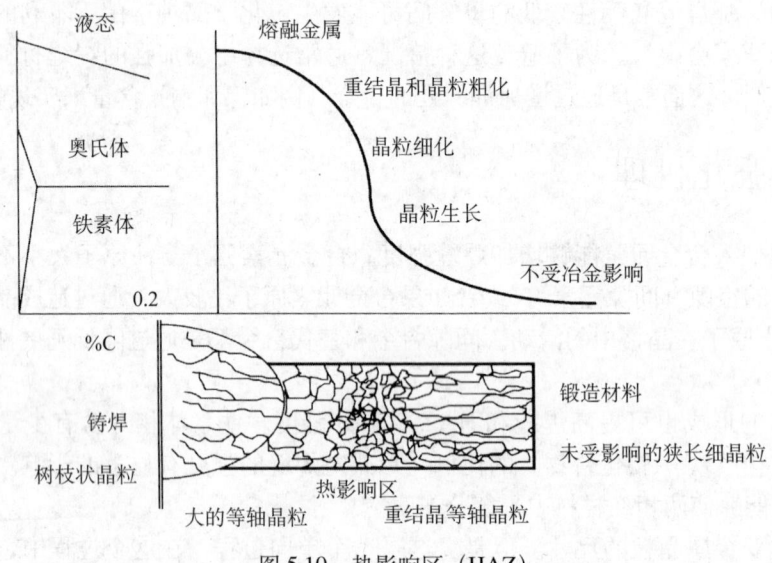

图 5.10 热影响区（HAZ）

镍，或者 1% 的铬，可能是减少此问题的合适方法，但并非适用于所有情况。值得注意的是，焊缝中含有 1% 的镍的材料对酸性服役也适用；因为 NACE MR-0175 中对于镍含量限制的规定是针对锻造材料的。

对于注水系统，焊接材料含有 1% 的镍或 0.6% 的镍和 0.4% 的铜可能会降低 HAZ 被腐蚀的风险，但这些加强的焊接材料可能无法防止温度超过 70℃ 的甜性生产系统中的腐蚀。实践中观察到，将根部熔深最小化到 0.5mm，并将焊缝中硅含量降低到 0.35% 可以降低 HAZ 被腐蚀的风险。

5.9 焊缝缺陷

5.9.1 检验

采用 X 光检验整个焊缝，以确保符合工艺标准或者满足要求。超声波检测也可用作初步检验或作为支撑技术。

5.9.2 多孔性

留在铸造金属中的气体或尘土可能导致焊缝具有多孔性。多孔性会降低焊件的抗疲劳强度。很多气体易溶于液态金属，但难溶于固态金属。气体在焊缝中形成离散的或聚集的小孔或空泡。单个小孔通常不太严重，但还要看小孔的尺寸和位置。盖面焊道的多孔性是由过度或不受控制的摆动，或过高的电流强度导致的焊件过度加热，或纤维素焊条药皮中水含量过高引起的。内部多孔性通常是氧化过程延迟引起的，而这是由于前一道焊缝清洁不彻底。多孔性约导致 50% 的焊接维修。工程评估研究显示，可被接受的安全多孔性水平比规范中规定的要高，但每条管道都需要单独评估。

氮气可能导致多孔性。但是氮气在不锈钢中的溶解度很高，从而不会在这种材料中导致多孔性。它可以增加一些不锈钢的强度，因此有意地将氮气混入保护气体中，添加到双相不锈钢焊缝里。

氧气是必须避免的致污物。氧气本身不能导致多孔性，但是它与硅和锰反应，产生杂质。在一些焊接程序中，如果用氩做保护气体，可添加少量的氧气（约1%）使电弧更为稳定。对于管道焊接，会用二氧化碳代替氧气。如果气流不足或有强风时，过多的氧气可能被吸入保护气体中。

对于陆上管道焊接，药心焊丝，也叫自保护焊丝可能被用于改装过的GMAW设备，从而克服过多的空气流动。产生的气体被吸入熔融的焊接金属中，导致气体覆盖层在金属表面而不是在金属上方形成。铺管船上焊接台是封闭的，不需要使用较为昂贵的药心焊丝。

二氧化碳是一种便宜的保护气体，但在管道焊接中不能单独使用，因为像氧气一样，二氧化碳与合金元素在钢中会发生反应。但是，它相对不易起反应。通常将5%~8%的二氧化碳与氩气混合。二氧化碳使电弧稳定并能提高电弧的穿透性。

5.9.3 冷裂缝

焊接规程不允许任何裂缝或裂缝状缺陷。氢气是钢冷裂缝的主要诱因。冷裂缝通常发生在根部焊道和热影响区内，这些区域内发生了晶粒扩张。氢气易溶于熔融的钢和奥氏体，但微溶于铁素体；见表5.2和表5.3。如果焊缝迅速降温，在钢从FCC（奥氏体）转变为BCC（铁素体）之前，氢气来不及从钢中逸出（表5.4）。被困住的氢气导致铁素体中出现裂缝。为了减少氢致开裂的风险，焊条应保持干燥，管子需要预热以确保表面（预热到约80℃）没有水分，并且应避免为了润滑而向GMAW设备中的填充焊丝喷洒轻质油或硅化合物。

表5.2 大气压力下氢气在铁中的溶解度

铁状态	温度，℃	氢气溶解度 cm³/100g 铁
纯铁BCC（体心立方体）	20	≪3
纯铁BCC（体心立方体）	900	~3
奥氏体FCC（面心立方体）	920	~5
固态铁	1535	~13
熔融态铁	1535	~27

表5.3 氢气在铁、钢和不锈钢中的扩散系数

合金	晶格	25℃时的扩散系数
纯铁	BCC	1.6×10^{-5}
纯铁	FCC	5.4×10^{-10}
钢	BCC+渗碳体	3×10^{-7}
含27%铬的铁素体钢	BCC	6.7×10^{-8}
18Cr—9Ni 奥氏体钢	FCC	3.5×10^{-12}

表 5.4　氢气扩散率

温度，℃	扩散率，$10^{-6}cm^2/s$	渗透率，cm^3/h
20	15	—
100	35	0.00026
200	67	0.0045
300	100	0.029
400	138	0.11
600	204	0.59
800	269	1.00

碱性低氢焊条是纤维素焊条外的另一种选择。碱性药皮主要是黏结着的碳酸钙。碱性焊条更适用于厚壁管，因为它们的平衡含水率较低。所有有药皮的焊条在使用之前必须加热（烘烤）并在保温桶中保温。

有些裂缝的产生是由于焊缝固定前管子的移动以及/或者根部焊道和热焊道之间过多的时间延迟。在高压力区域，变脆的金属会开裂。在 HAZ 中晶粒变大或出现脆性的马氏体和/或贝氏体会导致裂缝出现。在管子外表面的裂缝不是突发的，可以用 X 光检测。如果管道要用于酸性服役，焊缝中或与焊缝紧邻处一定要避免出现硬质材料。焊接必须符合 NACE MR–0175 的规定。

有一个问题是，裂缝可能并不会在焊接后马上出现，而是慢慢扩展。开裂的时间与焊缝中的氢气量和残余应力水平有关。如果预计可能有问题出现，焊接程序可能需要做焊后热处理，从而将氢气烘烤出去。高温可增加氢气的扩散性，使得氢气从材料中逸出。

典型的烘烤温度是 175~205℃，有时也采用更高的温度，达到 300℃。氢气扩散的一个副作用是 FBE（熔结环氧粉末）涂层的氢鼓泡，该涂层是在对管子感应加热到约 260℃后现场涂抹在安装接头上的。虽然不美观，但这些鼓泡是无关紧要的；它引起的缺陷区域很小，阴极保护系统能为这个区域提供足够的保护。

5.9.4　热开裂

如果管材金属硫含量较高，可能发生热开裂，或硫致开裂。这种形式的开裂仅限于低强度等级的无缝钢管和一些锻件。硫化铁熔点很低，在液态焊接金属凝固的过程中，硫化铁聚集在焊缝中心——焊缝的这个区域最后凝固。硫化铁是较弱的材料，随着焊缝冷却收缩，硫化铁在残余应力下开裂。减少硫和磷含量以及增加锰含量能防止热开裂。

5.9.5　熔渣

夹渣是由不良焊接过程产生的，通常是电流强度低或焊接前及焊接中清洁不彻底造成的。窄坡口中更容易有夹渣。窄坡口也会增加侧壁熔化不足的可能性，需要通过提高电流强度来补偿，同时还应注意移除坡口面上的氧化物。如果管子没有进行清洁，可能会将大的轧屑加入焊缝中。需要特别注意内部有轧屑的管子，因为液压夹具可能将轧屑推到管子接头的 6 点钟位置。

5.9.6 其他缺陷

其他焊接问题是由于焊接参数控制不足导致的。这些缺陷包括：

（1）侧壁熔融不足，这是由热量输入不足或混合气体比例错误导致的，可能与窄坡口有关；

（2）填角焊缝间的冷搭接，由热量输入不足导致；

（3）根部熔融不足，原因是电弧位置不对，或填充金属丝使用不当，或者管子中有剩磁；

（4）焊蚕形成不完全，这是由于根部间隙太小，或者如果持续出现该情况，则是由钢中铝含量不当引起的；

（5）根部焊道下陷，原因是根部间隙过大，但电流强度过大也会有类似的效果；

（6）根部穿透不彻底，原因是接头没有对准，或者预制的坡口不对，也有可能是混合气体使用不当；

（7）翻转或重叠，原因是错误的电弧电流导致盖面焊缝的过度堆焊；

（8）根部焊道和面焊道咬边，这是由混合气体比例错误，电流强度过高，或者摆动模式错误造成的；

（9）过度加强，这是由于焊条操作错误导致的，可以通过磨削来补救，这种方法适合陆上管道的建造，不适用于"S"形铺管安装过程；

（10）打火痕迹，这是由于焊缝挤压焊缝，导致硬点形成，硬点应予以避免，因为通过磨削移除硬点势必导致管壁区域过薄；

（11）火口裂纹（也叫焊口裂纹），原因是起终点区域的焊缝清理不彻底，或者电弧切断过快；

（12）层状撕裂，由管中的原有断层缺陷导致，可以在焊接前检测坡口区域的裂纹和叠层结构来避免此问题。

5.10 管钢的可焊性

可焊性是指一种金属可以按照标准要求焊接的难易程度。可焊性差表示可以采用的工艺有限，需要相当好的焊接技能。可焊性好意味着可以采用很多种不同的工艺，只需要中等水平的控制和技能。通常碳钢可焊性好，不锈钢具有中等可焊性。

对于钢而言，碳含量很大程度上决定了可焊性。为了定义可焊性，钢中的其他影响因素被转化成碳当量，而它们的总和被用作钢可焊性的参考。有几个公式可以用来计算钢的碳当量，但对于管道安装，最常用的是 API 5L 标准中给出的国际公式（international formula）：

$$CE_{IIR} = C + \frac{Mn}{6} + \frac{Cr + Mo + V}{5} + \frac{Ni + Cu}{15} \tag{5.1}$$

式中 *C*——碳的质量分数；

  Mn——锰的质量分数；

  Cr——铬的质量分数；

  Mo——钼的质量分数；

  V——钒的质量分数；

  Cu——铜的质量分数；

  Ni——镍的质量分数。

  对于管道钢，通常规定最大碳当量为 0.32～0.39。对于锻件和法兰，碳当量可以稍高，约为 0.45。现代管钢很容易达到这些值。随着钢等级的提高，碳含量通常要降低。因此，X65 以及其以上等级的钢会具有低碳当量，碳含量低于 0.1%，此时用国际公式定义高等级钢的可焊性就显得区分度不够了。

  第二常用的公式是裂缝尺寸系数，P_{CM}，它的计算方法如下：

$$P_{CM} = C + \frac{V}{10} + \frac{Mo}{15} + \frac{Mn+Cu+Cr}{20} + \frac{Si}{30} + \frac{Ni}{60} + 5B \tag{5.2}$$

式中 *Si*——硅的质量分数；

  B——硼的质量分数。

其余符号意义与前面的公式相同。

  P_{CM} 值通常规定为最大值 0.18～0.2。P_{CM} 公式越来越多地用于现代低合金钢，这些钢的碳含量低于 0.1%，而国际公式适用于比较接近 API 5L 标准，碳含量在 0.15%～0.2% 的钢。

5.11 焊接材料组成和涂层

  焊接金属本身是铸件，因此，可能比相同材料的锻造管材强度低。为了克服这一点，必须利用较高的合金含量来得到较高的强度。典型的根部焊道焊接材料是：0.1%C，0.15%Si，和 0.5%Mn。焊件的屈服强度为 380～450MPa，抗拉强度为 450～520MPa。后续焊道会使用碳含量较高的焊接材料进行焊接，典型的是：0.1%～0.15%C，0.1%～0.15%Si，0.4%～1%Mn，以及约 0.5%Mo，使屈服强度达到 415～480MPa，抗拉强度达到 520～550MPa。对于需要很好的耐冲击性能的情况，典型组成是 0.15%～1%Ni。有时为了减少优先的焊缝腐蚀而加入铜，但关于这种加铜的焊缝是否可用业界还有争议。第 5.15 节对此进行了详细讨论。

  手工金属电弧焊接材料涂有纤维素、酸性或碱性涂层。纤维素涂层焊条比较便宜，广泛用于 API 5L 标准 X70 以下等级管子上的环形焊缝。纤维素药皮产生大量的二氧化碳气体，允许的焊条直径大，因此，可以采用较高的电流强度，用俯焊形式快速焊接。纤维素焊条焊出的焊缝抗冲击性能好，在 −40℃ 时一般为 40J。但是，这种焊缝可能含有高浓度的氢气，这在酸性服役管道和/或厚壁管中是不允许的。

  因为涂料中氢含量低于 5mL/100g，具有碱性涂层的焊接材料焊出的焊缝含氢量低，而且这种焊缝的机械性能也很好。因此，碱性涂层焊条用于厚壁管和高强度管道钢，例如 API 5L 中的 X80 钢以及其他需要较高抗冲击强度的情况。一般来说，碱性涂层焊条焊出的焊缝韧性（夏比冲击能）是纤维素涂层焊条所焊出焊缝的两倍。碱性药皮比较贵，常常会使用一组混合焊接材料，根部焊道和热焊道使用纤维素涂层焊条，而剩下的焊道用碱性焊条。

5.12 双相不锈钢的焊接

双相不锈钢是一种可焊的不锈钢，具有良好的耐腐蚀性（这是奥氏体不锈钢的典型特征），并且对氯化物应力腐蚀开裂、缝隙腐蚀和点蚀的抵抗力也有改善。双相不锈钢的混合结构是由于镍含量不足以使钢完全成为奥氏体，从而形成的铁素体和奥氏体相的致密混合物。这种结构是经过精细选择合金组成并严格控制热处理过程得到的。当铁素体和奥氏体相平衡为 50∶50 时，出现最佳的耐腐蚀和机械性能。通常对管子进行冷加工，或者固溶退火处理。制成的双相管长度取决于可以操作的钢坯尺寸；因此，厚壁管只能做成短管段（一般是6m）。在加涂层前要将管子连接成标准长度，然后在装船离岸前进行双缝焊接。

双相不锈钢的焊接比碳钢的焊接复杂。焊接过程不能过多地改变母板中的相平衡，因为这样可能导致焊缝比母板材料活性高，这种情况下焊缝会发生优先腐蚀。同时应该限制热量输入，以避免 σ 相和 χ 相的形成，因为 σ 相和 χ 相是坚硬的金属间化合物，会显著降低钢的韧性。为了保证铁素体—双相保持平衡，需要低热量输入速率，因此焊接过程相对较慢，一般约为碳钢焊接速率的 30%。低热量输入速率最初是用钨极电弧焊实现的，但随着技术的发展，已经可以使用其他形式的焊接技术完成部分焊接过程了。

考虑到这些实际情况，双相钢管道在陆上制造，然后用管束或卷筒铺管船方式安装，这种方式比海上"S"形方式建造经济性好。对于海上建造，通常在岸上将管子双缝连接，以减少海上焊接。

耐腐蚀性受到熔渣或氧化物杂质或表面多孔性的影响显著。必须彻底排除氧气，因为毗邻焊缝形成的氧化膜可能在后期服役中导致点蚀。为了避免氧化膜的形成，管孔内用氩气净化。将可移动的塞子塞入管道焊缝两端，从而减少氩气的用量，并加快脱氧过程。氩气中含有少量的氮，可以保证焊缝摄取一些氮气，从而提高焊件的强度和焊件的耐点蚀性（PRE_N）。焊缝周围的母板会在焊接飞溅下发生腐蚀。TIG 工艺产生的焊接飞溅很少，甚至不产生焊接飞溅。

双相不锈钢的耐腐蚀性受到表面条件的显著影响。表面上存在铁和一些铁盐会引发点蚀，而且可能不会钝化。铁很容易通过钢器械和工具进入较柔软的不锈钢表面。铁颗粒随后腐蚀形成凹坑。铁盐会氧化成为铁离子，并导致类似的问题。管子表面清洁，切坡口和埋焊缝清理过程中一定要避免铁污染。应谨慎选择刷子和磨轮。所有钢材吊运装置也必须涂胶，以避免铁污染。

5.13 复合管的焊接

内部复合管的衬里只有 2～3mm 厚，因此管子的安装很关键。为了尽量减少安装问题，复合管的失圆度和管径误差都需要尽量减小，多数复合管生产商对管子末端应用一些膨胀或压缩的方法来保证它们的误差较小。较小的误差有助于减少焊接时间。因此，评估管子生产商的竞标时，应综合考虑较高的管子标准带来的附加费用和因焊接速率提高而得到的补偿。

复合管中的高合金衬里必须用能保持衬里耐腐蚀性能的焊接材料来焊接。考虑到后续焊道可能使碳钢焊缝中的合金浓度减小，焊接材料的合金含量通常比衬里高。首先，衬里的焊接通常采用内部焊接（如果管径够大）或从外部单焊道完成。热焊道可能是一个重复焊缝或纯铁焊道，用于防止根部焊道的稀释。后续的焊接一般采用碳钢焊接材料。对于某些内衬钢组合，比如 825 型和 625 型，可能用高合金焊接材料完成整个焊缝。

有些承包商更倾向于尽量减少焊接材料的种类数（从而避免失误），即在常规钢焊接之后用高合金焊接材料焊一条双焊道。也有证据显示纯铁焊道可能导致内部裂缝。

在绝大多数情况下，CRA 衬里都采用 TIG 方式焊接来减少焊接飞溅，飞溅下面容易导致点蚀和缝隙腐蚀。塞班公司最近研发了一种 GMAW 程序，针对 316 型和合金 825 型衬里，使用一个带有陶瓷槽的内部夹具防止焊接飞溅落到衬里上。GMAW 程序的速度接近 TIG 焊接的两倍。

在着手碳钢焊接前，必须用射线对包覆层的焊接进行检测。附加的检测步骤降低了管子建造的总体速度。焊接速率相对较慢，与刚性双相不锈钢速度差不多，约为碳钢焊接速度的 30%。

5.14 焊接检验

5.14.1 射线探伤

管道是压力容器，所有高压油或气管道焊缝通常都需要进行 100% 的射线探伤检验。检验阶段在焊接阶段之后，但在最后安装张紧器之前，以保证有足够的时间和空间补焊。射线探伤技术需要高能量射线，该射线是由一个高压电源产生的或由一个放射性同位素提供。这种高能量射线能够穿过钢，其投射百分率取决于钢的厚度和密度以及射线的能量水平，称为辐射硬度。将一个胶片放置在管子的另一边来检测射线的传播。对于管道焊缝检测，要选择辐射硬度和曝光时间，从而得到管子和焊缝间的最大反差。

放射源可能置于管子的一边，而胶片在另一边。射线需要两次穿过管壁才能到达胶片。这被称为双壁透射。通常，对于大口径管道和海底管道，放射源被放在管子内部中心，胶片包在焊缝外围。大口径管道需要较长的胶片。因为能量等级可以调整，电力生成的 X 射线适用于任何可能的场合，从而在胶片上能清楚地辨认出缺陷。而放射性核源伽马射线检查方法适用于边远地区和小管径管道。

在这两种情况下，得到的都是永久性记录。该过程很快，而且该方法的辨识度很高。X 射线反映的金属内部缺陷位置不一定很清楚，可能需要通过后续的超声波检查来发现。有些缺陷无法检测到，比如钢中的纵向叠层结构。射线对人体健康有损害，因此在采用射线照相术的场所要特别小心。因为处理过程中胶片还未干时就要进行解释，对于胶片的评估也是紧张而令人疲惫的，尤其当铺设速度很快时。新的实时射线检测系统可供使用，该系统将 X 光呈现在显示器上。硬拷贝保存在录像带上。这种方法具有明显的吸引力，因为图像是数字化的，可以使用电脑评估作为常规检查的辅助手段。

5.14.2 超声波检测

射线检测技术不能给出焊缝缺陷的完整三维位置信息，只能给出二维位置。超声波检测用于检测金属中缺陷的空间方位信息。这个技术是向钢中发出高频声波（频率为 1～6MHz）脉冲。声波遇到密度不同的区域，比如管子内表面或内部缺陷，会被反射回来。在阴极射线管中检查信号和返回的声波脉冲。通过围绕可疑缺陷移动探针，缺陷的范围和方位以及它在焊缝中的相对位置都可以被检测出来。

该技术使用方便，对表面缺陷敏感，但它比射线检测慢，且只有紧挨探针的缺陷能够被检测出来。管子表面条件一定要好，需要一种耦合剂将声波从管子传输到探针处再传回来。涂层和焊缝轮廓可能造成对声波信号的干扰。

现已开发出许多高级技术，其中多数是半自动或全自动的。比如，渡越时间测试（TOET）是一种超声波检测技术，它使用单独的发射端和接收端。两接收端绕着管子作机械运动，各在焊缝的一边，声波信号以固定的角度从发射端到达接收端。金属中的缺陷会导致一个声波的衍射图样，该图样由微机进行分析。声波图样被转换成阴影图样，在该图样中可以辨认出焊缝中的所有缺陷。这项技术速度很快，每分钟可以扫描约 1m 长的焊缝，如果需要也可以生成图像的硬拷贝。

荷兰法则 NEN 3650 要求 GMAW 焊出的焊缝需要用超声波测试法进行检测。API 1104 和 BS 4515 没有这样的要求。对于管壁厚度超过 25mm 的管子 DNV 2000 要求进行射线检测的同时还需辅以超声波测试。

5.14.3 磁粒子检测

磁粒子检测（MPI）用于检测肉眼不可见尺寸的表面意外缺陷。一般来说，这些可能是管子坡口上的裂缝、搭接和叠层结构。这种技术是用一个高强度磁场在管子表面感应产生磁性。可以用电探头或永久磁铁感生该磁场。检查区域涂有含铁磁颗粒的液体，铁磁颗粒在磁流中受干扰的区域排列成行，通常是在金属表面的间断点处，与磁流成一定的角度。铁磁颗粒聚集凸显出原本肉眼不可见的缺陷。另一种方法是将干的铁粒子缓缓吹过金属表面。这种技术需要干净的金属表面，而且必须变换磁流的方向，因为与磁流方向一致的裂缝和缺陷检测不出来。

MPI 是一项慢速技术，只在有限的面积上或在需检查的项目比较多时使用。典型应用是锻件和铸件焊接成管道用管前的预查，以及焊接前的坡口检查。这项技术只能用于磁性材料。测试之后可能需要退磁处理，因为磁性可能导致焊接电弧偏离漂移。

5.14.4 染料渗透检测（DPI）

染料渗透试验（DPI）用于裂缝检测，与 MPI 类似，但它可用于磁性和非磁性材料。用有色的或荧光的染料描绘表面的意外缺陷。待检测的表面经过清理并涂上一种高渗透性显示剂液体。给液体一定的时间通过毛细管作用渗透到表面缺陷中。预定时间过后，重新清理表面，将一种显影剂涂到表面上。显影剂是一种细粉笔灰，其行为类似吸墨纸，将显示剂液体从裂缝和表面缺陷中吸出。如果使用荧光显示剂，则用紫外线检测染料。裂缝、多孔性、熔融不足和搭接都能够检测。该技术便携性好，可以用于任何表面，价格低廉但速度较慢。在该检测中表面清洁度非常重要，而且所有表面涂层都要去除。

5.14.5 涡流检测

在金属表面激发一个震荡磁场，测量生成的电流强度。表面突发缺陷很容易通过电流的变化检查出来。这种技术也能用于检查热处理变化和合金组成，但管道检测中很少用到。涡流检测的灵敏度与 DPI 和 MPI 类似，但速度更快。管子的简单几何形状允许使用自动化的涡流检测，为了实现这种技术在管道检测中的应用，人们正在对其进行进一步的研究。它也可能成为一种适用于复合管的检测技术。

5.15 焊缝优先腐蚀

在注水管道和一些原油管道中已经出现选择性焊缝腐蚀。可能是焊缝本身被腐蚀，也可能是 HAZ 被腐蚀。相关的可变条件主要有：

(1) 焊接金属的耐腐蚀性；
(2) HAZ 组成和微观结构；
(3) 发生硬转化的微观结构；
(4) 碱性涂层焊接材料的应用；
(5) 低电弧能量水平。

焊接程序本身看起来没有对此产生明显的影响。人们发现焊后热处理可以减少 HAZ 裂缝，因此回火焊珠焊接会有帮助。腐蚀范围随着二氧化碳分压的变大而变大，但似乎对流速不敏感。可以使用腐蚀抑制剂，但应该谨慎核查腐蚀抑制剂对焊件的影响。

腐蚀抑制剂的有效范围较小，因此，可能无法像对母板一样总是有效地保护 HAZ 中的材料。如果要应用一种新的焊接程序，或者某个管材或焊接程序的组合，较为稳妥的做法是先测试是否会发生这种形式的腐蚀。有两种测试方法。一种测试程序是将分割成焊缝、HAZ 和母管的焊件浸入一种实验溶液，通过电子测试设备重新连接，并测量这些元件间的电压和电流。另一种测试程序是将整个焊件浸入实验溶液，测量出不同焊接区域间的电压和电流信息。

5.16 下游焊缝腐蚀

当水从原油中分离出来时，水会在下游突出的根部焊缝处存留并引起腐蚀。如制造偏

差高达 ±15%，导致管子不匹配时，也能引起类似的问题。在甜性系统中，一旦腐蚀开始，会向下游蔓延，因为下游边缘处的湍流条件阻止了碳酸盐钝化膜的形成。这种腐蚀不是焊缝优先腐蚀，但最初的表现是相同的。

微生物腐蚀也与突起的焊缝有关。菌落可能利用了焊缝的庇护和焊缝处存留的水。

5.17　不完全穿透

根部焊道填充不完全会留下缝隙，这可能增加焊缝腐蚀风险，也是导致应力增大的原因。但不完全穿透可以用 X 射线检测到。在某些情况下，焊缝的一半以上都发生腐蚀。通常母体金属不受影响。ASME B31G 分析中不涉及这种破坏形式，因为焊缝处的腐蚀会导致刃形缺陷。需用断裂力学技术分析这种缺陷，或者通过水压试验提前对管子进行检验。

5.18　未来可用的焊接技术

深水石油开发越来越多地要求采用"J"形方式安装管道，从而减少托管架的受力及管子受到的拉力。通常"J"形铺管船只有一个可用的焊接台，因此焊接速度很关键。目前，在这唯一的焊接台上，要先将多根标准单管（12m）连接好再吊到焊接位置上进行焊接。技术人员正在测试新的方法从而确定一种焊接速度更快的替代焊接程序，以克服这一瓶颈。已经开发出的方法如下：

(1) 摩擦焊接；
(2) 闪光焊；
(3) 单极焊；
(4) 磁动电弧闪光焊；
(5) 爆炸焊接；
(6) 保护性活性气体锻焊；
(7) 深穿透焊接。

在摩擦焊接中，一个组件高速旋转，然后逐步挤压到固定组件上。摩擦产生的能量熔化接触面，然后挤压形成焊缝。已有 3 种摩擦焊接类型经过研究可应用于实践。最简单的做法是将整个管子接头旋转，但这需要相当多的能量输入来使沉重的管子旋转。另一个更具有吸引力的做法是在管道和一个固定管接头之间插入一个旋转的小管段。加速时，挤压管接头，从而将小管段焊接到管道上。该方法需要输入的能量少很多，但每加一个接头就产生两条焊缝；因此，需要做两次检查。第三种方法是用一个特制的小环，处理方式与第二种方法一样。由于接头重量小，所以输入的能量低，而且两道焊缝的检查可以一次完成。

管道的闪光焊是 20 世纪 50 年代在苏联研发的，已经在那里得到广泛应用。约 30000km 的油气管道是用这种技术焊接的，管径范围为 4～20in。在美国，麦克德莫特（McDermott）已经将这种工艺进一步发展以应用至"S"形铺管船上的海上焊接中，但仍未应用于实践，在某种程度上是由于该行业的极端保守主义。管子末端切平，管子内表面也需清理干净。将内部管头插入并与管子清洁部分接触，当新的管接头压到管道上时，向管子输入高功率电流。管子表面上的凸起首先熔化，然后继续升高电流直至整个管壁的温度达到熔点，此时施加压力，将这一新接头与管子锻压在一起。加热过程中两工件间不断发生爆炸、喷溅，并形成许多小电弧，所以称为"闪光"。可以通过撤去焊缝内外表面上的浮渣来消除闪光。

单极焊与闪光焊类似，但它的高电流是通过对一个大转子进行磁制动引发电流脉冲而获得的。将转子转速提高到一个特定值，同时准备好要焊接的管子。管子表面的处理与闪光焊类似。准备好后，给转子加一个磁场，反电动势约2MW，将其指向管端，在3s内产生一个焊缝。经过一个联邦矿业管理局（MMS）项目的鉴定，该方法可能节约20%左右的安装时间和成本。

在磁动电弧闪光（MIAB）焊接中，管子建造方式与常规焊接类似。这是一个无耗材的焊接程序，焊接间隙极小。在焊缝表面产生一个电弧，然后用一个脉冲磁场驱动电弧绕管一周。

爆炸焊接方法理论上极具吸引力，因为它采用冷加工法，能耗低，但焊缝区域可能发生加工硬化。已经有两种工艺通过评估。第一种是将新接头末端做成钟形，罩在管道的标准末端上。在待焊区域内外分别放置炸药，然后点燃。爆炸将两个面压在一起，最后的焊缝具有爆炸接合板材中常见的波浪形分界面。第二种方法是将一个合适的环内部涂上炸药，放置在需要焊接的区域内部。管外放一个外部铁砧来控制爆炸。点燃炸药，爆炸使环变形靠向铁砧，形成一个常规类型的爆炸焊缝。因为使用了爆炸环，所以此工艺可以用于焊接CRA衬里管材。

保护性活性气体锻焊，是将管子表面进行处理，在内外表面形成凹槽，管子密封，并用氢气清洗从而除去氧气。用感应法加热焊接区域，然后将两个管子末端压在一起锻造出焊缝。凹槽的作用是容纳锻造焊缝过程中可能导致的膨胀。

深穿透焊接使用的是激光或者电子束。超高能电子束形成一个狭窄的栓孔，里面充满蒸汽，然后绕管子移动，穿透管壁形成一条单焊缝。二氧化碳激光器可以产生足够的能量，用于焊接厚度达到25mm的管壁，但由于波长的限制需要用镜子控制光束。Y-Ag激光波长允许通过光纤电缆控制光束。电子束焊可以在真空中焊接40mm厚的管壁，但随着真空度的降低，能焊接的厚度也减小。电子束焊接和GTAW所需要的总能量差不多，但是GTAW工作电压约为12V，电流为250A，而电子束焊接工作电压为30kV，电流为0.2A。相对于常规焊接，深穿透焊接产生的焊缝很细。电子束焊接速率比GTAW高，约为其速率的12倍，达到6mm/s。

预测哪种供选择的焊接程序会成为公认的海底管道技术的一部分还为时尚早。投资和之前的工作记录可能无法作为指向标。例如，美国麦克德莫特公司已经为闪光焊工艺投入了大量资金，并且该工艺已经在陆地管道中成功应用了很长时间，但这个公司仍无法说服海底管道经营者采用闪光焊工艺。摩擦焊接颇具吸引力，已用于小管径非石油管道系统和天然气工业管道系统。单极焊曾是一项接合行业研究的主题，它提供了一种适宜的高功率电源。激光和电子束焊接更适用于专业焊件，而且工业跟踪记录良好。爆炸接合可能是最有吸引力的方法。

5.19 水下焊接

5.19.1 简介

在管道建设中，有时可能需要在水下进行焊接，从而连接管道的不同部分，将管道连接到平台立管上，或者将一个"T"形接头或"Y"形接头加到现有管道上。针对设计缺陷，或者落物、锚、喷射挖沟机碰撞、腐蚀或疲劳引起的意外破坏进行的管道维修，会在第 16 章中进一步讨论。

工程师可用的水下连接方法是机械式连接器和焊接。由于超过潜水员可接近深度的深水连接的需要，刺激了远程操作连接系统的广泛发展；它们操作可靠并且得到了广泛应用。图 5.11 描述了水下焊接方法的分类。

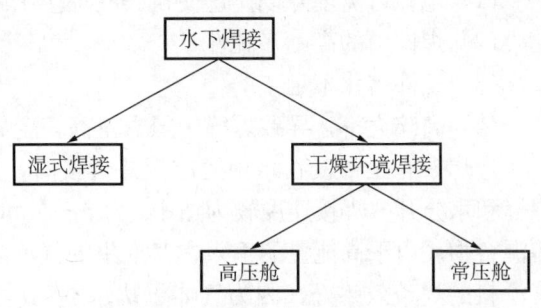

图 5.11 水下焊接方法分类

湿式焊接适合由潜水员在水中进行，实际上焊缝是在水下形成的，但这个术语有时也用于表示在工作区上方放置的充满空气或天然气的箱子中的焊接。这个技术通常只适合相对较浅的水。湿式焊接是由接受过焊工培训的潜水员实施的，因为接近工作地点和返回水面减压都是正常的潜水作业。需警惕该技术的安全隐患，因为潜水员可能受到漏电导致的杂散电流的威胁。湿式焊接的焊缝质量相对水上焊接明显下降。潮湿的环境增加了进入焊缝的氢气量，而且快速的冷却导致形成不利的金相。湿式焊接适合临时焊接或补焊，也适合焊接不需要与母板具有相等强度和韧度的焊缝。

高压焊接是在干燥的大气中进行的，但工作压力与焊缝深处的静水压头相等。压缩空气潜水只适合等价于 8 个绝对大气压（70m 深）的深度，因为在较高分压下氧气的毒性增加。超过 8 个大气压，需采用氦氧环境。由于安全性原因，在石油工业实践中，压缩空气系统压力通常只有 4bar（30m）。高压焊接几乎都是由受过焊工训练的潜水员实施的，因为多数高压焊接是依靠饱和潜水技术完成的。焊缝是在干燥室中焊接的，主要的安全问题是潜水焊工所呼吸的气体的毒性。清理干燥室危险烟气的费用很高。另一种方法是焊工在焊接操作过程中带上呼吸面罩。

常压焊接是在压力为 1 个大气压的干燥空气中进行的。焊工可以在一个简单的环境中工作，用专门的常压设备转移到管内。焊接工序与堆焊相同，可以焊出高品质焊缝，在质量上与铺管船上制作的焊缝相同。

第 5.18 节中描述的其他非常规焊接技术都可能经过改良，用于水下操作。目前唯一已经可以用于水下的非常规技术是爆炸焊接，在第 5.19.5 节中对其进行了论述。在其他非常规技术被陆地管道市场接受前，人们不太可能为水下应用而开发这些技术，毕竟陆地应用比水下应用市场要大。

5.19.2 湿式焊接

在100多年前，英国海军人员尝试了湿式焊接。新型焊条是20世纪40年代荷兰研发的。应用最广泛的湿式焊接法是AWS D3.6。对于管道的安装和维修，湿式焊接被用于表面上的小修补和临时修补，或者用于对焊缝质量要求不高的情况下，比如，牺牲阳极的改装，其中主要的要求是保证电气连接。为了减少焊件中的积水和氢气充入，焊条上涂或喷上一层特殊的焊剂。湿式焊接的主要不利条件如下：

（1）电弧可见度降低，这使得一些焊接工序变得很困难；
（2）焊件中的高度多孔性；
（3）工件熔化不足；
（4）高淬火率，导致焊缝中氢含量高，金属特性差，尤其是韧性降低。

当焊条和工件浸在水中完成湿式焊接时，发出电弧，产生的热量引起一团蒸汽云，将焊缝和水分开。焊接速度较为适中，为 3~4mm/s。蒸汽主要是焊条涂料和水分解产生的气体混合物。由于高能量的输入，其产生的气泡防护罩是相对稳定的。GMAW工艺不如使用有涂料的焊条效果好，因为气体干扰水蒸气形成气泡。水汽化产生的气泡是稳定的，直到它增大到一个临界尺寸，达到该尺寸后旧气泡脱离，新气泡形成。典型的气泡直径为 1~2cm，而气体产生速率约 40~100cm^3/s，这与所使用的焊条类型有关。气泡是由60%~80%的氢气，10%~25%的一氧化碳，和约5%的二氧化碳组成的。气泡中也含有一些氮气和来自涂料的矿物蒸汽。

与干式焊缝相比，湿式焊缝表现出较高的硬度，硬度随钢等级升高而增加。硬度也增加了裂纹敏感性，尤其在碳含量增加时。因此，这种焊接方式仅适用于中等强度的钢材，更适合用于低碳钢。

5.19.3 高压焊接

高压焊接是在一个压力与当地静水压力相等的干室中完成的。有时它被称为舱内焊接。当在适当的水深处维修管道时，焊接舱可能是一个简单的开底箱，通过焊接舱加压来压低待焊接区域下面的水。这种方式用于维修和焊接管子。目前，高压焊接的最大深度约为500m（50bar）。焊接通常是由接受过焊工培训的潜水员完成的，他们必须获得在适当深度进行焊接的资格。

在高压下，稳定电弧的长度减少很多，一般在常压下 10~15mm 的电弧，在 30bar 时缩短为 3~5mm。必须调整焊接电压和焊机特性从而补偿电弧的缩短。焊缝的几何形状也有变化，压力为5bar时受影响最大。电弧温度的提高改变了焊接金属的流动性和表面张力，因此大焊条实际上是没用的。因此，与水上焊接相比，高压焊接必须用小焊条完成，形成很多条小焊缝。

对于超过4bar的压力，焊接环境中是氦气和氧气的混合物。通常气体混合物含有3%的氧气，其分压约为0.5bar。氦气虽然是惰性气体，但其热导率约是空气的6倍。在 500~800℃的温度范围内，氦气中的冷却速率约比大气中快20%。因此，焊缝降温迅速，必须对焊接区域持续加热，以防止热应力问题和裂缝。

已经证明 GTAW 工艺是有问题的，因为氩气在高压下具有麻醉性。该过程速度慢而且对磁流敏感。因为需要维修的管道很可能已经经过磁通清管器的检查，所以这个问题很严重。在长管道中还可能产生大地电流，这与太阳黑子的运动有关，太阳黑子运动导致管道的磁化。但是，经过了足够的退磁处理后，GTAW 已经被用于根部焊道和热焊道的焊接。很多项目已经采用 SMAW，使用碱性焊条和药心焊丝。

随着压力增大，吸收的氢气增多；同时温降变得更快，焊缝中保留的氢气越来越多，临界开裂应力降低。焊缝的碳和氧含量随压力增加，压力增加 5 倍，气体含量约增加 2 倍。锰，镍和钼含量随压力增加而减少，而硅含量似乎没有变化。压力的总体效果是降低焊缝和 HAZ 的冲击韧性。需要用专门的焊接耗材来补偿冲击韧性，但有些韧性损失是不可避免的。焊条上的碳酸盐涂层导致碳溶解度增加，因此碳含量增大：

$$CaCO_3 = CaO + CO + \frac{1}{2}O_2 \tag{5.3}$$

$$CO = C_{Fe} + O_{Fe} \tag{5.4}$$

$$CO + \frac{1}{2}O_2 = CO_2 \tag{5.5}$$

$$H_2O = 2H_{Fe} + O_{Fe} \tag{5.6}$$

式中　X_{Fe}——溶解在焊件和 HAZ 中的元素（例如，碳）。

GMAW 也做了相应改进，主要是为了避免预热的需要，并减少被吸收的氢气浓度。焊件的韧性与 SMAW 相比有所提高，因为该过程不会产生碳。而且据称 GMAW 的校准和安装也比 SMAW 严格。所以，GMAW 被用于要求更严格而且工作压力比 SMAW 高的工作。但是，焊接设备需要改进很多以得到必要的焊接特性。

5.19.4　常压焊接

深层常压焊接需要高度精密的设备和将潜水员从水面送到常压室的能力。这项技术允许焊工在正常环境中工作，避免了再次训练潜水员的需要。一个主要的优势是焊工可以全年工作，而高压焊接中饱和潜水潜水员每年只能进行 5～6 次饱和潜水。

常压焊接的明显优势是焊缝质量好，这种焊缝质量应与水上焊接相同。只有它适用于高强度钢（X65 级以上的）和深海作业。现有系统可以在 1500m 深处进行焊接。考虑到成本，应该注意，焊接虽然重要，但只是总工程中的一小部分。要连接的管子必须用封堵型清管器密封（而且可能进行二次密封以保证可靠性），切割成一定长度，清理，预制坡口，管子校准，然后在焊接前进行预热。焊接完后，必须检查焊缝，然后加涂层。

系统中最关键的是管子周围的密封，从而确保可靠地维持常压环境。密封可能是临时的或永久的，都是有一定限制条件的。有些管道预先设计了固定的密封系统，预先安装在"Y"形和"T"形接头上，从而减少安置工作仓的准备时间。在其他情况下，工作室被当作一次性项目，焊接完成后就留在海底。

5.19.5 爆炸焊接

爆炸焊接过程与复合容器、复合管建造中将 CRA 材料和碳钢黏合在一起的过程类似（图 5.12）。需焊接的管段之间必须有一个缝隙，从而使材料充分加速，使冲击速度超过临界碰撞速度。但需要防止冲击速度过高，因为它可能导致撕裂和损坏。焊缝质量取决于碰撞速度 v_0，这与需要加速的金属重量和隙距有关。为了制造一条好的焊缝，对钢而言，碰撞压力应为 60000～80000bar。爆炸率、爆炸速度应该足够小，以确保焊接速度在次音速范围内；为保证这一点，需要使用专门的炸药。隙距中需保证没有水或其他液体，否则会降低临界速度。用铁砧给管子加劲，从而使震动传播的影响不超过材料的极限抗拉强度。

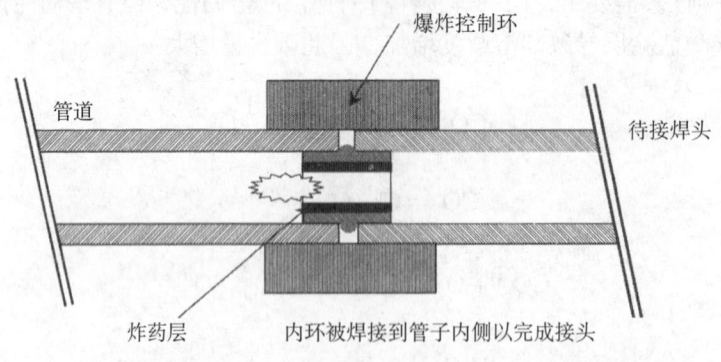

图 5.12 通过焊接环爆炸扩张完成的环形焊接

延展性材料最好用这种方法焊接。钢等级越高，延展性越差。但是，通常任何等级的低碳钢都具有足够的延展性。焊接区域周围的刚硬度有所增加，通常增加约 40VHN（维氏硬度值）。不锈钢增加得更多，通常为 80VHN。目前，爆炸焊接接头的长期疲劳行为和耐腐蚀性还是未知的。

5.20 服役中管道的焊接

有时候需要对服役中的管道进行套管焊接补修和带压开孔支管连接，而不中断运行。经济效益很明显，但是在焊接过程中和焊接结束后，需要特别注意焊接工序和安全性。对服役中的管道进行焊接时，冷却速率很高，因为流动介质很快将管壁上的热量带走了。高冷却速率促使坚硬的 HAZ 微观结构形成，而且焊接过程中和焊接后不久，焊缝容易发生氢致开裂，如果管道后续在酸性条件下服役，其也会对硫化物应力开裂敏感。

焊接工艺规程（WPS）和工艺评定记录（PQR）需要能适合不同的焊接规程的要求，这些包括：API 1104、API 1107、ASME IX 部分、BS 4515、BS 6990 和 CSA Z662。通常在开发焊接工艺过程中，先用实验室实体管和等尺寸管做研究，然后在运行中的气管道上现场焊接，对其进行验证。通常，相同的 WPS 和 PQR 适用于带压开孔支管连接和套管修复，也就是同时适用于角焊缝和坡口焊缝。对于酸性服役，焊接工艺同时还需满足 NACE MR-0175 的 22 HRC 要求。

特定条件下焊接工艺的确定是以下面 4 个因素为基础的：

（1）焊接过程的氢气水平；

（2）管壁厚度；
（3）焊缝的预期冷却速度；
（4）化学组成。

为得到令人满意的焊缝，这些焊接工艺需要依靠下面几个要素（单独或联合）：热量输入控制（15～40kJ/in）；预热温度控制在95℃（只对厚壁管而言）；回火焊道熔敷顺序；以及用奥氏体焊接金属作为氢气海绵。新研发的程序应该包含碳当量（通常为0.50每国际单位或更少），管径，产物流速，管壁、支管壁和套管壁厚度的配合，要使用的焊接工艺（例如：GMAW 或使用低氢或纤维素焊条的 SMAW），焊缝方向（向上或向下），以及气体或液体管道介质性质的考虑。

5.21 堆焊

一条管道的某些配件可能要承受高强湍流，因此有被腐蚀的风险。这些配件包括：球座、法兰和柔性管的终端接头。为了防止腐蚀，可以通过堆焊用 CRA 保护这些配件。通常焊接金属放置在两条焊道中，每条1.5mm厚。该工艺的成本高，焊接材料损耗成本是其中一小部分。最常用的堆焊 CRA 是合金625，因为它的耐腐蚀性好，兼容性好，而且与碳锰钢的可焊性好。

参 考 文 献

1　API 5L PSL2：Line Pipe.
2　ISO 3183 Petroleum and Natural Gas Industries：Steel Pipe for Pipelines Part 3.
3　API 1104：Welding of Pipelines and Related Facilities.
4　BS 4515：Welding of Steel Pipelines on Land and Offshore.
5　Boekholt, R. (1990). Mechanised Welding Methods in Pipeline Construction. *Proceedings of the Pipeline Technology Conference*, October. Oostende, Belgium.
6　Parlane, A.J.A, and Still, J.R. (1988). Pipelines for Subsea Oil and Gas Transmission. *Material Science & Technology*, 4 (4), 314.
7　Jones, R.L. (1998). Welding of Carbon Steel Pipelines. *Proceedings of the TWI Conference*.
8　Jones, R.L., and Hone, P.N. (1990). Advances in Techniques Available for Girth Welding of Pipelines. *Proceedings of the Pipeline Technology Conference*, October. Oostende, Belgium.
9　Davies, A.C. (Ed.). (1998). *Welding Science & Technology*, Parts 1 & 2. Cambridge, UK：Cambridge University Press.
10　BS 499：Glossary for Welding, Brazing and Thermal Cutting.
11　Pargeter, R. Gooch, T.G. (1994). *Welding for Sour Service*：Proceedings of the Update on Sour Service：Materials, Maintenance and Inspection in the Oil & Gas Industry, October. London：IBC.
12　Lancaster, J.F. (1993). *Metallurgy of Welding*. London：Chapman & Hall.

13 European Federation of Corrosion Publication 23：CO_2 Corrosion Control in Oil and Gas Production, Design Considerations.
14 Wheeler, M.J., Baker, N.J., and Shipley, T.D. (1985). *An Engineering Critical Assessment—A Case History*, *SPE14024/1*. Aberdeen, Scotland, UK：Society of Petroleum Engineers.
15 NACE MR-0175：Sulfide Stress Cracking Resistant Metallic Materials for Oilfield Equipment.
16 Gunn, R.N. (1993). Weldability and Properties of Duplex and Super Duplex Stainless Steels, *Proceedings of the Conference of Third International Offshore and Polar Engineering*, June. Singapore.
17 Anderson, P.C.J (1998). Welding of Duplex and Super Duplex Stainless Steels. *Proceedings of the TWI Conference*.
18 Laing, B.S. (1993). Enhanced Techniques For Duplex Pipelines. *Proceedings of the Technology Update*. Duplex Stainless Steels, March. Middlesbrough, UK；ISSF.
19 Belloni, A. (1997). Full GMAW Proved for CRA Pipeline Welding. *Proceedings of the 5th World Conference*. Duplex Stainless Steels, KCL.
20 BS 2600：Radiographic Examination of Fusion Welded Butt Joints in Steel—Methods for Steel 2 mm up to and including 50 mm Thick.
21 BS 6072：Method for Magnetic Particle Flaw Detection.
22 BS 4069 Magnetic Flaw Detection Inks and Powders.
23 MMS Project 245, 1998, Homopolar Pipeline Welding Research Programme, Final Report, University of Texas.

第 6 章 柔性和复合管线

6.1 概述

第一条柔性管线于二次世界大战期间在英吉利海峡安装完成,将燃料油从英国运输到法国,支持盟国进行诺曼底登陆。这些管线以电报电缆技术为基础,由一条铅管和保护铅管的防腐胶带、铠装线和外保护套组成。现代类型的柔性管是在 1970 年发展起来的。

柔性管越来越多地用于小管径短距离出油管,如从井口和井口汇管到刚性出油管的跨接线、补偿器以及动态和静态立管(图 6.1)。这些管线用于运输原油和天然气,重质油和水,另外也用做实验管线,压井汇管,气举管线和化学药品注入管线。在北海也用柔性管长距离运输未处理的井流,如 AGIP 托尼(Toni)和壳牌纳尔逊(Shell Nelson)等公司。

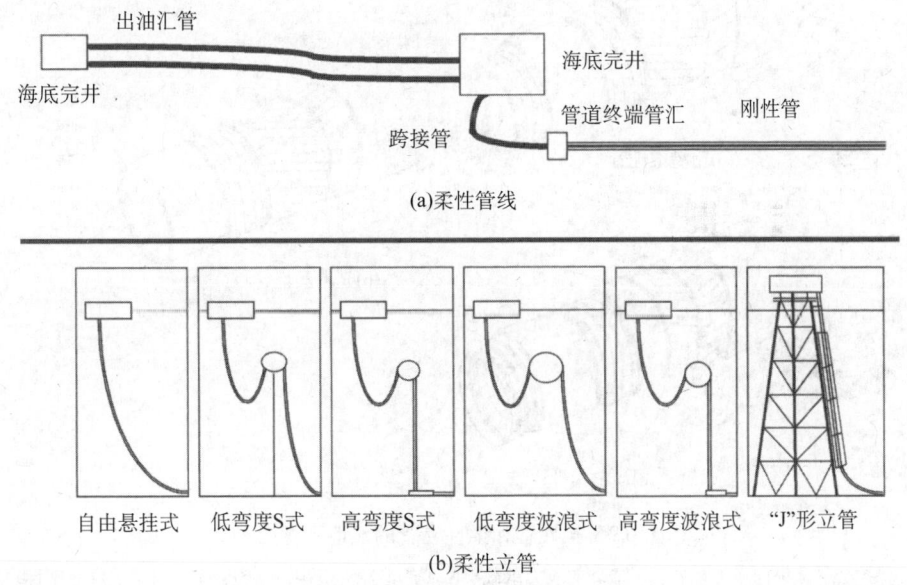

图 6.1 柔性管线和柔性立管

尽管柔性管线材料费用高,约为一条同等钢管线费用的 5～6 倍,但这种管线铺设费用较低且铺设较快,可以用改装的驳船或钻井船安装。使用专用铺管船,管线安装速度可以达到 500m/h。在边远地区,调用常规铺管船的费用在总工程造价中比例十分可观,这种情况下采用柔性管好一些。柔性管用于检测、翻新和其他服务后还可以对其进行回收。

与柔性管相关的标准不如刚性管多,可用的有:API,Veritec 和 IP 准则。

第 6.2 节至第 6.7 节讨论介绍柔性管,第 6.8 节介绍了一种不常用的非金属混合物制造的管道。

6.2 制造

6.2.1 概况

柔性管的设计和制造过程与钢管不同。制造商总是给出柔性管的详细设计，而且通常也负责安装。而对于钢管，则是由运营商或为运营商工作的设计顾问给出设计，而且制造商很少负责安装工作。

柔性管是复合材料，由多个同轴的金属层和聚合热塑材料层按一定顺序复合而成。每一层具有特定的功能，而各层的使用取决于管子是否是黏结的。海底管道和立管是黏结的。复合层如图6.2所示。将管子旋转，其连续通过每一个制造阶段，从里到外主要层次有：骨架，内衬，承载内压和纵向力的层，以及一个外保护套。

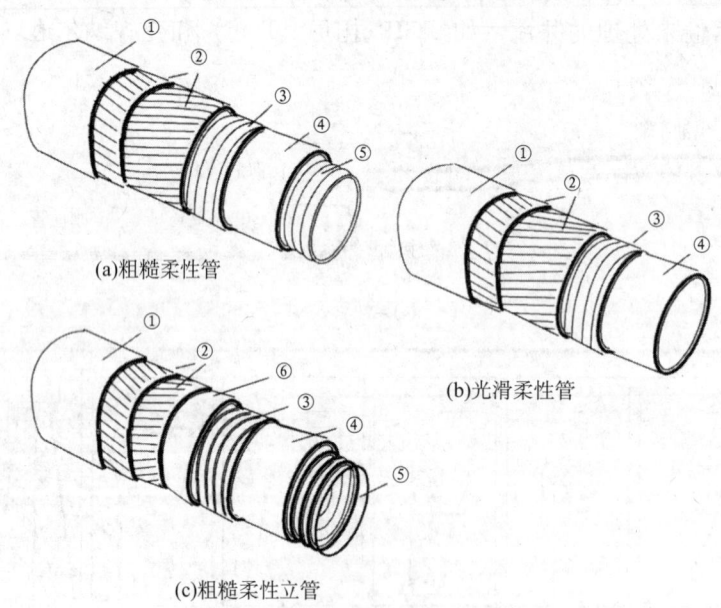

图 6.2　柔性管和柔性立管的建造示意图
①外保护套；②纵向应力承载层；③环向应力承载层；④热塑性管道内衬；⑤骨架；⑥第二层热塑性内衬

附加的外层可用于降低输送酸性流体时的气体渗透性，或通过改善钢圈间的运动提高柔性立管的灵活性，或从外部改善保温性。以下详细介绍各层材料。

6.2.2 骨架

骨架是一条盘旋缠绕的连锁金属条，允许所运输的流体通过。骨架不是气密或密封的，但是，当它暴露在烃类流体中时，内衬会膨胀，在一定程度上密封骨架。在运行中，它也限制了内衬的热膨胀和化学膨胀。骨架的作用是防止热塑管内衬因为气体膨胀或静水压力而坍塌。在低压力工况下，它可以提高管道承压能力。

在操作压力下,烃类流体中的气体和低密度成分会渗透通过可塑性管道内衬进入金属加固物的空隙中。假设管线内的压力迅速降低,这些流体会扩张,可能导致起泡甚至塑性内衬的坍塌。管线并不一定要有骨架,通常认为当气油比(GOR)在 300 左右或超过 300 时,就需要一个骨架。骨架也允许使用某些柔软的清管器通过柔性管,清除结蜡和沉积物。安装了骨架的管道称为粗糙管,没有安装骨架的则称为光滑管。

骨架是用带钢生产的,用常温成型的方法将其做成连锁的"S"形。然后将钢带绕一个心轴缠绕形成连续的柔性管。使用的典型钢是:符合 AISI 4130 的碳钢;符合 AISI 304,304L,316,316L 的奥氏体不锈钢;以及符合 UNS S31803 的双相不锈钢。骨架与管接头要绝缘,以防止管接头处的电化学腐蚀。

因为管子是绕一根轴制造而成,一条柔性管的公称直径是实际的内径。一条直径为 6in 的柔性管子实际上内径就是 6in,而一条 6in 口径的刚性钢管线实际外径可能是 6.625in,其内径会因壁厚而减小。可以制成的柔性管管径为 1~16in。

对流体而言,骨架表面比刚性钢管粗糙,这种粗糙的表面增加了流动阻力。在与刚性钢管做比较时,通常使用一个约为 4 的经验系数对压力降的计算进行粗略估计。西普公司提出的关系式更为精确,它用第 9 章中给出的符号将内表面粗糙度值 k 与内径 D 联系在一起:

$$k/D = 0.004 \tag{6.1}$$

没有内骨架的光滑管的粗糙度值 k 为 0.05mm。典型的刚性管粗糙度值 k 为 0.015~0.02mm,因此,如果 D 为 250mm,k/D 是 0.00006~0.00008。压力降增加会使天然驱动油藏的产量减少,因此对产液剖面产生显著影响;但增加管道直径可以减少产量的变化。

粗糙管线(指具有内骨架的管子)可以用球形清管器、聚乙烯清管器、多数双向测量盘清管器、扫线清管器以及装有钢刷的清管器进行清管。但是,为降低风险,通常更倾向于使用聚乙烯清管器来清理柔性管线。使用短体清管器的一个风险是清管器倾斜,破坏骨架和内衬,长体清管器的使用就能降低这种风险,但是不管什么情况下,清管器供应商应该事先核实清管器在柔性管结构中使用的可靠性。当然,这种管道中使用腐蚀测量清管器是没有意义的。

在光滑管线中没有骨架。这种管线是用来输送稳定原油或用作注水管线的。使用的清管器类型必须加以限制,从而避免塑料内衬受到破坏。可以用专门的具有塑料叶片的清管器和刷子清管。以高密度聚乙烯(HDPE)和尼龙为基底的光滑管虽然对机械损伤敏感,但比钢管耐腐蚀,通常在水—沙泥浆中的损伤约为钢管的 1/7。碳氟化合物材料相对柔软且易腐蚀。

6.2.3 内衬

内衬容纳烃类流体。内衬是用高密度聚乙烯、尼龙和氟化聚合物制成的。决定柔性管线使用年限的因素是老化,老化是管子与烃流组分发生反应导致的。服役温度是老化速率的主要影响因素,因此,聚合物的选择主要取决于服役温度。对于低温或低含水量流体,使用 HDPE 和聚酰胺(尼龙)。这两种材料适用的温度分别为 65℃ 和 95℃ 左右,但是确切温度取决于制造的细节,制造商应随时确认。在温度较高(达到 130℃)且含水量较高的流体中，需要一种热稳定性更好的内衬，合适的材料是可挤压氟化聚合物，比如聚偏二氟乙烯（PVDF）。HDPE 适用的最低温度 −50℃，尼龙和氟化聚合物适用的最低温度 −20℃。表 6.1 列出了内衬材料的机械性能。

表 6.1 热塑内衬材料的性质

材料	密度 kg/cm³	耐热性 ℃	热导率 W/(m·℃)	抗拉强度 MPa	抗弯模数 MPa
尼龙 11	1050	油 100	0.33	350	300
		水 65			
高密度聚乙烯	940	水 65	0.41	800	700
碳氟化合物 PVDF（偏聚二氟乙烯）	1600	油 130	0.19	700	900
		水 130			

热塑性塑料对于低分子量烃而言是可渗透的。在运行过程中，不断有气体通过内衬扩散到钢质承压层里的空隙中。扩散的速率可以用下面的关系式计算：

$$q = \frac{KS\Delta p}{t} \tag{6.2}$$

式中　q——气体渗透率，m³/s；

　　　K——渗透系数，m³/(m·bar·s)；

　　　t——护套厚度，m；

　　　S——热塑性护套的表面积，m²；

　　　Δp——穿过塑料的压力差，bar。

渗透系数取决于塑性内衬材料和特定气体的性质。表 6.2 中给出了在 50℃ 时几种材料对于甲烷气体的渗透系数值，渗透系数随温度变化。

表 6.2 50℃ 时内衬材料对甲烷的渗透性

材　料	渗透系数 K, m³/(m·bar·s)
高密度聚乙烯	1.5×10^{-6}
低密度聚乙烯	5×10^{-6}
尼龙	0.45×10^{-6}
PVDF（偏聚二氟乙烯）	0.1×10^{-6}

护套中的气压增大时，会通过安装在末端连接器上的单向泄气阀排出，或者在紧急情况下，通过安装在外保护套内的安全隔板排出。设置泄气阀是为了在气体压力超过当地静水压力 3~5bar 时排出气体。因为温度较低且压差较小，所以气体通过外护套的渗透性很低。安全隔板是指在外保护套上适当的位置钻出深为 16mm 的非贯穿钻孔，留下 2mm 厚的薄膜。

当压差超过 10bar 的时候这个膜会打开。泄气阀的位置和安全隔板的尺寸如图 6.3 所示。

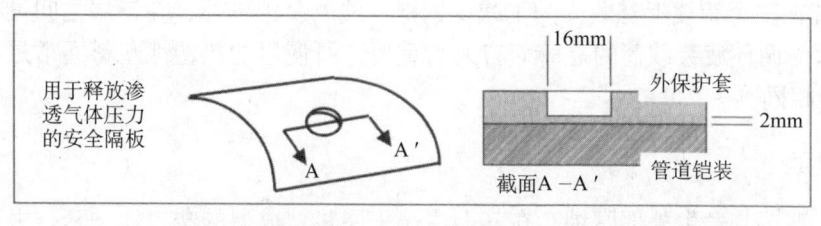

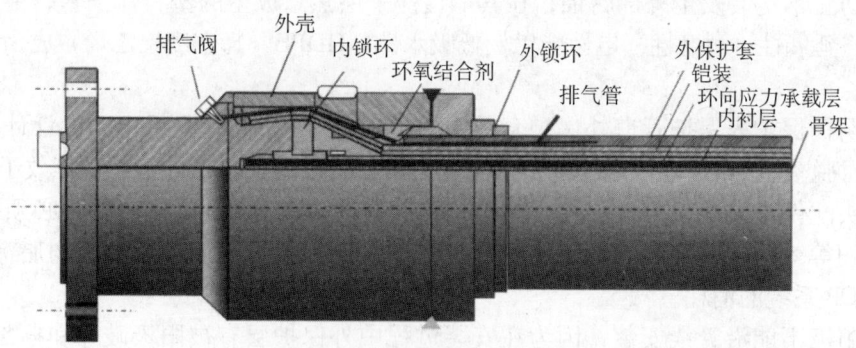

图 6.3 柔性管的护套压力释放系统示意图

由于不同气体的渗透参数不同，且随着相对分子质量和分子尺寸的减小而增大，二氧化碳和硫化氢的渗透性低于甲烷。因此，在护套缝隙中的腐蚀性气体少量富集。在酸性服役条件下计算时，这个因素必须考虑。

当管线中的内压突然降低时，所有塑料都有起泡和爆炸性解压的风险。溶解在塑料中的气体膨胀，来不及扩散出塑料，导致内部起泡和塑料的机械破坏。尼龙和碳氟化合物的气体溶解度较低，不太可能出现这种破坏。但最好能限制材料变形速率。

6.2.4 内部承压

内压是由缠绕在热塑性管道内衬上的一系列同心钢丝承受的。有些早期的柔性管用纺织品加固。第一层是钢，将其挤压成横向的细长"Z"形，短距缠绕使"Z"形臂互锁，以防止横向移动。在管道安装期间，管内是空的，这一层用于抵抗外部静水压力，同时也抵抗管径收缩产生的力。在安装期间，管道从铺管船上悬吊下来时，管道延长，外部交叉绕线变紧，会发生管径收缩。箍层是用定形过的钢做成的，能使毗连线圈间互锁。

为了抵御外加载荷和冲击，并限制纵向延伸，内压承载层外至少覆盖两个铠装层。铠装线可能是圆形的或扁平的钢条，围着内部铠装层呈交叉螺旋状长距缠绕。用相反的螺旋线来平衡张力，螺旋线缠绕角度取决于管线的服役压力，范围从 15°～35°。各层如图 6.2 所示。

所用的钢厚度、管径以及设计压力决定了屈服强度。通常为了使所需的钢质量最小化，会采用高强度的高碳钢，但是对于酸性环境，钢的强度可能需要加以限制。钢的最终抗拉强度范围会在 800～1400MPa 之间。设计压力有上限，其通常范围从 20MPa（16in 口径管）到 100MPa 以上（2in 口径管）。酸性环境服役的限制会使设计压力降低约 25%～30%。

铠装线是电学连续的,并且焊接在端头配件上,以保持电学连续性,从而保证阴极保护(CP)系统在整个管线上有效。为了减少钢铠装线的腐蚀破坏,在钢层之间设有塑料内层,这对于承受循环疲劳载荷的立管而言尤为重要,所使用的热塑性塑料通常是与管道内衬所用的塑料相同。

6.2.5 外保护套

为了防止钢铠装发生外部腐蚀,在其上覆盖一层热熔成型的塑料保护套。由于具有好的附着性、延展性、耐磨性、电性能以及低吸水性,HDPE(高密度聚乙烯)成为最常用的材料。

采用阴极保护来保护管道外保护套受损的区域。对于一个 CP 系统的设计计算,通常推荐覆盖层脱落值为 1%,但由于这个区域是由钢丝构成的,暴露的钢面积等效于 3% 裸钢面积。端头配件常常是无电镀镍的,如果是这种情况,计算 CP 电流需要时必须把端头配件的总面积等效为裸钢面积。通常的做法是在端头配件的镍镀层外用环氧树脂涂层覆盖,从而减少 CP 系统的消耗。

牺牲阳极不能沿管线安装,因为在安装过程中外保护层有被阳极破坏和撕裂的风险。手镯形阳极被集中在端头配件处,链接在一起以实现电学连续。典型布置如图 6.4 所示。CP 系统的设计基础在第 8 章中给出。

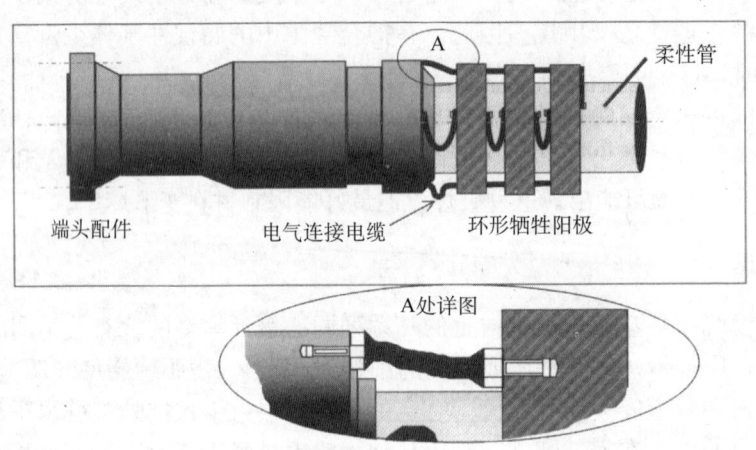

图 6.4 柔性管的牺牲阴极保护示意图

如果需要附加保温,则附加的绝缘泡沫塑料层可以预制成手镯形,通过外部缠绕,或者采用一种或多种胶带层螺旋缠绕管子的形式予以固定。保温效果取决于泡沫的密度和厚度。当保护套直径扩大 7.5% 时,管线的弯曲半径最小,随着保温层厚度的增加,弯曲半径会显著增加。可以将伴热合并到外铠装布线中,与隔热配合使用。

6.2.6 管线长度

整体生产管线的长度是由管径和管道重量决定的。管道被缠绕在卷筒或圆盘传送带上,而卷轴和圆盘传送带的容量是有限的。通常装配车间的起吊能力也限制了船运到现场进行敷设的卷筒尺寸和重量。一般来讲,重量是决定长度的主要因素,但对于大口径管线,限制因素可能是管道的体积。对于相同的管径和压力，柔性管通常比刚性钢质管线重。超高压管线包含更多的钢线圈，因此，需要制造成较短的管段。某生产商给出的典型可用长度和重量在表 6.3 中给出。对于那些受体积限制的管子，卷筒尺寸可能稍有增加。

表 6.3 伴热柔性管的连续长度

内径	最大设计压力 bar	最大坍塌压力 bar	最大单根长度 m[①]	空气中的空重 kg/m	水中的空重 kg/m
2	1380	500	17000[②]	11～37	5～27
4	1170	400	12000[②]	20～102	5.5～72
6	1010	300	6450[②]	29～208	1.5～144
8	815	300	15000	43～263	−4～173
10	670	300	11000	62～331	−10～207
12	580	300	7000	102～401	−8～238
14	500	230	5000	133～464	−15～255
16	440	190	4600	172～528	−22～270
19	200	67	2600	240～420	−38～134

① 柔性管包装和储存会受到其重量或体积的限制。柔性管的包装方法有两种：卷轴包装和旋转货架包装。
② 卷轴包装。
注：柔性管在水中的重量也会使安装过程受到限制。可以依靠产品改进和生产设备的发展来解决这个问题。

短管段可以连接起来生产长的输油管线。目前在北海中安装的最大单根管段长度约为 30km（壳牌纳尔逊），但已经有了一些连接后总长度更长的输油管管段（例如：壳牌 Draugen 公司有 50km，AGIP 托尼公司和 Saga Snore 公司各有 34km）。

6.2.7 末端连接

柔性管与固定末端的连接或柔性管段间的连接会成为一个具有潜在劣势的区域，设计和安装连接器时一定要谨慎。安装方法主要是机械方法，用楔形装置插入终端部件中，用环氧接合剂填满缝隙。

接合器处插入一块塑料，使骨架与钢质线圈及铠装层电绝缘。钢质铠装层与末端配件电学连接，以保证阴极保护有效。虽然可以使用固定法兰，但在多数情况下，末端配件间的连接是用转动法兰进行螺栓连接的。末端连接器通常是碳锰钢（如 AISI 4130），用 150−μ 无电镀镍层防止其内外腐蚀。在无电镀镍层中加入磷，并通过热处理增加镍向基底钢内扩散，从而减轻涂层内应力，这样可以得到最佳的耐腐蚀性能和机械性能。

对于恶劣条件下的服役，上述连接可以采用内部焊接方式，并用铬镍铁合金 625 或其他类似的耐腐蚀合金（CRA）堆焊，另外，也可用刚性 CRA 连接器（如双相不锈钢）。立管的上端装设快速释放接头，这些接头靠水力激活。

如管道间的接头是在岸上制作的，在管道铺设在海底前必须经过测试。测试采用反向压力技术完成，具体方法是在预制连接点处施加外部液压。一旦全部管线铺设完成，就用常规方法进行压力测试。

立管可以承受的弯曲必须加以限制,从而避免立管吊架上柔性管与终端接头的过渡点处的管道破坏。在末端装置中附加圆锥形弯曲增强板,从而保证立管不会过度弯曲而受到过大的压力。如果安装过程中有过度弯曲管道的风险,可以对管线使用类似的增强板。

如果柔性管将掩埋于沉淀物中,且排气阀靠近螺栓,那么用于连接末端装置的螺栓需要满足一定的要求。NACE MR-0175 规定,如果螺栓在封闭并含有硫化氢的空间里,则需要使用适于酸性环境的螺栓。

6.3 内腐蚀

管道骨架与产出流体接触,可能会发生腐蚀。骨架是用碳钢、奥氏体不锈钢和双相钢制成,也可使用特殊材料,如 Inconel 625。因为骨架不是真正的结构元件,它可以允许少量腐蚀,但过度腐蚀可能会影响它的功能。局部点蚀可以接受,但沿整个管线的纵向腐蚀或连续点蚀会降低骨架抵抗坍塌的强度。

人们会认为管道骨架的腐蚀速率与相同材料制成的刚性管腐蚀速率类似,但由于粗糙度增加导致扰动增加,管道骨架的腐蚀速率相对要大一些。化学抑制剂效率也较差,因为管道骨架互锁处的缝隙使得骨架不如裸露材料的腐蚀抑制效果好。因此,通常为了使腐蚀速率与刚性管材料等效,需要增加约 20% 抑制剂,否则,腐蚀抑制效率会下降到 70%~85%。该方面内容会在第 7 章中详细介绍。

不锈钢是耐内腐蚀的,因此尽管这些骨架会发生局部点蚀,但材料表现出的分散式腐蚀很少或几乎没有。但是,如果流体充气,这些材料会被严重点蚀,例如,如果含有氯化物的流体充气且温度超过 50℃,则材料会发生氯化物应力腐蚀开裂。由于这些原因,应对充气海水和卤水或其他含有氯化物的工作介质的引入进行控制。如果存在任何充气海水引入热管线的风险,则需要规定使用双相不锈钢骨架。骨架材料的耐腐蚀性排序为:1430 钢 < 304 型钢 < 316 型钢 < 双相钢。

塑料管内衬的降解取决于输送流体的成分和运行温度。表 6.4 中给出了不同材料的性能。单从温度的角度来看,材料性能排序为:HDPE < 尼龙 < 碳氟化合物。但这个顺序并不是固定的,它会随特定的流体成分而改变。

表 6.4 热塑材料的热阻

材料	HDPE	尼龙	碳氟化合物
原油	差	好	好
酸气	差	好	好
稳定原油	中等	好	好
海水	好	好	好
甲醇	好	中等	好
酸类	好	差—中等	好

6.4 酸性服役

对于酸性服役，通常规定钢筋要达到 NACE MR-0175 的要求（使用 ISO 15156 规范可能更好，因为它对于非裂缝范畴的定义比 NACE 规范更为广泛）。通常认为流体中硫化氢含量的临界值为 100ppm。硫化氢很容易穿过塑料内衬，进入气体扩散空间。如前述，硫化物出现在金属表面，增加了渗透进入钢中的氢气，这与刚性管线钢相同。按照 NACE MR-0175 的要求，要限制所采用的钢的抗拉强度，因此，对于一个给定的压力等级，需增加铠装的横截面积。横截面积的增加会增大管子的重量，从而减小了可以安装在一个卷筒上的单根管段长度，增加了制造费用和安装时耗。如果不增加铠装的横截面积，较低强度钢的使用会使最大设计压力减少约 25%~30%。

从腐蚀的角度来看，柔性管线发生硫化物应力开裂（SSC）的风险应该远低于同样硫化氢浓度下的刚性管线。硫化物可以穿过内衬迁移，导致硫化氢在钢筋内外聚集。铠装系统压力被限制在高出静压头 5bar 左右，这是为泄气阀设置的最大压力值；因此，系统中的硫化氢分压会比管中的硫化氢分压低。这明显降低了 SSC 风险，除非管线在深水中输送的流体硫化氢含量很高，压力很大，且内衬具有渗透性。如有可能，增设一个防止渗透的装置比使用符合 NACE MR-0175 的较低强度钢更节约成本。

6.5 外部腐蚀

一旦外护套穿孔，承压铠装内的钢很容易被腐蚀。正常条件下，外护套保持完整，铠装线圈是干的，不会发生腐蚀。如果海水进入，通过管道内衬渗透出来的酸性气体会与水和残留氧气结合，形成潜在的腐蚀条件。沿管线远离保护层破损处的方向，腐蚀特性变化很快。在缺陷处，因为能够得到氧气，会形成一个活跃区域，但这个区域的阴极保护系统是有效的。在离破损区域较远的地方，腐蚀发生率与海水中酸性气体浓度有关，而阴极保护电流无法到达这个区域。

腐蚀的范围和持续时间取决于外护套受到的破坏等级。小面积的破坏应该可以自动密封，因为阴极保护电流会导致产生石灰质沉淀，石灰质沉淀与腐蚀产物会一起堵住较小保护层缺陷。较大面积的破坏不可能自愈，而会继续腐蚀。腐蚀速率取决于管线的特定运行条件和服役环境，考虑到较大的暴露面积会允许较高密度的阴极保护电流进入，腐蚀应该不会很严重。阴极保护检查可以识别出大面积的保护层破坏。

CP 可以加强外护套所提供的保护。目前已有的标准和操作规程并未给出柔性管外护套破坏的预期量。如本章之前提到的，某供应商选用的保护层破坏量为 1%，等效于裸钢的 3%。以此为基础进行 CP 设计。其他 CP 设计值，通常对暴露条件和掩埋条件下的刚性管线分别取 $80~120mA/m^2$ 和 $25~50mA/m^2$。电流密度值需根据输油管线操作温度调整。牺牲阳极安装在管道末端的端部接头上。有关 CP 设计的详细内容在第 8 章中给出。

6.6 柔性管的失效模式

管道的常规失效模式有：
(1) 黏合组件脱胶。
(2) 内件的侵蚀和磨损。
(3) 腐蚀和疲劳失效。

可能的失效模式可以根据管道的预期服役情况确定，而脱胶可能发生在任何服役条件下。现有的检测技术很难对脱胶进行评估。一旦管道开始服役，检测将变得困难。因此，人们一直努力选择合适的管道，保证其在预期的条件下达到预期的效果，尽可能使管道投入使用后没有缺陷。很多监管部门要求每6年对柔性管进行一次水压试验以证明其可用性。

柔性立管可能发生疲劳。运动导致各钢层间的磨损和钢质线圈的局部磨损。磨损点的应力增大降低了这些变薄区域的耐疲劳性能。钢质铠装层间的润滑以及热塑性材料防磨层的引入可以减少磨损。立管的使用年限通常不超过15年，用到15年后会拆下立管进行检验，如有必要则进行更换。

6.7 柔性管的检测

常规检测技术是针对刚性管线研发的，很难沿用到复合材料检测中，因此柔性管服役期间的检测受到限制。不能使用装有检测设备的清管器，因为柔性管的多层构造使得超声波检测不能给出准确的信息。替代方法是将检测设备安装在管线中，这样管道中的情况就能从检测设备的数据推测出来。应尽可能将检测设备安装在工程研究中认定的关键区域，但有些检测设备可以改装。上述仪表给出的是间接数据，包括：
(1) 压降或流量监控器。
(2) 称重传感器。
(3) 压力传感器。
(4) 倾角仪。
(5) 末端部件的无损检测器。

传统的检测技术经过改造，可以用于服役前和服役中的柔性管检测，包括：
(1) 外观检查。
(2) 静水压力测试。
(3) 用软清管器确认管道中有无阻塞物。
(4) 连接装置的无损检测。
(5) 结构性载荷影响的模拟。

以下几项技术能否应用于复合材料检测还在评估中：
(1) 热红外成像。
(2) 建造过程中的实时射线检查。

(3) 超声波检测。
(4) 放射性同位素检漏。
(5) 放射性同位素泄漏探测。
(6) 全息成像和激光成像。
(7) 阻抗测量。
(8) 光纤传感器金属丝。

骨架的腐蚀可以根据管线的易接近部分的常规腐蚀监测信息来推测，比如在井口或接收平台上。外部破损可以通过使用常规 CP 监测技术进行评估。监测技术在第 15 章中进行讨论。

6.8　复合管线

目前，已经可以使用复合材料制造整个管线，如用玻璃纤维、碳化纤维或氮化硅强化的环氧基树脂。这种方式可以在利用纤维高强度特性的同时避免腐蚀。

这种类型的材料广泛应用在汽车和航空航天行业，以及要求高强度重量比的特殊应用中。另外，我们正在寻找这些材料在近海平台、船舶和军用车辆中的新应用，现已开展大量研究工作。无论海上还是陆地石油管线行业，几乎都没有采用复合材料，个别使用复合材料也主要集中在海水注入系统。在阿尔及利亚建造了一条直径 28in 的纤维加强环氧树脂原油管线，用来代替一条由于腐蚀已经失效的钢管线，普遍认为其运行情况令人满意。阿曼石油开发公司（PDO）已经在阿曼境内建造了一条直径 18in，长 30km 的玻璃加强环氧树脂管线，用于运输含水量较高的原油。大管径的玻璃纤维加强环氧树脂管可用作出口和入口管，但需在压力和环境温度适中的条件下运行。

复合材料不受宠的原因与生产成本和有限的生产能力有关。对于给定的压力和管径，生产一条复合管线的成本比生产一条等效钢质管线的成本要高，但如果能开拓更广阔的复合材料市场，成本可能会下降。

复合管间的接头很重要。接头可以用胶合的或压制的套管制成各种形状，但每种方法都有不足之处，而且检查过程受到限制。目前，已证实对接和焊接方法最为可靠，但是比可换接头的机械强度低。

人们更希望将复合材料的耐腐蚀性与钢的强度和经济性结合。一种方法是将一个塑料内衬膨胀到一条预先焊接好的钢管内。另一种方法是将高强度的钢带缠绕在一条聚合物或复合材料管子上。在沙特阿拉伯和阿联酋广泛应用的一种陆上生产输水管线的方法，可能适用于海底管线，即在无缝钢管内加玻璃加强环氧树脂内衬。接头处是靠水力将管道末端压入专用配件中，配件中有内部非金属垫圈并用环氧树脂作为润滑剂。管道末端屈曲，而较重的配件保持弹性。对于高压运行环境，上述方法比单纯使用复合材料更具有吸引力。但是，多数人不认为在中低压配气管网中聚乙烯材料会很快代替铸铁，这可能有些过度悲观。

参 考 文 献

1. API RP 17B：Recommended Practice for Flexible Pipe.
2. Veritec JIP/GFP-02：Guidelines for Flexible Pipe Design and Construction.
3. Institute of Petroleum, IP6 Pipeline Safety Code Supplement S25.
4. *Glossary of Flexible Pipe Terminology*. Coflexip Publication.
5. NACE MR-0175：Sulfide Stress Cracking Resistant Metallic Materials for Oilfield Equipment.
6. ISO 15156：Petroleum and Natural Gas Industries—Materials for use in H_2S containing environments in oil and gas production Parts 1, 2 & 3.
7. Marion, A. (1994, October). The Design of Flexible Pipes for Sour Service Application, Proceedings of the Update on Sour Service：Materials, Maintenance & Inspection in the Oil & Gas Industry. IBC London.
8. OTC Paper 6584. (1991). *Proceedings of the 23rd Annual Offshore Technology Conference*, Houston, TX.
9. Sugier, A., Mallen, J., Marchand, P., and Marion, A. (1997). Monitoring of Flexible Risers by Acoustic Emission. *Coflexip Report*, Paris.
10. Oswald, K.J., (1996). Thirty Years of Fiberglass Pipe in Oilfield Applications：A Historical Perspective. *Materials Performance*, May, 65-68.

第7章 内腐蚀与防腐

7.1 概述

全世界现有的 3×10^6 km 油气管线中，40%已经达到或接近名义设计使用年限，腐蚀是管线持续运行的一个主要限制因素。目前，20%～40%有记录的管线事故和失效是由腐蚀造成的，尽管与事故有关的腐蚀信息并非总是明确的。有记录的管线失效速率在各个国家间差异也很大，而这些差异可能反映出技术、地理和文化的差异。管线完整性丧失原因记录的不一致，导致完整性丧失事故的数据不同，表7.1给出了这些事故的数据。

表 7.1 陆上和近海管线失效统计资料对比

(a) 失去完整性的事故对比

地点	事故原因，%			
	施工	材料	第三方破坏	腐蚀
陆上	4	9	40	20
海上	6	8	36	41

(b) 陆地管线失效事故

地区	平均事故长度 10^3km/a	与事故相关的缺陷原因，%			
		施工	操作	第三方破坏	腐蚀
美国（气）	0.26	13	26	40	20
美国（油）	1.33	12	45	22	22
西欧（气）	1.85	10	47	28	16
西欧（油）	0.83	23	4	48	28
东欧（油气）	4.03	13	13	57	18

(c) 北海管线失效事故

平均事故长度 10^3km/a	故障信息，%						
	管线			事故原因			
	刚性管	柔性管	配件	撞击	管锚	腐蚀	其他
0.14	65	8	26	19	13	13	24

腐蚀对管线的削弱作用会降低管线对外力的承受能力，而且会突显出材料和装配的缺陷，这种影响可能可以解释事故数据中的不一致性。在管道的整个使用周期中，从设计、装配和试运行，到运行都需要注意防腐。一旦腐蚀过程开始，减少它们对管线完整性的影响就

变得越来越难。通常在管线使用周期的初始阶段不进行缓蚀，但必须频繁检查腐蚀状态。

由于管线预期使用年限和产油量的不确定性，分配给腐蚀保护的预算很难评估。在整个管线使用寿命中，流量和流体组成的变化改变着腐蚀进程。在某些情况下，产出流体的组成与 DST 测试结果差别很大，会导致原始的腐蚀理论不完全适用。一条碳钢管线的防腐建设成本占材料费（腐蚀裕量，涂层，阴极保护和抑制剂注入设备）的 10%～20%，然后，经营收入的 0.3%～0.5% 可能用于支付后续的抑制剂费用及检查与监视费用。这些费用中不包括提供腐蚀裕量的额外钢材的费用。

过度关注腐蚀不一定合算。可以用 80∶20 帕累托法则解释，即，可以用较少的成本防止 80% 的腐蚀，但防止剩下的 20% 的腐蚀所需的费用却要多得多。随着管线使用年限的增加，可以通过降低在腐蚀防护上的努力程度来减少防腐费用。几条主要运输线的服役时间明显长于最初的设计使用寿命，而且它们都保持了较好的状态。

关于预期腐蚀失效类型的资料不太完整。出版的文献专注于涂层、阴极保护、化学缓蚀和多种开裂机理的研究。最近，业界开始关注微生物腐蚀。然而，这个领域的兴起代表的是学术兴趣和后续资金投入，而不是工程需要。在表 7.2 中给出一家石油公司对它的几个近海油田的平均实际腐蚀开裂情况的统计分析（包括上游加工厂和管线）。

表 7.2 内腐蚀相对发生率

腐蚀失效机理	相对发生率，%
二氧化碳腐蚀	32
混合流速与二氧化碳腐蚀	5
化学腐蚀	1
复合型腐蚀与制造缺陷	3
微生物腐蚀	13
法兰连接处的腐蚀	11
盲管段腐蚀	16
冲蚀	8
机械腐蚀失效	2
腐蚀疲劳	1
外部腐蚀	7

内腐蚀过程与管线的服役环境有关。本章第 7.2 节描述了腐蚀机理。以下是 4 种单独的腐蚀情况，用于阐述这些机理。

（1）溶解于流体中的二氧化碳导致的甜性腐蚀，也叫做碳酸腐蚀。这种形式的腐蚀一般比较缓慢，最初是小范围的点蚀形式，在一定的流动状态下，这种点蚀可能转化成沟槽腐蚀。它对运行压力和温度、含水量、水的组成、流速以及固体的存在敏感。（见第 7.3 节，以及后续关于输油管道的第 7.4～第 7.6 节，关于输气管道的第 7.7～第 7.8 节。）

（2）酸性腐蚀是由流体中的硫化氢引起的。由于管线钢材裂缝，腐蚀可能迅速导致钢材失效。硫化氢也能加速点蚀。(见第 7.9 节。)

(3) 在注水管线中，导致材料腐蚀的可能是水中的氧气，也可能是硫酸盐还原菌 (SRB) 的微生物活动。有些蓄水层的水可能不含有氧气，但含有二氧化碳和/或硫化氢。(见第 7.10 节。)

(4) 微生物腐蚀是由管线中的硫酸盐还原菌 (SRB) 活动和生长导致的。水和原油管道中含有大量的 SRB，它们会产生局部重叠点蚀，主要集中在管线的底部。(见第 7.12 节。)

7.2 腐蚀机理

7.2.1 腐蚀的电化学基础

腐蚀是一种电化学现象，因此，只与金属有关。在严格意义上，非金属材料不会发生腐蚀。但是，现在这个词被用作工程材料退化的简称。比如，高温氧化也被认为是一种腐蚀过程。在将主要工程金属从矿石加工为成品的过程中，需要输入相当多的能量。而金属的退化是金属转化成含有该金属的矿石，这个过程释放能量，因此腐蚀必然发生，金属退化只是时间问题。我们能做的只是降低材料转化的速度。

腐蚀过程的原理如图 7.1 所示，图 7.1 表示一般的腐蚀，图 7.2 表示甜性腐蚀。金属原子失去电子成为带正电的阳离子。电子移动对于腐蚀反应运动很重要。因为腐蚀过程可以在流体（例如，原油乳状液，血液，浓盐水，潮湿的铁锈沉淀物）中进行，这些流体统称为溶液，电解液指外部导电介质。没有电解液任何腐蚀都不会发生。金属溶解的位置称为阳极，而放出电子的区域称为阴极。这些过程不一定固定在特定的区域，有可能交替。如果阳极和阴极有规律地交替，就会产生一般的腐蚀。如果它们的位置固定，那么阳极会受到连续破坏，导致点蚀或选择性溶解。固定的阳极和阴极也是电化学腐蚀的特点，电化学腐蚀被用于描述两种不同的金属电连接导致的腐蚀。

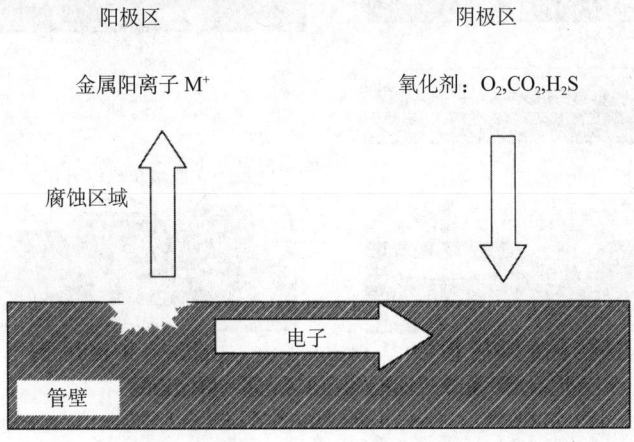

图 7.1 电化学腐蚀简图

阳极反应是金属以离子形式溶解到电解液中。一个金属原子可以失去 1 个、2 个、3 个或 6 个电子。这些带电阳离子被水分子溶剂化，通常与阴离子反应形成沉淀物，比如，氢氧化物、氧化物、硫酸盐和碳酸盐。留在金属晶格中的电子在阴极通过其中一种可能的反应被释放。对于管线，主要的阴极反应物是氧气、碳酸、游离态硫化氢和有机酸，有时还有（意外）油田化学品。

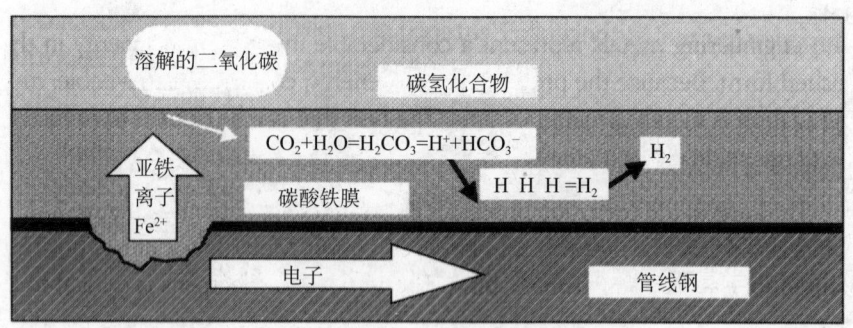

图7.2 甜性腐蚀机理示意图

7.2.2 腐蚀形态学

腐蚀有几种形式，如图7.3所示。

一个化工厂的调研结果显示，30%的腐蚀是常规腐蚀。但是，这种形式的腐蚀与管线相关性不大。均匀和一般的腐蚀是安全的形式，因为它们容易测量，而且可以加以控制。对于管线牺牲阳极的阴极保护法，是为均匀形式的腐蚀设计的。

局部腐蚀在管线中很普遍。它实际上是一般腐蚀的一种局部形式，是由于环境或金相的微小变化被腐蚀过程放大导致的。虽然这种腐蚀的防护相对比较简单，但测量定位可能比较困难。

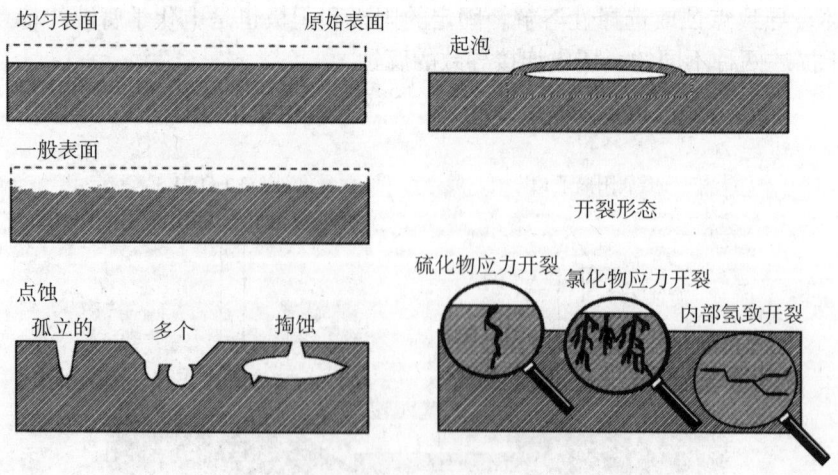

图7.3 腐蚀形貌

局部腐蚀和点蚀之间的区别常常被混淆。真正的点蚀是孤立的腐蚀，发生点蚀的金属的主要区域相对不受影响。碳钢中的凹坑往往呈半球形，而且经常多个凹坑重叠，产生一个扇形区域的破损。耐腐蚀合金（CRAs）中的凹坑深度比宽度大，而且总表面积很小。可能会有群集的凹坑。缝隙腐蚀发生在堵塞区域，比如，在部分剥落的涂层、垫衬和法兰间隙处，缝隙腐蚀的发生频率与点蚀接近。很多耐腐蚀合金对此敏感。

晶间腐蚀很少发生在碳钢管线中，除非其焊接工艺不当。硫化物和硝酸盐腐蚀可引起这种形式的破坏，但只有硫化物破坏与管线相关。有一些耐腐蚀合金受到这种破坏后变得极易被腐蚀，（比如，316型不锈钢），这是由焊接热影响区的铬损耗导致的，有一些则发生选择性溶解。

应力开裂是由于应力结合行为以及特殊的环境条件组合导致的。管线碳锰钢在酸性服役（硫化氢）中可能发生内部开裂，而在碳酸盐泥土中可能发生外部开裂。316L不锈钢用作衬里，可能在热的混有空气的氯化物环境中开裂。应力腐蚀开裂是腐蚀开裂的一种高危形式，需通过正确的材料选择、制造和运行来防止其发生。

在酸性条件下服役的钢，其内部不良金相结构处会产生氢气，导致起泡。腐蚀反应释放氢，其中一些氢以原子态形式向钢中迁移，原子态氢可能在钢内的夹杂物上结合形成氢气。氢气不能逸出，聚集产生很高的压力，导致气泡的产生，使钢材的微观结构变形。气泡边缘的过度应力可能导致局部钢材的延性撕裂，而气泡通过一系列竖直裂纹连接在一起，称为阶式开裂。

在海底管线中，腐蚀疲劳很少见，但曾经有发现在跨越管段发生腐蚀疲劳。由于波浪载荷作用，立管存在低循环高应力疲劳的风险；因此必须在设计中避免这种风险。存在腐蚀剂时循环应力对碳钢的不良影响明显比在空气中大。海水中的钢不再具有原来的疲劳极限（耐久极限），但可以通过对钢施加阴极保护恢复它的疲劳极限。硫化物的侵蚀性很强，因为它会加快钢的氢脆，导致抗疲劳强度降低。

7.3 甜性腐蚀

7.3.1 腐蚀机理

甜性腐蚀在图7.2中进行了描述。它发生在含有二氧化碳的系统中，不存在或只存在极微量的硫化氢。没有区分甜性腐蚀和酸性腐蚀的明确定义。当硫化氢的分压超过0.34kPa（操作压力为7MPa时，约50ppmH_2S）时，钢发生硫化物开裂。分压超过0.69kPa（操作压力为7MPa时，约100ppmH_2S）发生氢气起泡。用于甜性系统的普通类型的抑制剂不适用于酸性服役系统；系统性质发生转变的硫化氢浓度约为100ppm。

二氧化碳是种易溶气体，在溶液中产生酸性；碳酸饮料的pH值约为3。形成的酸能以几种方式在金属表面放出电子，因此，同样浓度的二氧化碳比矿物酸腐蚀性更强。如下几个原因导致腐蚀增加：

（1）二氧化碳浓度增加；
（2）系统压力增加；
（3）温度升高。

腐蚀过程是逐步发生的。二氧化碳溶解于水中，形成碳酸，碳酸分离成氢离子和碳酸氢根阴离子。氢离子从金属表面转移电子，碳酸氢根阴离子也可以放出一个电子形成碳酸盐。

$$CO_2+H_2O=H_2CO_3 \longrightarrow H_2CO_3=H^++HCO_3^- \tag{7.1}$$

$$H^+ + 电子 = H \tag{7.2}$$

$$HCO_3^- + 电子 = H + CO_3^{2-} \tag{7.3}$$

$$HCO_3^- + H^+ = H_2CO_3 \tag{7.4}$$

$$H+H=H_2 \tag{7.5}$$

在裸露的金属表面，腐蚀速率很大；但随着金属表面产生腐蚀薄膜，腐蚀速率会在 24～48h 之内降下来。表面膜是由被腐蚀的钢材与碳酸氢盐离子反应形成的碳酸铁，称为菱铁。这种薄膜是可见的，看起来像金属上的浅褐色瑕疵。这足以将腐蚀速率降低 5～10 倍，这取决于局部条件。就是用这个降低后的稳定腐蚀速率来评估管线的腐蚀裕量。相关的反应如图 7.2 所示。任何帮助碳酸铁膜形成和稳定的过程都会减少腐蚀，而任何移除腐蚀膜或阻止它们形成的过程和行为都会增加腐蚀。实际上，表面膜并不是简单的碳酸盐，其中还含有氢氧化物和氧化物，而且钢中的合金元素也可能在钢表面富集。

低压低温油田中使用的一个很简单经验法则是：
(1) 二氧化碳分压低于 1bar：低腐蚀。
(2) 二氧化碳分压为 1～2bar：适度腐蚀。
(3) 二氧化碳分压超过 2bar：高腐蚀。

分压（psia/bar）是用总系统压力（bar）与摩尔分数或体积分数相乘得到的。

$$CO_2 分压 = 系统压力 \times CO_2 摩尔分数 /100 \tag{7.6}$$

这个公式应用于处于泡点以下的系统，在泡点压力时出现游离的气相。欧洲腐蚀联合会文件建议：压力超过泡点压力时，有效分压可以由操作温度下的液体泡点压力以及泡点时的气相二氧化碳摩尔分数的测定来确定。分压的计算公式如下：

$$p_{泡点} \times CO_2 摩尔分数 \tag{7.7}$$

对于北海原油和其他轻质液体，$p_{泡点}$ 可以用以下公式估算：

$$p_{泡点}=p_s \exp[1/(t+273)] \tag{7.8}$$

式中　p_s——约为 70atm（针对北海原油和其他轻质液体）；
　　　t——温度，℃。

壁厚的选择需参考管道 API 5L 标准壁厚，对于中等腐蚀，需选择大一级的壁厚，而对于高度腐蚀则需要选择大两级的壁厚。对于在腐蚀性环境中服役的高等级钢，为腐蚀提供的壁厚（腐蚀裕量，或 CA）百分比可能占壁厚的相当大部分。使 CA 最小化需要一个比这些简单的经验法则更严格的方法来估算腐蚀速率。但是，DNV OS—F101 要求最小腐蚀裕量为 3mm。目前最普遍的方法是 de Waard 和 Milliams（1993）运算法则，该法则已经过时间的检验。目前基本的腐蚀速率公式如下：

$$\lg(CR) = 5.8 - \frac{1710}{t+273} + 0.67\lg(f_{CO_2}) \tag{7.9}$$

$$f_{CO_2} = pp_{CO_2} \times f_a$$

式中 CR——腐蚀速率，mm/a；

t——温度，℃；

f_{CO_2}——通过逸度换算的二氧化碳分压，bar；

pp_{CO_2}——二氧化碳分压。

逸度 f_a 可以按照经验公式近似计算：

$$f_a = \exp\{-[606.92 - 99.719\ln(273+t)]p \times 10^{-4}\} \tag{7.10}$$

式中 t——温度，℃；

p——绝对压力，bar。

更准确的逸度因子值可以从二氧化碳逸度表中获取。另一种方法是把基于分压计算出的腐蚀速率作为因素计入，即不使用 de Waard 和 Milliams 公式中的逸度，而是引入分压，然后用腐蚀速率乘以 F_{system}，F_{system} 由下面的公式计算得到：

$$\lg F_{system} = 0.67\left(0.0031 - \frac{1.4}{t+273}\right)p \tag{7.11}$$

上面提到的腐蚀速率预测的准确性是有限的，必须考虑到一些限制因素。首先，这些常数是通过实验总结出来的，而实验是在低速率搅动的淡盐水（约0.5%氯化物）系统中进行的。英国石油公司（BP）和美国阿莫科石油公司（Amoco）提出，通过与亨利常数变化成比例地减少气体在高浓度盐水中溶解度，可以允许盐水浓度变化。这样做的效果仅在盐水浓度不小于10%总溶解固体量（TDS）时变得明显。

我们认为在约60℃以下，基本的运算法则是有效的。高于60℃时碳钢的腐蚀速率降低。这是因为菱铁膜的性质改变，膜变得稠密且黏滞。菱铁膜发生改变的摄氏温度可以通过下面的公式进行计算：

$$T_f = \frac{2400}{6.7 + 0.6\lg f_{CO_2}} - 273 \tag{7.12}$$

腐蚀随温度的降低程度是由经验确定的，且遵守如下的法则：

$$\lg R_{temp} = \min\left[1, \left(\frac{1440}{273+t}\lg f_{CO_2} - 6.7\right)\right] \tag{7.13}$$

式中 R_{temp}——降低因子；

t——温度，℃。

在更具保护功能的表面膜形成前，腐蚀速率到达一个最大值，而这个温度（℃）可以用式（7.12）计算得到。有些经营商使用另一个折减系数：

$$\lg R_{temp} = \min\left[1, \left(\frac{2500}{273+t} - 7.5\right)\right] \tag{7.14}$$

当更具保护功能的表面膜形成时，de Waard 和 Milliams 的运算法则计算出的腐蚀速率要乘以 R_{temp}，从而得到最终速率。但是，这个方法只适应于流速适中，持续高温，亚铁离子浓度低，而且水中盐浓度不超过 4% 的情况。按照惯例，如果有任何条件无法满足，即使温度再高，也应依据 60℃时的上限腐蚀速率来设计管线，忽略腐蚀产物膜的有利影响。

如果硫化氢含量超过正常浓度，那么腐蚀速率会降低。硫化氢比二氧化碳更容易溶解，两种气体在液体中竞争溶解。硫化氢的存在改变了腐蚀产物膜；水相中的硫化氢浓度达到约 100ppm 时，这种膜变成硫化物。形成硫化物膜时发生的腐蚀是只存在二氧化碳时的 50%。硫化氢浓度低于 5ppm 时，对于腐蚀速率的任何有益影响通常都可以忽略。一些设计承包商采用一种综合折减系数（F_{H_2S}），值为 0.5，与硫化氢浓度无关。另一种是由实验推导出的公式，其计算值在数量级上与阿拉伯湾油田数据一致，适用范围约从 100～20000ppm：

$$F_{H_2S}=0.0314\ln(H_2S)+0.0283 \tag{7.15}$$

其中 H_2S 是硫化氢的体积分数。

将根据 de Waard 和 Milliams 的公式计算出的腐蚀速率乘以 F_{H_2S} 进行修正。在较高的硫化氢浓度下，腐蚀率可能比修正公式预测的 30% 低很多，但是目前没有经过验证的可用计算方法。硫化氢浓度超过 2% 并且硫化氢与二氧化碳的比值大于 1 时，腐蚀速率约降低 5 倍。虽然常规腐蚀降低，但点蚀速率数量级不变，跟没有硫化氢一样。点蚀的抑制需要通过频繁清管保持管线清洁，并连续缓蚀。

在原油管线中，二氧化碳分压是基于最终分离器的状态计算出来的。在特定的分离器条件下，原油与气体几乎达到相平衡。在分离器之后，为了通过管道运输原油，需要提高输油压力，但气体分压不会随之增大。在一条原油管线中，最坏的腐蚀情况是在泵下游某处，该处流体温度达到最大且水已沉淀出来。在输气管线和多相流出油管中，二氧化碳分压是根据管线操作压力计算出的。

7.3.2 pH 的影响

第 7.3.1 节中介绍的基本计算法则已经运用于输气管线，在输气管线中的游离水，是冷凝的水蒸气，因此，水中没有任何溶解的缓冲剂。在多相系统中，可能有地层水存在，地层水中含有溶解的盐，这些盐起到缓冲 pH 的作用。如果水的 pH 值比没有缓冲剂存在时高（酸性较弱），那么腐蚀速率会降低。这一影响相当显著，因为 pH 是一个对数因子，pH 值每升高 1 个单位，代表氢离子的浓度降低 10 倍。另一种腐蚀计算过程强调 pH 和水的化学性质，而不是二氧化碳的分压。

pH 因子可以从经验公式计算出：

$$\lg F_{pH}=-0.13(pH_{measured}-pH_{calculated})^{1.6} \tag{7.16}$$

其中计算出的 pH 为：

$$pH_{calculated}=3.71-0.5\lg(pp_{CO_2})+0.00471t \tag{7.17}$$

只要有可能，标准的 pH 值应该从操作压力和温度下的井产流体测得，但是得到这种

pH 值可能比较困难。在实际 pH 值无法获得的地方，可以用石油与天然气杂志（Oil & Gas Journal）提供的 pH 值，或类似值，见式 (7.19)。

pH 因子和温度—比例因子不能同时用于修正预测的腐蚀速率，因为它们不可累加。通常两个都需要计算，使用修正值最大的因子。

在分层多相流管线中，管线底部水相中的腐蚀速率是用早期使用的算法计算得到的。在海底管线中，管线上表面会有冷凝水，而这些水不含缓蚀剂。没有 pH 调节时，用式 (7.17) 计算出的最大腐蚀速率是 7.0，硫化氢的调节作用对此影响很大。通常，水冷凝速度很慢，水中溶解的铁腐蚀产物达到饱和，腐蚀速率就会降低。在这种情况下，通常取管线顶部（12 点钟）的腐蚀速率约为底部（6 点钟）速率的 10%。在高冷凝速率下，腐蚀速率不会降低，可能会发生管线顶部腐蚀。

可用于腐蚀计算的还有其他模型。针对甜性腐蚀预测的 NORSOK M-506 模型是基于经验数据通过大量的流动设备测试得到的。道达尔—菲纳—埃尔夫（Total-Fina-Elf）公司和壳牌公司拥有专利模型，这些模型是基于实验和油田数据结合得到的。商业模型包括预测模块和电子腐蚀工程师（ECE）模块。不同模型预测的腐蚀速率有差别，有时候差别相当大。大部分模型都会声明：如果某个参数超出临界值，可能导致实际速率比预测腐蚀速率大许多，此时需要采用多个不同的因子进行预测。通常需要检查腐蚀速率对于较小参数变化的敏感性。

7.3.3 甜性腐蚀形态

甜性腐蚀导致出油管和管线中的点蚀和局部侵蚀。通常管道底部（6 点钟位置）的破坏最严重，水层首先在此处形成。管道表面被一层菱铁膜覆盖，但会发生膜的局部脱落。

某些金相学结构（例如，表面浮现硫化锰，焊接飞溅和轧制氧化皮/氧化膜），或焊接缺陷处与坑洞内的湍流会妨碍菱铁在金属上附着。在这些区域，腐蚀可能以一个比菱铁膜稳定形成更高的速率继续进行。金属的损失导致湍流增加以及继续的腐蚀。随着腐蚀发生点下游金属的均匀损失，腐蚀延伸。金属看起来好像已经被有选择地磨成带状。这种形式的损害是甜性腐蚀特有的，被称为台面腐蚀（来自桌子和美国西南部的台型地貌的西班牙语）。这个过程如图 7.4 所示。

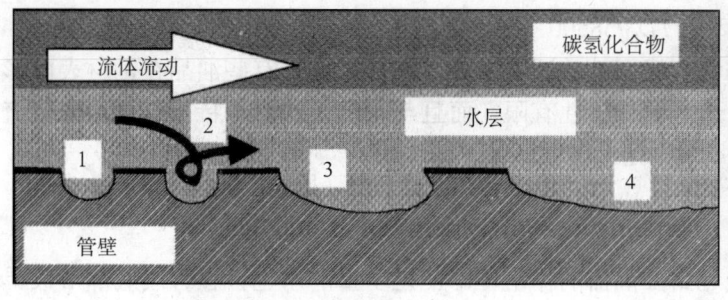
浅层金属损失模式演化

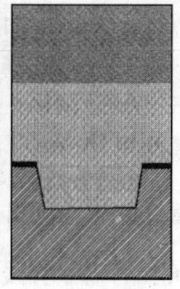
台面腐蚀

图 7.4 甜性腐蚀形态

可以通过计算腐蚀速率估计大概的腐蚀形态。腐蚀向下游扩展速率约为渗透速率的 5

倍，而向旁边的扩展速率约为渗透速率的两倍。管线中的水深限制了腐蚀的侧面延伸。纵向长度除了可能会受到管线倾角的限制外，似乎不会受到其他限制。根据这些值可以预测智能清管器检测到腐蚀的时间，而且可以判断缺陷尺寸是否适用于压力保持率的计算。甜性腐蚀可能包括孤立点蚀。

对于陆上管线而言，6 点钟位置频繁发生最恶劣的内部腐蚀，而且与之相关的金属损失可以导致快速的管道穿孔。到目前为止，没有发现海底管线内部腐蚀的优先位置。

7.4 输油管线中的腐蚀

7.4.1 简介

经验公式代替 de Waard 和 Milliams 法则用于高温出油管的腐蚀速率计算。它们的使用是由于 de Waard 和 Milliams 法则计算得到的腐蚀速率有时比实际中发现的速率高。基于地层水会在金属表面形成保护膜的假设，经验公式已经得到发展。一个典型的经验公式如下：

$$CR = 49.3 - \frac{8.06}{W_{pH}} + 0.03（盐度） \tag{7.18}$$

式中 CR——腐蚀速率，mil/a；
　　盐度——水的盐度，ppt；
　　W_{pH}——"Oil & Gas Journal" pH 值，由下式计算得出：

$$W_{pH} = \lg\frac{[HCO_3]/61000}{pp_{CO_2}} + 8.68 + \frac{4.05T}{10^3} + \frac{4.58T^2}{10^3} - \frac{3.07p}{10^3} - 0.477\sqrt{TDS} \tag{7.19}$$

式中 HCO_3——碳酸氢盐浓度，ppm；
　　pp_{CO_2}——二氧化碳分压，psia；
　　T——温度，℉；
　　p——系统压力，psia；
　　TDS——总溶解固体 TDS/58500，TDS 单位为 ppm。

另一个可以降低输油管线腐蚀的因素是油品湿润特征。有些油品在钢材表面形成防水膜，降低腐蚀。但是，这些膜持久性有限，而且与管线中的流动特征有关。分层流动不会允许油膜的重复形成，所以一定会发生腐蚀。

7.4.2 管线中的水分离

一条长的输油管线起到分离器的作用，即使是少量的水也会在管线底部形成单独的水相。分离器不会移除油中所有的水。有些微滴保持悬浮液状态。分离过程中可能携带反乳化剂。很多腐蚀抑制剂中含有能加强反乳化的复合物；因此，缓蚀剂（包括井下处理残存的）的存在可能加强水的分离。在它们沿管线运输的过程中，微滴凝聚，最终当它们达到一定的尺寸就会落到管线底部，形成水相。

如果油流速够高，分离出的水会被油夹带，这样管道表面会形成油膜。在这种情况下，不太可能发生腐蚀。低于一个临界油速，油—水剪切力太低，不能清除沿管线留下的水，就形成了半永久性的水相。如果水在管道底部持续时间很长，就会发生腐蚀。如果油和水的物理性质已知，就可以计算出这个临界速度。

流体性质随温度而变化，因此，对于热油管线，通常需要根据管道沿线可能出现的温度范围进行一系列计算。对于一条常温输油管线，水分离的临界流速值是 1m/s。有些原油的黏度并不是典型的 API 值。在评定时应注意这些问题。

威克斯和弗雷泽研究出一种计算管线中油的临界夹带速度的方法。图 7.5 用图示描述了这种现象，并显示出水会被夹带的流速。分析显示，速度随着管径增大而增大，而且含水量低于 25% 时，油流速度超过 1m/s 是安全的。

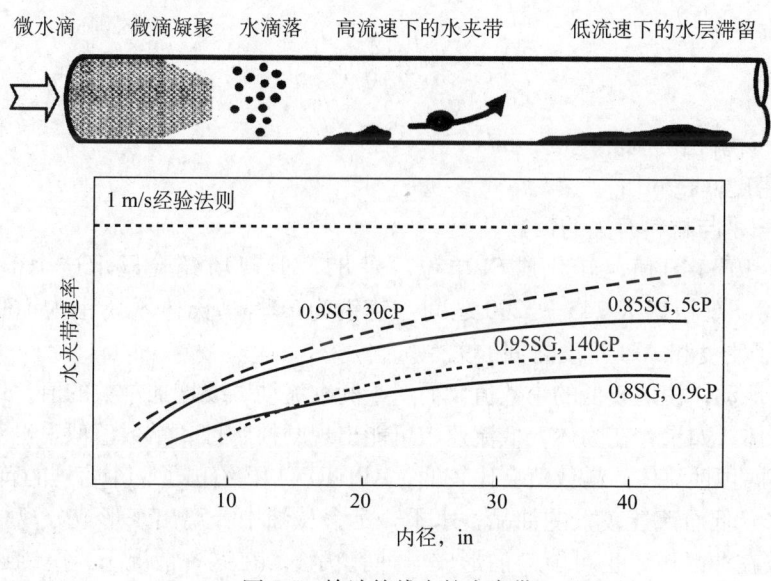

图 7.5　输油管线中的水夹带

7.5　输油管线中流动对腐蚀的影响

7.5.1　水平管线

流动影响可以分为极低速流动、中速流动和高速流动。低速流动中，水可能分离出来形成一个分离相；中速流动中，腐蚀速率与流速成正比逐渐加快；而在高速流动中，可能发生磨损腐蚀。管线是按照在中速流动状态下运行设计的。

在低流速管线中，腐蚀速率可能较高，腐蚀种类很可能是点蚀。水层和沉积物可能阻止缓蚀剂接触管壁。相对于中流速下的处理效率，大多数缓蚀剂在停滞的水层时的效率相对较低。

在中流速范围内，流速对腐蚀速率的影响无法定量描述。虽然 de Waard 和他的同事们已经研究出一种模型（用雷诺类比法描述流动影响），这种模型至今还没有使业界摒弃先前的模型而投入使用。在低流速下，腐蚀确实增加，但菱铁膜形成得很快，能够阻止过度腐蚀。在流动的一个临界值，菱铁膜形成不够快，因此腐蚀速率增加并对流动敏感，从本质上标志着磨损腐蚀的开始。第9章的式（9.12）给出了计算流动加在管壁上的剪切应力的方法，根据雷诺数 Re 和图9.2中的图表计算出摩擦系数 f。

转折点的临界流速似乎取决于环境的腐蚀性，包括温度、碳酸浓度、亚铁浓度以及盐度。挪威人的研究显示，在中速流动状态下不受限制的腐蚀速率增长与 $Re^{0.2}$ 成正比，但超过临界速率时与 $Re^{0.8}$ 成正比。

水线以上部分的管子中过高的流动速度受到 API RP 14E 的限制，API RP 14E 给出一个公式，以英尺/秒（ft/s）为单位，用来计算磨损腐蚀开始的临界流速。这个公式过于保守，但只有它适用于管线，没有其他替代方法。这个临界速度如下：

$$u_{\mathrm{crit}} = \frac{C}{\sqrt{\rho}} \tag{7.20}$$

式中　u_{crit}——计算出的临界速度，m/s；

　　　ρ——密度，kg/m³；

　　　C——一个与材料有关的常数。

钢的 API RP 14E 值，转化成 SI 单位，是 82，但现场经验显示这个值可以提高到 82～100 之间，双相钢为 245～290 之间，铸钢为 70，马氏体不锈钢为 160。附录 C 的 C.6 部分给出了密度和 API 重度之间的关系。

对于连续流动，使用较低的常数值；而对于间歇流动，要增加常数的值。这些值适用于不含固体的流体。如果存在固体，低流速中可能出现磨损腐蚀。常数值似乎也对流体的腐蚀性敏感，对高腐蚀性流体，常数值会比较低。API RP 14E 给出了一个合理的首选近似值。

对于含水量低而流速较大的油品，水不一定会从油中分离出来形成分离相。水可能以微粒形式分散在油品中，也可能与油形成一种乳状液。在这种情况下，腐蚀速率很低。临界流速可以用威克斯和弗雷泽算法计算出来。

7.5.2　地形/海床属性的影响

多相流将在本章的9.6部分进一步讲解。流程图一般是用水平的或垂直的管子代表理想管线和立管的情况。这些图对于立管是可靠的，但是实际中很少有海床是平的。流动状况受管线坡度影响显著，临界角度是 5°。达到或超过这个角度时，段塞流成为主要的流动状态。团状流是在较低气体流速和高液体流速下的交替流动状态。在很高的气体流速下，会转化为环状流。流动状态的改变对腐蚀和缓蚀影响显著。

段塞流是间歇性流动状态，发生在较高的气体流速下。段塞是伴随高度湍流混合区的大气泡，混合区中夹带着气体。段塞在管道底部产生很大的剪切力，这种剪切力可能足以移除保护性菱铁膜。

检测程序显示当段塞经过时，腐蚀速率会升高几个数量级。对段塞频率影响的估算还不太精确。通常假定段塞频率对腐蚀有直接影响，但在低段塞频率时，这可能并不正确，因为重新形成腐蚀产物膜和/或缓蚀膜的时间一定也是一个重要因素。

吉普森的研究显示,当段塞频率高达每分钟50~90次时,段塞频率和腐蚀速率大致呈线性关系。段塞频率随坡度和液体流速的增加而增加,随气体流速的增加而减小。段塞频率加倍会导致腐蚀速率增加约50%。含水量增加会增加腐蚀速率,但不会改变腐蚀和段塞频率之间的关系。对于给定的坡度,似乎也有一个临界含水量,达到这个含水量时会形成稳定的段塞。

另一种方法是估算管壁的剪切应力。如果应力超过20MPa,那么缓蚀剂的特性和使用应该仔细评估。

7.5.3 悬链线立管

悬链线立管是地形影响的一个特殊情况,因为倾角跨过一个相当长的距离从水平连续变为垂直。可以认为这种立管内的腐蚀形式与倾斜生产油管中的类似,尽管生产油管管径较小。腐蚀分析显示,腐蚀速率与偏角的正弦值成正比。不管垂直还是倾斜管子,最坏的腐蚀发生在出现水滞留的区域。向上坡搬运水需要的碳氢化合物流速比在水平情况需要的更高,这与油或气的流速有关,会有一个发生水滞留的特定区域。受运行条件影响,这个区域会轻微移动。水一直积累,直到产生足够的压力,引起段塞的周期性变化。

在悬链线立管中,因为油或气与水受到的重力不同,受到油或气运动施加的剪切力驱动而沿管线水平段流动的水必然不能沿立管向上运动。因此,应该可以确定,立管的腐蚀与当地条件(压力和温度)有关,而且在发生段塞的地方,还受到段塞效应的影响。与倾斜管子的情况简单比较可知,腐蚀最严重的情况会发生在曲率最大的点,即45°处周围。当没有确切数据时,谨慎的做法是根据吉普森量化的断塞影响,假定实际腐蚀速率比由de Waard和Milliams的公式计算出的腐蚀速率大50%。这个倍数会适用于实用性方法,对受抑制的腐蚀速率和未受抑制的腐蚀速率都适用。但是要注意,立管中的基准腐蚀速率通常较低,因为立管上游管段的腐蚀作用使水的化学性质变得稳定。

7.6 输油管线中的固体

固体的存在,尤其是沙,会通过破坏保护性菱铁膜改变腐蚀行为。腐蚀可能会变得很严重,在几周之内穿孔。对于一个给定的流动,弯管处和其他像阀组那样的高度湍流区域,受到的破坏可能更严重。明智的做法是检查在预期流速下这些区域允许的含沙水平。通常很小的含沙量是允许的,对于一条水平管线,通常认为3~5lb(沙)/1000bbl(油)不是很严重的问题。如果计算表明腐蚀增加了,则需要考虑减少沙子的方法。

侵蚀速率可以用下式计算:

$$CR_{erosion} = \frac{K(0.65W)u^2\beta}{gP\left(\dfrac{\pi}{4}D^2\right)} \times L \tag{7.21}$$

式中 $CR_{erosion}$——侵蚀腐蚀速率,mm/a;

K——诺维奇（Rabinowicz）磨损常数，对于钢管线取 0.071；
W——沙生产率，bbl/月；1bbl 沙为 945lb；
u——平均流速，ft/s；
β——与冲击角度有关的系数，角度在 10°～60°之间取 1，其他取 0.5，通常管线取 0.75；
g——万有引力常数，为 32.2ft/s²；
P——材料压痕硬度，对于钢材，通常取值为 1.55×10^5psi；
D——管道内径，in；
L——修正系数，用于针对所用组件进行调整，此处 $L=1.36\times10^8$。

可以通过修改这个公式求出侵蚀腐蚀速率为 0.25mm/a（10mil/a）时的临界流速（u_{crit}）：

$$u_{\text{crit}}=\frac{4D}{\sqrt{W}} \tag{7.22}$$

弯管代表一种特殊情况。目前用于预测弯管中的侵蚀影响的方法是计算弯管特殊结构处的滞止长度。在弯管处，流动一定会转向；但与弯管成直角的流动作用力会使流体在弯管根部表面形成一个低流速区域。侵蚀性颗粒必须穿过这个滞止区到达管壁，而这个必须穿过的距离就是滞止长度。

如果滞止长度很长，侵蚀腐蚀会降低，因为颗粒的冲力在经过滞止长度的过程中减弱。低冲击速率下保护性膜保持完整。在高冲击速率下，膜被完全移除，发生一般的均匀腐蚀。

实验测试显示，如果流速小于 5m/s，沙在水中 0.1m³/d [200bbl（沙）/月] 的生成率不会导致 1.5D 的弯管过度腐蚀。在天然气中，极限流速很低，无法测出可靠的临界值。实验人员将这与载体流体的低密度联系在一起，而载体流体的低密度与压缩气体有关。在原油中，极限值很高，超过 30m/s。这可能超过 API RP 14E 临界流速，因此原油管线中弯头处沙蚀的风险不必太重视。

因此，主要的风险，应该是存在于气和凝析油管线中。如果不能阻止沙的生成，设计方案中应采用最大管径的弯管或"T"形管来增大滞止长度。即使如此，也不能保证金属损失的速度在允许范围内。

尽管之前给出的金属损失计算标准不是严格地以 API RP 14E 为基础，但它确实强调了 API RP 14E 不适合直接用于这种情况。未经修改的 API 公式预测，临界流速随流体密度增大而降低，但实验数据显示，对于给定的侵蚀速率，高密度流体比低密度流体有更高的含沙量。

7.7 输气管线中的腐蚀

7.7.1 输气管线中的腐蚀速率

由于冷凝作用，输气管线中会出现水，这由气体的水露点决定，水露点是指水从气体中凝结出来的温度（不同于烃露点）。如果经过处理，使气体的水露点低于气体的最低温度，水就不会凝结，因此也不会有腐蚀。通常需要保持湿度在 60%～80% 以下才能完全防止腐蚀。

要运输的气体通常先经过干燥处理，来避免腐蚀问题，同时也能避免水合物的形成。由于焦耳—汤姆逊冷却效应（在第 9 章中会做介绍），气体温度会沿着管子降低，可能降到周围海水的温度以下。设计露点通常比最低设计温度低 10℃。

因为较高分子质量烃会明显降低露点，所以需要通过完整的气体分析来估算含水率。当二氧化碳和硫化氢含量较高时，必须留出适当的裕量。

如果温度降到低于水露点，自由的凝结水会在管子顶部和两侧形成，并沿管道流到管底。沿着从入口到下游的方向，气体温度下降很快，因此入口处的腐蚀速率往往较高，而在管子的其他大部分区域相对较低。气体管线中的腐蚀速率可以用 de Warrd 和 Milliams 算法 [式 (7.9)]，在当地管线运行压力和温度下计算得到。

有证据显示，凝结在管道顶部和两侧的水处于亚铁离子饱和状态，如果凝结速率低，其腐蚀性较小。由于铁饱和使 pH 值发生变化，导致腐蚀速率降低到计算速率的 10% ~ 20%。这意味着管线底部（6 点钟位置）的腐蚀比管道顶部和两侧要严重 5 ~ 10 倍。运用这个观点时需谨慎，因为流速较低的冷水管线中可能出现高速凝结。

7.7.2 顶部腐蚀（TOLC）

当高温气体进入一条海底管线时，冷却速度可能很快，会发生高速的水凝结。气体中的大部分腐蚀抑制剂会被冷凝水带走。沿管线稍向下处冷凝速率仍然很高，但这些水不含抑制剂。如果冷凝速率高于 $0.25g/(m^2 \cdot s)$，则认为水中溶解的铁离子不能保持稳定，就不会形成碳酸铁膜。潜在的腐蚀速率会远超过 de Warrd 和 Milliams 的算法预测的值。这种现象称为顶部腐蚀（TOLC），已经在几条海底管线及寒冷气候中的陆上管线中观察到。最近的研究表明，流体中存在乙酸可能是导致 TOLC 的第二因素。

连续向流体中添加腐蚀抑制剂不能有效防止 TOLC。可以用高浓度的抑制剂液柱分批给管线加抑制剂，从而控制腐蚀。通常将抑制剂置于管道中的两个清管器之间，形成一个充满管道的抑制剂液柱，从而保证抑制剂浸湿管线表面。也可以使用特殊的清管器，它们收集管线底部含有抑制剂的水，并将这些水涂布到顶部表面。这些方法的缺点是设备成本高，操作难度大，通常还是在设计中避免 TOLC 风险更具划算。

要确认 TOLC 风险，可以描绘出管线的温度曲线，然后转化成一个凝结速率。如果凝结速率超过临界值，就要采取另一种设计方法。设计方案包括：

(1) 充分冷却入口气体来防止高凝结速率；
(2) 在管道入口部分留出一个较高的腐蚀裕量；
(3) 管线初始部分用耐腐蚀合金制造。

7.7.3 输气管线中的缓蚀剂

腐蚀速率可以通过操作条件改变。常用的是用乙二醇对天然气进行干燥处理。气体干燥塔在高温下运行，从而提高干燥效率。进入管线的气体会达到饱和，平衡水分含量是由干燥塔的设计和出口温度决定的。如果乙二醇干燥塔的操作不当，含水的乙二醇可能进入管线。从乙二醇和水的混合物中蒸发出来的水可能在管线较冷的区域凝结。这些冷凝水膜形成的地方就可能发生腐蚀。腐蚀速率取决于乙二醇中的含水率。如果低于10%，腐蚀速率就不太快。

乙二醇中的含水量可以用下面的式子求出：

$$\lg W = 112.4 \lg p - \frac{2321}{T_{dpt}+273} + A\lg p + B \tag{7.23}$$

式中　W——含水量，mL/m^3；

　　　p——总压力，bar；

　　　T_{dpt}——露点温度，℃；

　　　A，B——常数，$p<27bar$时，$A=-1.3$，$B=12.24$；$p>27bar$时，$A=-1.11$，$B=11.94$。据称该公式在140bar以下有效。

即使含水量高，如果存在乙二醇或甲醇，腐蚀也会有所减少。剩余腐蚀是通过de Waard和Milliams的公式计算出的腐蚀速率与以下用于乙烯乙二醇系统的关系式所计算出的系数相乘得出的：

$$\lg F_{gylcol} = a\ (\lg W - b) \tag{7.24}$$

式中　W——水—乙二醇混合物中水的百分含量，%；

　　　$a=0.7$，$b=1.4$，适用于单甘醇和二甘醇（MEG和DEG）；

　　　$a=1.2$，$b=2.4$，适用于三甘醇（TEG）。

对于使用甲醇的系统，流动类型必须能使流体有规律且频繁地润湿管壁。甲醇给予的保护远小于乙二醇。

虽然现在可以用水合物抑制剂来防止水合物的形成，但在输气管线中可能形成水合物的地方连续注入甲醇或乙二醇仍是常用的做法。如果加入足够的乙二醇，可以抑制腐蚀。这种技术首先在埃尔夫（ELF）被提倡使用，现在已经在多条陆上管线、北海的7条管线和阿拉伯湾的一条管线中使用。乙二醇通过一条服务管道（通常是一条4in的附加管道）被运输到输气管线的入口，剂量率需保持水—二醇混合物中乙二醇含量大于50%。同时还需加入pH改性剂，早期使用有机盐来提高水的pH值，使其大于7，但现在更多的使用氢氧化钠或碳酸氢盐。剩余腐蚀速率会低于0.1mm/a。乙二醇在气体加工厂被复原，脱水，然后通过服务管道回到管线入口。这个技术的应用是有局限性的，生成水中的高硫化氢和氯化物浓度会影响腐蚀抑制，同时也会使乙二醇品质下降。

7.8　输气管线中流动的影响

7.8.1　液相流动

API RP 14E中规定的临界流速也适用于输气管线。流体的密度是气体在操作压力和温度下的密度。在输油管线中，临界速度被认为过于保守，但在输气管线中不再是这样。当流速超过17m/s时，很多腐蚀抑制剂无法有效地发挥作用，因为在这个流速下，管壁上的剪切力会除去缓蚀剂，而不含有缓蚀剂的水不断在管壁上凝结，导致管壁表面被水浸湿，所以应对流速加以限制。有一种估算缓蚀剂对流速的限制的替代方法是计算管壁剪切应力。极限剪切应力约为 20Pa。缓蚀剂对低于 25m/s 的流速可用，但需要高浓度。很多运行商定期分批向高速亲水输气管线加入缓蚀剂，从而保证有效的缓蚀。实现方式是，在液塞中加入高浓度缓蚀剂，驱动球状或双向清管器之间液塞通过管线。在输气管线中，任何流速下加入气流中的缓蚀剂都可能是无效的，除非使用高压雾化技术。

气体夹带的液体可能导致弯管处的冲击腐蚀。这种形式的腐蚀不会立刻开始。液体的反复冲击会造成金属表面被加工硬化，经过一个给定的时间，金属表面开始破坏。计算这种情况下的腐蚀速率可以使用下面的公式，与用于油中带沙情况的公式类似。

$$CR_{erosion} = \frac{Kv\rho V^2}{2Pg}\left[\frac{2\rho V^2}{27gPE_c^2}\right]^2 \frac{1}{A} \tag{7.25}$$

式中 $CR_{erosion}$——磨损率，mil/a；
　　　K——高速侵蚀系数（钢，0.01）；
　　　v——冲击流体体积流速，ft³/s；
　　　ρ——流体密度，lb/ft³；
　　　V——流体冲击速度，ft/s；
　　　P——金属硬度（钢，1.55psi）；
　　　g——万有引力常数（32.2ft/s²）；
　　　E_c——失效的临界应变（钢，0.1）；
　　　A——受影响的管线面积，ft²。

给定一个 0.25mm/a（10mil/a）的磨损速率，可以将计算简化为求一个不允许超过的临界流速值，即式（7.20），其中 C 取值为 300。

7.8.2 输气管线中的侵蚀腐蚀

输气管线中存在沙或其他固体会导致高速腐蚀。该速率是按照第 7.8.1 节中的观点，针对输油管线中的固体计算出的。气体的低密度意味着冲击微粒的动量保持很高。在翻新管线时，可以利用气流中微粒的强侵蚀作用，就地对长管线进行喷砂处理，然后再给管线加内部涂层。避免微粒造成破坏的方法如下：

（1）避免气相中夹带沙或其他固体。
（2）保持低速流动，从而使保护性膜不受损。
（3）保持高速流动，从而产生均匀腐蚀而不是点蚀。
（4）通过使用更多耐腐蚀构造材料将问题区域减到最小。

这些方法中，避免夹带固体显然是最有吸引力的。这可能需要对管道进行喷砂处理从而清除轧屑，同时也要注意油气藏的完井工艺。保持低流速通常不被采用，这可能导致缓蚀剂的不良表现。保持高速流动的优点是可以计算出弯管的使用年限，常用于一些矿物加工行业，该行业需要定期更换生产工厂中的弯管、弯头和"T"形接头，但这种方法不适用于海底管线。如果避免夹带的方法行不通或被认为不可靠，还可以采用第 4 种方法，选择合适的耐腐蚀材料。通常只要不出现间歇性不连续产沙的问题，就可以依靠腐蚀抑制剂降低整体腐蚀速率。

7.9 酸性腐蚀

7.9.1 硫化氢

硫化氢是一种剧毒腐蚀性气体，每百万分之几的浓度就会产生影响。它可溶于烃和水，根据当地温度、压力和pH不同，在两者中的溶解度也不同。其他影响溶解度的因素是原油中芳香烃和脂肪烃的比，以及水的盐度。硫化氢在芳香烃含量很高的原油中的溶解度最多会增加2倍。

酸性腐蚀发生在含有硫化氢的流体中。NACE MR-0175定义硫化氢分压高于0.05psia（0.34kPa）的流体是酸性的。分压可以用硫化氢的体积分数φ_{H_2S}（mL/m³）和总系统压力计算得到：

$$H_2S \text{ 分压} = \varphi_{H_2S} \times p_{system} \tag{7.26}$$

对于运行在泡点压力以上的管线，分压是由操作温度下的泡点压力计算出来的，硫化氢浓度由该压力和温度下的样本得出。对于北海原油和其他类似的轻质原油，泡点压力可以通过下式计算：

$$p_{bubble} = p_s \exp[1/(T+273)] \tag{7.27}$$

其中p_s通常会达到70atm，而T是以摄氏度为单位测量的。

7.9.2 酸性腐蚀形貌

硫化物腐蚀有几种形式：
（1）固体硫化物沉淀导致的点蚀；
（2）在管线表面形成的硫化物膜分解区域中的点蚀；
（3）硫化物应力开裂（SSC）；
（4）氢致开裂（HIC）和起泡；
（5）应力诱导氢致开裂（SOHIC）。

硫化物和钢之间的相互作用很复杂。图7.6展示了与硫化物相关的开裂腐蚀的不同类型。

7.9.3 硫化物点蚀

固体硫化物是通过流体与腐蚀过程中产生的亚铁离子或产出流体中的重金属反应生成的，但与重金属的反应只有在混合的流体中会发生。大部分是硫化铁，但管线和钻探泥浆中可能出现硫化锰（粉红色）和硫化锌（白色）。每种固体硫铁化合物腐蚀性不同，给定重量的一种特定硫化物导致的钢腐蚀量是一定的。当硫化铁引起的钢腐蚀达到一定量后，它会保持相对稳定的状态。据推测，导致稳定状态的原因一部分是硫化物晶格中吸收了氢气，一部分是产生了紧包住硫化物的氢氧化物。硫酸盐还原菌（SRB）也能产生硫化铁。SRB

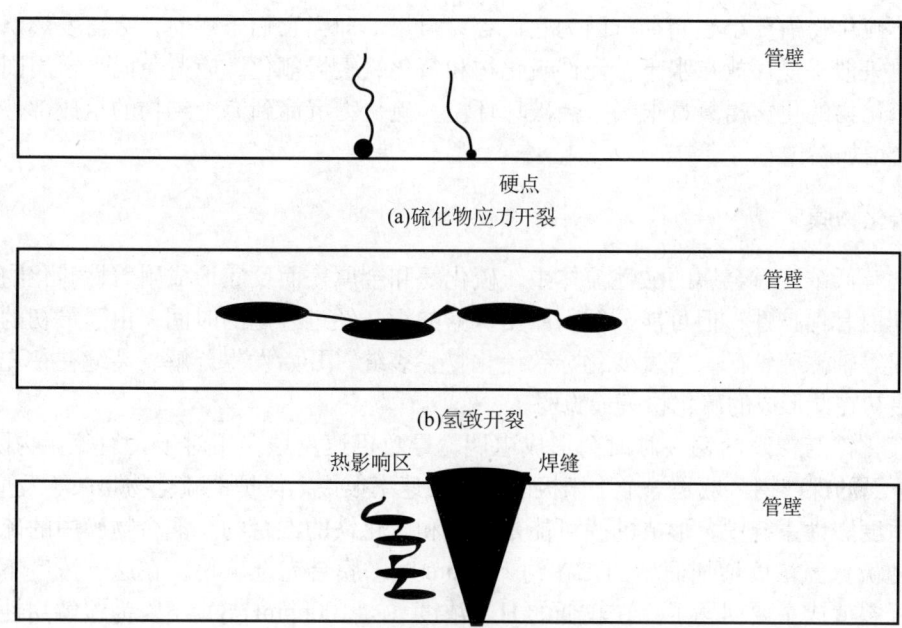

图 7.6 与硫化物相关的开裂形貌

能够清除氢气恢复硫化物活性。见第 7.12 节。

不同硫铁化合物的相对腐蚀性在表 7.3 中给出。硫化铁暴露在酸性微需氧环境中可能转化成 FeS_2，形成白铁矿和黄铁矿，这些材料的腐蚀性特别强。

表 7.3 硫铁化合物的腐蚀性

硫化物种类	分子式	%S	每摩尔硫化铁的腐蚀量 g	每摩尔硫磺的腐蚀量 g
黄铁矿	FeS_2	52.5	123.06	61.53
等轴磁硫铁矿	Fe_3S_4	42.4	50.12	12.53
菱硫铁矿	Fe_3S_4	42.4	78.04	19.51
马基诺矿	$FeS_{(1-X)}$	35	10.08	10.08
磁黄铁矿	$Fe_{(1-X)}S$	36	6.39	6.39

产生的硫化物可能在其产生区域的下游沉淀并造成腐蚀。比如，生产油管的酸性腐蚀会产生硫化物，硫化物在出油管中沉淀。可以通过提高流速减少沉淀和井下加入腐蚀抑制剂来防止这种腐蚀。在管线终端，需要有一个耐腐蚀的容器（容器需加内衬，加涂层，或留有腐蚀裕量）来收集硫化物。考虑到胶质的硫化物呈现出大块化学活性表面积，腐蚀抑制剂的使用通常不能令人满意。据估计，1g 新沉淀硫化铁的表面积约为 $13.3m^2$。

当对含水酸性管线进行清管时，又会得到大量硫化物。清管器接收器应该用水清洗，来避免点蚀破坏，如果湿的硫化物暴露在空气中，硫化物会氧化形成硫磺、氧化铁和盐，这会导致特别严重的点蚀。

固体硫化物需要小心储存，因为它们容易自燃，即当它们干燥时，会自发燃烧。最好的处理对策似乎是存放在水下，允许硫化物和氧化铁缓慢氧化。应避免向平台周围的海中倾倒。硫化物的化学需氧量很高，会破坏环境。硫化物沉淀到海上结构的组成部件和牺牲阳极上会增加腐蚀。

7.9.4 硫化物膜

在含有低浓度重金属的酸性流体中，硫化氢和金属表面反应形成附着性硫化物膜。它们在短期内有保护性，但可能分解而露出裸露的钢。经过一定的时间，由于最初的马基诺矿转化成等轴磁硫铁矿，密度变化导致硫化物膜裂缝，开始发生分解。裂缝往往先在晶界发生，最初在此形成的硫化物膜最脆弱。

当硫化铁与裸露的钢接触时会形成电偶，导致迅速点蚀。相对于大的硫化物阴极区，硫化物下面的裸露钢区域是一个小阳极区。腐蚀速率很快，保护性硫化物膜来不及形成。

在适度酸性系统中，形成的膜可能是菱铁和硫化铁的混合物。混合物膜中的硫化物百分含量随硫化氢浓度增加而增加，在约 100ppm 时，膜会完全硫化。在这个浓度下，气泡和氢致开裂就成主要问题了。在较低的 H_2S 浓度（< $100ppmH_2S$）下，为缓解甜性腐蚀选择的缓蚀剂是有效的。在约 100ppm 时，需要考虑重新选择缓蚀剂。

低硫化氢浓度会降低甜性腐蚀速率，可能是由于提高了菱铁膜的韧性。在高温下，这种影响是很显著的。井下管材上形成的黑色保护性菱铁—硫化物膜防腐记录良好。膜的稳定性还受到盐度、温度周期变化和金相细节的影响。然而，在管线中低硫化氢浓度的影响并不可靠，而且可能会导致点蚀。

7.9.5 硫化物应力开裂

硫化物应力开裂（SSC）是应力腐蚀开裂（SCC）的一种形式，最初被称为硫化物应力腐蚀开裂（SSCC）。SSC 是由应力和环境在材料上的联合作用导致的。应力可能是残余的或外加的，或二者都有。只有特定的环境才会发生开裂。表 7.4 给出了一般 SCC 环境举例。比如，奥氏体不锈钢在温度超过 50～60℃ 的氯化物环境中的裂缝。已提出的 SCC 机理包括活态—钝态腐蚀，空隙聚合和氢脆。

表 7.4 应力腐蚀开裂环境

材料	环境	其他因素
碳钢	含有二氧化碳的土壤	温度 + 阴极保护
碳钢	强碱性	温度
碳钢	硫化氢	硬度 RC > 22
奥氏体不锈钢	氯 > 50ppm	温度 > 50℃
双相不锈钢	硫化氢	温度敏感

图 7.7 图示了酸性环境中产生的氢和应力联合作用导致的 SSC 如何作用于高强度材料。根据经验，产生 SSC 的最低硫化氢浓度确定为分压 0.05psia，而且必须存在游离水。当材

料强度超过790MPa（115ksi）时，SSC发生。

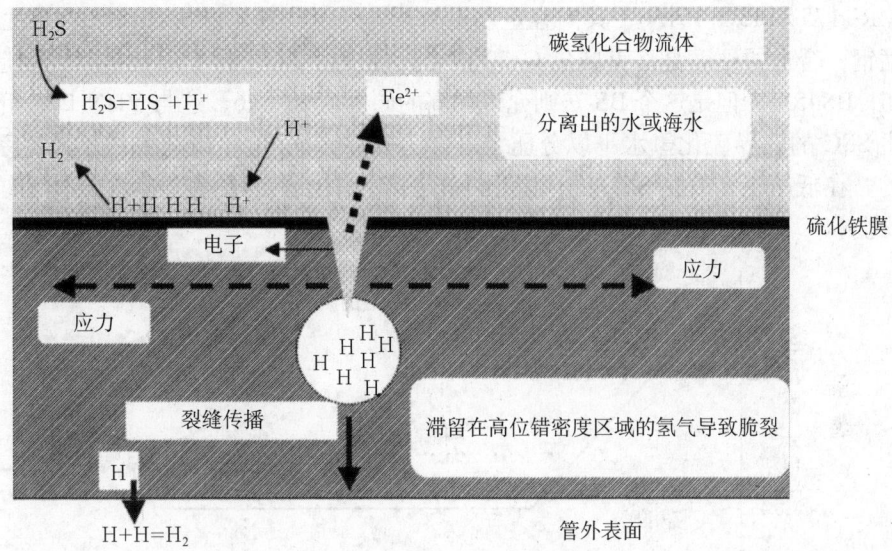

图7.7　硫化物应力开裂机理

用硬度定义避免SSC的极限强度，以便对材料进行无损检测。对于酸性服役的管线钢，其硬度被规定为大于等于洛克威尔C 22。等价的威格士硬度值（10kg）是248，等价的布氏硬度是237。

酸性腐蚀反应（碳酸或氢硫酸放电）在金属表面产生氢气。氢气是以下面的顺序形成的：

(1) 带电氢离子向金属表面扩散；
(2) 氢离子被一个电子中和形成原子氢；
(3) 原子氢的表面迁移；
(4) 原子氢结合形成氢分子；
(5) 来自金属的氢分子溶解或扩散。

在正常状态下，生成的原子氢中98%在钢表面结合形成气态氢，其他2%通过钢扩散到外表面，在外表面结合并作为氢分子耗散。在干净的钢表面，氢的表面迁移和结合很快。

如果金属表面有硫化铁膜，氢原子被束缚在金属表面的硫化物上，导致多达10%～15%的原子氢扩散进钢中。氢气摄入的速度主要由硫化氢的浓度、pH值和温度决定。其他因素包括二氧化碳含量（影响pH值）、水组成、流体流速以及表面条件（铁锈，轧制氧化皮和成膜缓蚀剂的存在和性质）。

原子氢向钢中迁移，并在钢中的夹杂物和空隙里聚集。晶格中的空隙和缺陷可以被小的填隙原子填满。大多数空隙发生在高应力点，钢在高应力点的屈服导致这里的金属原子滑移集中为晶格中的位错。由于氢与某种合金元素类似，会通过位错的运动阻止进一步的应力松弛，导致钢变脆。金属内不会出现局部微屈服，一旦应力超过临界值，金属以脆性方式失效。

裂缝过程分两步发生：萌生，然后传播。但两个过程都不能准确量化。对于管线，需选择结构材料和制造方法来避免对裂缝敏感的高强度（硬）材料或变硬的区域。控制法则是 NACE MR-175 和 ISO 15156，其内容定期更新，其中包含其他材料对 SSC 敏感性的明细。对于碳锰钢，合适的硬度是洛克威尔 C 22 或维氏硬度值 248。这个值也被其他制造法则引用，比如，BS4515，但是这个 BS 法则允许稍高的硬度值 RC 26，这与 VHN 275 相符。

发生 SSC 的临界硫化氢水平以分压定义，为 0.05psia，所以硫化氢浓度是与系统总压力有关的。在低压下，发生 SSC 的风险很小。图 7.8 中给出的图表显示在气体系统和多相系统中发生 SSC 风险的范围。

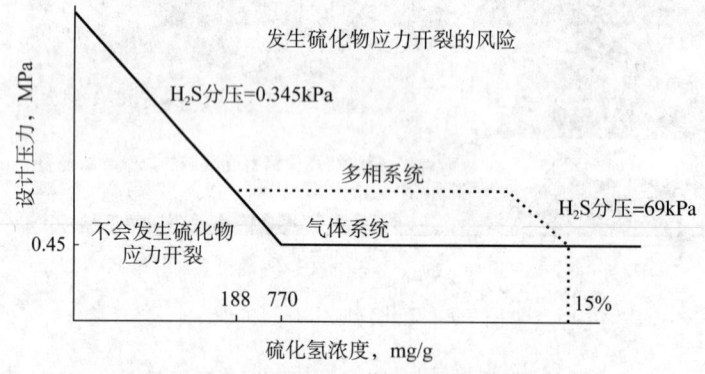

图 7.8　NACE MR-0175 SSC 范围

近代对 TWI 的研究显示，对于壁厚超过 0.4in（9.5mm）的管子，盖面焊缝不需要遵守 RC 22 的 NACE 值，但不能超过 RC 30（等价于 VHN300）。这样放宽要求可以提高机械化程度，加快焊接速度，而且可以降低整体焊接费用，但目前为止，这个自由范围还没有被纳入 NACE MR-0175。

ISO 15156 标准是以欧洲腐蚀联合会（EFC）16 号出版物（1995）为基础的，它给出了一个不太保守的估计值。NACE MR-0175 根据硫化氢浓度和系统压力，定义发生 SSC 风险的范围，而 ISO 15156 根据硫化氢分压和 pH 定义这个范围。如图 7.9 所示。

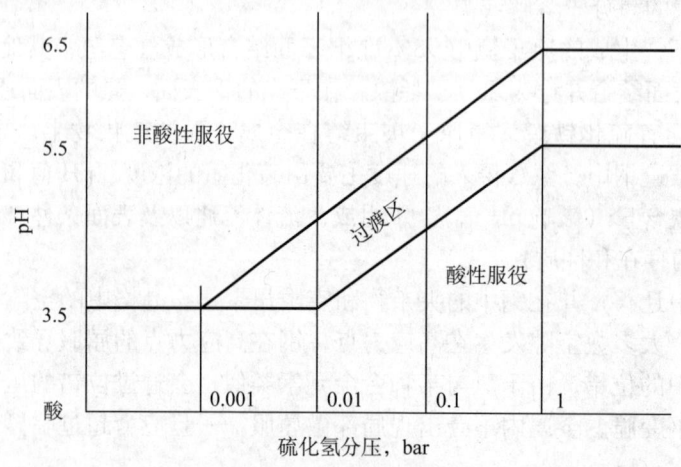

图 7.9　ISO 15156 的 SSC 范围

在高操作温度下，钢的氢致脆裂减少，因为氢的扩散率和钢的延展性都被提高了。高温下发生 SSC 的风险降低，但这种降低是不可靠的，因为管线可能需要停产，导致温度下降。

如果管线用钢强度不够大，SSC 也可能发生在母板中，但在弯管热感应成型之后，作为冷加工的结果，与焊缝（纵向焊缝和环向焊缝）毗邻的熔接区的反应改变了这些区域的金属属性，这些区域不会发生 SSC。虽然如此，建造中仍需要采取预防措施。当规定阀门和其他管线组件需符合 NACE MR-0175 时，可能又涉及其他的经费问题。

焊接程序是需要控制的最重要因素。如果要求一条管线符合 NACE MR-0175，需要附加一些测试程序，但这很少对管线制造成本产生显著影响。在 EFC 16 号出版物中说明，如果根部焊道硬度限制在 $HV_{10}250$，面焊道硬度限制在 $HV_{10}275$，允许焊料中含有低于 2.2% 的镍，来提高韧度和强度。对于被牺牲阳极的 CP 保护的海底管线材料，可以放宽对其硬度的限制。但如果管线会被外加电流系统保护，则必须谨慎，因为管线的过保护可能会使管线外表面吸收氢气。外加电流 CP 保护的管线可用的硬度值在根部焊道中为 $HV_{10}260$，面焊道中为 $HV_{10}300$。

测焊缝硬度值时，通常使用微硬度技术。对于单独的 QC 测试，硬度值不应超过额定值的 10%。如果超过 10%，则需要进行附加测试。如果 QC 测试值或附加测试值超过额定值，焊缝不合格。

如果钢外部纤维变形超过 5%，冷加工可能导致加工硬化和 SSC 风险。如果采用传统制造技术，这不太可能发生，但可能对新的卷筒式铺管船铺管方式有影响。为了克服冷加工导致的加工硬化和 SSC 风险，材料需要通过回火、淬火、正火或 620℃ 以上的去应力退火进行热处理。590℃ 的去应力退火是不够的。微合金钢可能还需要特殊处理。

管线材料本身通常不需要测试。测试仅限于焊件和热后成型的管道部件（热成型弯管）。首先从管子上切取适当的试样，然后向试样施加 90% 屈服应力（SMYS 或实际值），施加应力的方法有很多。测试方法包括：光滑试样的单轴拉伸实验，四点弯曲实验以及应力环腐蚀实验。为了达到筛选的目的，可能采用低应变率测试，对于 25mm 的标距长度，延伸速率为 2.5×10^{-5} mm/s。

测试中的管道样本浸在一种含盐的酸性溶液中，经过反应，硫化氢气体冒出。标准测试溶液在 NACE TM-0177 中有详细规定，它是一种乙酸钠溶液，模拟输气管道系统时应将溶液 pH 值调到 3.5，而模拟输油管道系统时应将溶液 pH 值调到 4.5（或者也可以采用实际的或计算得到的 pH 值）。pH 值误差应该保持在 0.1 以内，而温度保持在 23℃ ±2℃（这是最不容易发生 SSC 的温度）。在较低温度下，脆化的风险缓慢降低，而在较高温度下降低较快。暴露阶段过后，用 50 倍的放大率对试样进行裂纹金相学检测。试样以低应变速率加载到失效，然后对失效表面进行检查，以获得脆性破坏的证据并记录百分率。

7.9.6 氢致开裂（HIC）

氢致开裂（HIC）是一种起泡形式，也被称为氢压致开裂，阶式开裂，楼梯式开裂和科顿开裂［以哈里·科顿（Harry Cotton）命名］。当腐蚀发生时，氢离子被释放在金属表面，形成原子态氢，原子态氢结合形成氢气。硫化铁膜存在时，氢原子结合形成氢气的速率降低，扩散到钢中的原子态氢增加量接近10倍。

在钢中加入锰，从而除去氧气和硫，并提高韧度和强度。尽管做了最大努力，还是有一些硫留在钢中，与锰结合成为硫化锰夹杂物。在铸造钢板过程中，低熔点的硫化锰往往在铸件中间聚集。轧板使钢板中间的夹杂物伸长且变平。通过钢扩散的原子氢被吸收到夹杂物上，并结合形成氢气，在该点它不能逸出，并累积产生足够的压力使钢从内部开裂。氢气泡水平地生长，通过钢的纵向裂缝连通。在低倍显微镜下，起泡—开裂结合在一起，表现为互相连接的阶梯。在高倍显微镜下，在这些阶梯中可以看到金属结构的变形。裂缝可能有几种形式，取决于夹杂物的位置。图7.10表现了典型的形态。

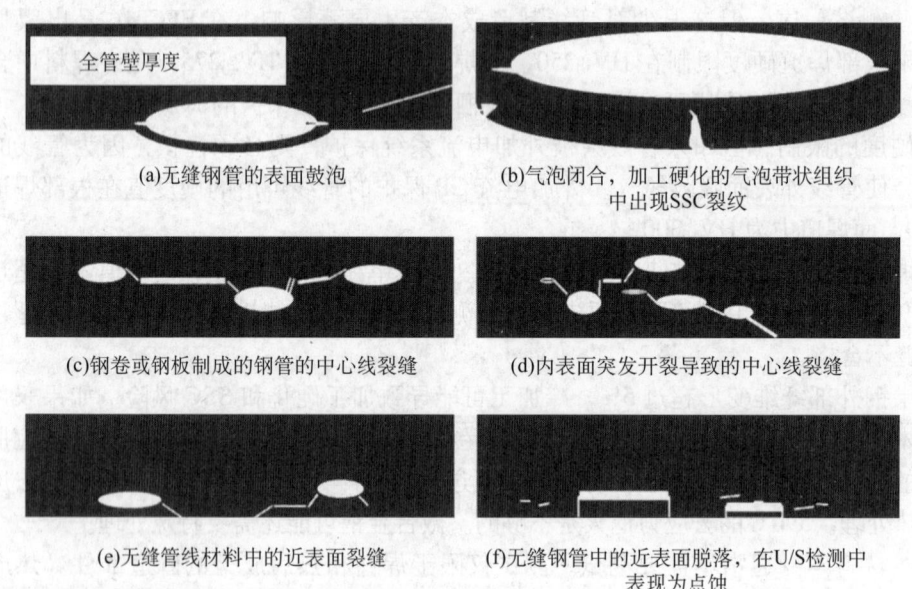

图7.10　氢致开裂形貌

与SSC对比，HIC与钢的金相结构有关，不受应力水平的影响。但如果表面突发的鼓泡使表面带状组织被机械硬化，硬度超过洛克威尔RC 22时，HIC会与SSC相互影响。一旦HIC裂纹或二次SSC裂纹达到气泡内表面，酸性环境可能蔓延到气泡中，导致钢外部的带状组织中的进一步开裂。如果钢对HIC敏感，HIC破坏发生得很快，通常湿酸性气体会在48h内导致大量的裂缝。最初的气泡和裂纹萌生后，腐蚀过程继续发展，但速度降低。

无缝钢管比钢板做成的管子更不易发生HIC，但并不是完全免疫的。夹杂物往往形成于管道内表面上，这会降低管线的完整性，而且会干扰超声波检测和漏磁（MFL）智能清管器检查。大多数公司对钢的硫含量加以限制，来防止无缝钢管的严重HIC，通常是0.01%。为了锻造，应该被限制在最大为0.025%。

0.1psia的硫化氢分压通常被作为一个钢抗HIC所需的最低值。图7.11用图表示了HIC的严重性影响范围，对于输油管线，流体pH > 4.5；对于输气管线，流体pH < 4.5。低pH值下，HIC发生的风险和严重性增加。对于相同的二氧化碳和硫化氢分压，输气管线中的冷凝水通常比输油管线中地层水酸性强，因为地层水中含有盐，盐会调节pH。因此，用

于酸性气体服役的管线材料，通常需要比输油管线材料具有更高抗 HIC 能力。

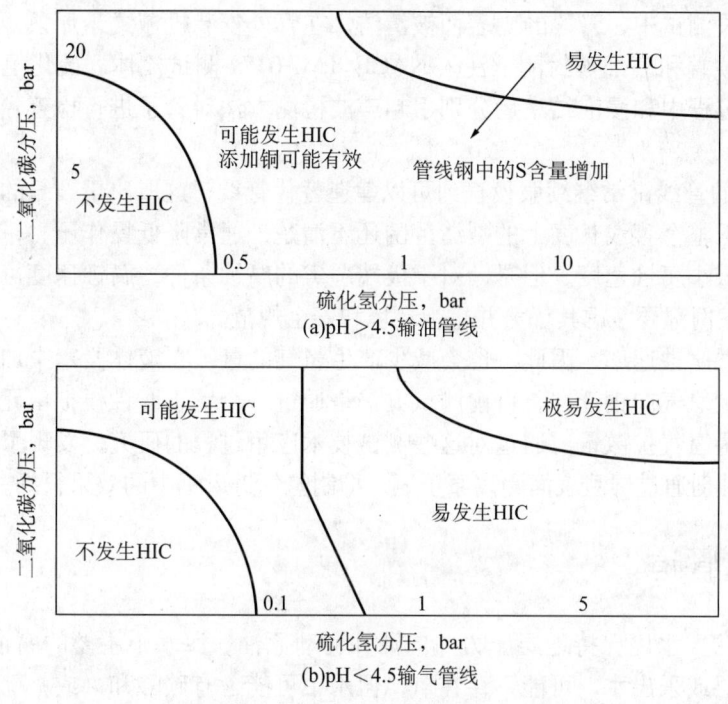

图 7.11　易发生 HIC 的环境条件（图示）

必须改变钢的金相结构，来增加 HIC 稳定性。采取的方法是通过仔细筛选原生矿石和熔化处理，生产硫残余量低的钢。硫化锰夹杂物的形状也会通过二次添加钙而改变，钙与 MnS 结合，导致 MnS 形成球体，而不是盘形。由于硫含量降低可提高抗 HIC 能力，也增加了最终钢板的费用，因此有必要确定一个满足服役需要的适当抗 HIC 水平。使用现有的 NACE 测试方法选钢时需要谨慎，因为这些方法是很保守的。

检测钢 HIC 的标准测试方法在 NACE TM-0284 和 ISO 15156 中有详细说明。测试可以用管子上切下的小试样，也可以用完整的管子环段。有一些测试已经在加压至操作压力下的完整接头上完成了。小试样是从每个连续铸造管段的首尾取得的。来自钢板的试样是在最高和最低浇注温度下得到的。

样本表面被彻底清洁并置于 NACE TM-0177 测试溶液中。pH 变化必须保持在 0.1 个单位之内，而温度保持在 23℃ ±2℃。模拟输油管道时 pH 值设为 4.5，而模拟输气管道时 pH 设为 3.5。H_2S 浓度最低应该是 2300ppm。暴露 96h 后，将试样移除并通过分割和金相学测试对试样进行检查。超声波检查可以用于帮助决定试样的分割点，但这样做不是低裂缝水平评估的好方法。裂缝长度和位置可测量得到，而裂缝长度比率（CLR），裂缝敏感性比率（CSR）和裂缝厚度比率（CTR）的值是计算出的。标准条件，例如 ISO 15156，如下：

$CLR \leqslant 15\%$；

$CTR \leqslant 3\%$；

$CSR \leqslant 1.5\%$。

接近表面的裂缝被忽略。CTR 与试样厚度相关，只能作为比较值使用。

在完整环段测试中，管段的内表面被清洁，在管外安装机械式千斤顶，向管段施加一个应力。管段顶端和底部被封闭，注入 NACE TM-0177 测试流体。硫化氢从试验溶液中冒出。在浸泡过程中和浸泡结束后分别用超声波检测方法对管子进行检查，来评估裂纹的范围。

发生 HIC 的管线常常继续服役直到可以建造替代管线，这取决于裂缝的范围和管线的危险程度。由于整个管线长度上的裂缝范围还不清楚，通常降低操作压力，从而降低腐蚀气体的分压来减小腐蚀速度。但是，对于极端恶劣的腐蚀条件，腐蚀速度可能比想象的要快。对于每个案例都要考虑其优势并重视环境和安全规范。

缓蚀会降低腐蚀速率，因此，也会减少产生氢气的量。在液体段塞中加入缓蚀剂已经成功地显著减少氢气向钢迁移。目前测试方法是通过一个置于腐蚀模拟单元和测量单元之间的钢膜来测量氢气扩散量。通过对这些测试技术应用过程的研究，发现了一系列新的缓蚀剂。这些缓蚀剂通过屏蔽表面隔离原子氢，抑制氢气进入钢中的效果很好。

7.10 注水管道

在油藏中注入水以保持地层压力并向油井驱动原油。海水中主要的腐蚀剂是溶解氧。如果使用蓄水层或采出水，可能不存在氧，但水中可能含有碳酸和（或）硫化氢。它们的影响在本章的第 7.3 节和第 7.9 节进行了讨论。

海水去氧后注入管道，可以减少对管线和注水管的腐蚀。钢的腐蚀产物很多，可能堵塞注水井。氧是通过气提除去的，如果油田气体不足，则用机械除气。气提，使水与气反向流动，是除氧的一种有效方法，但如果吸收了二氧化碳，可能导致水酸化。机械除气是使水渗透通过分配塔，利用通过分配塔的水上方的真空，将水中的空气抽出来，有时也利用水的剧烈搅动抽出空气。机械除气没有气提有效，可能需要用氧气清除剂（亚硫酸氢钠、亚硫酸氢铵或二氧化硫）进行补充化学处理。两种脱氧工艺都使水易受 SRB 生长的影响。

用氯气处理海水，来防止进气管道系统中海洋生物的生长，并氧化溶解有机物质。进入管线的残余氯气浓度必须小心控制，因为它是有效氧化剂，会导致腐蚀；4 个氯气分子相当于一个氧气分子。残余氯气会增加氧化剂含量，导致腐蚀。用等效氧气浓度，按如下公式计算出钢的腐蚀速率：

$$CR_{ox} = 5.65 \times 10^{-4} \frac{C_0 u_0}{Re^{0.125} Pr^{0.75}} \tag{7.28}$$

式中　CR_{ox}——碳钢的腐蚀率，mm/a；

　　　C_0——氧气浓度，ppb；

　　　u_0——流速，m/s；

　　　Re——雷诺数，$Re=\rho u D/\mu$（见第 9 章）；

　　　Pr——普朗特常数，海水的 Pr 值见表 7.5。

表 7.5　海水注入管线腐蚀速率计算中的普朗特数

温度，℃	Pr	$Pr^{0.75}$
0	1313	218
10	875	161
20	600	121
30	410	91
40	296	71
50	213	58
60	160	45
70	117	36
80	91	29
90	69	34
100	55	20
111	41	16
120	33	14

注水管线中的腐蚀速率相当高，因此大多数都采用厚壁管子。主要的腐蚀发生在从始端到氧耗尽处的几千米长管子中，注水管线再远端中的主要腐蚀形式就是微生物腐蚀。对付 SRB，氯气不是很有效，需要有机灭微生物剂来应对。

7.11　腐蚀抑制

腐蚀可以通过添加腐蚀抑制剂来显著降低。通过抑制剂减小腐蚀速率，对于输气管线通常是 75%～85%，对于输油管线通常是 85%～95%。运用 de Waard 和 Milliams 的公式计算出的腐蚀速率乘以 0.25～0.15 或 0.15～0.05，得到被抑制的腐蚀速率。这些值都是有效值，预计抑制剂在实际使用时最低发挥实验测得效率的 95%。腐蚀裕量是被抑制的腐蚀速率乘以设计使用年限得到的。抑制剂效率计算如下：

$$腐蚀抑制剂效率 = \frac{无抑制剂的腐蚀速率 - 有腐蚀抑制剂的腐蚀速率}{无腐蚀抑制剂的腐蚀速率} \times 100 \quad (7.29)$$

另一种评估抑制效果的方法是假设高质量抑制可以将腐蚀降低到 0.1～0.2mm/a。不能提供良好的抑制导致发生未抑制速率下的腐蚀。年腐蚀速率是基于下面的公式，该公式假设抑制的腐蚀速率为 0.1mm/a，可利用率用 A（受抑制的注水系统正常运行的时间，表示成总时间的分数形式）表示：

$$腐蚀速度 = 0.1A + (1-A)(未抑制的腐蚀速率) \quad (7.30)$$

腐蚀裕量是腐蚀速率与设计使用年限相乘得到的。使用这种方法时需要谨慎。可利用率通常不超过95%，这与抑制注入系统每年18天的故障时间有关。有可能会设计出具有100%冗余的抑制剂注入系统，这样可利用率就可以超过95%。其他需要注意的因素有：高温操作，在不能进行抑制剂注入设备定期维护的边远地区运行，以及剪切力接近抑制剂耐受力处的高流速。如果已知腐蚀抑制剂的效率和注入方法，通常可以合理估算腐蚀裕量。

抑制剂的效率明显受到管子的清洁度的影响。含碎屑（锈、轧屑和油品中的固体）较多的管子抑制剂保护难度更大，因为化学物质被吸附在碎屑表面。酸性系统中会有一个特有的问题，即系统中产生大量细碎的硫化铁。在硫化铁浓度约为100ppm时，腐蚀膜性质发生改变，从以碳酸铁为主变为以硫化铁为主。酸性系统的抑制剂通常含有咪唑啉。

抑制剂也对流速和流态敏感。在低流速或停滞条件下，抑制剂效率降低。在很高流速的环境下，抑制剂效率也受到影响：抑制剂膜被流动造成的剪切力从金属表面剥离。没有标准的流速，对于很多气相抑制剂，流速应被限制在17～20m/s之间，而对于原油抑制剂，流速约为5m/s，因此候选抑制剂必须经过测试。临界管壁剪切应力被规定为20Pa，这可以通过压力降计算出来。见第9章中的式（9.4）和式（9.12）。对于持久存在分层水层的情况，选用的抑制剂通常是可分散于油而可溶于水的，这样抑制剂会优先进入水相。当不存在水层时，可以使用更有效的油溶—水分散性抑制剂或油溶性抑制剂，前提是确定油相会不断润湿管线壁，以保证金属表面被有效抑制。

段塞流（在第9章中描述）降低腐蚀抑制剂的效率，因为段塞引起的高剪切力将抑制剂膜从管壁上移除。有运营商把与段塞频率成正比的抑制剂效率分段，假定在没有段塞的阶段抑制剂效率为90%，段塞阶段抑制剂效率为0。

标准的腐蚀抑制剂浓度（基于流体总量）与腐蚀抑制剂添加方式有关，连续添加适用的标准浓度为5～50ppm，分批添加适用的标准浓度不高于250ppm。气体抑制剂剂量率为$0.25～0.75L/10^6ft^3$气体。抑制剂的效率明显受到浓度的影响，因此，注入剂量率必须根据管线中的流体流速而定。通常喷射泵被设定在一个平均值，只有运行条件改变时才改变设定值。

抑制剂通过竖管注入一条输油管线流体中。在输气管线中，向流体中加入抑制剂的方法需要慎重选择。大多数抑制剂必须经过稀释然后通过喷头注入。对于热气管线，抑制剂剂型需要特别注意，因为稀释液流体可能被闪蒸，抑制剂像类似柏油的黏性物质一样留在管壁上。抑制剂注入管线和喷头需通过常规的2in通道装置进出管道，该装置带有一条侧向置入管。较新型的装置含有一个内置的止回阀，该止回阀可以被装入常用的2in装置中。

需要有一个腐蚀监视程序来保证抑制系统发挥足够的功用。程序应该包含对产出流体的定期分析（比如成分、铁含量、残余抑制剂）、腐蚀监视（例如失重试片和电阻）以及使用超声波检查或智能清管器定期检修。分析和检测的频率是由查明的腐蚀风险和测得的腐蚀速率决定的，腐蚀速率是需反馈到腐蚀风险评估中的数据。

7.12 微生物腐蚀

7.12.1 细菌的生长和活动

微生物腐蚀是由管线中硫酸盐还原细菌（SRB）的活动和生长导致的。在原油管线中，分层的水层里SRB很活跃，主要在6点钟位置引起局部的重叠点蚀。在注水管线中，SRB菌落围绕管线分布范围较广，但腐蚀最严重的是底部的30°区域。在严重情况下，点蚀可能连接起来沿管线底部形成粗糙的连续腐蚀通道。因此，可能因为穿孔或爆裂导致出现完整性缺失。SRB活动产生的硫化物和它们的点蚀速率与酸性流体中形成的硫化物类似（见第7.9节）。成品油管线中SRB活动和生长的风险可以用表7.6中给出的参数中评估。

表7.6 硫酸盐还原细菌的生长限制

参 数	临界值
水的盐度，%	> 15
碳源	不存在
硫酸盐，ppm	< 50
pH 值	< 5 或 > 9.5
温度，℃	> 45
硫化氢，ppm	> 300

SRB可能与其他许多不同的细菌联合生长。SRB通常在成熟的菌落中占支配作用，因为它们产生的硫化物溶解后对其他细菌是有毒的。脂肪酸是SRB的食物来源，通常出现在地层水中，浓度范围从几百到10000ppm。SRB将这些酸氧化，形成二氧化碳、水和被还原的酸：

$$x \cdot C_nH_mCOOH + y \cdot SO_4 = a \cdot CO_2 + b \cdot H_2O + x \cdot C_{n-2}H_{m-2b}COOH + y \cdot S \quad (7.31)$$

相对于有氧呼吸，用硫酸盐氧化有机材料不是高产能过程。细菌必须处理大量的有机材料和硫酸盐才能为生长和繁殖获得足够的能量。由于硫酸盐还原过程的反向能量梯度，细菌具有进化了的控制系统，能防止硫酸盐遇氧还原。因此，SRB只在无氧条件下生长，但是氧气不会杀死它们而仅仅使它们失去活性。

在活性生长过程中，细菌产生很多硫。但是，在管道中，细菌的生长和活动随着它们对局部有利条件的利用呈间歇性，因为细菌只能利用有利的局部条件。硫化物对SRB本身是有毒的，在水中SRB能承受的硫化物浓度有一个上限。pH为中性时，上限是300ppm。

细菌也能用氢分子作为能量来源，用氢将硫酸盐还原成硫化物和水。主要的腐蚀剂是硫化物，但是通过利用吸附在硫化铁上的氢，细菌使硫化物活化，并加强正常硫化物腐蚀过程。图7.12展示了微生物腐蚀过程。

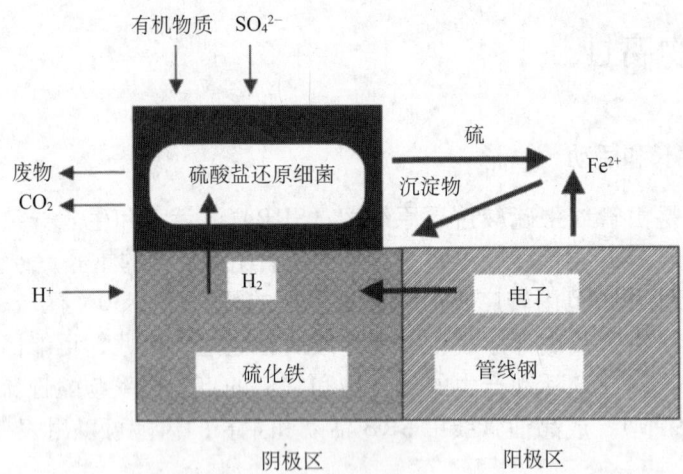

图 7.12 硫酸盐还原细菌的腐蚀机理

这种机制产生的固体硫化物充当扩大的阴极。微生物腐蚀速率往往随时间加快,因为固体硫化物会累积。通常腐蚀速率是有上限的,与微生物在固体硫化物中的扩散速度有关,腐蚀速率往往在达到某个值后保持恒定。腐蚀坑深度与时间的 n 次幂成正比,指数 n 介于 0.9 和 1 之间(氧腐蚀的 n 值为 0.5)。

7.12.2 油藏发酸

油藏发酸会发生在采用海水喷射提高原油采收率的甜性系统中。油藏中的细菌生长导致采出气变酸,这可能足以把甜性生产系统变成酸性系统。硫化氢浓度从最初的 1~2ppm 增加到 10000ppm 的案例已经有记录。这是因为在分离器中,采出水里的大多数硫化氢挥发到采出气中,导致硫化氢气体大幅增加。虽然水中的硫化物浓度可能约为 30ppm,但随着采出水的增加和采出气的减少,气体中的硫化氢浓度会成倍增加。

7.12.3 细菌计数

细菌计数的快速枚举技术已经很成熟,但仍需要加强。确切地说,就是通过过滤大量的水将细菌集中。传统技术仍然被广泛应用。管线内流体中的细菌可以通过对培养介质的连续稀释或深层琼脂培养的方法计数。琼脂技术可用于小种群计数,但可能需要借助过滤技术(见 NACE TM-0173)将细菌集中。用到的连续稀释方法和介质在 NACE TM-0194 和 API RP 38 中都有所描述,但后者不完全适用于近海环境。每等份 1mL 的水样本注入一个装有 9mL 生长介质的小瓶。摇晃小瓶使细菌分散开,然后用一个新的无菌注射器从小瓶中取出一个 1mL 的等份,这个等份被注入另一个盛有 9mL 生长介质的小瓶。这个过程被重复达到 6 次。在所有稀释系列瓶被接种之后,被放入一个温暖黑暗的地方培养,每天检查它们的生长环境。生长介质中含有溶解的亚铁,当大量 SRB 生长时,小瓶变黑。在深层琼脂技术中,1mL 样本分散到液体琼脂基底的介质中,然后降温。每一个细菌产生一个菌落,使局部介质变黑。

经过一个固定的时间(通常 10 天)后,测试就完成了。细菌原始数目通过从最后变黑的小瓶倒推来估算。每次稀释代表原始样本被稀释 10 倍，如果最初的 4 个小瓶变黑，但第 5 和第 6 个小瓶没变黑，第 4 个小瓶中至少已经有一个细菌，因此最初的水样品含有至少 10^4 个细菌。如果实验一式三份完成，可以用统计方法估算原始水样品中的细菌最可能数（MPN）。采用琼脂技术时，记录黑点的数目，也就是直接估算每毫升样本中细菌的数目。

7.12.4 措施

如果细菌数目较高或被发现随时间增加，可以用一段抗微生物剂段塞处理管子。细菌不能立刻被杀死，必须在抗微生物剂中暴露一个使抗微生物剂发挥作用的最短时间。需要的时间取决于抗微生物剂的浓度。保证段塞足够长以及抗微生物剂浓度足够大对治理效果很重要。

很多抗微生物剂是强酸性的，会影响金属表面的腐蚀抑制剂膜。按剂量加抗微生物剂后，可能有必要通过在段塞中按剂量加入抑制剂恢复抑制剂膜，或在抗微生物剂处理后 24h 内将抑制剂加药率提高 3 倍。

参 考 文 献

1 McMahon, A. J., and Paisley, D.M.E. (1996, November). Corrosion Prediction Modelling. *BP Guidelines.* Report Number ESR 96.ER.066.

2 ASTM G46：Examination and Evaluation of Pitting Corrosion.

3 De Waard, C., and Milliams, D.E. (1975). Carbonic Acid Corrosion of Steel. *Corrosion 31*, 131.

4 De Waard, C., Milliams, D.E., and Lotz, U. (1991). Predictive Model for CO_2 Corrosion Engineering in Wet Natural Gas Pipelines, Paper 577. *Corrosion 91*. Cincinnati, OH：NACE.

5 De Waard, C., and Lotz, U. (1993). Prediction of CO_2 Corrosion of Carbon Steel, Paper 14. Corrosion 93. Houston, TX：NACE.

6 De Waard, C., Lotz, U., and Dugstad, A., (1995). Influence of Liquid Flow Velocity on CO_2 Corrosion：A Semi-Empirical Model. Paper 128, *Corrosion 95*. Orlando, FL：NACE.

7 Newton, R.H. (1935). Activity Coefficients of Gases. *Industrial and Engineering Chemistry*, March：302-306.

8 Videm, K., and Dugstad, A. (1987). Effect of Flowrate, pH, Fe^{2+} Concentration and Steel Quality on the CO_2 Corrosion of Carbon Steels. Paper 42, *Corrosion 87*. Houston, TX：NACE.

9 Dugstad, A. (1992). The Importance of $FeCO_3$ Supersaturation on the CO_2 Corrosion of Carbon Steel. Paper 14, *Corrosion 92*. Houston, TX：NACE.

10 Bonis, M.R., and Crolet, J.L. (1989). Basics of the Prediction of the Risks of CO_2 Corrosion in Oil and Gas Wells. Paper 466, *Corrosion 88*. New Orleans, LA：NACE.

11 Gunaltun, Y. (1991). *Carbon Dioxide Corrosion in Oil Wells*. Paper 21330. Joint SPE-BSE Conference. Bahrain：SPE.

12　Jones, L.W. (1988). Corrosion and Water Technology, *OGCI*, 14−15.
13　Crolet, J.L., (1982). Acid Corrosion in Wells (CO_2, H_2S): Metallurgical Aspects. *SPE 10045*, March. Beijing, China.
14　Schmitt, G., 1983, Fundamental Aspects of CO_2 Corrosion. Paper 43, *Corrosion 83*. Houston, TX: NACE.
15　Hausler, R.H., & Goddard, H.P (Eds.). (1984). *Corrosion in the Oil and Gas Industry*. Houston, TX: NACE.
16　Oddo, J.E., and Tomson, M.B. (1983). Simplified Calculation of pH and $CaCO_3$ Saturation at High Temperatures and Pressures in Brine Solutions. *Journal of Petroleum Technology*, 34, 1583−1590.
17　Wicks, M., and Fraser, J.P. (1975). Entrainment of Water by Flowing Oil. *Materials Performance*, May, 9−12.
18　Burke, Pat A., Asphahani, A.I., & Wright, B.S. (Eds.). (1985). *Advances in CO_2 Corrosion*, *Vol 2*. Houston, TX: NACE.
19　Eriksrud, E., and Sentvedt, T. (1983). Effect of Flow on CO_2 Corrosion Rates in Real and Synthetic Formation Waters. *Proceedings of the Advances in CO_2 Corrosion 1*, *Symposium on CO_2, Corrosion 83*. Houston, TX.
20　API RP 14E: Recommended Practice for Design and Installation of Offshore Production Platform Pipeline Systems.
21　Wicks and Fraser, Entrainment of Water, 9−12.
22　Jepson, W.P. (1996). Study Looks at Corrosion in Hilly Terrain Pipe Lines, *Pipeline and Gas Industry*, 8, 27−32.
23　Vedapuri, D. (1997). *Studies on Oil-Water Flow in Inclined Systems*. Report Section 9, University of Ohio Multiphase Flow and Corrosion Project.
24　Jepson, Study Looks at Corrosion, 27−32.
25　Thomas, M.J.J.S., and Herbert, P.B. (1995). CO_2 Corrosion in Gas Production Wells: Correlation of Prediction and Field Experience. Paper 121, *Corrosion 95*. Orlando, FL: NACE.
26　Jepson, Study Looks at Corrosion, 27−32.
27　Salama, M.M., and Venkatesh, E.S. (1983). OTC 4485: Evaluation of API RP14E Erosion Velocity Limitations for Offshore Gas Wells. *Proceedings of the Offshore Technology Conference*.
28　Shadley, J.R., Shirazi, S. A., Dayalan, E., Ismail, M., and Rybicki, E.F. (1996). Erosion Corrosion of a Carbon Steel Elbow in a Carbon Dioxide Environment, *Corrosion*, September, 714−723.
29　Shirazi, S.A., McLaury, B.S., Shadley, J.R., and Rybicki, E.F. (1994, September). SPE 28518: Generalisation of the API RP14E Guideline for Erosive Services, New Orleans, LA.
30　Van Gelder, K. (1989). Inhibition of CO_2 Corrosion in Wet-Gas Lines by Continuous

Injection of a Glycol-soluble Inhibitor. *Materials Performance*, July, 50–55.

31 Nyborg, R. (2003). Corrosion Control in Oil and Gas Pipelines, Technology Overview: Pipelines. *The Oil and Gas Review 2003*, 2, 78–82.

32 Kane, R.D. (1985). Roles of H_2S in Behavior of Engineering Alloys. *International Metals Review*, 30, 291–301.

33 King, R.A. (1992, November). Sour Service: A Review of the Chemical and Electrochemical Behavior of Sulphides. *Proceedings of Environmental Management and Maintenance of Hydrocarbon Storage Tanks, BSI Conference*, London.

34 Horner, R.A. (1996). The Technical Integrity Management of Sour Service Ageing Facilities. *Proceedings of the UK Corrosion Conference*, London.

35 Costello, J.A. (1974). Cathodic Depolarisation by Sulphate-Reducing Bacteria. *South African Journal of Science*, 70, 202–204.

36 Kane, R.D., and Schofield, D.J. (1992). Development and Application of NACE Standard MR0175 for Selection of Materials for Sour Oil and Gas Service. *Proceedings of the Conference on Redefining International Standards and Practices in the Oil and Gas Industry, IIR*, London.

37 Warren, D. (1987). Hydrogen Effects on Steel. *Materials Performance*, 26, 38–47.

38 NACE MR-0175: Sulfide Stress Cracking Resistant Metallic Materials for Oil Field Equipment.

39 ISO 15156: Guidelines on Materials Requirements for Carbon and Low Alloy Steels for Hydrogen Sulphide Containing Environments in Oil and Gas Production.

40 Bruno, T.V. (Chair, SSC Resistance of Pipeline Welds). (1993). *Report of NACE Task Group T-1F-23. Materials Performance*, January, 58–64.

41 ASTM G30: Making and Using U-Bend Stress Corrosion Cracking Specimens.

42 NACE TM-0177: Testing of Metals for Resistance to Sulfide Stress Cracking at Ambient Temperatures.

43 Kushida, T.T., Kudo, Tamato, I., Kobayashi, T., and Sakaguchi. I. (1995). Evaluation of Line Pipe for Sour Service by Full Ring Test. *Proceedings of the 7th NACE-BSE Conference*, Bahrain.

44 Cornelius, O.E., and Borouky, F. (2000). Optimisation of Carbon Steels for Sour Service, *ADIPEC 0961*, October, Abu Dhabi.

45 NACE TM-0284: Evaluation of Pipeline Steels for Resistance to Stepwise Cracking.

46 Matsumoto, K., Kobayashi, Y., Ume, K., Murakami, K., Taira, K., and Arikata, K. (1986). Hydrogen Induced Cracking Susceptibility of High-Strength Line Pipe Steels. *Corrosion*, 42 (3), 337–348.

47 NACE RP-0475: Selection of Metallic Materials to be Used in All Phases of Water Handling for Injection Into Oil Bearing Formations.

48 NACE TM-0173: Methods for Determining Water Quality for Subsurface Injection Using

Membrane Filters.
49 Oldfield, J. (1982). Corrosion of Steel in Water for Injection. *Proceedings of the 1st NACE-BSE Corrosion Conference*, Bahrain.
50 NACE RP−0175: Control of Internal Corrosion in Steel Pipelines and Piping Systems.
51 Prodger, E.M. (1992). An Overview of the Selection Procedures Employed for Oilfield Chemicals. *Proceedings of the Conference on Redefining International Standards and Practices in the Oil and Gas Industry*, IIR, London.
52 Harrop, D. (1992). Inhibitor Test Methodologies. *Proceedings of the Conference on Redefining International Standards and Practices in the Oil and Gas Industry*, IIR, London.
53 NACE TPC 3. (1976). The Role of Bacteria in the Corrosion of Oilfield Equipment.
54 King, R.A., and Miller, J.D.A. (1971). Corrosion by the Sulphate-Reducing Bacteria. *Nature*, 5320 (233), 491−492.
55 Tatnall, R.E., Stanton, K.M., and Ebersole, R.C. (1988). Testing for the Presence of Sulfate-Reducing Bacteria. *Materials Performance*, August, 71−80.
56 NACE TM−0194: Review of Current Practices for Monitoring Bacterial Growth in Oilfield Systems.

第8章 外腐蚀、防腐层、阴极保护以及混凝土防护层

8.1 外腐蚀

8.1.1 腐蚀机理

腐蚀是同一金属表面上的两种独立化学反应的结果：（1）在阳极区域发生金属流失并产生电子；（2）阳极产生的电子在阴极区域发生反应。管道外表面的总腐蚀速率取决于阳极和阴极的面积比率，以及阴极反应物的浓度，而且，在一定程度上还受当地环境电阻率的影响，电阻率决定了离子在阴极与阳极之间的运动速度。腐蚀的过程其实是管道中的铁在阳极区以正电荷离子的形式溶解到海水中或者海床沉积物中的过程。这些亚铁离子经过反应形成氧化物或者氢氧化物，如果海水富含氧气，有的铁离子则会生成三价铁盐。存在于金属表面的电子通过阴极的化学反应不断消耗而导致腐蚀的持续进行。典型的阴极反应是氢的氧化和氧的还原。因为海水的pH值一般在8.2以上，在海水中，主要的阴极反应是氧的还原。腐蚀的化学反应式如下：

$$Fe \longrightarrow Fe^{2+} + 2e \quad \text{阳极反应} \tag{8.1}$$

$$O_2 + 4H_2O + 4e \longrightarrow 4(OH)^- \quad \text{阴极反应} \tag{8.2}$$

总反应式为：

$$2Fe + O_2 + 2H_2O \longrightarrow 2Fe(OH)_2 \tag{8.3}$$

这个式子过于简化了腐蚀反应的过程，因为目前为止我们还不清楚哪一步反应先发生：可能是铁先溶解，也可能是先发生电子转移，然后通过铁溶解来补充电子。铁的氢氧化物并不是总在管道的表面形成，而且可能与海水中的氧形成一系列的氧化铁和氢氧化铁。在发生腐蚀的管道观察到的氧化物为黑色的磁铁矿（Fe_2O_3），白绿色纤铁矿[$Fe(OH)_2$]以及棕红色的二价铁和三价铁的混合物。

金属表面氧的含量越高，腐蚀的潜在速率也越高。与裸露的金属管道接触的氧随着温度的下降或流经管道表面的流体流量增加而增加。管道在高流速的低温海水中，存在着最大的腐蚀风险。表8.1给出了在一定温度范围内钢在海水中的理论腐蚀速率，而这些数据与堆放的钢板的实际腐蚀速率很接近。

表 8.1 海水中钢的电势腐蚀速率

海水速度 m/s	电势腐蚀速率，mm/a				
	氧浓度，ppm				
	6	7	8	9	10
0	0.08	0.90	0.11	0.12	0.13

续表

海水速度 m/s	电势腐蚀速率, mm/a				
	氧浓度, ppm				
	6	7	8	9	10
0.3	0.09	0.11	0.12	0.14	0.15
0.6	0.10	0.12	0.14	0.16	0.17
1	0.12	0.14	0.16	0.18	0.20
2	0.16	0.19	0.21	0.24	0.27

8.1.2 厌氧腐蚀

第 8.1.1 节说明埋设在海床沉积物中的管道被腐蚀的几率很小，因为海水中的含氧量低。通常上述情况是真实的，但当沉积物中含有大量有机物和硫化细菌（SRB）时，情况就不同了。最常见的有机沉积物出现在沿海的灌木丛、红树林沼泽以及一些河流三角洲的淤泥中，淤泥区域也会出现在深水处。有机沉淀物包括高浓度有机酸，这种酸能在管道附近离解（能够溶解管道钢），产生氢离子，氢离子又充当阴极的反应物，从而中和电子形成氢气。反应式如下：

$$C_nH_mCOOH \longrightarrow C_nH_mCOO^- + H^+ \tag{8.4}$$

$$2H^+ + 2 \text{ 个电子} \longrightarrow H_2 \tag{8.5}$$

这些沉积物质还可能激发并促使 SRB 的活动。SRB 引起的腐蚀，已经在第 7.12 节中进行了详细介绍。

SRB 用有机酸作为食物来源并利用硫酸根中的氧进行氧化作用。氧化过程中获得的能量是十分微小的，因此 SRB 必须处理大量的有机物质以获得足够的能量来进行活动和生长。毫无疑问，它们会产生大量的硫，这个反应过程如下：

$$\text{有机酸} + SO_4^{2-} \longrightarrow CO_2 + \text{醋酸} + S^{2-} \tag{8.6}$$

硫化物可能会以 S^{2-} 或者 HS^- 的形式存在，而后者最有可能存在于 pH 值水平与海水类似的环境中。硫化物与管道钢反应，从而会在管道表面生成一层亚稳态硫化亚铁膜。起初，这层硫化亚铁膜会减少管道腐蚀，但是随着时间的推移，它们便失去了保护的作用，在这层膜破损的地方便发生了严重的局部腐蚀。掩埋于 SRB 活性沉积物中的管道腐蚀速率比高含氧海水中的管道腐蚀速率要小，但是它的危害也足以在五六年的时间内造成管道穿孔。

8.1.3 环境因素的影响

涂层脱落的评估和阴极保护的设计，都需要获得海床沉积物具体情况的信息。对沉积物腐蚀性的估计是很困难的，但还是有粗略的法则来说明沉积物的特征。一些关于土壤参数的研究指出，应该用电阻率、氧化还原反应电势以及沉积物的含盐度来预测沉积物的腐蚀性。

海床沉积物电阻率测量的主要方法是：将 4 根串联的钢电极插入沉积物，并在两端的电极上通入交流电压，计算中间两根电极上的电压降。沉积物电阻率的范围很大，一般从 $0.25\Omega \cdot m$ 到 $25\Omega \cdot m$。即使名义上相同的沉积物，其电阻率也呈现正态分布，这导致阴极保护系统中的单个牺牲阳极上载荷不均匀。此外，管道防腐层的不同区域受破坏程度也不同，因此，需要将阳极上的载荷平均分配，各阳极之间的距离为 12～15 个接头（150～200m）。

氧化还原反应电势反映了还原反应发生条件和氧化反应发生条件之间的平衡关系。一个较高的正电势表示环境是氧化性的，而负的或者相对较低的电势则反映出环境是还原性的。典型的氧化环境是：电势为 +300mV 的充气水或者沉积物。从氧化还原反应电势也可以看出沉积物是否适合 SRB 细菌的生长。低于 +100mV 的相对低的正电势，有助于有高危害的微生物的活动。氧化还原反应电势的测量方法是将装有白金尖端的测试桩插入到沉积物中，插入深度是管道即将被埋设的深度或者插入刚刚在管道埋深深度中取出的回填土中。白金测试桩的电势可以与参比电极对比测出。取出沉积物的样本，测其 pH 值。给定氧化还原电位，即可将测得的电势转化为 pH 值为 7 时的基础电势值。

环境中的盐浓度和局部温度对沉积物的电阻率和 pH 值有影响，还会影响到环境的电腐蚀和防腐层的降解行为。与海水环境相比，含有极高浓度氯气或低浓度硫的环境中更容易发生腐蚀，因为在这种环境中，铁的腐蚀产物更易溶解。SRB 的活性会随着盐度和温度的变化而变化。较浅的近海水域、河口地区以及里海都会有盐度变化，近海地区在气候炎热的季节发生盐度变化（例如，阿拉伯海湾的东南部），河口地区海水会被河水稀释而发生盐度变化。

8.2 外涂层

8.2.1 简介

氧化腐蚀，有机酸的侵袭以及微生物腐蚀都可以靠外涂层和阴极保护的联合应用来阻止。

尽管对不加防腐层的裸露管道只应用阴极保护也是行得通的，但成本极高。而通过外涂层对管道进行保护，并以阴极保护弥补外涂层的缺陷、破损、老化等问题，可以显著降低成本。这种保护策略在早期的管道工程中已有应用，而且采用了改质沥青保护涂层和沥青基涂料。然而从长远来看，这些外涂层的防护效果并不理想，因此被防腐带取代，防腐带是为陆地管道研发的，可以在管道即将入沟前敷于管沟内。

不久人们就发现了防腐带涂层系统有很多严重的弊端。在管道穿越河流的情况下需使用防腐带，但是几乎所有的水下管道都使用工厂预涂的连续外涂层。到目前为止，管道的外涂层系统不断被改进，现代的防腐层已经相当精细。

管道外涂层的目的是使管道钢与土壤或海水隔离开，使阳极区域和阴极区域间有高阻抗，从而防止管道腐蚀的发生。为了实现上述的功能，涂层必须具有多种性质，例如：

(1) 对水和盐分的低渗透率；
(2) 对氧气的低渗透率；
(3) 与管道钢良好黏着；

（4）足够的热稳定性；
（5）使用方便，便于施工；
（6）合理的单位价格（因为一般管线都需要大量涂料）；
（7）具有足够的韧性，能够承受施工中埋设、卷曲和拖拽产生的应变；
（8）能够抵抗生物的降解；
（9）破损区域修补容易；
（10）使用和处理时无毒、环保、安全；
（11）储存期间的紫外线（UV）稳定性；
（12）防止阴极剥离。

这些大部分都是基本要求。在下面的章节中，我们将要详细地讨论这些问题。

海底管道没有采用防腐带和溶剂型外涂层，相对于陆地管道，更适用于海底管道的外涂层系统很少。主要的涂层按照成本排序如下：

（1）沥青；
（2）煤焦油磁漆；
（3）熔结环氧树脂（FBE）；
（4）纵包聚乙烯（PE）；
（5）挤塑热塑性 PE 和聚丙烯（PP）；
（6）合成橡胶涂料：聚氯丁烯和乙烯丙烯二胺（EPDM）。

8.2.2 沥青和煤焦油磁漆

沥青和煤焦油磁漆（CTE）涂层是以熔融物的形式涂敷于转动的管段上的。它们的厚度通常为 5~6mm，对管道钢的附着力较差，不能很好地与管道的外表面成为整体。为了确保其黏合性，在管道外壁清理的过程中，应保证管道表面有足够的粗糙度。涂抹涂料时，在涂料中加一层或者双层玻璃纤维层，对涂料进行加强，就能保证防腐层和管道之间具有较高的黏合力。图 8.1 是这个过程的原理图。另外一种方法是将熔融涂料涂敷到有底漆的

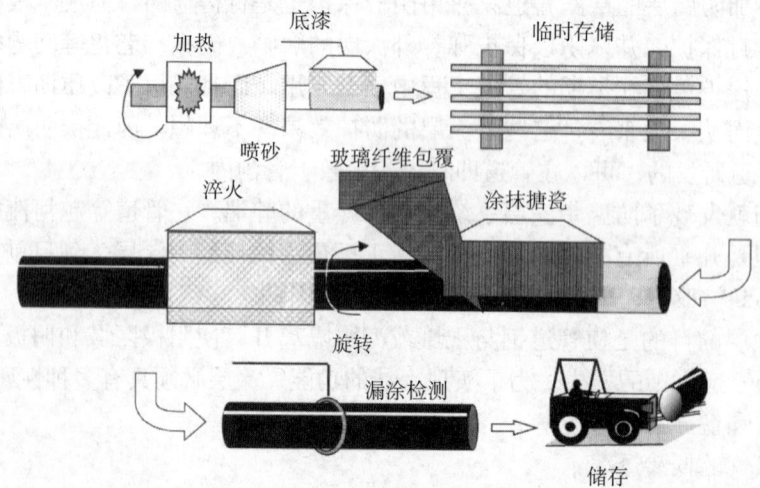

图 8.1　外涂层涂敷过程原理示意图

管道外表面，然后在外层缠绕进行加固。

沥青和CTE防腐层在涂抹到管道外壁的过程中，不可避免地产生重量不均匀的问题，会影响到管道的机械保护。沥青和CTE防护层是最经济可行的连续保护管道的方式。沥青搪瓷能够承受的温度为65～75℃，CTE能够承受的温度为70～80℃，但仍需检验材料的质量指标。而一些具有特殊结构的沥青质能承受更高的温度。

8.2.3 聚乙烯涂层

应用于管道的防腐的中等密度的聚乙烯涂层（MDPE）开发于20世纪70年代末，已经被德国和日本的生产商采用。聚乙烯涂层的厚度适中，一般为3～4mm。高密度的聚乙烯涂层（HDPE）有很高的机械强度，也用于1.5～2.5mm厚的薄涂层。对于这两种材料的涂层的加工程序是这样的，首先将环氧底漆涂在管道的外壁上，然后再涂上非晶态的环氧乙烯，最后像卷烟卷一样把一层或者两层环氧乙烯层卷到管道上。这种防护层是由3层涂层构成的，3层PE或者3层LPE。环氧底漆是非常薄的一层，一般厚度为75μm，所以并不能完全盖住管道表面。聚乙烯有很高的电阻率，很低的吸水率以及很长的使用寿命。

聚乙烯涂层能够承受的温度上限为65℃，它反映了黏合剂的耐受性。从材料学的角度看来，现在主要担心的问题是由于鼓泡和聚乙烯电阻率高，会导致阴极保护电流流通不足，引起防护层下的腐蚀问题。聚乙烯涂层外可以覆盖混凝土配重层，涂于卷管时也可以不覆盖常规的混凝土层。聚乙烯涂层是光滑的，如果外部加混凝土配重层，通常使用防滑带来减少聚乙烯涂层与混凝土层之间的相对滑动。防滑带为1m长的含沙喷涂材料，位于每个管段的两端。

8.2.4 热塑性挤塑涂层

热塑性挤塑涂层主要是聚乙烯或者聚丙烯涂层。聚乙烯涂层的厚度变化范围为1.5～4mm，这主要取决于其密度。管道表面上涂有环氧底漆涂层，这是通过在加热管道上采用喷涂或是熔焊的方法实现的。然后向底漆上挤压黏合剂，接着是熔融的热塑性保护层。环氧底漆是一个很薄的，厚度只有75μm的涂层。热塑性涂层的涂敷过程如图8.2所示。

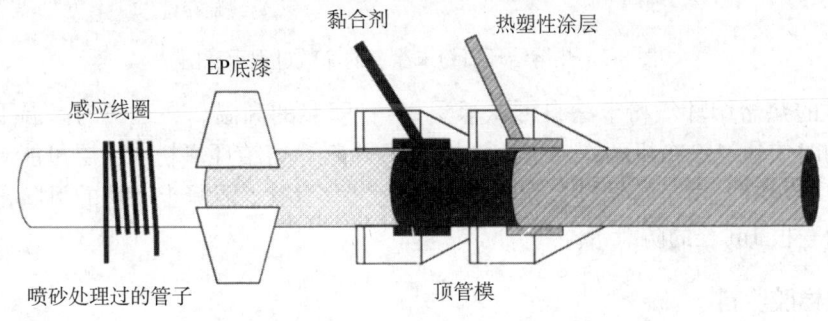

图 8.2 挤塑涂层涂敷过程示意图

聚乙烯涂层最高承受温度是65℃，这主要是受黏合剂的承受能力限制。聚丙烯可承受最高温度达到105℃。这种涂层可以外加混凝土配重层，对于卷筒式铺管船铺设的管道，也可以不加混凝土配重层。聚乙烯或是聚丙烯涂层很滑，当防腐层外包混凝土配重层时，需要使用防滑带来降低防腐涂层上的混凝土滑落的危险。这种3层涂层比磁漆涂层价格高，大约是磁漆涂层价格的1.8～2倍。纵包涂层比3层挤塑热塑性涂层便宜。但纵包涂层的价格越来越高，目前价格比熔焊涂料高出25%。

8.2.5 熔结环氧粉末（FBE）涂层

熔结环氧粉末涂层是薄膜涂层，厚度仅有0.5～0.6mm，分别在美国和英国研制。环氧对钢有很强的化学键作用，这种作用提供了很好的黏合力。熔结环氧粉末涂层有弹性，常用于卷管和内管管束。美国的做法是把干净的管道加热到250～260℃，直接将环氧粉末作为精细粉末涂在旋转的热管道上。环氧颗粒溶解，并在管道表面流动。涂装后，立即用水淬火冷却管道。在欧洲，干净的管道在被加热涂装之前，首先涂以铬酸盐蚀刻底漆。底漆使管钢表面微蚀，增加了涂层的黏附性。附着性被提高后，使得环氧树脂配方的应用范围更宽。图8.3为涂装过程。

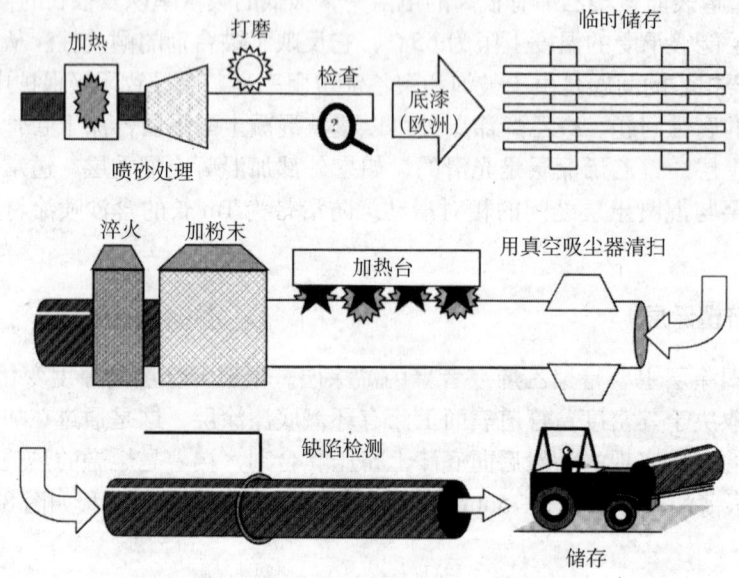

图8.3 热熔结环氧粉末涂层的涂敷过程示意图

海水里的热熔结环氧粉末涂料可以承受85～95℃的高温。在这样的高温下，通常是在管道热的时候通过涂布机两次向管道涂抹FBE涂料。熔结环氧粉末涂层可能有混凝土配重层，也可能没有，由于熔结环氧粉末涂层很滑，为了减少混凝土滑移的风险，通常在管道的两端加一根1m长的防滑带。

8.2.6 合成橡胶涂料

合成橡胶涂料主要用于高温管道。氯丁橡胶，作为一种合成橡胶材料，它的抗冲击性很强，广泛应用于立管包裹。在管线上，涂层的厚度是3～5mm，对于立管，涂层的厚度通常是6～12mm。将一层聚氯丁烯（通常被称为氯丁橡胶）或者三元乙丙橡胶（EPDM）

胶合在一个干净的管子上（对于 EPDM，需提前在管子上涂底漆），然后对管子进行自动热压处理，使合成橡胶硬化。氯丁橡胶适用温度不超过 105℃，EPDM 适用的温度不超过 120℃。这些涂料适用于卷管。因为合成橡胶涂料需要自动热压处理，故价格很高。

EPDM 涂料可以直接用于钢铁材料，但是在深水技术中可能会导致阴极保护系统的失效。当材料堆积在堆料场中时，EPDM 涂料的高炭黑含量可以提供紫外线抵抗能力。但在深水安装时，由于静水压力挤压弹性涂层，炭黑微粒相互接触，涂层电阻下降。涂层可能表现得像一个连续碳表面一样。牺牲阳极、管道和碳涂层将会导电，类似混合金属电偶。碳是具有高导电能力的活性阴极，将增加牺牲阳极的腐蚀。当涂层被腐蚀一块之后，在此小块范围内的钢质管道会被加速腐蚀。最近开发出的新型 EPDM 涂料中具有较低的含碳量，并且加入了一种能在深水中减少涂层导电风险的惰性填料。

8.2.7 薄膜涂层

通常来说，不含溶剂的薄膜涂层是用于特殊条件之下的。薄膜涂层应用并不广泛，不是因为该涂层涂抹慢，而是因为管道在烘焙处理的过程中必须处于干燥和无尘的严苛环境中。并且在干燥烘焙过程中，涂层极易被破坏。通过两道喷洒工序，薄膜涂层仅有 0.5～1mm 厚度。现在改型环氧树脂能迅速附着在钢质上，是最常用的材料。聚氨酯作为一种新的替代材料，还在研究阶段，有望具有更高的柔性、黏附强度，低温强度和更快的固化时间等特性。

薄膜涂层通常用于短管、连接管、立管弯头和套筒，还用于保护外管管束，外管在加涂层前通常被做成 3 倍管长（长度达 40m），由于长度太长而无法通过普通的涂装车间。薄膜涂层上不会覆盖混凝土配重层。薄膜涂层的处理过程费用并不高，但总费用会因为储存运输和烘焙场地等支出而增加。

8.2.8 保温涂层

高压的热流体流经在冷海水中的管道时有形成水合物和结蜡的风险，为了保证流动，可能需要为管道加保温涂层。有大量材料可以用作保温涂层，最简单的隔离办法是使用合成橡胶。如果服役于更苛刻的环境，可以用一些泡沫塑料。在某些极端环境下，可能需要使用管套管。

聚氨酯和聚丙烯泡沫塑料常包覆在熔结环氧涂层上。除了直接涂到旋转管道上之外，还可以预制成螺旋状的包裹层，用外缠绕层固定。在管道温度升高时这些泡沫塑料会在静水压头作用下发生一定程度的塌陷，并且由于蠕变机理而被压缩。设计时必须考虑到在压力之下涂层压缩带来的保温绝热效果损失。针对液压和热压缩，可以考虑通过采用含玻璃球状物的人造保护层来抵抗压力。

8.2.9 涂料施工

8.2.9.1 表面洁净度

为了使涂层起到应有的作用，需要提供一个干净的表面和合适的表面粗糙度轮廓。表面必须干燥、无油和无尘以保证涂层的牢固。经过研究，有一些涂料已经可以用于潮湿

（甚至水下作业）和生锈的表面，但是这些涂料的使用寿命有限，且无法确定。

表面清洁度是通过测量去锈和去除可溶盐的程度来判定的。除锈的方法是喷砂处理，可以用冷硬铸珠，铜炉渣材料，石榴石或者干砂。冷硬铸珠成本高，而且会污染金属表面，因此效率较低。铜矿渣会在材料表面留下一层很细的矿渣，同时会对环境产生负面影响。石榴石的处理效果介于铸珠和矿渣之间，虽然对环境没有负面影响，但是成本比两者都要高。干砂质量最轻，清理速度相对较慢，且有造成工人硅肺病的风险。如果喷砂不能彻底清除锈迹，可以使用某些盐类来进行溶解，但可能造成微小的腐蚀。

最终根据材料的白度来判定喷砂的质量，白度是目测的。现已开发出新仪器可以用来测量表面清洁程度。毫无疑问，这些仪器最终将使用在管道加工业，从而使清洁过程自动化。最常见的喷砂表面清洁标准有以下几种：

(1) ISO 标准 8502（瑞典标准 SIS 05 5900）。
(2) NACE–SSPC 结合面处理标准。
(3) 美国标准 ASTM D2200。
(4) 英国标准 BS 4232。
(5) 德国标准 DIN 55 928 (4)。

最常用的标准是 ISO 标准。它将喷砂完毕材料表面的清洁度分为了 3 个主要的等级，从 Sa 1 到 Sa 3。通常对于车间施工涂层的表面处理，既可以规定 Sa $2\frac{1}{2}$ 为最低等级，配合较高等级的检查，也可以规定 Sa 3（一个白色金属表面）为高等级，同时降低检查等级，对于现场接头的现场表面处理，可以接受的最低等级为 Sa $2\frac{1}{2}$。干净的材料表面活性很高，在涂层施工前，防止管线表面出现薄锈很重要。因此，应该保持管道处于低湿度环境，或者在钢表面涂抹底漆。在很多涂层厂，清洁和检查之后管子马上进入涂层流水线，避免生锈或起霜。

表面无盐的要求不高。管线涂层厂通常都位于岸边，以便迅速完成管道进厂和已加涂层的管线出厂装船。这有可能使得管道的表面覆盖大量的海盐，而在内陆生产的管道通常不会有氯化物污染，但表面可能由于空气污染导致硫化物污染。如果管道表面的盐没有处理干净就进行喷涂，会使得喷涂物附着在管道表面的盐上。当管道在海床上安装完毕之后，海水最终会渗透到金属表面，使钢铁表面的盐度可能比海水大，涂层会成为半透膜。渗透作用会吸收更多的水通过膜，从而导致水泡形成。涂料对氧气是具有渗透性的，水泡中可能发生腐蚀。如果存在 SRB，它们产生的硫化氢会渗透进水泡，造成更大的破坏。除非气泡上的涂层脱落，否则这可能会导致阴极保护对该处腐蚀的抑制作用不足。

8.2.9.2 表面轮廓

许多涂料依赖粗糙的表面轮廓来增加黏合，所以材料的表面轮廓是很重要的。对于厚喷涂层（比如沥青涂层和焦油涂层），需要规定轮廓的最低粗糙度，表面粗糙度上限就不太重要了。但是，对于薄涂层（比如只有 0.5mm 厚度的熔结环氧涂料），必须避免表面轮廓过于粗糙，因为粗糙的金属刺突可能刺穿涂层，产生不可接受的缺陷（洞）。

材料轮廓不易测定。车间和现场最常用的技术是将快凝塑胶材料挤压到管线表面上，制成塑性印模。一旦塑胶凝固，马上移除。然后将得到的轮廓与标准粗糙度的轮廓进行对比，标准粗糙度轮廓是一套现成的塑料碟片。现在已经研发出了能够定量评估表面轮廓粗糙度的电子仪器。这种仪器带有一个类似于留声机的探针装置，在测定材料的表面划过，探针的震动经过放大被记录在绘图机上或者数字化以提供给计算机分析。光反射技术也已经过鉴定。很多涂层检查员主要靠感觉和对光反射率的目测评估进行快速检查，只有当他们根据经验判断轮廓可能有问题时，才会采用定量检测程序。

8.2.9.3 涂层附着力

洁净度、轮廓、无盐有助于确保涂层能够牢固地附着在管道的表面上。但是，不正确的涂料配方也会导致涂层的附着失效。为了防止这种情况发生，采用分批测试涂层的方法，这一部分参照第8.2.9.6节。

在给管道加涂层的时候必须确保涂层能够附着在管道上。这个工艺不能返工。经常需要常规的检查来保证良好的附着性。最常用的做法是切穿涂层形成交叉切痕，然后试着撬掉涂层以检验黏附是否良好。该方法的另一形式是利用多刃刀在涂层上画出交叉线，刻成一定序列的小方块，然后用胶带覆盖该区域；接着去掉胶带。统计网格中脱落的网格数是黏附力的一种量度。还有其他定量技术，例如在环氧树脂涂层喷漆时粘入一个小的立柱，然后用经过校验的弹簧加载装置将立柱拉下来。另一用于多层涂层测试的技术原理是在涂层中切出"V"形的槽，然后使用显微镜观察各个层横截面彼此粘连度。

8.2.9.4 涂层厚度

涂层的厚度必须达到要求。涂层能起到保护作用是因为它们的厚度大于可能发生的缺陷的最大尺寸。薄涂层更容易使涂层表面暴露出材料缺陷（例如天然气泡，金属刺突），而过厚的涂层则造成浪费。

在处理过程中的湿涂层通过一种梳状装置测量厚度，该装置是一块薄金属板，边缘带有深度不同的凹槽，将其插入湿涂层，被涂层沾湿的最深的一个凹槽深度便是涂层的厚度。

干后的涂层厚度是更为重要的参数，这时的厚度在涂层烘焙干燥之后通过电涡流或测磁设备测得。涡流表使用一个线圈探测器向钢施加振荡电压测量感应电流的流动。感应电流会与涂层厚度的二次方成比例递减，可根据预期的涂层厚度范围对仪器进行校准。磁技术也能对涂层厚度进行定量判断，但一般不够精确。该设备包括一个磁铁和一个弹簧，将磁铁压在涂层表面，然后对弹簧施加拉力，直到弹簧被拉离材料表面，用弹簧的反作用力来推算涂层的厚度。

8.2.9.5 漏铁点

涂层中大的缺陷是可以用肉眼观察到的，但是涂层必须要经过细致的检查来观察细小的缺陷，这些小缺陷称为漏铁点，是描述暴露管线钢的小坑洞的技术行业术语，通常是由于表面处理不当造成的。

厚涂层采用释放高电压火花的设备进行测试。涂层测试方式是使管道穿过一个回路，回路和管道钢间加有高压。整个涂层测试电压通常定为 $5V/\mu m$，对于 6mm 厚的涂层，其电压可达 $30 \sim 33 kV$。可以用一个精巧的金属刷代替电环。通过释放电火花来测试试件上的小孔，电火花将触发警报。

低电压技术可用来测试薄涂层。这种技术使用 $30 \sim 35V$ 的电源，一端连接管道，另一端连接一个传感器，传感器是一个用含有中性洗涤剂的水润湿的海绵，当湿的海绵经过涂层缺陷上方时，溶液就会流入，电流引发警报（图8.4）。

检测员将会在有漏铁点和坑洞的地方用彩色粉笔做出记号，小的漏铁点可以用热涂层棒修复或者使用其他补丁修复，但是如果漏铁点的总面积过大，则需要将管道已有涂层去掉，然后重新加涂层。

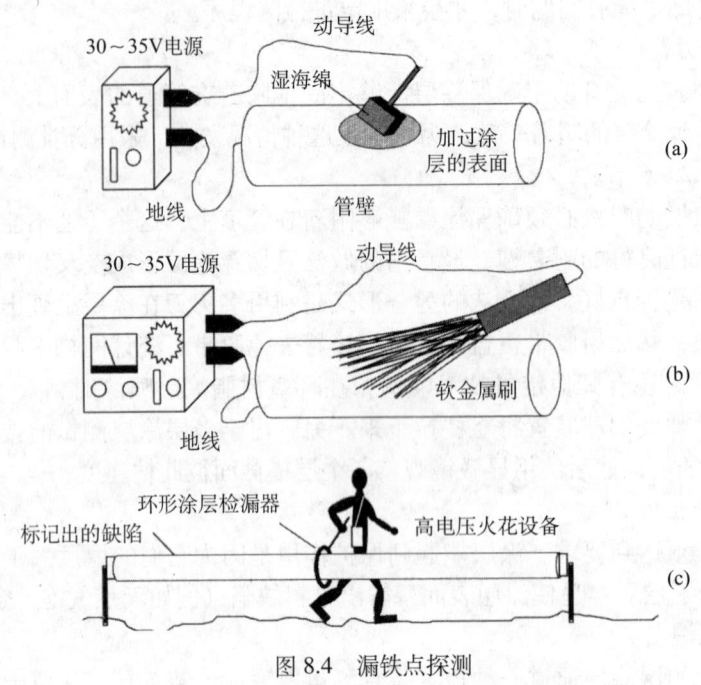

图 8.4 漏铁点探测

(a) 湿海绵法；(b) 金属刷电火花法；(c) 环形检漏器电火花法

8.2.9.6 涂层剂型

涂层的组成也需要进行检查，以确保连续成批的涂层达到足够标准。要经过多种化学和热测试，热测试是最重要的质量控制（QC）测试，典型的测试是在缓慢升温中不断测试材料的热容和延展性。每一个涂层剂型都有自己特有的图谱。通常会保留每一批涂料的少量样本，以便在后期出现问题时重新检查。在涂层规格中，列出相关人员或厂商的通讯信息也很重要，这样可以保证涂层提供商和涂装使用者及时沟通，以便出现问题时不会影响涂装的质量和进度。

8.2.9.7 阴极剥离

涂层有可能会对阴极保护系统所产生的碱性表现敏感，敏感性会随着工作温度的增加而增加，所以要对涂层成分进行测试和筛选，保证有足够的耐碱性。

8.2.10 涂层缺陷

涂层可能具有各种各样的缺陷，造成这些缺陷的原因可能是涂层喷涂不足，还有可能是挖有沟槽的或埋地管道上的沉积物施加的应力。涂层中的缺陷或金属表面的盐会导致水迁移，从而在涂层下形成水泡。在阴极保护系统的影响下，水泡内的 pH 值上升到 12 或 13。这么高的 pH 值会导致更多的涂层分离。水泡开始出现时很小，在大约 $20mm^2$ 时可检测到。随着时间的推移水泡不断长大，有时候水泡聚集在一起，聚集的水泡簇可能覆盖

2~3m 长的管段，覆盖面积可达管段表面积的一半。FBE 现场接头涂层在环焊缝周围常会出现小气泡，这是因为 FBE 现场接头涂敷涂层时需对管道加热，这增加了氢气的逸出。不过这些小气泡在管道服役中影响不大。

有一些涂层瑕疵可能无法在检测中被发现，例如金属薄片或者几乎突出薄膜涂层的砂砾。裂缝、气泡或者内涂层剥落会形成这种瑕疵。瑕疵可能是单个的，也可能在局部集中。这些瑕疵通常都比较小，面积大约是 1~2mm^2，但是它们和气泡一样也能生长。

鼓胀是管道 3 点钟至 5 点钟位置和 7 点钟至 9 点钟位置的涂层拉伸和聚集的结果。管道轴向鼓胀的长度是 1~4m，环向鼓胀的长度是 50~100mm。如果防腐涂层被混凝土所保护，就不会出现鼓胀。

顶部开裂是土壤应力和废石堆沉降造成的。涂层的拉伸并在管道顶部（12 点钟位置）出现裂缝，通常裂缝在纵向焊缝上，此部位是涂层最弱的区域。顶部开裂可以跨越长度 5~10m，宽可以达到 40~50mm。同样的，如果涂层被混凝土所保护，顶部开裂就不会发生。

无防护或不洁焊接足以导致涂层剥落和金属沿着焊缝暴露。如果喷射清理枪放置的不合理，紧邻突起焊缝的一侧区域将无法被喷射清理。焊缝暴露是薄膜涂层特有的一个问题。

如果把管道放置在海底比较尖锐的物体上，那么管道底部（6 点钟位置）的涂层将会被破坏。破坏形式是单个的或局部集中的孔洞。每一个洞就代表了一个面积为 10~200mm^2 的金属暴露区域。涂层的损坏可能是由管道的处理设备如吊索、链子、张力器、坠落的物体等造成的。混凝土涂层可以防止耐腐蚀涂层遭受这样的损害，除非管道受到的冲击特别大。

8.3 阴极保护（CP）

8.3.1 简介

防腐层是保护管道不受腐蚀的主要屏障。阴极保护的主要对象是防腐层被渗透、防腐层缺失以及破坏的部位，可以看作通过一种电方法增加金属热学稳定性。这种增加稳定性的方法是通过为阴极反应提供电子，来取代正常腐蚀过程中所产生的电子来实现。电流从管道流出使得电子转移到管道上，然后通过阳极形成电流回路并由阳极流入环境中，电流可能来自发电机（外加电流系统）或者耦合一种金属和另外一种基材金属形成的原电池（牺牲阳极系统）。不论哪种系统，对于陆地管道、近海管道以及穿越河流的管道都会应用到；但是在实际工程中，海底长距离管道仅采用牺牲阳极的保护。

阴极保护系统提供的电子数量必须和阴极反应消耗的电子数量相同，常见的阴极反应为氧的还原或氢离子的释放。海水是碱性的，pH 值为 8.2~8.4，主要反应为氧化还原反应。SRB 在海床的沉积物中可能会大量繁殖，它们产生的硫化物也会消耗电子。

只有当需要被保护的物体周围存在连续的并且具有充分导电性的中介物（被称作电解质）时，阴极保护系统才会工作。海水和被海水浸透的沉积物便是极好的电解质。所有的电学反应都发生在暴露在电解质中的管道表面上，因此通过海水的阴极保护方法只保护了管道的外部，而对管道内部的腐蚀没起到防止作用。要通过阴极保护系统来保护管道的内部，就应该在管道内部装上阳极。NACE 和 DNV 给出了最常见的 CP 设计方法。

阴极保护系统尺寸的保守设计为在管道设计使用年限中能够承受不超过 25% 的涂层破坏，但实际上涂层破坏量通常不超过 5%。通常假设涂层的破坏是沿着管道的长度和面积均匀分布的，但实际中，经常会有涂层被局部破坏。管道阴极保护系统需进行周期性的检查，从而发现局部破坏区域，同时也能检查阴极保护系统是否能给管道提供应有的保护。

8.3.2 阴极保护的电化学基础

腐蚀过程为金属溶解，在阳极处形成带正电的离子。电子离开金属晶格，从而与氧气、氢离子或者其他的反应物进行反应在阴极被释放出来。

阳极反应：

$$M \longrightarrow M^{n+} + n \text{ 个电子} \tag{8.7}$$

阴极反应：

$$2H^+ + 2 \text{ 个电子} \longrightarrow H_{ads} + H_{ads} \longrightarrow H_2 \tag{8.8}$$

$$O_2 + 2H_2O + 4 \text{ 个电子} \longrightarrow 4OH^- \tag{8.9}$$

$$2H_2S + 2 \text{ 个电子} \longrightarrow 2HS^- + H_2 \tag{8.10}$$

如果电子是由外界电源提供的，就不需要金属溶解过程［式（8.7）］来为阴极反应提供电子，这便是阴极保护的基础：金属的周围有充足电子所包围，这些数量充足的电子与迁移到金属表面的氧离子和氢离子发生氧化反应。电流的流动方向和电子的移动方向是相反的，所以向金属中输入电子相当于使电流从金属中流出。尽管这种理论看起来很简单，但是由于需要使所有被保护的金属周围都有足够的电子（又不过多），所以实际阴极保护系统的应用很复杂。

金属的电化学反应电势可以为我们提供金属电子饱和度的相关信息。由于电子带有负电荷，所以当金属中聚集的电子增加时，金属的负电压值增大。测量电势的方法是：选择一个具有稳定电势的参比电极，用电压表测出金属电势与参比电极电势间的相对值。每一种工程材料在阴极保护系统都有一个临界电势值，此时 CP 发挥完全的保护能力。例如，对于钢材而言，保护电势是 −800mV（以银—银氯化物参比电极为测量基准）。这叫做阴极保护电势。对于一些金属而言，阴极保护电势随着 pH 值的变化而改变。对于不同的参比电极，海水中钢材的保护电势值见表 8.2。保护电势值也会随着水中盐分的变化而改变，详情参见 NACE RP-0176。

钢的热力学行为使钢的保护电势为常数，不受环境 pH 值变化的影响。保护电势的数值取决于用于测量的参比电极。无论使用怎样的参比电极，绝对电势值是不会发生改变的；仅仅是电势的数学表达式发生了改变。这就如同使用摄氏温标和华氏温标测量同一个房间的温度一样，只是数值表达上的不同而已。在实践和标准程序中，为了方便起见，一般将保护电势值取整，取最接近的整 50mV 值。

表 8.2　参比电极电势

参比电极类型	相对于氢的电势, mV	钢保护电势, mV[①]
氢	0	−550
铅—氯化铅	+325	−850
铜—硫酸铜	+318	−850
银—氯化银	+250	−800
甘汞（硫酸汞）	+242	−800
纯锌（>99%Zn）	−780	+250

①钢保护电势值以 50mV 为单位取整。

达到保护电势的电流量随着局部阴极反应而变化，因此，在海水中会随着许多因素变化，比如，局部盐度和 pH 值，充气量，流速和温度。因为可以进入的氧气有限，所以埋地管线达到保护电势所需要的电流量要少很多；但由于覆盖在管线上的泥土的电阻率比水大，所以阳极可以提供的电流也较少。管线被掩埋的程度通常不确定，因此，谨慎的做法应该是同时考虑暴露和掩埋两种情况。废石堆覆盖通常不作为掩埋考虑，因为海水可以在岩石中循环。

8.3.3　硫酸盐还原细菌和 CP

硫酸盐还原细菌（SRB）在第 7.12 节中做了介绍。硫化氢和钢之间的反应比氧还原反应发生的电势范围大。海床沉淀物中存在活性 SRB，需要的保护负电势更低，而且需要的电流量比非活性沉淀物掩埋的管道更大。为防止 SRB 侵蚀，电势需要调低 100mV，即为 −900mVSSCE。

在大多情况下，SRB 活动的影响并不大，因为牺牲阳极的 CP 系统设计都较为保守。一条新管道要有：（1）高质量的涂层；（2）当涂层在最后使用年限中出现最大限度磨损时还能提供较高的电流密度的阳极设计。在管道使用年限中的大部分时间里，阳极提供的电流比管道需要的多，因此，管道的电势接近于阳极电势：−1050～−1100mV SSCE。在设计使用年限后期，管道需要更大的电流，因为它的涂层已经被蚀薄，而且由于阳极表面积缩小提供的电流也变小。有时在管道的使用年限的最后 1/4，管道—阳极体系的电势将开始增长（负性变弱）。在这个时候，沉积物中的有机物质将被耗尽，并且硫酸盐还原菌活动减少。管道的外表面会出现钙质沉积，将管道与 SRB 隔绝开。

仿真研究显示，如果暴露于 SRB 之前就采用 −800mV SSCE 阴极保护电势，即使随后细菌大量繁殖，钢也会继续受保护。如果在使用阴极保护前暴露在 SRB 中，钢将被腐蚀，而且电势需减到 −900mV（甚至更多）来阻止腐蚀。

所以，只要管线可能会暴露在细菌活跃的沉积物中，就需采用 −900mV SSCE 阴极电势设计。沉淀物中的细菌活动通过测量沉淀物岩心样本或随机样本中的细菌数量来评估。当不能获取沉淀物核心样本或随机样本时，可以通过参数评价来估计，见表 8.3。将各个分数加起来，达到或超过 10 表示沉淀物中很可能含有高度活跃的 SRB。有机物的含量一般可以从水中的鱼类、浮游生物或者其他的水生生物水平估算。氮（N）和磷（P）来自农业径流和上涌冷水。

对在 SRB 环境中的锌、铝合金和镁阳极的研究表明，阳极材料会被有机硫化物腐蚀。对于设计使用期限为 25 年的阳极，有机硫化物腐蚀损耗量如下：锌阳极材料约为 10%～14%，铝合金达到 40%，镁阳极为 14%～25%。设计用于有细菌活动的沉淀物中的阳极时，注意应留出足够的腐蚀损耗裕量。

表 8.3 沉淀物中微生物活动的评估

参数	分数
沉淀物	
泥浆	4
砂质泥	2
沙或石头	0
有机物含量	
泥浆：高	3
中等	2
低	0
沙：高	1
中/低	0
水深	
浅滩（低于 200ft）	2
深水（高于 200ft）	0
氮和磷的利用率	
有机物含量高 + 氮和磷	2
有机物含量低 + 氮和磷	1
低含量氮和磷	0
海底温度	
高于 10°	2
低于 10°	0

表 8.4 列出了不同环境中的保护电势范围，电势以 3 种常用的参比电极为基准。

表 8.4 钢的保护电势范围

环境	参比电极，mV		
	$Cu/CuSO_4$	$Ag/AgCl$	Zn
自由的海水环境	−850～−1000	−800～−1050	+250～+0
缺氧环境	−950～−1100	−900～−1050	+150～+0
高强度钢 UTS > 700N/mm²	−850～−1000	−800～−900	+250～−100

8.3.4 阴极的防护和保护涂层

CP可以（而且常常）被应用于裸露的金属，但是为提供这种CP电流而消耗的能量很高。例如，近海钢制套管常常没有保护涂层，仅仅靠CP防止腐蚀，但是这种方式会增加成本和重量。管道通常都有防护涂层，一般CP只被要求用于防护层出现渗透和缺陷的情况。当保护层随时间增长而退化时，就需要更大的CP电流。

环境的腐蚀性决定了所需的电流量。实际推荐值在一定范围内有所不同，因为它们侧重于不同参数。通常认为CP设计是过于保守的，这种观点在近期的DNV RP-F103规范中有所体现，DNV RP-F103规范中的设计电流密度是最小的。此规范中规定的阳极尺寸约为以前的DNV RP-B401标准的1/4。因为CP的应用相对较便宜，所以在装配过程中可能出现一些保险设计调节问题，比如涂层或阳极连接损坏，如果CP设计取最小值，改装费用会很高。

掩埋在沉淀物中的裸管，需要的保护电流密度在12～20mA/m²范围内，暴露在海水中的管道需要在50～120mA/m²范围内。总电流需要是电流密度和管线裸露面积（管线面积乘涂层脱落百分比）的乘积。对于一个保护涂层完好的管道，总电流要求接近0。通常，一个新的保护层完好的海底管道，它的总电流要求是1～2A/km，但是经过一定的时间，可能会达到20A。总电流需求量是保护涂层质量好坏的量度。

8.3.5 外加电流阴极保护

外加电流阴极保护（ICCP）系统中用于保护的电流是由一个外部电源提供的。陆上埋地管道用发电机、当地供电设施或者国家电网来供电。交流电（AC）用变压器和整流器转换成低压直流电（DC），变压器和整流器通常被合称为T/R。管道是与T/R的负极相连接的，T/R的正极与埋地的非腐蚀金属阳极相连。电子被引入管道，然后在裸钢区域经阴极反应被消耗。CP系统是由电气工程师安装和运行的，所以通常提到的是常规的电流流动而不是电子流动。用常用的术语来讲，电流被传递到阳极，从土壤传递至管道，后重新由管道流至T/R。

ICCP很少用于海底管道。三角洲穿越、离岸较近的短管道以及河口等位置偶尔用这种方式保护。它们通常与陆地管道绝缘，是采用牺牲阳极法保护的。人们已经开始重视太阳能和风能CP系统与电池储电系统结合用于小型的ICCP系统。

从排流点开始，管道的电势会随着管长变化而改变，电势取决于管道的几何特点、土壤和沉积物的电阻系数以及涂层破坏的范围和位置。通常，在引流点处的负电势绝对值最大，沿管道逐渐升高，该现象称为衰减效应。经过一定的时间，随着防腐涂层退化，电压的衰减加强，总的管线保护电流增加。

在极端条件下，接近引流点的区域可能需要过保护，以确保管线较远的部分能得到足够的保护。当过保护发生时，防蚀涂层可能被损坏。为保护涂层，管道运行商通常要针对不同的保护性涂层指定可用负电压的最大值。见第8.2.9.7部分，沥青基底涂层往往有一个约为-1250mV的下限，然而FBE涂层可承受的电压为-2000mV SSCE。电压对输油管道的影响见表8.5。

表 8.5 管线的欠保护和过保护电压

钢电压，mV （Ag—AgCl 参比电极）	阴极保护状态
−550	严重腐蚀
−551 ~ −650	腐蚀
−651 ~ −750	部分保护
−751 ~ −950	阴极保护范围
−951 ~ −1050	轻微过保护
−1051 ~ −1200	增强的过保护
< −1200	涂料起泡且高强度钢脆化

8.3.6 牺牲阳极的阴极保护

海底管道几乎都用牺牲阳极法来保护。最常用的设计程序遵循 NACE 或者 DNV 准则。制作阳极的方法是在能够提供能量和持续电流的钢模具周围铸造一种牺牲性金属。阳极以固定间距附在管道上，并通过焊接或铜焊电缆实现阳极模具和管线的电连接。大多数阳极铸造成半壳式套环，这使得阳极紧密配合于管道周围盖于防腐涂层之上。对于管径很大的管道，阳极可能被浇铸成分段组块，将这些组块组合便形成完整的镯形装置。

牺牲性材料是一种基础材料，与钢管形成原电池。阳极被腐蚀并产生电子。阳极材料列于表 8.6。镁用于陆上管道但是对于海底管道并不适用，因为它在海水中易被腐蚀，而且只有大约一半的电流能够提供给 CP。锌过去是最广泛使用的电极材料，但是在过去的 10 年铝合金越来越受欢迎，因为铝合金阳极单位质量能比锌产生更多的电，同时，使用铝合金阳极比较经济。阳极不是纯材料而是由相对复杂的合金组成，合金元素要求能保证均匀腐蚀并防止钝化。

表 8.6 牺牲阳极材料

阳极合金	环境	阳极电位 V	电流容量 A·h/kg	消耗率 kg/（A·a）
Al–Zn–Hg	海水	−1.0 ~ −1.05	2600 ~ 2850	3.1 ~ 3.4
Al–Zn–In	海水	−1.0 ~ −1.1	2300 ~ 2650	3.3 ~ 3.8
Al–Zn–In	沉积物	−0.95 ~ −1.05	1300 ~ 2300	3.8 ~ 6.7
Al–Zn–Sn	海水	−1.0 ~ −1.05	925 ~ 2600	3.4 ~ 9.5
Zn	海水	−0.95 ~ −1.03	760 ~ 780	11.2 ~ 11.5
Zn	沉积物	−0.95 ~ −1.03	750 ~ 780	11.2 ~ 11.7

与制造商提供的数据相比，DNV 准则在阳极效率方面的估计是保守的，铝和锌合金阳极的效率分别是 2000 A·h/kg 和 700A·h/kg，而制造商给出的数据是 2400A·h/kg 和 760 A·h/kg。设计师可以在阳极材料说明书中采用阳极效率的最低值，而如果通过测试程

序能准确评估阳极的长期性能，也可以采用较高值。

保护海底管道需要的电流比保护埋地管道需要的更大。这并不令人吃惊，因为海水具有强腐蚀性、高传导性，并携带着 6~8ppm 的氧气。冷海水中自然腐蚀作用形成的腐蚀产物是氯化物，与陆地掩埋管道的腐蚀产物，也就是氢氧化物（羟化物），氧化物和硫酸盐相比，它是非保护性的。典型的 CP 保护电流见表 8.7~表 8.9。DNV RP-F103 只适合于管道，而管道管汇和其他相关结构的 CP 设计会采用 DNV RP-B401。

表 8.7 CP 电流需求（依据 NACE RP-0176）

地区	水电阻率 $\Omega \cdot m$	水温 ℃	设计电流密度 mA/m^2
墨西哥湾	20	22	54~56
美国西岸	24	15	76~106
库克海湾	50	2	380~430
北海	26~33	0~12	86~216
阿拉伯湾	15	30	54~86
印度尼西亚	19	24	54~65

表 8.8 CP 电流需求（依据 DNV RP-B401）

地点	电流密度，mA/m^2		
	初始	平均	最终
N. 北海	150~250	90~120	120~170
S. 北海	150~200	90~120	100~130
阿拉伯湾	130~150	70	80
印度	130~150	70	90
澳大利亚	130~150	70	90
巴西	130~150	70~80	90~110
墨西哥湾	110~150	60~70	80~90
西非	130~170	70	90~110
印度尼西亚	110~150	60	80
埋地	50	40	40
开口竖井内的立管	180	140	120
密封竖井内的立管	120	90	100
盐水泥浆	25	20	15

表 8.9　CP 电流需求（依据 DNV RP–F103）

管道条件	保护电流密度，mA/m²			
	内部流体温度，℃			
	<50	50~80	80~120	>120
非掩埋	50	60	70	100
掩埋	20	25	30	40

水温通常是最重要的因素，因为它决定了溶氧浓度。如果管道未被掩埋或无混凝土配重层，水流速度也可能是一个影响因素。NACE 准则把海水流动速度纳入考虑范围，但 DNV 准则没有。

人们常常担心，不同牺牲性材料建造的混合阳极会导致的电流干扰问题。混合系统是普遍的。铝合金阳极用于建筑物上，而锌阳极用在管道上。CP 调查显示，阳极的混合不影响其本身的防护作用。这并不意外，因为不同阳极材料之间的电压差异是很小的。

8.3.7　涂层降解

管道上的保护涂层限制了氧气进入管道的通道，因此减少了电流需要。为了简化 CP 设计，假设除了涂层失效的区域（也就是管线有效裸露处）外，保护涂层 100% 有效。事实上，尽管确实会出现一部分裸露的区域，但绝大部分保护电流会通过涂层，因为所有的有机涂层在某种程度上都是可以供氧气通过的。当氧气到达钢铁表面时，它会移走电子，这表现为电流流出涂层。随着涂层老化，对抗渗透性减弱，氧气流动加剧，导致流出涂层的电流量增大。一些 CP 设计程序用表面积作为设计标准，但是这一方法并不广泛应用于海底管道。

NACE 的推荐规程未提供关于涂层降解的信息，但是对于有配重层的管线和无配重层的管线而言，普遍的平均值分别为 2% 和 5%，而最终值为 4% 和 7%。这些数值是就 25 年的服役期限而言的。DNV RP–B401 也对有配重层和无配重层的管线进行区别对待。无混凝土配重的管道涂层降解率为 5%~7%，具体数量与设计使用年限有关，而有混凝土覆盖层的管道涂层分解率为 2%~4%。DNV RP–F103 给出了涂层主体和接头处不同的涂层分解百分率。考虑到 CP 电势检测通常显示的是现场接头处的电流峰值，这是合理的。DNV RP–F103 规定的 25 年设计参考值见表 8.10 和表 8.11。涂层降解总面积是按照主体涂层和现场接头涂层的比例面积计算的（基本上是降解面积的两倍）。

表 8.10　涂层降解值（依据 DNV RP–F103）

涂层	配重层	涂层降解，%	
		平均	最终
沥青和煤焦油瓷漆	有	0.425	0.55
熔结环氧粉末	有	1.375	1.75

续表

涂层	配重层	涂层降解，%	
		平均	最终
熔结环氧粉末	无	4.25	5.5
3层聚乙烯	有	0.1375	0.175
3层聚丙烯	无	0.1375	0.175
多层聚丙烯	无	0.0425	0.055
弹性塑料	无	0.225	0.35

表 8.11 现场接头涂层降解值（依据 DNV RP–F103）

现场接头	涂层降解，%	
	平均	最终
胶泥底胶带和热收缩	67.5	100
黏合剂基底热收缩	22.5	35
熔结环氧粉末	4.25	5.5
FBE+ 热收缩套	1.375	1.75
弹性塑料缠绕	1.375	1.78

对于深水管道，涂层降解稍慢，主体涂层和现场接头涂层每年增加的降解量分别为 0.6% 和 1.2%。然而，不是所有的运营商都承认这些值，他们对于涂层降解的预期以历史数据为基础，这些历史数据是通过对运行条件类似的管道的 CP 检测得到的。但是要注意，这些数值是没有出处的，很多设计师会采用 DNV 提供的数值。

8.3.8 CP 电流要求

将钢电位降低到阴极保护电位所需的电流密度主要取决于海水的含氧量，而这与温度密切相关。如果管线具有一层加重涂层，水流速就是第二重要的影响因素。阳极质量是以平均电流密度、根据管道尺寸计算出的裸露面积以及其涂层降解的平均百分比为基础确定的。

最终的电流会大于平均电流，因为最终的电流密度和涂层降解率较高。最终的电流需求用于计算镯形阳极的大小。在有些环境中，提供合适的阳极尺寸所需的阳极材料质量可能高于用平均电流计算出的值。

8.3.9 钙质沉积

对于没有混凝土配重层覆盖的管线，钙质沉积是很重要的。在海水中，pH 值范围为 8.2～8.6，在这样的环境中氢离子还原已经不是一个很重要的阴极反应了。氧还原反应占据了优势，并且会在金属的表面生成碱。氢氧化物在海水中与钙和镁的反应形成了金属表面的沉积。反应方程式如下：

$$O_2 + H_2O + 电子 \longrightarrow 4OH^- \tag{8.11}$$

然后是碱性离子与海水中阳离子的反应：

$$Ca^{2+} + CO_3^{2-} \longrightarrow CaCO_3 \tag{8.12}$$

$$Mg^{2+} + 2OH^- \longrightarrow Mg(OH)_2 \tag{8.13}$$

生成物为白棕色膜，生成物减少了氧气进入金属表面的通路，降低了对保护电流的需求。高电流密度有利于氢氧化镁的形成。碳酸钙比氢氧化镁对金属的保护性强很多，但碳酸钙形成缓慢并且是在较小电流密度下生成。在管线上，最初形成氢氧化镁膜，而后逐渐变成混合膜。

在冷海水中，膜形成缓慢，而且即使会形成，也只在高电流密度下形成。而在相对温暖的海水里，膜形成相对容易且在较低的电流密度下形成。膜容易在热管道上形成，如果涂层降解的速率适度，管道裸露处的高电流密度会加速氢氧化镁膜的形成。

8.3.10 温度的影响

热管道在冷水里需要的保护电流密度比冷管道更高。阳极的性能在高温下也会显著地降低。20世纪70年代早期，很多热立管因为保护电流不足而被严重腐蚀，同时很多管道因为热运行温度下牺牲性阳极过早失效而不得不提前更换管线。对此问题的研究很多，但得到的数据却不一致。在本书中，为了简化CP设计，采用的是流体平均温度而不是管道表面温度。

当管道的运行温度上升超过30℃时，CP保护电势会发生轻微改变。见表8.9。DNV RP−B401允许在25℃以上时，温度每变化1℃，保护电势调整−1mV，电流密度调整1mA/m^2。例如，一条运行在50℃下的管道，要求的保护电势是−825mV而不是−800mV SSCE，CP保护层的电流密度将提高25mA/m^2。

运行温度对阳极材料的影响更为剧烈。用作阳极的锌合金里含有少量的铁，铁会与锌形成锌—铁金属间化合物。这种金属间化合物优先在晶界上沉淀。在某些温度为50～60℃的区域，锌—铁金属间化合物和锌之间的电势会反向，这种情况下，锌—铁金属间化合物就成为锌的阳极。此时发生金属间的优先腐蚀，铸造合金材料碎片变为一簇松散的锌晶粒，阳极的效率会降低到10%或更少。

所以，锌合金的阳极不应用于运行温度高于50℃的管线上。在埋地管道上情况最为严重，因为阳极会升温至与管道温度相同。在流动的海水里，阳极表面的温度比管线温度要低，所以较高的运行温度还是可以接受的。一条运行温度为50℃的管道，如果裸露安装在海底或者有热绝缘套管置于阳极和管道之间，那么就可以考虑采用锌制阳极。不太可能在热的埋地管线上使用锌制阳极。

铝合金阳极同样会受到温度的影响，但是程度较小。DNV RP−F103要求参考ISO 15589−2给出的阳极温度性能，同时，建议要对阳极材料进行电效率的测试。

在设计阶段，没有可以利用的实验数据。以往的测试和现场数据表明，在25℃以上时，温度每升高1℃，铝合金阳极的效率降低约25A·h/kg。对于一条运行在温度50℃下的管线来说，这就意味着铝合金的电流容量会从名义上的2400A·h/kg下降到1775A·h/kg。在设计CP系统时，每块阳极的质量都应该增加25%。管道与阳极间的保温层不但可以降低阳极的温度，还可以提高阳极的效率。

深海（大于300m）管线的铝合金阳极必须采用与浅海不同的组成来防止阳极钝化。对次要合金元素的控制更重要；最重要的成分是锌，不得低于4.75%。

8.3.11 CP系统的设计

设计CP系统有以下几个步骤：
(1) 确定阳极的电势；
(2) 估算平均和最终的电流密度；
(3) 给出平均和最终的电流。

估算电流需求包括确定需要的保护电势、CP电流密度和涂层降解百分比。第一步要估算需要的保护电势。比较常用的是-800mV SSCE，或如果预计会有高活性SRB沉积物，-900mV也是较常见的。按照第8.3.3节所述，在设计阶段，不会为SRB腐蚀问题而使用更低的保护电势，但这取决于CP检测。第二步就要确定使管道的电势降到保护电势的电流密度。在表8.7~表8.9中给出该数值。如果管道没有配重层并且是暴露在海床上的，那么海水流动的影响就需要按照表8.7进行考虑。第三步要估算管道上预期暴露面积所占的比率和它在管道使用期限中可能发生的变化。这需要依据特定涂层在特定环境中性能随时间变化的经验，或者参考设计实例。见表8.10和表8.11。混凝土覆盖的管道涂层在正常设计使用年限内退化的很少；主要的退化出现在现场接头处。通过这些数值，可以计算出管道每年需要的电流量和全部使用年限中所需的总电流量。

供电方需要确定提供总电流的最佳方式：外加电流阴极保护（ICCP）或牺牲阳极阴极保护（SACP）。如果采用了ICCP，那么必须确定T/R和阳极阵列（被称为地床）的大小以在管道的使用期能始终提供所需的最大电流，以及地床位置的选择。

如果采用牺牲阳极的阴极保护，那么阳极总吨位必须计算出来，每个单独的阳极的大小和间距也需确定。对于海底管道而言，购买的环形阳极通常是专门订制的。镯形阳极是用阳极材料围绕钢制铸模浇铸而成的。为了提供足够的机械强度，钢模需铸在阳极内部，因此，不可能100%利用阳极材料。当阳极材料被腐蚀至与铸模周围铸件相连的内引线时，阳极材料会与铸模失去电连接。大约20%的阳极材料不可用。必须增加初始的阳极材料质量以弥补这部分损耗。可以用阳极材料的重量除以阳极材料利用系数U（通常是0.8），从而计算出初始阳极材料的量。理论上需要10kg的阳极材料，可能实际使用12.5kg。

阳极的数目取决于管道上阳极的间距。通常每10~16个单根管段上安装一个阳极。这等同于每块阳极间的间距为120~200m。每块阳极的质量为总的阳极质量除以阳极数目。DNV RP-F103允许阳极间距最长为300m，同时，确定阳极的间距还需考虑沿管线的电势衰减。DNV RP-F103推荐在长度较短的管线上使用阳极筏。有关阳极筏和衰减的详细内容会在第8.3.14节介绍。

通常情况下，阳极要求至少跟混凝土配重层厚度一样。正常情况下，阳极至少要250mm

长，35mm 厚。但阳极的尺寸需要确保在铸造的过程中不会产生裂缝。满足以下条件可以使裂缝风险最小：

$$\pi IDL/5t^3 \leqslant 5 \tag{8-14a}$$

式中 ID——阳极内径，mm；
L——阳极长度，mm；
t——阳极厚度，mm。

阳极安装在管段的中间位置，厚度与配重层相同。统一管外径可以减少配重层和阳极在管道安装过程中通过张紧器（牵引辊或带）时受损的可能性。考虑到镯形阳极的厚度要和配重层的厚度相同，所以需要的长度也可以通过阳极材料的重量和密度算出来。实际应用中，阳极至少应该达到 250mm 长，35mm 厚。如果算出来的阳极长度太短，那么阳极间的距离必须增加。这是设计阳极的第一步。

临近 CP 系统设计使用年限（通常与管线使用年限一致）末期，涂层的降解率会提高。随着 CP 保护电势变正且越来越大，钙质沉积的保护质量降低，保护电流密度也会增大。因此，最终的电流需求会比平均值要大。阳极必须有能力提供最终需求的电流。

阳极暴露的面积越大，所处的环境电阻就越小，阳极也就能提供更大的电流。典型的公式表明，阳极的电阻跟阳极面积的平方根成反比。对环形阳极，可以应用麦科伊的公式：

$$\text{阳极电阻} = 0.315\rho_e \div \sqrt{A} \tag{8.14b}$$

式中 ρ_e——即时环境电阻率，$\Omega \cdot m$；
A——阳极面积，m^2。

电阻率取决于当地的环境条件。海水电阻率随盐度和温度的不同而不同。例如，在北海，电阻率大约是 $0.3\Omega \cdot m$，但在阿拉伯湾，电阻率大致在 $0.2\Omega \cdot m$ 左右。表 8.12 给出了一系列海水和海床沉积物的典型电阻率值。对于重要的管道，如果可以获得沉积物中心样本，就可以通过测量样本来直接得到实际电阻率。

表 8.12 阳极的电阻率设计值

环境	电阻率，$\Omega \cdot m$
海水（$t < 10℃$）	0.3
海水（$10 \sim 20℃$）	0.25
海水（$t > 20℃$）	0.2
沙	1.1 ~ 1.6
软质黏土和泥	0.6 ~ 0.75
硬黏土	0.75 ~ 1.1

假设阳极会消耗掉最初质量的 20%。根据这个最终质量，可以计算出最终阳极面积。根据这个最终面积，可以计算出阳极输出电流。输出电流必须不小于最终的电流需求。如

果无法达到，那么阳极的尺寸必须加大。

阳极的质量必须足以使阳极持续到设计使用年限，并且最终的阳极面积必须足够大以提供足够的最终电流。这两个要求常常不一致，要提供更多阳极材料来满足最终输出电流所需的阳极面积。

生产商提供的阳极通常情况下会和理论设计的长度和质量有微小的不同，这是因为实际安装阳极时会在手镯形中间为附件和电连接留下间隙，不同厂商之间略有不同，这取决于铸模的铸造细节。

8.3.12 阳极的生产和几何形状

管道阳极会被铸造成两个紧贴管道的半环，在两个半环之间会留缝隙。两个半环会用螺栓或是焊接连接在一起。如果管道表面覆盖有混凝土配重层，那么阳极的厚度应与配重层接近，以保证整个管线外径一致。阳极用配重层固定住。如果没有配重层，阳极末端要做成半球形或锥形，阳极通过与靠模搭接固定，从而紧夹住管道。

锌或者铝被铸造在一个钢架上，这个钢架叫做靠模或者嵌件。这个靠模帮助保持阳极的机械强度并有利于电流通过阳极。阳极通过铜编导线（铜辫）与管道电连接，导线一端与钢嵌件相连，另一端通过焊接或铜焊连接到管道上。

靠模的设计很重要，因此管道设计工程师应该仔细检查提出的设计。应该小心避开"T"形或者其他会导致应力集中的尖角形状，避免铸造中冷却时收缩导致的崩裂。通常圆棍效果较好。嵌件的形状和位置决定了阳极最终的利用率。当阳极腐蚀到靠模时，任何进一步的腐蚀都会切断剩余阳极的电连接，那么剩下的阳极材料就无法发挥作用了。管道与钢模之间的阳极材料连接物的量需要预先估算，如果要求阳极利用率达到0.8，那么阳极材料引线的量必须小于阳极材料总量的20%。铜辫需要通过铝热焊或是铜焊连接到管道上。铝热焊使用的是一种铝粉和氧化铁的混合物。这个混合物点燃后会产生相当高的温度（铝热剂可用于制造燃烧弹）。当反应达到顶峰时，储存铝热剂的坩埚上会打开一个浇口，熔融的材料滴落到柔韧铜辫和管道母材上，形成电连接。焊接完成后，移走坩埚，通过锤击来检验焊接的质量。通常要检查特定管线材料所需的铝热剂装载量，以确保足以提供牢固的连接又不会在管道外表面形成硬点，因为硬点会增加酸性服役管线疲劳和裂纹的风险。铝热剂的装载量随管道壁厚和钢的含碳量的不同而不同。

铜焊与点焊很相似。瞬间强电流通过焊钉释放到管道上，再通过触靴返回铜焊装置。电流使焊钉上的铜材料熔融并使铜辫和管道形成电连接。焊后，通过锤击检验焊接质量。和铝热焊一样，确认铜焊接程序没有在管线钢中产生硬点很重要，硬点会增加发生疲劳开裂的风险，对于酸性服役管道，增加了硫化物应力开裂的风险。

在有的管道上，阳极靠模直接焊接在了管道垫板上。通常情况下，阳极靠模不会直接焊接在管道上，因为阳极骨架中的钢含碳量较高，在焊接过程中有可能在管道表面产生硬点。在涂层厂中安装阳极的过程中可用的检查设备通常很有限。

在涂层厂中，阳极安装在所选管子中部，防腐涂层之上。如果管道是由两节单管连接而成的（总长24m），那么阳极可以安装在两管连接处。为保护阳极需对其进行覆盖，涂敷配重层。或者，阳极可以在管道加配重层之后再安装。配重层还未干时可以切开，将阳极安装在开口处。管道上的防腐涂层移除一小块，把铜辫铜焊到管线上，之后再对防腐涂层进行修补。

阳极内的和阳极与配重层间的缝隙可以用胶黏水泥填充。如果可行，把铜辫安装在两半环形之间的开口处，会比安装到阳极侧面上好。环形阳极在铸造时会要求两半之间开口稍宽一点来满足这一要求。铝合金阳极不应直接贴紧混凝土配重层，因为混凝土中的碱性成分会与铝合金阳极发生反应。铝合金阳极与混凝土接触面应该加涂层，或者间隙用胶黏水泥填充。

对于一条用卷筒式铺管船安装的管道，阳极会被独立装在驳船上。当管线被从卷轴上安放到大海中时，必须手工将阳极安装到管道上，因此对阳极的大小和质量是有限制的。大小的限制是长度为600mm，质量限制为100kg，但是这些限制应该与特定的卷筒式铺管船操作人员核对，因为不同铺管船的限制会有所不同。安装阳极时，必须停止管线的安装，而频繁的铺管中止耽搁了管线的安装，导致更高的开支。

为了降低阳极数量和减少停止铺管施工的次数，铝合金阳极备受青睐。这些阳极经常成组安装，在卷筒式铺管船每次暂停间隙，最多可以安装5块阳极。安装花费会降低，因为安装中停止次数较少。然而，这种方法稍微增加了所需阳极的数量，因为阳极组比单个阳极加在一起的输出电阻稍高，导致阳极组提供的电流较低。阳极组的电阻可通过将阳极的总面积代入McCoy公式计算得到。

8.3.13 牺牲阳极的质量控制

为确保阳极适于安装，习惯做法是通过实验室试验进行全面检测。检测包括在铸造前对模具的清洁度进行目测，阳极裂缝和表面缺陷检查，尺寸和质量的检查，还有检测柔韧铜辫的连续性和护套的完整性。钢靠模在放到模具里前也应该进行检测。一些破坏性实验也是需要的：随机选取阳极来切片并检测浇铸件孔隙度，以及铸造后的阳极对靠模的附着性。

辅助的实验室试验用来确保冶金组成和微观结构的一致性。实验室试验应该包括电化学试验，在试验中检测不同温度下阳极材料小样品的电流容量。电化学试验应该在预期的操作温度和最大电流输出条件下进行。最常见的测试步骤在NACE RP-0492，ISO 15589和DNV RP-B401/F103中都有明确规定。最常用的是美国腐蚀工程师协会（NACE）对阳极的详细说明。

8.3.14 牺牲阳极阴极保护系统的改造

改造指在一个阴极保护系统被认为不胜任时，安装辅助阳极。当一个阴极保护系统超出了它的设计使用年限，当一个新管线上的阳极在安装过程中被毁坏，或者当管线的用途发生变化而新的使用环境比设计考虑的更恶劣，例如，新环境中的操作温度提高时，就需要改造管线。

一条新管线会沿着管子延伸的方向每隔一段距离安装小的阳极。而在改造的时候不需要使用这种方法。如果阴极保护检测显示某海上结构附近的电势不足，则需通过机械方法将安装有阳极的大型阳极筏布置于海床上，与管线连接。阳极筏可以由几个与钢支架并联连接的带支架阳极建成，也可以由一段装有6个或7个手镯形阳极的管子建成。一批安装在设备上或阳极筏上的阳极可以提供 5km 的阴极保护距离。阴极保护的距离会根据保护涂层的状况和管线的导电性不同而有所变化。距离由电势的衰减来计算：

$$E_x = E_A \exp(-\alpha x) \tag{8.15}$$

式中　E_x——与阳极组距离为 x 处的电势；

　　　E_A——阳极电势；

　　　α——衰减常量，衰减常量取决于电流透过保护涂层的能力和管道电阻。

$$\alpha = \sqrt{rg} \tag{8.16}$$

式中　g——保护涂层的渗透性，可以根据穿过涂层的电压降（设为 400mV）、单位长度管线的阴极平均保护电流、涂层的厚度和降解率估算。

　　　r——管线的导电性，是根据管材的电阻率（钢的是 $15 \times 10^{-8} \Omega \cdot m$）、管壁的环形面积和距离 x 计算得到的。

厚壁管路电阻更低，因此衰减会更少，使得阴极保护电流传播的更远。低质量的涂层会增加渗透率和衰减，因此降低阴极保护电流的传播距离。一般来说，衰减距离在 1~5km。

阳极筏的预期使用年限能够由阳极组的平均输出计算得到。然而，阳极筏上的阳极相互间的距离太小，与同样数量的间距较大的阳极相比，输出较低。阳极组的输出电流可通过麦科伊（McCoy）公式得出的阳极电阻大致计算得到，这里的面积 A 就是阳极组的设计面积。

8.3.15　CP 检测

8.3.15.1　检测间隔时间

有必要对管线的阴极保护系统定期检修以确保系统运行良好。只有表层的外部腐蚀可以接受，因为没有为外部腐蚀提供腐蚀裕量。CP 检测也可以用来估计牺牲阳极的剩余使用年限。如果需要延长管线的使用年限或者管线操作环境发生改变，如操作温度升高，就可能需要这些信息了。

对于阴极保护的检测没有公认的最佳时机。一个相对常见的方法是在管线刚安装完成之后对管线进行检测，通常是在其服役的第一年，以确保阴极在起作用；在阴极保护牺牲阳极系统运行至其设计使用年限的一半时，会对其复检。复检的结果决定了后续检测。第一次检测到第二次检测间隔时间较长是可以接受的，因为这期间管线上的涂层应该保持良好，同时因为阳极是针对涂层显著恶化情形设计的，所以在服役前期阳极能够提供足够的保护电流。当其中一个阳极偶然发生故障时，附近的工作阳极也可以弥补。

如果断定管线安装对阳极发挥功效造成不利影响，应在其服役的第一年进行检测。通常阳极会由于恶劣天气和在安装时管线剧烈的移动遭到损坏。否则，对阴极保护系统的检测应在其安装后的 4~5 年进行。后续的阴极保护系统检测应在之后每 5 年一次或者由检测结果来决定。

8.3.15.2　变换器

陆上管线的阴极保护电势通过测量测试点的电势来定期检查。这些点设置在地上电压计与电线相连处，而电线被焊接或用铜铸到埋地管线上。在海底管线上，测试点的方法行不通，但是它们可以用电池驱动的变换器来模拟，这些变换器与管线电连接并包括一个参比电极。可以在水面上调取变换器中信息。依靠潜水员或遥控潜水器（ROV）来替换电池或整个变换器。据称一种为陆地管线发明的无需电池的新技术也适用于海底管线。在这个系统中，用来驱动该产品的电能由阴极保护系统自身产生。

8.3.15.3 小间隔电势检测（CIPS）

一个变换器只能给出局部的电势信息。小间隔电势检测可以完整测量管线的电势。最简单的系统是使用一匹电线。电线的一端与管线在一个合适点相连（例如，在陆上或是在近海立管），另一端与电压计相连。一艘船拖引一个装有可下潜装置上的参比电极，这个装置使得参比电极沿着管线方向紧贴着管线。放出电线，使其随着船沿管线方向漂浮在海面。记录、标绘和分析电势，电势不足表明涂层损坏、可能正在发生腐蚀。

追踪电线技术发展很快并且被广泛应用于单独的管线，但是它也有局限性。随着管线长度的增加，它会变得不可靠，电线一旦发生故障，随着返回路径电阻的增加，电势也会发生漂移。某些情况下，电势会随着在电线和（或）管线中形成的地磁感应电势和电流（称为地电）而波动。一组电连接管线的电势是所有管线电势的融合，可能会造成小面积的缺陷无法发现的情况。

由于参比电极和管线的几何关系不可避免的变化会导致一些误差。测量的电压会随着参比电极和管线间的距离或环境电阻率的改变而发生变化。这种影响更多发生于埋地管线，因为海床沉积物电阻率较高，且沉积物的性质会沿着管线而改变。在某种程度上，这些问题可以通过后续计算来克服，现代计算机可以使计算简易快捷，但是计算时需要知道相关的距离和电阻率系数。管线间的距离可以用重合侧扫描声呐来测量，但是局部电阻率必须由先验知识来估计。

8.3.15.4 电流通量技术

对于长管线和管线簇，电流通量技术较为常用。电流通过海水从阳极流出到涂层失效的管线的裸露区域形成电势梯度。电势梯度可以通过参比电极的组合（称为阵列）来测量。用电势梯度、参比电极阵列和管线间的几何关系以及局部电阻率来计算管线电势和从阳极流到管线的电流。因为电势的测量是间接的，计算需要的参比电极阵列与管线的相对位置比追踪电线技术测得的更精确。可以将参比电极阵列安装在一个可以沿管线移动的潜水器上，从而测得精确的位置，但是这种定位方法增加了检测的成本。电流通量检测可以用来评估涂层的缺损度和估计牺牲阳极的输出量（以及预期寿命）。显而易见的是，估计的精确程度取决于电脑模型的质量、几何精确性和电阻率信息。参比电极阵列外形较小，因此阴极保护检测可与年度管线跨度检测一起完成。

有3种基本的电流流出系统：

（1）一组固定的参比电极阵列；

（2）旋转的双参比电极；

（3）一个固定电极和一个远程参比电极。

当参比电极沿着管线行进时，所有系统都要测量局部电势梯度。参比电极在一定的空间内测量海水中电压的不同，电脑会根据电极间的距离、管线与阵列的距离和海水电阻率计算出流经海水的电流。这种方法用于埋地管线不太精确。旋转的系统会产生交流信号，信号振幅与局部电流通量直接相关。

阴极保护蛇是最近研发的，它是一系列具有保护套的参比阳极，沿着海床被船拖行。船左右舷迂回前进，拖动阴极保护蛇横穿管线。参比阳极阵列会给出流经海水的电流，因此可以像传统的电流通量技术一样计算出需要的电势和电流。阴极保护蛇的优势是检测过程不需要任何 ROV。

8.3.16 阴极保护系统间的相互作用

相互连接的阴极保护系统能够相互影响，结果导致一些阳极消耗速率加快。最常见的情形是一条管线与未加涂层的设备的电连接，例如导管架，该设备代表一个比管线大的电流槽。管线阳极的损耗程度取决于导管架和管线的相对面积；但是通常管线阳极可以在 1~2km 内起作用。一种防止管线阳极损耗的方法是隔离管线和导管架。管道和立管之间不使用水下隔离接缝，而是用立管和上部管道系统间的绝缘法兰或整体式绝缘接头来隔离管道（见第 8.3.17 节）。立管夹具也需要专门设计，以确保隔离立管和导管架。过去经常进行管道绝缘，但已不再是通例。在管线和装置最接近的地方安装辅助牺牲阳极更为可靠。

当一个被牺牲阳极保护的管线和一个被外加电流阴极保护系统保护的设备电连接时，会发生更加显著的干扰。ICCP 系统将有更高的激励电压，而且电流会流到牺牲阳极法保护的管线中。牺牲阳极会被阴极保护，而且能够导致两种干扰。在第一种情况下，强氧化物和氢保护膜会形成并使牺牲阳极钝化。此时阳极不再具有活性，不久后腐蚀发生。在第二种情况下，因为在阳极表面产生碱，在较高的 pH 值环境下会发生酸碱反应，所以牺牲阳极上的腐蚀被增强。在第一种情况下，铝合金阳极会受影响，而在第二种情况下，铝和锌都会有损耗。

8.3.17 绝缘法兰和整体式接头

使用绝缘法兰或接头（整体式）能使管线间或管线与结构间实现电绝缘。绝缘法兰更常用。在一个绝缘法兰里，绝缘垫［例如，纤维增强塑料（FRP）］会被放在用螺栓连接的法兰中间。螺栓能连接法兰因此也必须使用安装在法兰口上的绝缘垫圈和衬套来绝缘。管线的移动能使这些衬套破裂；因此，最好是确保法兰是热连接的，以便当管线服役时也能够替换衬套。

整体或绝缘接头是由不同直径的管段制造的，以便彼此配合。管段两端的环形空间内有重叠的法兰，可以转移管道间的纵向应力。这些法兰由绝缘垫分开，而且接头由环氧接合剂密封。做好的接头被焊接到管线上。整体接头可用于所有管径，但在大口径（大于 14in）管道中的应用更加广泛。如果运输的液体含水量较大，较好的做法是给整体式接头的内管加涂层，防止杂散电流越过绝缘层。如果整体接头位于水面以上，检测和维护就更加简单。

用稳压二极管阵列来防止电火花穿过绝缘接头，有高电压脉冲穿过法兰时允许电流通过。电压脉冲可能由闪电、地层断层和地电产生。地电的产生是无规律的，而管线在地球磁场中转动会将短暂的感应电流引入长管线中。在强太阳黑子活动期间，它们的影响非常严重。

对于一个要与平台或码头上部管道系统隔离的立管，也必须专门设计立管夹具以确保立管与设备保持隔离。一种方法是将夹具内衬聚氯丁烯。

与钢筋混凝土结构相连接或处于钢筋混凝土结构中的管线和立管可能需要与混凝土内的钢筋绝缘。相对于外部钢铁，钢筋是阴极，因为由混凝土在钢铁周围形成的碱性环境使得嵌入钢铁和外露钢铁间形成了原电池。有限的氧气扩散到混凝土中，单位面积的阴极活动会变低，但是有大面积的加固钢铁以至于总体的电流消耗可能变高。如果管线与嵌入钢铁电连接，那么在管线上的牺牲阳极就会有附加消耗。对于加固混凝土的典型设计值在加固混凝土表面的范围是 $1\sim3mA/m^2$。可以替代绝缘的方法是在与设备毗邻的管线上连接附加阳极。

电绝缘法兰和接头必须定期检查以确保它们保持绝缘。大多数故障是由于绝缘垫圈或法兰螺栓附近衬套损坏或安装在绝缘法兰和接头上的稳压二极管损坏导致的。虽然整体接头对压力或热循环下的疲劳负荷敏感，但故障率很低。可以通过测量管线或立管的绝缘装置两边的电势来测定绝缘效果。接头的一侧是导管架的电势，而另一侧是管线的电势。电势差通常大于 50mV。可以使用电阻计来检测绝缘性，但流经绝缘法兰或接头的电流可能会非常高，而且这种方法没有电势测量法可靠。

8.4 混凝土配重层

8.4.1 涂层涂敷

许多海底管道必须要覆盖一层混凝土配重层，以克服浮力并确保其在海床上的稳定性。稳定性将在第 11 章中讲述。混凝土配重层也可以为缓冲坠落物体和拖网承板的冲击提供机械保护。混凝土配重层不能用于卷式铺管船铺设的管道上。

混凝土配重层通过喷涂、挤压或滑动成形涂敷到具有涂层的管道上。喷涂混凝土涂层最小厚度约为 40mm，而挤压涂敷的混凝土涂层最小厚度约为 35mm。图 8.5 是一个混凝土喷涂过程。

标准的混凝土的密度是 $2400kg/m^3$，但是如果添加较重的骨料，如铁矿石、炉渣或者重晶石，密度会变大。所用骨料要能够承受海水中硫酸盐的侵蚀，这一点很重要。有一些碳酸盐材料会与海水中的硫酸盐起反应而膨胀，结果导致混凝土覆盖层的剥落。

像 FBE（环氧粉末）这样的薄涂层需要覆盖一层中间涂料，从而避免薄环氧树脂涂料被高速喷涂的混凝土破坏，或在混凝土挤压过程中被破坏。英国天然气公司的研究显示，在没有中间涂层的情况下，喷涂混凝土对涂层的损坏率低于 2%，所以人们对涂层破坏的担心也许是多余的。这个等级的破坏在依据 DNV RP-F103 所做的设计中是不允许的。

在"S"式铺管过程中，铺管船的张紧器夹紧混凝土配重层。FBE，聚乙烯和聚丙烯涂层可能需要防滑带防止管道从配重层内滑出。防滑带是 1m 宽的含有研磨剂或角粒砂的环氧树脂涂层带，在混凝土配重层覆盖前涂抹在管子两端。

管线伏在托架上并在海床反向弯曲可能会造成混凝土层在安装的过程中开裂。裂缝通常会在管子最终静止于海床上时闭合。但很厚的配重层需要在安装过程中开槽以保证柔性。

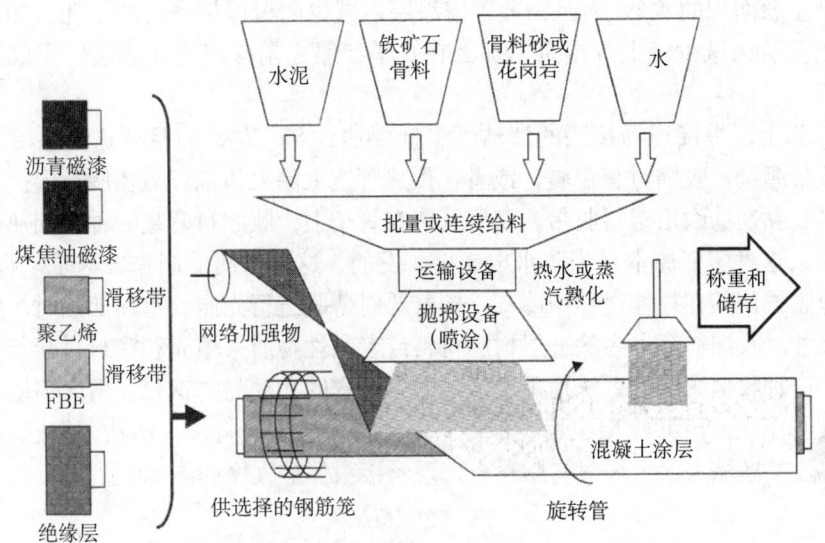

图 8.5 混凝土喷涂过程示意图

混凝土本身没有足够的强度抵抗弯曲，必须予以加固。对于大口径的管道，通常用钢筋笼增加强度，镀锌网格越来越多地用于加固小口径管道。

对加固的混凝土的研究显示，如果金属加固物受腐蚀，混凝土层会脱落而导致失去稳定性。铁锈的体积是生锈前钢的 10～15 倍，这部分膨胀的体积会导致覆盖在上面的混凝土层开裂和脱落。细金属丝构成的网格含钢量很少，产生的铁锈不足以导致开裂。金属表面的锌涂层会在腐蚀时产生很多柔软的黏质物堵住混凝土层的裂缝和内部气孔，同时减少钢加固物的腐蚀扩散速度。

加固物不与钢管和阳极发生电接触是很关键的，否则加固物会充当法拉第笼或者耗尽为管道提供的阴极保护电流。有些承包商考虑到一个理论上对加固物进行阴极保护的电流损耗，其大小为 $1mA/m^2$ 管线表面积，但还没有技术证据支持这个裕量。

8.4.2 混凝土覆盖管道上的阳极安装

在管道上使用的牺牲阳极被铸成两个半环，被称作手镯形阳极。并且通常被安装在管段中间位置的防腐涂层之上。实际施工时通常在阳极内侧涂煤焦油环氧树脂或者磁漆，以避免阳极在管道与阳极间的缝隙处分解。过多的分解会导致阳极上产生膨胀应力并可能发生开裂。阳极会在涂敷混凝土配重层前预先安装，或者在混凝土凝固前切开配重层，再加装阳极。如果是预先安装，那么必须充分保护阳极，防止被喷涂混凝土破坏，如果阳极在管段装船离岸前失去保护，后果会很严重。

在热管道上使用的阳极，可以安装在管道绝热层之上，或者在阳极内表面涂上隔热涂层（例如合成橡胶），这些方法可以降低阳极的温度，提高其效率。

8.4.3 现场接头

每条管子的末端都不作防腐处理，因为这部分是要焊接在一起的。这些裸露的部分大约占整条管子表面积的 4%，而且需要覆盖涂层以减少阴极保护系统的损耗。如果使用工厂预制的双接头管来减少海上焊接量，那么在管子装船之前，就应在涂层厂完成焊缝处理和现场接头。

在铺管船上，焊接现场接头的清洁度最低要达到 Sa $2\frac{1}{2}$，而且要进行涂层覆盖。覆盖方式有：胶带缠绕，收缩衬套包裹，或者在预热管道上涂上粉末环氧树脂涂层。选用的胶带是一种涂满胶黏剂的耐用塑料胶带，双层缠绕在管子上。收缩衬套是一种在加热时会收缩的特制的塑料，这种塑料原本是为防水电连接研发的。这种材料的制作方法是：将薄膜加热，然后拉伸薄膜并使其在拉伸过程中冷却。接着要对薄膜进行光照。重新加热时，胶带会回到它的原始尺寸。收缩衬套上会涂一层树脂材料或者黏性物质来填充和密封衬套与管子之间的任何空隙。这种收缩缠绕的方法适用于清洁的、裸露的和受热的钢管，用火焰枪小心加热以使其收缩到管子上。FBE 涂层也用类似方式贴到母涂层上。将接头清洁，用感应线圈加热，然后在加热过的区域上涂上环氧树脂粉末。现场接头保护程序如图 8.6 所示。

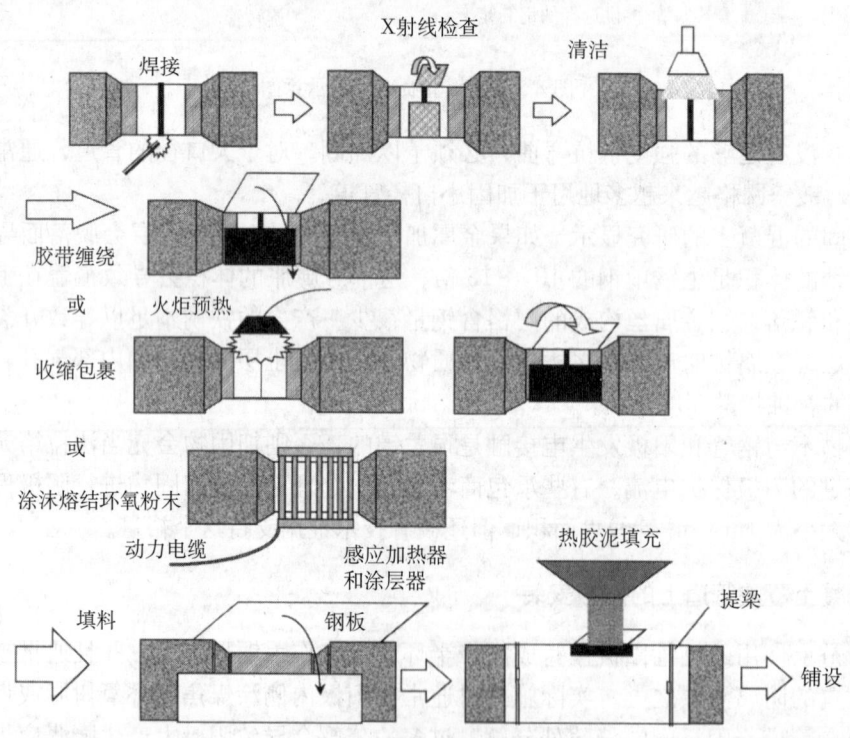

图 8.6　现场接头的腐蚀防护和填料

随着焊接区域内氢气的渐渐形成，FBE 现场接头有时会发生鼓泡。感应线圈对钢的加热加速了焊件内氢气的扩散。如果起泡处暴露出的面积很小，CP 系统可以起到保护作用。

对于有混凝土覆盖层的管道，现场接头必须被填满，以保证管子外径不变。如果现场接头没有被填满，抓紧配重层的滑轮和滚轴会损坏配重层，填料同样会对现场接头提供机械保护。大部分的填料是由树脂构成的，在融化状态下使用。将一张钢板缠绕在现场接头上，并由大的圆形卡子固定。钢板顶部切一个翻门。提起翻门时，向环形空间内填满融化的树脂，然后冷却并用水淬火凝固。

另外两种做法是填充泡沫塑料或者用沸水熟化的速凝混凝土。这两种做法都是使用临时的模具来盛装泡沫塑料或者在固化阶段的混凝土。然而，大部分的泡沫塑料填料耐冲击性很小或几乎没有，泡沫塑料被水浸透，液压力可以通过泡沫塑料传递，所以泡沫塑料受到冲击时可能破裂失效。固体含量较高的泡沫塑料可以提供一些机械保护。速凝混凝土增加的质量可以提高管道的稳定性，并且仿真实验显示，速凝混凝土具有很强的抗机械冲击性能。使用金属或者纤维丝来为混凝土提供加固，将进一步增强混凝土抵抗冲击的能力。

渔民们总是抱怨那些留在热树脂填充的接头上的钢板。因为那些紧固带随着时间的推移会受到腐蚀，钢板伸展开并脱离，破坏渔民的拖网。为了弥补这个漏洞，可采用无模填料，或使用易降解的板子。已经研制出来能够迅速腐蚀分解的镁板，但是价格昂贵。也有人建议在板金属接头处刻痕以加速腐蚀和断裂。为代替热树脂，使用泡沫塑料或者速凝水泥做成的不定形接头，是目前比较受欢迎的。

8.5 隔热

8.5.1 绝热涂层

为了确保流体的流动，有的时候保证管道中流体的温度是必需的，以此来防止水合物的形成，减少蜡沉积，减少重质原油的黏度，从而减少压力降，或有益于后续工艺。绝热涂层目前已有了长足的发展。

低热传导率和优越的机械性能两种需求间是矛盾的，良好的热力学性质需要泡沫或粉末的低密度开放式结构，但这不可避免地会导致材料力学性质变弱；固体人造橡胶和聚合物机械强度很好，但是隔热性不好。一些细粉末状材料可以应用微孔结构原理：如果孔隙的尺寸小于孔隙中气体分子的平均自由行程，那么热传导率将小于单独的气体；如果这些孔隙足够小，这种影响即使在大气压下也会表现出来。平均自由行程是与压力成反比的，所以通过降低压力，热传导率会进一步降低。

多层涂层是最常见的涂装形式，喷涂装置目前有很多专利系统。管子上喷涂一层耐热防腐涂层，然后覆盖上隔热泡沫塑料，最后，用外部缠绕方式保护泡沫塑料。在所有系统中，可用的如下：

(1) 环氧底漆 + 高密度聚氨酯泡沫塑料 + 高密度聚乙烯外壳。
(2) 环氧底漆 + PVC 泡沫塑料 + 聚乙烯外壳。
(3) 三元乙丙橡胶防腐涂层 + PVC 泡沫塑料 + 三元乙丙橡胶外壳。
(4) 环氧底漆 + 聚乙烯涂层 + 聚丙烯材料 + 聚丙烯外壳。

暴露在净水压力下的泡沫塑料材料会逐渐被压碎，由于蠕变，该过程时快时慢。一种折中的办法是使用合成材料，在合成材料中，聚合母体内包含小空心玻璃微珠。

可以用管套管组合来消除对高机械强度和静水压力稳定性的需求。流体是靠内部管线运送的，该管线位于一条较粗的管线之内，通常由垫环支撑。内部管线承载工作压力，外部管线承载外部静水压力，抵抗弯曲、外部集中及冲击载荷。在两层管线的环形空间内，部分或全部填充绝热材料，绝缘材料的机械强度只需满足在环形空间内安装的需要即可。

环形空间会被部分排空，可以充入氮气和氩气这样的气体。管套管系统可以在铺管船上生产，但这样做比较慢；较常用的做法是在岸上生产好，然后用卷筒式铺管船安装，或者用第12章所介绍的两种方法中的任何一种。管套管组合相对会贵一些，因为需要第二根外部管道，而且与单管相比，制造工艺更加复杂。

8.5.2 伴热

隔热是被动的保温方式，目的是减缓管输流体与海水间的热量传递，但是却不能全部地阻止。如果管流停输，管输介质最终冷却至海水温度。而主动伴热是从一个外部热源向管线提供热量，以使管输介质温度被保持在海水温度以上，如果有必要，可以对管输介质进行重新加热。

有几种可用的方法。可以在管线上加外部保温套或者外部载体，热水或者其他流体可以在环形空间和管线间循环流动，这种技术频繁地应用于炼油厂和化工厂管线，已在加拿大用于长距离输送液体硫磺的管线，偶尔也用于海上，如墨西哥湾的King项目。只有在附近存在废热资源时，这种方法才可能体现出经济性。

其他做法是用电的。最简单的做法是电阻伴热，电流通过连接到管线上的电阻丝。另外有很多方法是利用集肤效应，集肤效应是电流通过铁磁材料时由于电流自身交互作用产生磁场而发生的。它的作用是将电流密度集中在紧邻表面的薄层中。单位体积的发热速率是与电流密度平方成正比的。集肤效应增加了发热量并将其集中于表面。热传导将热量传至管道系统的其他部分。集肤效应的应用很多，其中SECT（集肤效应电伴热）首次用于海上是在加拿大北极地区（帕尔默等地区）的一项工程中。

伴热只有在保证管道是隔热的前提下使用才有意义。人们曾一度认为电伴热应用于海底管道会太昂贵，但事实证明并非如此。人们越来越多关心水合物堵塞管道的问题，因此，可以通过增温降压排除水合物的系统越来越具有吸引力。

8.5.3 管束

管束与管套管系统类似，通常靠在服役管线外围安装预制的泡沫塑料保温套来达到隔热目的，在服役管线被插入外管之前，捆绑固定泡沫塑料保温套。环形空间内也可以填入微粒，以确保气体分子的平均自由程足够短以防止循环流通。另一种方法是用一种足够黏的凝胶来阻止热对流导致的循环流通。确保凝胶的长期稳定性和防止微生物降解是很重要的。

参 考 文 献

1　Ashworth, V., and Booker, C. (Eds.). (1986). Cathodic Protection Fundamentals. *Cathodic Protection-Theory and Practice*, Ashworth, VA., and Booker, C. (Eds.). Chichester, UK：Ellis Horwood.

2　King, R.A., Miller, J.D.A., and Wakerley, D.S. (1973). Corrosion of Mild Steel in Cultures of Sulphate—Reducing Bacteria：The Effect of Changing the Soluble Iron Concentration During Growth. *British Corrosion Journal*, 8, 89–93.

3. Chalke, P. (1992). The Practicalities of Basing Your Corrosion Protection Budget on the Estimated Lifetime of a Pipeline. *Conference on Cost-Effective Corrosion Protection of Offshore Pipelines*, International Research, November. London.
4. NACE RP-0675: Control of External Corrosion on Offshore Steel Pipelines.
5. DNV RP-F106: Factory Applied External Pipeline Coatings for Corrosion Control.
6. SSPC PS10.01: Hot Applied Coal Tar Enamel Painting System, Structural Steel Painting Council, USA.
7. NACE RP-0185: Extruded Polyolefin Resin Coating Systems for Underground or Submerged Pipe.
8. NACE TM-0170: Visual Standard for Surfaces of New Steel Air Blast Cleaned with Sand Abrasive.
9. NACE TM-0175: Visual Standard for Surfaces of New Steel Centrifugally Blast Cleaned with Steel Grit and Shot.
10. ISO Standard 8502 (previously, Swedish Industrial Standard 05 59 00): Visual Standard for Surface Preparation for Painting Steel Surfaces.
11. NACE RP-0287: Field Measurement of Surface Profile of Abrasive Blast Cleaned Steel Surfaces using a Replica Tape.
12. ASTM G12: Non-Destructive Measurement of Film Thickness of Pipeline Coatings on Steel.
13. NACE RP-0186: Discontinuity (Holiday) Testing of Protective Coatings.
14. ASTM G62: Holiday Detection in Pipeline Coatings.
15. NACE RP-0274: High Voltage Electrical Inspection of Pipeline Coatings Prior to Installation.
16. ASTM G8: Cathodic Disbonding of Pipeline Coatings.
17. ASTM G80: Specific Cathodic Disbonding of Pipeline Coatings.
18. ASTM G42: Cathodic Disbonding of Pipeline Coatings Subjected to Elevated Temperatures.
19. ASTM G89: Cathodic Disbonding of Pipeline Coatings Subjected to Cyclic Temperatures.
20. ASTM G13/G14: Impact Resistance of Pipeline Coatings (Limestone/Falling Weight).
21. ASTM G17: Penetration Resistance of Pipeline Coatings (Blunt Rod).
22. Design and Operational Guidance on Cathodic Protection of Offshore Structures. (1990). *Subsea Installations and Pipelines*. London: MTD.
23. Parker, M.E., and Peattie, E.G. (1988). *Pipeline Corrosion and Cathodic Protection*, Houston, TX: Gulf.
24. von Baeckman, W., Schwenk, W., and Prinz, W. (trans., Molesley, E.). (1997). *Handbook of Cathodic Protection: Theory and Practice of Electrochemical Protection Processes*, 3rd ed. Houston: Elsevier Gulf Publishing.
25. Morgan, J. (1993). *Cathodic Protection*. Houston, TX: NACE.
26. Elliason, S. (1992). Experience with Cathodic Protection Design in Norwegian Waters.

Redefining International Standards and Practices in the Oil and Gas Industry, Institute for International Research, March, London.

27 French-Mullen, T., and Jacob, R. (1985). Pipelines Undersea. In: *Cathodic Protection-Theory and Practice*, Ashworth, V.A., and Booker, C. (Eds.). Chichester, UK: Ellis Horwood.

28 NACE RP-0176: Corrosion Control of Steel, fixed Offshore Platforms associated with Petroleum Production.

29 Oganowski, C. H. (1985). *Studies on the Marine Corrosion of Cathodically Protected Steel by the Sulphate-Reducing Bacteria*. MSc dissertation, University of Manchester Institute of Science and Technology (UMIST).

30 King, R. A. (1980). Prediction of Corrosion of Seabed Sediments. *Materials Performance*, 19 (1), 39–43.

31 King, R.A., and Miller, J.D.A. (1989). Cathodic Protection and Sulphate-Reducing Bacteria. *Corrosion*, 1, 1–15.

32 DNV RP-F103: Cathodic Protection of Submarine Pipelines by Galvanic Anodes and DNV RP-F103 Annex 1, April, 2006.

33 DNVRP-F103.

34 DNV RP-B401: Cathodic Protection Design, Det Norsk Veritas, Norway.

35 NACE RP-0169: Control of External Corrosion on Underground or Submerged Metallic Piping Systems.

36 See DNV RP-F103, DNV RP-B401, NACE RP-0169.

37 Harvey, D. (1992). Cathodic Protection Standards for Land and Marine Applications. *Conference on Redefining International Standards and Practices in the Oil and Gas Industry*, Institute for International Research, March, London.

38 NACE TM-0190: Impressed Current Test Method for Laboratory Testing of Aluminium Anodes.

39 NACE RP-0492: Metallurgical and Inspection Requirement for Offshore Pipeline Bracelet Anodes and NACE RP-0387: Metallurgical and Inspection Requirements for Cast Sacrificial Anodes for Offshore Applications.

40 ASTM B418: Cast and Wrought Galvanic Zinc Anodes.

41 Efird, D.E. (1992). Overview of NACE Offshore Cathodic Protection Standards. *Conference on Redefining International Practices in the Oil and Gas Industry*, Institute for International Research, March. London.

42 Smith, S.N. (1993). Analysis of Cathodic Protection on an Underprotected Offshore Pipeline. *Materials Performance*, 23 (4), 23–27.

43 DNV OSS-301: Certification and Verification of Pipelines, October 2000.

44 Backhouse, G.H. (1985). Equipment for Offshore Measurements. In: *Cathodic Protection-Theory and Practice*, Ashworth, V.A., and Booker, C. (Eds.). Chichester,

UK: Ellis Horwood.
45 NACE RP-0386: The Electrical Isolation of Cathodically Protected Pipelines.
46 NACE MR-0274: Material Requirements in Prefabricated Plastic Films for Pipeline Coating.
47 Palmer, A.C., Baudais, D.J., and Masterson, D.M. (1979). Design and Installation of an Offshore Flowline for the Canadian Arctic Islands, *Proceedings*, *Eleventh Annual Offshore Technology Conference*, Houston, TX, 2, 765–772.

第 9 章　管道水力学

9.1　概述

建设管道的目的是输送流体，管道设计的主要目标是确保有足够的压力输送流体，并保证设计方案在建设投资（通常随着管道直径的增加而增加）和运营投资（随着管道直径的增加，压降和泵压损失会减少，因而该投资也会减少）之间达到最优平衡。水力设计与温度场的计算有关。如果温度太低，会出现结蜡和水合物问题，并且管道的再启动会很困难。如果流速太快，会产生管内侵蚀和噪音。如果管内是多相流，还会造成不稳定流动和振动。管道设计是一个很复杂的课题，本章仅做简要介绍。多相流是一个研究热点。

9.2　牛顿流体的单相流动

单相流是指在整个管道横截面内只有一种流体通过——液体或气体，而不是由部分气体和部分液体组成的。管道内既有液体又有气体的流动称为两相流，管道内由两种不同且彼此独立的液体（如原油和水）组成的流动也称为两相流。三相流则包含一种气体和两种液体。

牛顿流体是指剪切速率与剪切应力成正比的流体，黏性系数表示两者之间的关系。气体、水以及大多数原油都属于牛顿流体，部分重油属于非牛顿流体，下面将作详细介绍。

图 9.1 表示在内径为 D 的水平管道中一段长度为 ds 的微元流体。流体在管道的横截面上以平均速度 u 流动。s 表示沿管道方向的距离，沿着流动方向 s 不断增加。微元体左端所受的压力是 p；右端所受的压力是 $p+\mathrm{d}p$。微元体两端的压力差与管壁上的剪切应力 τ 平衡。流体的黏度及管壁上的速度梯度共同产生了剪切应力。

微元体上所受的压力是其两端的压力差 dp 与管道截面积 $\pi D^2/4$ 的乘积，且力的方向与流体流动方向相同。管壁对流体产生的剪切应力 τ 作用在微元体外柱面上，作用面积为 $\pi D \mathrm{d}s$，作用方向与流体流动方向相反。由于流体以一个恒定的速度运动，因此作用在微元体上的合力为零，则：

$$0 = (\pi D^2/4)\,\mathrm{d}p + \tau\,(\pi D \mathrm{d}s) \tag{9.1}$$

重新整理，可得：

$$\frac{\mathrm{d}p}{\mathrm{d}s} = -\frac{4\tau}{D} \tag{9.2}$$

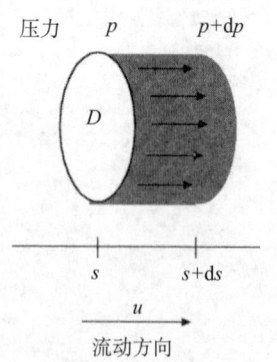

图 9.1　在稳定水平流动中的微元流体

假设 τ 是正的，则沿着流体流动的方向压力会减小。压力梯度 dp/ds 取决于管壁处的剪切应力以及管道直径。剪切应力与平均流速的关系式为：

$$\tau = (1/2) f \rho u^2 \tag{9.3}$$

式中　f——表面摩擦系数；
　　　ρ——流体密度；
　　　u——平均流速，等于流体的体积流量 q 与管道截面积 $\pi D^2/4$ 之比。

将式（9.3）代入式（9.2）中可得：

$$\frac{dp}{ds} = -\frac{2\rho f u^2}{D} \tag{9.4}$$

这就是压降的基本方程。

在管道水力学中，f 被称为范宁（Fanning）摩擦系数。但是水力学中常采用另一个摩擦系数，即穆迪（Moody）摩擦系数，这里用 m 表示，但穆迪摩擦系数也常用其他符号来表示。m 与 f 的关系为：

$$m = 4f \tag{9.5}$$

注意不要混淆这两个摩擦系数。

在牛顿流体的单向流动中，摩擦系数 f 是关于雷诺数 Re 的函数，雷诺数的定义为：

$$Re = \frac{\rho u D}{\mu} \tag{9.6}$$

式中　μ——黏度。

摩擦系数还与管壁的相对粗糙度有关，相对粗糙度用比率 k/D 来表示，其中 k 指管道内壁的粗糙度。对于新的钢管，k 约为 0.05mm，但随着管道被腐蚀、磨蚀以及蜡和沥青质在管内的沉积，k 会增加。基于大量的管内压降测量实验，f，Re 和 k/D 之间的关系可用一个示意图来描述（图9.2）。摩擦系数 f 也可由理论推导获得。在层流区（哈根—泊萧叶流动，Hagen–Poiseuille flow）为：

$$f = \frac{16}{Re} \tag{9.7}$$

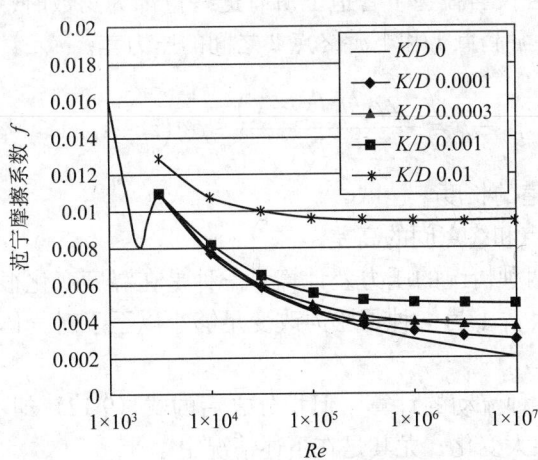

图9.2　雷诺数、范宁摩擦系数和粗糙度间的关系

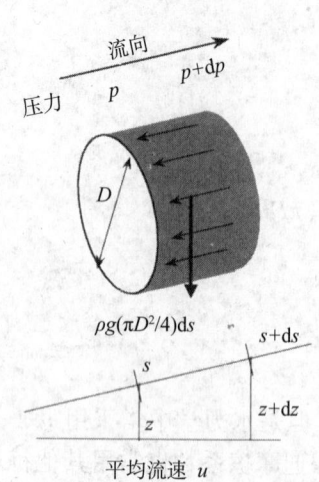

图 9.3 在稳定倾斜管中的微元流体
s—指沿着管道的距离，沿着流动方向增加；
z—位置势能；ρg—流体的单位重量

但上式仅适用于雷诺数小于 2000 的情况。实际上大多数管流的雷诺数都远远超过 2000。层流逐渐过渡到湍流（又叫紊流），湍流的特点是在管壁处存在湍流边界层。除了管道流速非常慢或者流体黏度非常大的情况以外，大多数管道都处于湍流状态。对于非常光滑的管道，在湍流区中 f 和 Re 的关系可由黏性隐式（Kármán–Nikuradse）来表示：

$$\frac{1}{\sqrt{f}} = 4\log_{10}\left(Re\sqrt{f}\right) - 0.4 \tag{9.8}$$

关于粗糙管道内的湍流理论分析在标准教材中有叙述。

在上述论述中都假设管道是水平的。式（9.1）可以推广到非水平管道的流动，取图 9.3 所示的微元体。

同样，在管道轴线方向上微元体的合力也必须为零，所以：

$$0 = \left(\pi D^2/4\right)\mathrm{d}p + \tau\left(\pi D \mathrm{d}s\right) + \rho g\left(\pi D^2/4\right)\mathrm{d}s\frac{\mathrm{d}z}{\mathrm{d}s} \tag{9.9}$$

其中最后一项是微元体所受重力在与管道轴线平行的方向上的分量。式（9.9）重新整理为：

$$\frac{\mathrm{d}p}{\mathrm{d}s} = -\frac{4\tau}{D} - \rho g\frac{\mathrm{d}z}{\mathrm{d}s} \tag{9.10}$$

再将式（9.3）代入，得：

$$\frac{\mathrm{d}p}{\mathrm{d}s} = -\frac{2\rho f u^2}{D} - \rho g\frac{\mathrm{d}z}{\mathrm{d}s} \tag{9.11}$$

由式（9.11）可知压力梯度与管径、速度、重力加速度、密度以及摩擦系数（是关于黏度的函数）有关。当且仅当在整个管道上所有这些量都为常数时，才可以沿管道长度对式（9.11）积分，得到上游起点 1 和下游终点 2 之间的压力差。

$$p_2 - p_1 = -\frac{2\rho f u^2 (s_2 - s_1)}{D} - \rho g(z_2 - z_1) \tag{9.12}$$

式中 $(s_1 - s_2)$——管道的长度；
$(z_1 - z_2)$——起点和终点间的高差。

上式可以用于以下两种情况的压力差计算，一种是在温度变化很小以至于不影响液体黏度时液体管道的压降计算；另一种是压力改变足够小以至于对气体密度几乎不产生影响时气体管道的压降计算。

式（9.11）能用于多种流动的计算，但积分之后的式（9.12）却不能，因为参数 f，ρ 和 u 会沿管道长度发生很大变化，尤其是在下述情况中：

（1）在许多原油和天然气的流动中，由于管线与周围环境之间的热交换，管道沿线会有大幅度的温度变化。不论是埋地铺设或挖沟铺设，管道的传热速率都取决于热传导系数、管道的保温方法以及周围环境的温度。原油黏度 μ 受温度影响很大，因此温度会影响到 f 和 Re。

(2) 在所有的气体流动中，密度 ρ 是压力的函数，流量和高程的变化都会导致压力的改变，因此管道沿线各点的密度不同。

(3) 气体在直径不变的管道内稳定流动时，沿线的气体质量流量不变，但由于气体密度随压力变化，因此管道沿线的流速也会变化。

(4) 第 (2) 条适用于所有的气体流动，但大多数烃类气体的流动更复杂，由于实际运行温度达不到临界温度，因此不能将气体看作理想气体。实际气体与理想气体的偏差是通过引入压缩因子 Z 来解决的。Z 是气体性质的函数，对于临界温度与管道实际运行温度非常接近的气体，如丙烷和乙烯，压缩因子尤为重要。

(5) 真实气体（对应于理想气体）流动的另一个难题是气体的焓既是压力也是温度的函数。因此温度会随着压力的降低而降低，甚至对一条完全隔热的管道也是如此。这一现象（焦耳汤姆逊冷却效应）使管道温度低于周围环境温度，导致结冰或形成永久冻土。焦耳汤姆逊系数 $(\partial T/\partial p)_h$ 表示在焓不变的情况下温度随压力的变化率，该系数取决于压缩因子 Z、压力和温度间的热力学关系。

由于上述原因，简单积分式 (9.12) 并不适用于所有的流体流动。正确的做法是在上游端到下游端的范围内对基础式 (9.11) 进行分段积分，并考虑如下因素：

(1) 传递到周围介质中的热量（通过一个热量传递模型）；

(2) 流体物理性质的变化，可以通过特性模型得到（如密度和黏度），其中流体物理性质是与温度和压力有关的函数；

(3) 整个管道的高程变化。

这种积分的手动计算是非常烦琐的，但是通过一个简单的程序就可以快速完成。这个程序将流量和上游的参数作为输入量，输出下游压力，从而求出全线的压力和温度分布。求解流量的反问题中，给定上下游的参数，系统地进行多次试算可求出流量。OLGA 和 Pipesim 等商业软件都可以进行这类计算。

有一些关于气体流动的简单近似方程，如潘汉德尔（Panhandle）A 公式，适用于不超过 7MPa 的压力相对较低的输气管线。采用美制单位的潘汉德尔 A 公式如下，

$$Q = 435.87 E \left(\frac{T_0}{p_0}\right)^{1.07881} \left(\frac{p_1^2 - p_2^2}{LT}\right)^{0.5394} G^{-0.4606} D^{2.6182} \qquad (9.13)$$

式中　Q——流量，ft³/d，在参考温度 T_0（单位为°R，°R= °F +460）和参考压力 p_0（psia）下测得；

E——效率系数，通常取 0.92；

p_1——上游起点压力，psia；

p_2——下游终点压力，psia；

L——管线长度，mile；

T——平均流体温度，°R；

G——气体相对密度（空气为1）；

D——管径，in。

转换为公制单位得：

$$Q = 4.596 \times 10^{-3} E \left(\frac{T_0}{p_0}\right)^{1.07881} \left(\frac{p_1^2 - p_2^2}{LT}\right)^{0.5394} G^{-0.4606} D^{2.6182} \tag{9.14}$$

式中 Q——流量，m³/d，在参考温度 T_0（单力为K，K=℃+273.16）和参考压力 p_0（MPa）下测得；

E——有效系数，通常取0.92；

p_1——上游起点压力，MPa；

p_2——下游终点压力，MPa；

L——管线长度，km；

T——平均流体温度，K；

G——气体相对密度（空气为1）；

D——管径，mm。

这类方程适用于方案设计和初步确定管道规模的阶段，但随着一些能考虑更多因素、易操作并且能得到更好结果的程序的运用，此类方程的使用越来越少了，但它对于快速的敏感性分析仍然有用。例如，分析将管道外径从273.05mm（10in）减小至219.075mm（8in）所产生的影响。如果之前的管道内径是247.65mm（相应的壁厚为12.7mm），假设直径与壁厚的比率保持不变，则新的管道内径为198.70mm。由式（9.13）可知，在其他条件不变的情况下流量与 $D^{2.6182}$ 成比例。如果管线上下游的压力均保持不变，则流量乘以 $(198.70/247.65)^{2.6182}=0.56$，流量减少44%。通过增加上下游两端的压力差 $p_1 - p_2$ 可以使初始流量保持不变。该公式还说明了对于相同的流量 Q，管线的压降与 $D^{-2.6182/0.5394}=D^{-4.8539}$ 近似成比例，这里忽略了对平均压力 $(p_1+p_2)/2$ 的影响。因此，要保证流量不变，就得将原本需要的压差乘以 $(198.70/247.65)^{-4.8539}=2.91$，最终压差增加了191%。

上述计算并不精确，我们也不需要得到精确的结果。上述计算可以快速告诉我们将管道直径从10in减少至8in时会产生很大影响，通过更详细的计算可以证实这一结论，但在本书中我们不需要进行这样的计算。

Mohitpour列举并对比了其他的稳定流公式，并描述了分析不稳定流的数值方法，这对需要通过管线充装来增加整个系统储气能力的输气管线尤为重要。

但水力计算中可能还会有一些其他问题。对含蜡原油来说，低温时蜡和沥青质会析出并在管壁上聚集，导致管道内径减小，从而对压降产生很大的影响。体积流量 q 与平均流速 u 的关系式为：

$$q = \frac{\pi}{4} D^2 u \tag{9.15}$$

将式（9.15）代入式（9.4），忽略梯度，消去 u 得到：

$$\frac{\mathrm{d}p}{\mathrm{d}s} = -\frac{32}{\pi^2} \frac{\rho f q^2}{D^5} \tag{9.16}$$

D 的变化对 f 的影响很小（图 9.2），对于给定的流量，压力梯度与 D^5 成反比，直径减少 10% 后新的压力差为原有的压力差乘以 $0.9^{-5}=1.7$，而不是乘以 1.1。

通过确保温度尽可能高、清管以及不时添加抑制剂等措施能有效控制蜡沉积。如果原油管道内的流体速度很快，管壁可能会被侵蚀。允许最大流速，即不发生侵蚀的最大流速可由半经验公式得到：

$$u_{max} = \frac{122}{\sqrt{\rho}} \tag{9.17}$$

式中 u_{max}——最大流速，m/s；
ρ——流体密度，kg/m^3。

如果流速很低，并且流体中包含大量水分，那么水会沉降并作为第二相沿管道底部流动。如果水中还含有 CO_2 和 H_2S，那么在管道底部会先发生腐蚀。在任何情况下，只要停止流动，水就会沉降分离并在管道沿线最低点聚积。第 7 章就侵蚀和腐蚀进行了深入探讨。

一些重油在低温时的流动属于非牛顿流体的非线性流动，存在屈服应力。任何变形都需要屈服应力 Y 的作用。要在直径为 D、长度为 L 的管道内输运非牛顿流体，启动所需的压力差可通过基本方程式（9.2）得到：

$$p_2 - p_1 = \frac{4YL}{D} \tag{9.18}$$

因此，当屈服应力为 0.1kPa（2 lbf/ft^2）（大约为番茄酱的强度）时，要使内径为 24in、长度为 50km 的管道再启动，需要的压力差为 33MPa（4800psi），那是相当大的。

在原油管道内，油和水混合会形成乳状液，其黏度远远大于原油本身的黏度，并且压降会增加。通过维持温度以及添加药剂可以解决部分问题，但谨慎操作并征询专家意见更为安全稳妥。

9.3 计算示例

假设一条原油管道的最大运输能力为 100000bbl/d，在管道投入运行一年后其运输能力达到最大值，随后流量逐渐减少，在管道投入运行 6 年后其运输能力降至 40000bbl/d，10 年后降至 10000bbl/d。而在管道投入运行 2 年到 10 年期间，产出并输到岸上的水量则从 0 增加到 30000bbl/d。

起初，原油中硫含量较低，但后来原油中的 H_2S 含量有所增加。假定以下条件：

原油密度为 $850kg/m^3$；黏度为 $0.01Pa·s$；起点最高压力为 5MPa；终点最低压力为 1MPa。要选择合适的管径并考虑在设计使用年限后期可能会出现的问题。

起初管线最大流量为 100000bbl/d。首先根据有效的经验法则可以粗略地计算原油管道的最优直径：

$$D = \sqrt{\frac{q}{500}} \tag{9.19}$$

式中 q——流量，bbl/d；

D——管径，in。

这个公式没有考虑原油的黏度或密度，是基于一种典型的投资和运营成本的平衡。转换成公制形式为：

$$D = 840\sqrt{q} \qquad (9.20)$$

其中，D 的单位是 mm，q 的单位是 m³/s。

将数值代入式（9.20），有：

$$\sqrt{\frac{100000}{500}} = 14.1$$

选择管道的外径为 12in（12.75in=12.75×25.4mm=323.85mm）。要满足水力设计，要求壁厚取 12.7mm。流速 u 为：

$$\frac{\dfrac{100000 \times 0.159}{24 \times 3600}}{\dfrac{\pi}{4}(0.32385 - 2 \times 0.0127)^2} = 2.63 \text{m/s}$$

这一结果是可接受的，因为它小于式（9.17）计算得到的速率：

$$\frac{122}{\sqrt{850}} = 4.2 \text{m/s}$$

雷诺数为：

$$\frac{\rho u D}{\mu} = \frac{850 \times 2.63 \times 0.2985}{0.01} = 6.7 \times 10^4$$

相对粗糙度为 0.001 的管道，由摩擦系数图（图 9.2）可得其摩擦系数 f 为 0.0059，则求出的压降明显过大：

$$\frac{2\rho f u^2 L}{D} = \frac{2 \times 850 \text{kg/m}^3 \times 0.0059 \times 2.63^2 (\text{m/s})^2 \times 28200 \text{m}}{0.2985 \text{m}} = 6.554 \times 10^6 \text{Pa} = 6.554 \text{MPa}$$

如果将管道外径增至 14in，壁厚保持不变，则直径 D 为 $(14 \times 25.4 - 2 \times 12.7) = 330.2$mm。可得：

$$u = 2.63 \times \left(\frac{0.2985}{0.3302}\right)^2 = 2.15 \text{m/s}$$

$$\frac{\rho u D}{\mu} = \frac{850 \times 2.15 \times 0.3302}{0.01} = 6.0 \times 10^4$$

当相对粗糙度为 0.001 时，根据摩擦系数图可得管道的摩擦系数 f 为 0.0060，由于雷诺数（Re）对摩擦系数（f）的影响很小，因此新的摩擦系数与之前求得的摩擦系数差别不大。新的压降为：

$$\frac{2\rho f u^2 L}{D} = \frac{2 \times 850 \times 0.0060 \times 2.15^2 \times 28200}{0.3302} = 4.03 \text{MPa}$$

这一结果是可接受的。

因此当选择的管道外径为 14in（355.6mm）时，在油田后期生产过程中其平均速率会大大降低，10 年后将是 $2.15 \times \frac{40000}{100000} = 0.86 \text{m/s}$。管道内开始有水析出并沿管道底部流动，水中的 H_2S 可能达到饱和，这就可能导致大量的腐蚀。而由于油比较稠，还可能有管道结蜡的问题。

9.4 热传递和流体温度

管道与周围环境之间存在热传递。热传递对不同环境中流体的流态以及周围环境都有很大影响。例如，通常情况下原油从油层中流出，沿着油管上升至海底的井口处，然后由海底集油管线流至平台的立管。油层的温度很高，在 100℃ 到 200℃ 之间。由于油管与周围环境间存在热传导，管内温度逐渐降低，但相对来说这部分热传递很小，因此当原油到达海底时其温度仍然较高。之后通过热传导以及自然对流和强制对流，热量会传入海中，在原油从井口到平台的过程中其温度不断降低。因为黏度会随着温度的降低而增加，因此在原油到达平台的过程中，黏度逐渐增加，黏度的增加会影响压力梯度（通过 Re 对 f 产生影响）。

关闭油井期间流动会停止，原油冷却至海水温度，而再启动时的计算黏度即原油在海水温度下的黏度。如果原油充分冷却，蜡会开始析出并在管壁上沉积。当管道内有水存在且管道内温度较低、压力较高时还会生成固体水合物。当到达平台的原油温度过高或过低时，分离器等设备可能出现工艺问题。如果平台附近的管道温度较高，则会出现大的热膨胀位移。如果管道温度较高而热膨胀却被管道与海床或锚之间的摩擦限制住，则此时会产生大的轴向压力，管道可能发生屈曲，而且温度还会影响腐蚀过程中的化学反应速率。

为了避免上述问题，工程师需要了解管道沿线的温度分布。大多数水力计算中都包含一个并行的温度计算。因为温度会影响水力计算（通过第 9.2 节中提到的因素来影响），而水力计算也可以影响温度（通过流速对热传导系数的影响来作用），所以这两个计算是耦合的。

用于水力计算的程序往往包含能进行温度计算的热传递模块。热传递模型是与管道输送介质的温度相关的函数，通过该模型可以计算出管道对周围环境的传热系数。传热模型包括传导热传递（通过管壁、涂层，如果是埋地管道还有管道周围的土壤）和对流热传递（在流体和管道内壁之间的内边界上，在管道和海水间的边界上，如果是埋地管道就应该是土壤或岩石覆盖层和管道之间的边界上）。若管道被埋在岩石或砾石中，因为这类材料有很高的透水性，还会形成对流环，所以此时对流可能起主导作用。

许多水下管道都是绝热的，隔热系统的选择很困难。泡沫聚合材料如聚氨酯泡沫体是很好的绝热体，但它们的强度来源于泡沫细胞间的薄壁，因此机械性能较弱。如果泡沫要保持其绝热性能，就必须要有足够的强度来抵抗周围环境的水压，而泡沫会立即损坏或慢慢破损。与泡沫相比，固体合成橡胶和聚合物的机械强度要高得多，但它们不是有效的绝热体。因此一种解决方法是选择像Carizite™这样折中的材料，其聚丙烯基质中有空的玻璃微球，当微球合并时材料的热传导率会降低，基质可以保证聚合物的大部分机械强度。另一种选择是微孔材料，如Microtherm™和Wacker WDS™，这类材料具有非常小的纳米微孔，甚至小于气体分子在孔隙里的平均自由程，尤其是在低压情况下它的热导率很低。

还有一种选择就是双层管方案：运输管线在另一条外层管道中，其中外层管道被称为载重架，两个管道之间的环状空间被抽空或注入某种惰性气体。该措施会减少或消除热传导以及对流传热，并且加入辐射能力弱的反射金属薄片还可以减少辐射传热。

9.5 水合物

水合物是在温度较低、压力较高的条件下由碳氢化合物和水形成的固体化合物，与湿雪相似。水合物对于输送烃类介质的管道来说是个难题，因为水合物一旦形成就会部分或完全阻断流动。在其他情况下水合物的影响也十分重要，甲烷水合物是自然形成的，将来可能成为重要的燃料来源。钻至海底水合物，尤其是在使用水基钻井液的情况下，会造成严重的气体泄漏和井控问题。全球变暖引起的水合物分解可能加剧气候变化过程，因为甲烷本身就是一种温室气体。

相平衡图图9.4给出了在水—甲烷以及水—95%甲烷—5%乙烷系统中形成水合物的条件。高分子碳氢化合物，如乙烷（C_2H_6，C_2）和丙烷（C_3H_8，C_3），会使系统相平衡线朝着高温、低压的方向移动，因此相对密度较大的气体更容易形成水合物。卡茨和埃蒙茨提供了大量关于高分子碳氢化合物对相平衡的影响的数据，并且卡茨还提出了一种气体混合物的相平衡的计算方法。

对于水合物的形成，热力学平衡并不是全部原因。除此之外还有成核势垒，它可以将纯水过冷至凝固点以下而不凝固，这样可以阻止水合物的形成，即使形成了也能将其保持在稳定状态。一旦形成水合物堵塞，就需要采取升高温度及/或降低压力的措施来使其分解。

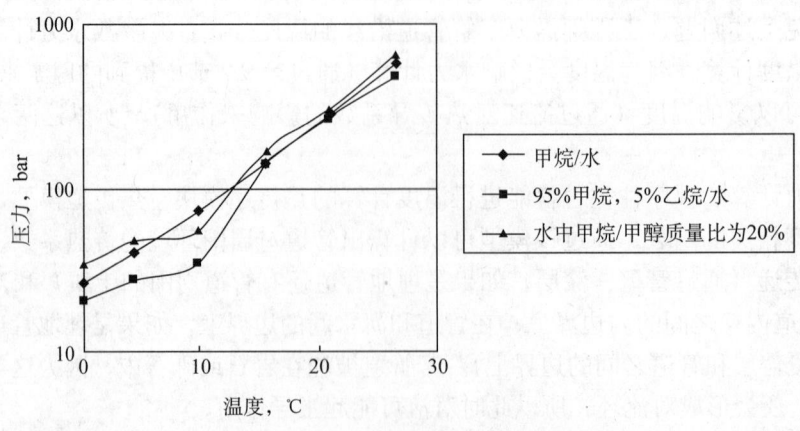

图9.4　水合物形成的相平衡曲线图

水合物是海底管线设计中要考虑的一个重要因素。一种方法是选择第 9.4 节中提到的隔热系统将管道温度维持在尽可能高的水平。然而当流动停止时，管内介质开始冷却，一旦形成水合物阻断流动，想要将温度提升到能分解水合物的程度是十分困难的。而有效的伴热系统可以解决这一难题，但成本相对较高，还需要有电源。

另一种方法是向流体中添加药剂，使相平衡线向高压低温的方向移动。这类添加剂被称作热力学抑制剂，其中甲醇和甘醇是最常用的两种添加剂。图 9.4 中当水中甲烷/甲醇质量比为 20% 时的影响。管道运行中需要投入大量的此类添加剂，这往往需要一条单独的管线来注入抑制剂，而且抑制剂必须要在下游回收。盐（NaCl）就是一种自然存在于地层水中的抑制剂。

第 3 种方法是投入另一种抑制剂，称为动力抑制剂，临界水合物抑制剂 (THI) 或小剂量水合物抑制剂 (LDHI)。它改变了水合物晶体成核、增长或凝聚成块的速率。动力抑制剂不能阻止水合物的形成，但是可以延迟其形成从而不引发问题，或是将水合物转换成不会堵塞管道的形式。聚合物如聚乙烯吡咯烷酮和聚乙烯基己内酰胺都属于临界水合物抑制剂，单位体积的该类抑制剂比甲醇等简单的化学药品要贵得多，但加剂量非常低，总的成本仍具有一定的竞争力。

9.6 多相流

很多输送烃类的管道系统中都会出现多相流，包括一种气相、一种或多种液相（原油和水），有时还会有固相（砂）。因为不同的相具有不同的密度和机械性质，还可能产生多种不同的流态，因此多相流的水动力学特性要比单向流复杂得多。多相流是一个专门的学科，很多书籍中都涉及到了，这也是一个重要的研究课题。

在单相流中，由单相流的体积流量除以横截面面积可以求得平均速度。对多相流来说，需要有一个可描述各相速度的方法。最简便的就是相表观速度，是指假设其他相不存在时某一相在管道内单独流动时的速度。以两相流为例，假设气和油的体积流量分别为 q_g 和 q_l，则相应的表观速度为 u_g 和 u_l：

$$u_\mathrm{g} = \frac{q_\mathrm{g}}{(\pi/4)D^2} \tag{9.21}$$

$$u_\mathrm{l} = \frac{q_\mathrm{l}}{(\pi/4)D^2} \tag{9.22}$$

应注意表观速度并不是某一相单独在管道内流动时的速度，表观速度反映的是相对流速。尝试考虑下述情况，管道横截面上大部分都是液体，但其中有少量气泡，气泡随着液体以相同的速度在管道内流动。即使气相和液相的速度相等，但气体的表观速度比液体的表观速度小得多，两相的表观速度之比与每一相占据管道横截面的面积之比不同。试想一下，在一条管道的横截面上，一半是液体一半是气体，但气体移动的速度比液体快 10 倍。

与单相流相比，多相流的第一个难题就是可能会产生多种不同的流动模式。在流态图（图 9.5）上可以看到不同的流动模式，图中横轴表示气体表观速度，纵轴表示液体表观速度。图的左下角对应于气相、液相都缓慢流动的情况。右下角对应的是气体大量或快速流动而液体少量或缓慢流动的情况。图中给出了不同流动模式的小管段图,从中可以分辨出气相与液相。

从日常生活中的两相流实例也可以学到很多,例如将水从瓶内慢慢倒出,水是液相而空气是气相,且水的单位质量约是空气的 800 倍。此时流动分层,较重的水在瓶口底部,较轻的空气在顶部。因此,当两相的表观速度都很低时,出现流动分层,液体在底部而气体在顶部,如图 9.5 左下角所示。

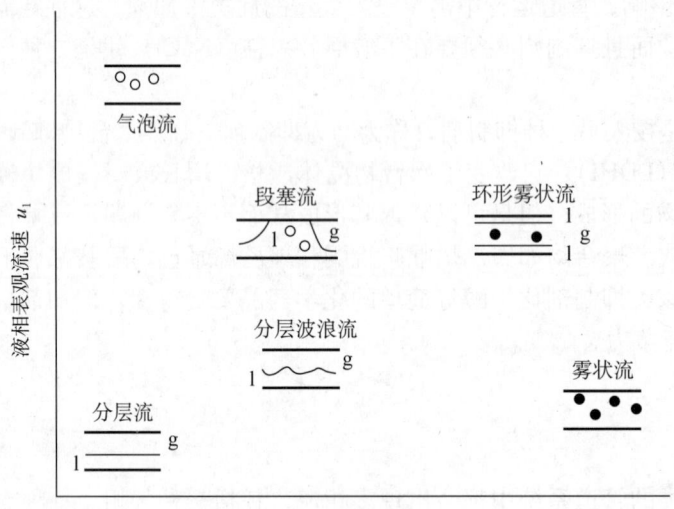

图 9.5 流型图

试想如果气体的表观速度增加,则气体的流动比液体快得多,这是风吹过海面的情景。除了相对速度很小的情况以外,其他时候在海面都会形成波浪。在管道中,当分层流变成了分层波浪流时,液体仍在管道底部,但在液体表面有波浪。

若气体速度更快,则产生的影响与海面上的疾风产生的影响相似,风吹起并带着浪花移动。这就是雾状流,其中气相是连续的,液相是分散的液滴。如果液体较多,管壁会被液体覆盖,形成环形雾状流。

若液体表观速度高而气体表观速度低,则是另一种情况。此时在连续的液流中会形成单独的气泡,由于气体比液体轻,气泡倾向于在管道上部流动。

考虑最后一种情况,开始的时候在管道内是波浪分层流,随后表观速度增加。波浪逐渐增强直到它们充满整个管道的横截面。此时形成了段塞流,管道内交替出现多泡的液体(称为段塞)以及含有少量或不含液体的气体。段塞流可能会造成很多麻烦,因为任何在下游端的处理流程都要能接收大量不规则不均匀的带有少量气体的大量液体以及带有少许液体的大量气体。段塞流要先通过大型分离器(称为段塞流捕集器),许多关于多相流的研究都致力于预测和处理段塞流。

直到目前为止,要对多相流系统的压降进行可靠的预测仍十分困难,同样困难的还有对持液率的预测,即对管道内液体量的预测。尽管使用了一些关系式进行研究,但预测仍然建立在理论与实际相结合的基础上,同时以小规模的低压空气/水系统试验为依据。典型的试验是在一条直径为 2in 的管道上，在大气压下对空气/水混合物进行试验，水与气的密度比为 800。而实际的烃类管道系统中输送介质的密度比为 20，直径为 20in。由于相似准则的不确定性，因此试验结果还不能推广使用。多相流已经成为一个研究热点，预测压降和持液率以及处理段塞流的技术都有了很大的提高。现在有一些新的环形试验管道可用于较大规模的烃类输送试验，可以获得更多的真实管道运行数据，并将它们系统地关联起来。

多相流的影响因素远多于单相流，因此多相流的流动分析非常复杂。高程的改变对单相流基本上没有影响〔除了式（9.12）中的流体静力高度部分〕，但它们对分层流的影响较大（较重的液相在底部，较轻的气相在液相上方）。即使其他条件完全相似，按 0.002（2m/km）的坡度向下流动的流态与按相同坡度向上流动的流态完全不同。在下坡流中，重力驱动液体流动，因此液体可以自动沿着坡度流动，这会有令人意想不到的结果。例如，关掉在上游的泵后下游的流动仍将持续一段时间（以穿越阿尔卑斯山的一条管道为例，流动持续了 2 小时）。

而在上坡流中，重力会阻止流体流动，只有快速移动的气流对液体的剪切力才能使液体向前移动。缓慢移动的液体开始聚集并形成液体段塞充满了整个横截面，气流被液体段塞截断从而产生动压力推动段塞前进。

更复杂的是随着压力和温度的改变，相的组分也会改变。在段塞流中流动条件变化迅速，不可能有足够的时间来达到相平衡。

开发的计算程序中包含多个相关式。这些相关式是相互独立的而在内部原理上是一致的，但它们常常给出不同的答案。我们做了许多工作将它们一一进行对比，并与现场的测量数据进行比较，采用在某种条件下预测结果最好的相关式。采用某种得到证明的相关式是明智的做法，通过与现场测量类似的条件进行比较可以实现相关式的证明。

在不稳定两相流中可能出现更复杂的情况，在实际中可能产生严重的后果。例如，设计的段塞捕集器既要能处理在准稳定流中会产生的段塞，也要能处理在管道关闭后重新启动时可能形成的较大段塞。流体的流动取决于再启动过程的详细情况。

参 考 文 献

1 Kay, J.M.（1957）. *Fluid Mechanics and Heat Transfer*. Cambridge, UK: Cambridge University Press.
2 Katz, D L., Cornell, D., Kobayashi, R., Poettman, F.H., Vary, J.A., Elenbaas, J.R., and Weinaug, C.F.（1959）. *Handbook of Natural Gas Engineering*. New York: McGraw-Hill.
3 Ibid.
4 Ibid.
5 Pippard, A.B.（1964）. *Classical Thermodynamics*. Cambridge, UK: Cambridge University Press.
6 Katz, D.L., Cornell, D., Kobayashi, R., Poettman, F.H., Vary, J.A., Elenbaas, J.R., and Weinaug, C.F.（1959）. *Handbook of Natural Gas Engineering*. New York: McGraw-Hill.
7 Mohitpour, M., Golshan, H., and Murray, A.（2003）. *Pipeline Design and Construction: A Practical Approach*. New York: American Society of Mechanical Engineers Press.
8 Ibid.

9 McAlister, E.W. (1998). *Pipeline Rules of Thumb Handbook*. Houston, TX: Gulf.
10 Mohitpour et al., *Pipeline Design and Construction*.
11 Palmer, A.C. (2007). *Dimensional Analysis and Intelligent Experimentation*. Singapore: World Scientific.
12 Fricke, J. (1993). Materials Research for the Optimisation of Thermal Insulations. *High-Temperature High Pressures*, 25, 379–390.
13 Katz, D.L., Cornell, D., Kobayashi, R., Poettman, F.H., Vary, J.A., Elenbaas, J.R., and Weinaug, C.F. (1959). *Handbook of Natural Gas Engineering*. New York: McGraw–Hill.
14 Edmonds, B., Moorwood, R.A.S., and Szczepanski, R. (2002). *Controlling Remediation of Fluid Hydrates in Deepwater Drilling Operations*. Ultradeep, March, 7–11.
15 Dendy Sloan, E. (1990), *Clathrate Hydrates of Natural Gases*. New York: Marcel Dekker.
16 Soga, K, Lee, Si., Ng, M.Y.A., and Klar, A. (2007). Characterisation and Engineering Properties of Methane Hydrate Soils. *Proceedings, Conference on Characterisation and Engineering Properties of Natural Soils*, Singapore, 4, 2591–2642. London: Taylor & Francis.
17 Katz, D.L., Cornell, D., Kobayashi, R., Poettman, F.H., Vary, J.A., Elenbaas, J.R., and Weinaug, C.F. (1959). *Handbook of Natural Gas Engineering*. New York: McGraw–Hill.
18 Edmonds et al., *Controlling Remediation of Fluid Hydrates*.

第10章 强 度

10.1 概述

不论在建设期还是运行期,管道都必须要有足够的强度来承受加载在管道上的所有载荷。在建设期内,管道可能会被弯曲、拉伸或扭转。而在运行期间,管道需要承受其内部输送的流体产生的内压、海水施加的外压以及温度变化所引起的应力。有时管道还要承受施工设备施加的载荷以及锚、渔具和掉落物所产生的外部冲击。

本章论述的是管道的强度设计,以平衡管道所受到的内压、外压、纵向应力、弯曲、凹痕及冲击作用。本章主要包括基本的结构力学和简单的分析方法,以解决多数实际问题。目前通过有限元法,采用ABAQUS等软件可以分析更复杂的情况。

10.2 抗内压设计

管道内的输送介质所产生的压力是管线最主要的载荷。

人们很容易忽略压强产生的力的大小。图10.1(a)所示的是一个典型的大口径天然气管道的横截面,管道直径为30in,内压为15MPa。要确定内压作用在管壁上的力就需要考虑图10.1(a)中截平面以下的整体平衡。

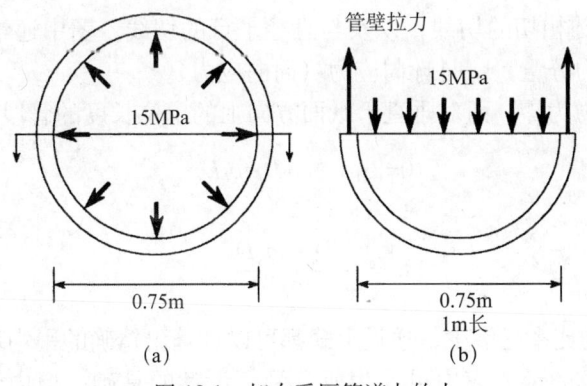

图10.1 加在受压管道上的力

图10.1(b)所示的是半个管道及其内部的流体,是一个自由体受力图。1m长的管道上受到的向下的压力等于管道内气体压强乘以压力作用面积(长1m,宽0.75m的矩形)。对一段直管段,垂直方向上没有其他的力,因此作用在这段1m长的管段上向上的拉力就是管壁受到的拉力。由于要保持平衡,管壁受到的拉力应为:

$$(15\text{MPa}) \times (0.75\text{m}^2) = 11.25\text{MN}$$

约为1100t,这是一个相当大的力,甚至超过了3驾747飞机的起飞重量。管道上每米管段都要承受相同大小的力。这就提醒了我们,当管道被有意无意地压出痕、凿槽或穿孔时受到的作用力究竟有多大。

内压产生的环向应力是静定的,因此不会出现大的应力重新分布;而且应力不会因塑性屈服而改变或减小。如果环向应力过大,那么在管道圆周上会产生屈服,而持续的屈服会使管壁变薄并最终断裂。

继续讨论应力而非受力,由平衡可以计算出环向应力,以下通过代数语言来描述。考虑一条外径为 D_o、内径为 D_i、壁厚为 t、内压为 p_i、外压为 p_o 的管道,图 10.2(a)给出了管道的横截面示意图。

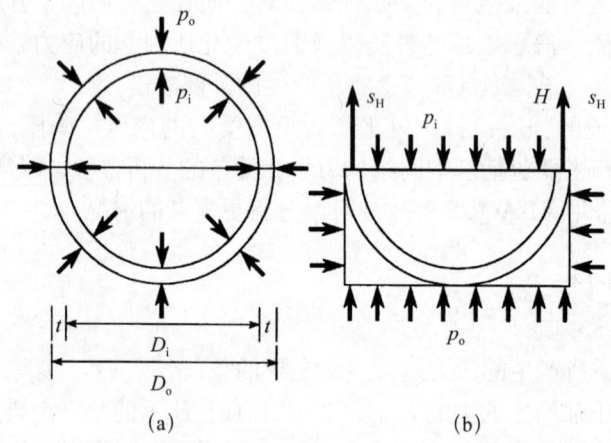

图 10.2 内外均受压的管道上的环向应力

现在考虑图 10.2(b)的矩形里所有力的平衡。矩形由以下 4 条线限定范围:直径,两条在直径两端点处与圆相切的切线,以及与直径平行的切线。图中还给出了作用在矩形不同部分的边界上的应力分量,s_H 是环向应力(周向应力)。

竖直方向上的合力为零,而对垂直于纸面方向上的单位长度的管段来说:

$$0 = 2s_H t - p_i D_i + p_o D_o \tag{10.1}$$

重新整理,可得:

$$s_H = \frac{p_i D_i - p_o D_o}{2t} \tag{10.2}$$

不论直径/壁厚的比率是多少,通过上式都可以计算出精确的平均环向应力。

式(10.2)中计算的环向应力可作为所有管道设计的基础。但由于历史和惯性原因,标准委员会并没有采纳该公式;还在使用其他版本的公式。最简单且使用最广泛的是巴劳(Barlow)公式:

$$s_H = \frac{p_i D}{2t} \tag{10.3}$$

忽略外压项 $p_o D_o$ 可以得到式(10.3)。D 通常指外径,显然比内径大。该方法考虑到壁厚对环向应力的影响较小,这是一种近似处理方法。比较式(10.2)和式(10.3)可知,在相同的内压下通过式(10.3)会得出一个较大的环向应力,因此式(10.3)是保守的。式

(10.3) 高估了最大环向应力的值,但许多规范中都指定使用该公式。

挪威船级社 1996 年规范中第 210 条要求设计者使用以下公式:

$$s_H = (p_i - p_o)\frac{D_o - t}{2t} \tag{10.4}$$

其中,t 是指考虑到制造公差和运行腐蚀情况下的最小管道壁厚。

可以将式(10.4)看作式(10.2)和式(10.3)的折中方案。在对内压的分析中,DNV 2000 规范第 403 条中隐含了同样的公式,但这些规定都是以极限状态法为基础的,我们将在本书后面的章节中对此进行讨论。

式(10.2)、式(10.3)和式(10.4)都是仅由静力学推导而来的。另一种方法是进行全面的分析,包括运用弹性理论、采用完整的应力—应变关系、强加应变协调要求以及假设环向应力是不均匀的。通过这样的分析可得到关于作用于内表面的最大环向应力的拉梅(Lamé)方程:

$$s_H = (p_i - p_o)\frac{D_o^2 + D_i^2}{D_o^2 - D_i^2} - p_o \tag{10.5}$$

假设管道仍处于弹性状态,通过上式可以精确计算出最大应力。由式(10.5)计算出的应力总是略高于由式(10.2)计算出的值,但低于式(10.3)计算出的值,因为式(10.3)中的 D 为管道外径。随着 D/t 的减小,它们之间的差值增大。在一些规范中允许设计者使用式(10.5)。

上述所有公式都可以改写成设计公式,设计的公称壁厚需要保证环向应力等于或小于某一特定的数值,该数值为屈服应力 Y 乘以规定的系数 f_1,即:

$$s_H \leqslant f_1 Y \tag{10.6}$$

f_1 被称为设计系数。

将式(10.3)(即巴劳公式)和式(10.6)联立求解,可得:

$$\frac{p_i D}{2t} = s_H \leqslant f_1 Y \tag{10.7}$$

该公式可改写成最小壁厚的形式,其中壁厚满足式(10.6):

$$t \geqslant \frac{p_i D}{2 f_1 Y} \tag{10.8}$$

加入第二个系数 f_2 是有益的,f_2 是制造公差系数,加入 f_2 可以允许实际最小壁厚值略小于公称壁厚。例如,当允许最小壁厚比公称壁厚小 12.5% 时,f_2 为 0.875。加入这个系数,可将式(10.8)用于求解最小壁厚值:

$$t \geqslant \frac{p_i D}{2 f_1 f_2 Y} \tag{10.9}$$

在规范中对环向应力强加了一个固定的界限,并指定了一个设计系数最大值(使用系数或利用系数)。过去管道设计系数几乎总是取 0.72,而对于立管和靠近平台的管段则取较小的设计系数，为 0.6 或更小的值。在一些规范中仍指定了这些值。但现在人们已经逐渐意识到 0.72 这一系数是在 70 多年前选定的，是当时管道的制造、焊接和建设标准的体现，而当时的标准远远低于今天，但人们没有经过仔细考虑就将它从一个规范复制到另一个规范。最近的研究表明增加这一系数是安全的，而增加的程度是工业界激烈讨论的主题。例如在 1994 年的加拿大规范中，0.72 这一设计系数被 0.8 所取代。同样的改变也出现在 1995 年德国劳埃德船级社（Germanischer Lloyd）规范中。1996 年 DNV 规范第 204 条中有两种情况，一种是将环向应力限定为 η_s 和规定的最小屈服应力 Y 的乘积，另一种则是将环向应力限定为 η_u 和规定的最小抗拉强度 T 的乘积。用乘数 η_s 代替了 f_1，并且 η_s 的值取决于安全等级，第 204 条中列出了它的值。对低安全等级，设计系数为 0.83，而对正常的和较高的安全等级，设计系数为 0.77。第 204 条中定义了另一个乘数 η_u，对低安全等级 η_u 取 0.72，对正常安全等级取 0.67，而对高安全等级取 0.64。

将式（10.4）与 DNV 规范第 204 条中的第一种情况结合起来，整理可得：

$$t \geqslant \frac{D}{\dfrac{2\eta_s Y}{p_i - p_o} + 1} \tag{10.10}$$

如直径为 30in 的管道，即 D=762mm（30in），p_i=20MPa（200bars，2900psi），p_o=2MPa（20bars，290.1psi，对应于 200m 水柱所产生的压力），Y=413.7MPa（N/mm²）（60000psi，×60），η_s=0.83，则由式（10.10）得到的最小壁厚为 19.46mm。

对同样的数据，如果用巴劳公式 [式（10.8）] 来进行计算，则最小壁厚为 22.19mm。产生这一差距主要是因为在式（10.8）中没有考虑外压，而在这个例子中外压相对较大。

另一种选择是将精确的拉梅方程 [式（10.6）] 作为设计基础，最大环向应力不超过 $f_1 Y$ 时可由二次方程来求最小比率 t/D_o（允许壁厚 / 外径），可得：

$$0 = \left(\frac{t}{D_o}\right)^2 - \left(\frac{t}{D_o}\right) + \frac{1}{\beta} \tag{10.11}$$

其中

$$\beta = 2\left(1 + \frac{f_1 Y + p_o}{p_i - p_o}\right) \tag{10.12}$$

可得：

$$t = \frac{1}{2} D_o \left(1 - \sqrt{1 - \frac{4}{\beta}}\right) \tag{10.13}$$

重复上述算例，则最小壁厚为 19.37mm。由 DNV 公式求得的壁厚与由拉梅公式求得的壁厚之差通常较小。对于较高的内压，D_o/t 较小时两者的差距会增大。

在 2000 年 DNV 规范中采用以分项系数为基础的极限状态方法来进行压力安全壳设计。第 402 条中对压力安全壳（爆裂）要求局部偶发压力 p_{li} 和外压 p_e 之差满足：

$$p_{li} - p_e \leqslant \frac{p_b(t_1)}{\gamma_{SC} \gamma_m} \tag{10.14}$$

式中 γ_{SC}——安全等级递减系数,列举于规范中的表 5.5 中,其中对低安全等级压力安全壳取 1.046,对正常安全等级取 1.138,对高安全等级取 1.308;

γ_m——材料阻力系数,列于表 5.4 中,在运行、最大和事故的极限状态下取 1.15,而在疲劳极限状态下取 1.00;

p_b——压力安全壳强度,定义为:

$$p_b = \min\left(\frac{2t}{D-t}f_y\frac{2}{\sqrt{3}}, \frac{2t}{D-t}\frac{f_u}{1.15}\frac{2}{\sqrt{3}}\right) \tag{10.15}$$

其中第一部分对应于屈服极限状态,第二部分对应于爆裂极限状态。

式中 t——壁厚,考虑到了制造允许误差和运行状态下的允许腐蚀裕量(第 C300 条);

f_y——特征屈服强度,为指定的最小屈服应力乘以材料强度系数,其中必须降低指定的最小屈服应力,从而允许由温度升高而引起的屈服应力减小,材料强度系数应考虑到材料性质的变化(见表 5.2);

f_u——特征抗拉强度,为指定的最小拉伸应力乘以材料强度系数,其中必须降低指定的最小拉伸应力,从而允许由温度升高而引起的拉伸应力的减小,材料强度系数应考虑到材料性质的变化(见表 5.2)。

重新整理式(10.14)和式(10.15),得最小壁厚为:

$$t = \frac{D}{1 + \dfrac{2}{\gamma_{SC}\gamma_m(p_{li}-p_c)}\dfrac{2}{\sqrt{3}}\min\left(f_y, \dfrac{f_u}{1.15}\right)} \tag{10.16}$$

继续上述算例,并补充以下数据:

γ_{SC}=1.138,对应于正常安全等级;

γ_m=1.15;

f_y=413.7MPa;

f_u 最小取 413.7MPa 的 1.15 倍,因此屈服极限状态占主要地位,最小壁厚为 18.34mm。

10.3 抗外压设计

较大的外压会使管道横截面呈椭圆形然后坍塌。在一个截面非常圆的管道上施加稳定增加的外压,直到压力达到临界弹性压力 p_{ecr} 之前管道横截面仍能保持圆形,可得:

$$p_{ecr} = \frac{E}{4(R/t)^3(1-\nu^2)} \tag{10.17}$$

式中 R——平均半径(管中心到管壁的中间处);

t——壁厚;

E——弹性模量;

ν——泊松比。

然后管道会突然坍塌。对大多数海底管道来说,临界弹性压力相当高。对直径为 30in、壁厚为 22.2mm 的管道来说，其临界弹性压力为 12.5MPa，这相当于水深 1250m 处的压力，可产生 208MPa 的环向应力。在管道上可能产生环向压力屈服，但除了极厚的管道外，其余管道上都会先发生弹性坍塌。

实际中的管道截面并非是完美的圆形，在某种程度上总是不圆的。当某条不圆的管道承受外压时，其椭圆度逐渐增加，当压力达到式（10.17）给出的值时椭圆度会变得非常大。在达到临界弹性压力之前，环向弯曲应力和周向弯曲应力的合力达到屈服值，而在超过临界弹性压力后只需略微增加压力管道就会坍塌。

迄今为止，已经有很多关于管道屈曲和坍塌的研究，Kyriakides 在他的新书中对此进行了详细的论述。在 DNV 2000 规范中，第 D503 条中要求通过公式来计算外压（坍塌）的特征能力，公式如下：

$$(p - p_{ecr})(p^2 - p_Y^2) = 2 p_{ecr} p_Y g (R/t) p \tag{10.18}$$

式中 p——坍塌压力；

p_{ecr}——临界弹性压力，由式（10.17）定义可得；

p_Y——在压缩时周向应力达到屈服值时的压力，如果管道十分圆且没有发生屈曲，则其值为 Yt/R，其中 Y 为屈服应力；

R——半径，取 $D_o/2$，为外径的一半而不是平均直径的一半；

g——不圆度，在 DNV 规范中用 f_0 表示，定义为（最大直径－最小直径）/平均直径，且其值不小于 0.005。

式（10.18）给出了下述 3 者之间的关系：周向屈服、弹性失稳以及由不圆度造成的周向坍塌。该公式以理想化的管道几何形状和材料特性为基础，非常简单但难以表示该问题最新的进展。一些细节可能会遭到质疑，如薄度参数的选择，因为 D/t 是基于外径 D 而不是平均直径 $(D-t)/2$ 的，而平均直径可能更符合薄壳理论。但是式（10.18）与许多测试结果都相当符合，特别是 300 多个关于套管测试的数据集。预计今后的研究会推出一个同类型的公式，但使用的系数不同。

几何形状是通过直径、壁厚以及不圆度来描述的，其中不圆度是通过最大和最小直径来定义的。横截面呈勒洛（Reulaux）七边形（英国 50 分硬币的形状）的管道显然是不圆的，此时管道的坍塌压力可能比等直径的圆形管道更低，因为七边形有角和较平的边，这两者在一起作用会增强其圆周弯曲。但按照 DNV 中的定义，它的不圆度恰好为零，因为它的最大直径和最小直径是相等的（将直径定义为两平行切线间的距离）。勒洛七边形各边的曲率弧度是相同直径的圆的一半，这也导致了七边形抵抗外压的能力较弱。

对几何不圆度进行更复杂精细的描述对试验有重要的意义，但与试验相关的报道很少。同样地，几何描述并没有考虑到管道横截面在纵向上的变化，但这一变化很重要，尤其是当管道横截面发生快速变化而产生了额外的扁平点时。

仅仅在屈服应力的基础上对塑性进行描述是远远不够的。在管道工业中按常规来定义屈服应力是不全面的，因为屈服应力是在 0.005 的应变下测得的，这接近于塑性范围。线弹性偏离发生的压力几乎总是低于常规定义的屈服应力，但规范中并没有对这一特性进行约束，而且在公式中也没有考虑到这一点。同样的，在应变超过 0.005 时，应变硬化不仅在钢材和管道的制作过程中发生变化，还会影响到管道发生屈曲的压力，但规范没有考虑到应变硬化。对屈服应力低、应变硬化快的钢制管道，其预期的坍塌压力要高于那些屈服应力高、应变硬化少的钢制管道，但式（10.18）却作出了相反的预测。

最后，该公式最突出的一个缺陷就是没有考虑制造过程中产生的残余应力，残余应力很大，约为管道最终成型温度下的屈服应力。通过水压试验以及水力或机械扩张只能消除部分残余应力。残余应力对由外压造成的管道弯曲以及之后的失稳都有重要影响。

式（10.18）可改写为设计公式，目的是求解壁厚，要求壁厚 t 能满足最小坍塌压力 p_c：

$$A_5 t^5 + A_3 t^3 + A_2 t^2 + A_0 = 0 \tag{10.19}$$

式中

$$A_5 = \frac{8 E f_y^2 \alpha_{\text{fab}}^2}{(1-v^2) D^5} \tag{10.20}$$

$$A_3 = -\frac{2 E p_c}{(1-v^2) D^3} \left(p_c + 2 f_y \alpha_{\text{fab}} f_0 \right) \tag{10.21}$$

$$A_2 = -4 p_c \left(\frac{f_y \alpha_{\text{fab}}}{D} \right)^2 \tag{10.22}$$

$$A_0 = p_c^3 \tag{10.23}$$

用迭代法对式（10.19）求解，有：

$$t_{n+1} = t_n - \frac{A_5 t_n^5 + A_3 t_n^3 + A_2 t_n^2 + A_0}{5 A_5 t_n^4 + 3 A_3 t_n^2 + 2 A_2 t_n} \tag{10.24}$$

其中 t_n 是第 n 次迭代值，初始值 t_0 可取：

$$t_0 = 1.2 D \max \left\{ \frac{p_c}{2 f_y \alpha_{\text{fab}}}, \left[\frac{p_c (1-v^2)}{2E} \right]^{1/3} \right\} \tag{10.25}$$

结果收敛很快，只需进行两次迭代。

图 10.3 中，对 X65 钢，β 取 0.0389，并针对 3 种不圆度作出了 D/t 关于 $p/2Y$ 的曲线。

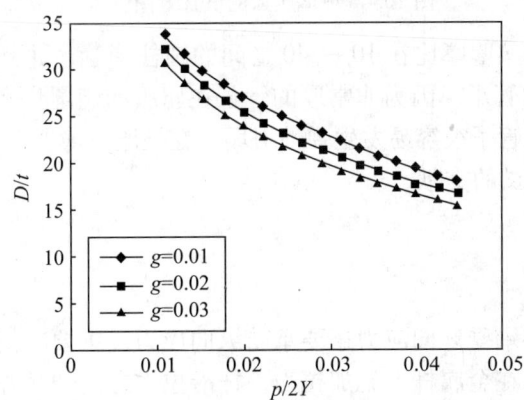

图 10.3　最小 D/t 比和 $p/2Y$ 的关系曲线

管道规范中对深海管道的不圆度是有规定的，一般为 0.01（1%）。图 10.3 表明合理的不圆度不会造成很大的影响，因为工程实例中不允许存在不圆度较大的情况，如组装焊接。

虽然对外压下屈曲的总体情况很清楚，但仍然需要更多的研究。壁厚的选择是设计工程师所要做的最重要的设计决策之一，壁厚对深海管道的成本以及技术可行性有重要影响。在深海管道设计中，在外压下产生的坍塌常常是壁厚决策的主导因素，在深海中需要使用厚壁管道。阿曼到印度管道项目，其最大深度约为 3000m，在对其进行设计研究的过程中，试验和分析研究都表明即使是 20～26in 的中等直径管道，要求的最小壁厚也应超过 30mm。这些壁厚削弱了工程的经济可行性（而在其他环境下建设该项目的经济可行性是非常有吸引力的），同时这些壁厚还造成了很多其他困难，如焊接和垂向屈曲。但有一种更好的方法是在建造管道时使其整体或部分被液体填充，这样可以使管道不必承受所有外部静水压力。

图 10.4 是对阿曼—印度管道进行坍塌压力测试的直方图，图中还将测量得到的坍塌压力和由式（10.18）计算得到的坍塌压力进行了比较。公式有一点保守，但不过分。虽然通过更复杂的分析可能得到略小的壁厚，但预计减少的不会太多。还可以在有限元分析的基础上进行分析，这能更全面地考虑几何学和材料性质，不仅包括应变硬化和残余应力，还包括对理想化偏离的程度。如冯米泽斯（von Mises）屈服条件，就是对实际材料特性的理想化。

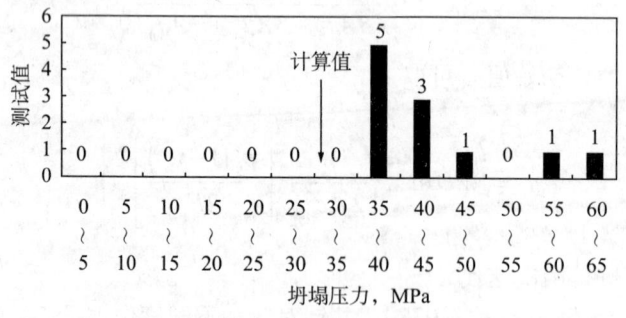

图 10.4 坍塌压力测试直方图

上述分析适用于半径/壁厚比在 10～40 之间的圆柱形管，尤其是输送管线。它并不适用于非常厚或非常薄的管子，因为非常厚的管子在屈服和椭圆化之间复杂的相互作用下会发生坍塌，而非常薄的管子很容易发生弹性坍塌。在外压下薄壁管对几何缺陷非常敏感，现在有大量的关于描述测试的文献。

10.4 纵向应力

运行中的管道不仅要承受环向应力还要承受纵向应力。主要有两种效应会引起纵向应力。第一种是泊松效应。在金属杆上施加拉力，杆沿拉力方向伸长并在横向收缩。如果要阻止横向收缩则需要横向拉伸应力。第 10.2 节中的分析表明内压会产生环向拉应力。如果只有环向应力而没有纵向应力,则管道会在圆周上膨胀(因此管道直径会增加)但在纵向上收缩(因此管道会变得更短)。如果管道与海底之间的摩擦或是与固定物体如平台之间的连接阻止了纵向收缩,则会产生纵向拉应力。

第二种效应是由温度变化产生的纵向应力。如果管道的温度升高且管道在各个方向上都能自由膨胀,则管道在环向和轴向上都会膨胀。环向膨胀往往不受限制,但纵向膨胀会受到海底摩擦和连接限制。因此如果膨胀被抑制了,则管道上会产生纵向压缩应力。

膨胀应力可能会很大。在温度差 θ 下要完全抑制单轴膨胀所需要的应力为 $E\alpha\theta$,其中 E 是弹性模量,α 是线性热膨胀系数。钢铁的 $E\alpha$ 是 2.4N/(mm²·℃),因此在约束条件下温度升高 100℃ 会产生 240N/mm² 的纵向应力,大约是 X60 钢的屈服值的 60%。

如果没有经过系统的处理,则纵向应力的计算很容易出错。最好按照理想化了的薄壁管道来计算,没有必要进行厚壁分析。在本节接下来的部分中,将拉应力和拉应变都看作是正的。这与固体力学大体是一致的,我们强烈推荐,否则符号上极易出错。

环向应力是静定的,可通过巴劳公式求得:

$$s_H = \frac{p_i R}{t} \tag{10.26}$$

用平均半径 R 的两倍来代替 D。如果要求是应力的绝对值,则 p_i 应为内外压差。如果从安装状态到运营状态的应力有变化,则 p_i 应为运行压力。

对线弹性各向同性材料,可通过应力—应变关系求出纵向应变:

$$\varepsilon_L = \frac{1}{E}(-\nu s_H + s_L) + \alpha\theta \tag{10.27}$$

式中 ε_L——纵向应变;
s_L——纵向应力;
s_H——环向应力;
E——杨氏模量;
ν——泊松比;
α——线性热膨胀系数;
θ——温度改变量(增加为正)。

忽略了径向应力在管壁上的作用(符合理想的薄壁壳假设)。

纵向应力 s_L 并不是静定的,而是取决于纵向移动受约束的程度。如果在轴向上完全约束,则:

$$\varepsilon_L = 0 \tag{10.28}$$

联立式(10.26)、式(10.27)和式(10.28),可得纵向应力:

$$s_L = \frac{\nu p_i R}{t} - E\alpha\theta \tag{10.29}$$

因此,纵向应力由两部分组成,第一部分与压力相关,第二部分与温度相关。压力部分是正的(拉伸的),温度部分通常是负的(压缩的)。而合力是拉伸的还是压缩的取决于压力和温度增加的相对量。之前提到过的外径为 30in 的管道,如果壁厚为 20.8mm(向下取第一个小于计算最小值的 API 标准尺寸），内压是 18MPa，且温度增加了 90℃，$E\alpha$ 是 2.4N/（mm²·℃），ν 是 0.3，纵向应力的压力项是 +96N/mm²，温度项是 -216N/mm²。纵向应力合力为 96-216=-120N/mm²。这两项都不能忽略，并且它们都是屈服应力的主要组成部分。

但管道完全无约束时的情况不同；例如，立管底部接近于直角弯头。环向应力和纵向应力都是静定的，纵向应力为：

$$s_L = \frac{1}{2}\frac{p_i R}{t} \tag{10.30}$$

在接近平台或膨胀环处的管道可部分自由膨胀，会产生一种中间情况。纵向应变 ε_L 是正的，且纵向应力比在完全约束情况下由式（10.28）计算得到的应力更大（拉伸）。虽然这种情况不是严格静定的，但它证明了对其进行直接分析并推导出部分约束段的运动和应力分布公式是可行的。

管壁处于双轴应力状态，包括环向和纵向应力两部分。严格来说应力是三轴的，径向的第三个主应力的方向可以由指向管道内部变为指向管道外部。第 3 个主应力通常被忽略，这与理想的薄壳假设是一致的，薄壳假设中与 pR/t 阶的应力相比，p 阶的应力可以忽略。

等效应力的计算决定了合应力接近屈服值的程度。最常使用的等效应力是 von Mises 等效应力 s_{eq}，可得：

$$s_{eqvM} = \sqrt{s_H^2 - s_H s_L + s_L^2} \tag{10.31}$$

上式忽略了扭转力和第三主应力。继续计算上述算例，s_H 是 +321N/mm²，s_L 是 -120N/mm²，因此：

$$s_{eqvM} = \sqrt{(+321)^2 - (+321)(-120) + (-120)^2} = 395\text{N/mm}^2 \tag{10.32}$$

如果等效应力达到屈服值，则管道开始产生塑性变形。通常情况下，当环向应力是拉伸的且纵向应力是收缩时，则环向塑性应变是拉伸的且纵向塑性应变是收缩的。在轴向完全约束的情况下，纵向拉伸塑性应变与大小相同且方向相反的纵向压缩弹性应变同时发生，因此总应变为零。在式（10.27）中的应变项中加入了一个塑性应变项，减小纵向应力（压缩）能消除部分轴向应力。弹性—塑性之间的相互作用允许一定程度的应力重新分布，但它自身具有限制性，并且管道不会继续变形。

在较早的规范中对等效应力进行了限制。而更多的现代规范如 1988 年荷兰标准化院（NEN）3650 规范，1993 年 BS 8010 的第三部分和 2000 年 DNV 规范允许而且有时还鼓励以应变为基础的设计。在以应变为基础的设计中用对应变的限制代替了对等效应力的限制，但只用于变形被限制的情况下，例如通过连续的垂直支撑。以应变为基础的设计有很多优势，但这样会使弯曲刚度大幅减少，如果管道的侧向移动没有完全被限制，则需要仔细考虑侧向移动。1993 年 BS 8010 第三部分中允许基于允许应变的管道设计并包括以下几条：

假定满足以下条件，在第 4.2.5.4 条中对等效应力的限制可更换为对允许应变的限制：

（1）在最大运行温度和压力下，等价应变的塑性项不超过 0.001（0.1%）；零应变下的参考状态是指管道竣工后的状态（在试压之后）。等效应变的塑性项是一个等效的单轴拉应变，定义为：

$$\varepsilon_{\mathrm{p}} = \sqrt{\frac{2}{3}} \sqrt{\varepsilon_{\mathrm{pH}}^2 + \varepsilon_{\mathrm{pL}}^2 + \varepsilon_{\mathrm{pR}}^2} \tag{10.33}$$

式中　　ε_{p}——等效塑性应变；

$\varepsilon_{\mathrm{pL}}$——纵向塑性主应变；

$\varepsilon_{\mathrm{pH}}$——环向主应变；

$\varepsilon_{\mathrm{pR}}$——径向塑性应变。

（2）任何塑性变形只发生在管道首次达到其最大运行压力和温度的情况下，而不是发生在之后的压降过程中、温度降低至最小运行温度的过程中或是恢复到最大运行压力和温度的过程中。

（3）D_o/t 比率不超过60。

（4）在焊接处有足够的延展性可以承受塑性变形。

塑性变形会降低管道的弯曲刚度，从而降低管道的垂向屈曲性能，在垂向屈曲可能发生的情况下还需要对塑性变形的影响进行检测。注意：这一项并不会影响到对允许环向应力的约束。

同样的情况还出现在2000年DNV规范第5节的第D507和D508条中，但允许应变的定义不同，且规定 D/t 比不超过45。假定由测试或经验可知仍存在一定的安全余量，对于 D/t 小于20的情况规范允许较大的应变。

上述各项中说明的情况是基于将管道材料理想化为理想弹性/完全塑性的范·米塞斯材料的分析结果的。在管道应力分析中采用的几乎都是这种理想化。但实验表明塑性变形发生在与屈服应力对应的屈服状态达到之前。这是可以预计的，因为通常名义屈服应力对应于0.005的应变，而在名义屈服应力下应变的弹性分量 Y/E 较小，约为0.002。即使没有达到名义屈服状态，重复周期载荷仍会产生小的塑性应变。因此有人担心，这些应变可能会累积并产生过大变形，或是使原先就存在的裂缝和其他缺陷变大，尤其是在酸性环境中。要阐明这一问题还需要进一步的研究。

10.5　弯曲

在建设期内管道常常受弯。在铺管驳船铺管过程中（见第12章，图12.2），管道先沿着一个方向弯曲进入拱弯区，然后管道反向弯曲进入垂弯区。在卷筒铺管过程中，管道首先在弹性范围内被弯曲并被缠绕在卷筒上，再经过反向塑性弯曲矫直，然后在垂弯区内再次弯曲。如果要铺设管道的海底不平，则管道会产生弯曲从而与海底形貌一致，而在挖沟铺设管道时它可能再次被弯曲。

图10.5给出了管道被弯曲至塑性范围后管道的弯曲力矩和曲率间的关系。曲率较小时，管道弹性弯曲且力矩与曲率之比为弯曲刚度 F。当曲率增加超过屈服曲率时，在离中间轴最远的点开始产生塑性屈服，力矩与曲率之间开始呈曲线关系。

随着曲率的进一步增加，弯曲力矩也继续增加，但弯曲力矩的增加要慢得多，其增加的比率是由应变硬化（会增加弯曲力矩）和椭圆化（会减少弯曲力矩）之间的相互作用来控制的。在曲率减少的阶段弯曲力矩会线性递减，而当力矩为零时仍存在一个残余曲率。

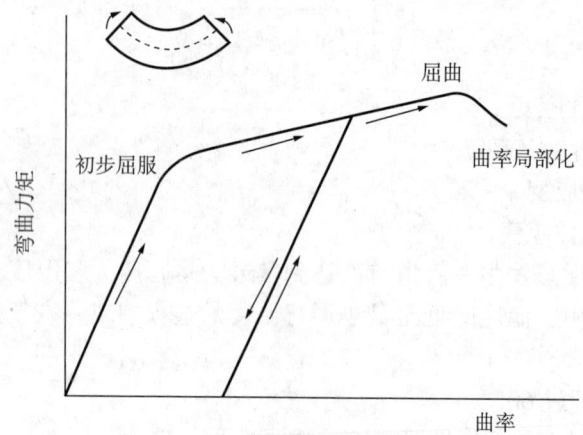

图 10.5　曲率与弯曲力矩间的关系

如果曲率继续增加，弯曲过程最终会变得不稳定，并且在管道被压缩的一边开始起褶。屈曲继续发展而弯曲力矩减少，曲率不再是单一的，而在管道屈曲处会形成扭折。

下述分析中将管道看作由弹性或完全塑性材料制成的薄圆柱壳。该方法较简单，且能解决由管道的大变形所产生的许多问题，包括屈曲传播、弯曲、屈曲以及凹陷。附加因素如应变硬化和更复杂的厚壁圆柱理论总会使计算难度增加，尽管从总体上来说增加的很小。弹性薄壳方法则是保守的。在对常规涂层厚度的分析中也忽略了混凝土加重涂层的加强作用，其作用大体上约为 10%（尽管对集中载荷可能会更大一些）。

在小曲率时管道会发生弹性变形，弯曲刚度 F 为：

$$F = \pi R^3 t E \tag{10.34}$$

式中　R——平均半径；

　　　t——壁厚；

　　　E——杨氏模量。

当弯曲力矩为 $\pi R^2 t Y$ 时开始产生屈服，其中 Y 是屈服应力，而曲率是 Y/ER。在大曲率时，弯曲力矩是整个塑形力矩 $4R^2 t Y$。

关于管道的塑性弯曲有大量的理论研究、模型实验以及少量的实体测试。曲率相对较小，达到屈服曲率的 3 倍时，通过一个简单的模型就可以充分描述出管道的塑性弯曲，模型中采用了基础梁理论和欧拉假设，在欧拉假设中假定变形后的剖面仍为平面，并且由弯曲造成管道横截面变化而产生的影响是可忽略的。在曲率较大时，横截面变化影响显著，卡勒丁从理论上对其进行了研究，而雷迪、墨菲、基里亚基茨（Kyriakides）和科罗娜、韦贺特和默温、布坎普等则通过实验对其进行了研究。

弯曲屈曲开始发生的曲率主要取决于半径/壁厚之比，较少程度上取决于应变硬化。图 10.6 给出了无量纲屈曲曲率 κR 和直径/壁厚比 D/t 之间的实验数据图。屈曲曲率的定义是弯曲力矩最大时的曲率，κR 是管道发生屈曲并忽略椭圆化时的弯曲应变。

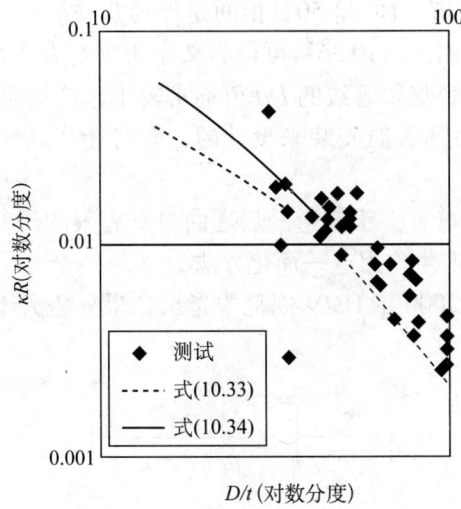

图 10.6　D/t 和屈曲应变 κR 间的关系

下述经验公式可以较准确地评估钢管屈曲曲率：

$$\kappa_b R = \min\left[\frac{1}{4}\frac{t}{R}, 5\left(\frac{t}{R}\right)^2\right] \tag{10.35}$$

在 2000 年的 DNV 规范（第 5 节，D507 条）中有不同的描述。当内压大于或等于外压时，设计压缩应变可由以下公式求得：

$$\varepsilon_d \leqslant \frac{\varepsilon_c}{\gamma_c}$$
$$\varepsilon_c = 0.78\left(\frac{t}{D} - 0.01\right)\left(1 + 5\frac{s_H}{f_y}\right)\alpha_h^{-1.5}\alpha_{gw} \quad (D/t < 45) \tag{10.36}$$

式中　γ_c——抗应变系数；

　　　s_H——环向应力，可由式（10.4）计算得到；

　　　f_y——之前定义的特征屈服应力；

　　　α_{gw}——环形焊缝折减系数；

　　　α_h——最大允许屈服/拉伸比。

s_H/f_y 反映了内压的稳定作用，只有在内压大于外压的情况下才需要考虑。图 10.6 给出了式（10.35）和式（10.36）中各参数之间的关系。在式（10.36）中，环形焊缝系数取 1，最大允许屈服/拉伸比为 0.85，并且环向应力取 0。名义弯曲应变是在相同曲率下管道没有发生椭圆化时管道内发生的应变，设计压缩应变 S_c 等于名义弯曲应变 κR。

上述两公式之间的关系非常简单，除了式（10.36）中环向应力的部分以外，它们之间几乎完全是几何关系，而且公式中还考虑到了材料性质，如应变硬化切线模量和屈服应力之比、屈服应力和弹性模量之比。虽然人们还未完全了解简化的经验公式实际发挥作用的原因，但卡勒丁解释了部分原因。

对一个典型的大直径管道，D/t 是 50（指的是外径），R/t 是 24.5，由式（10.35）可得名义屈曲应变是 0.0083，而由式（10.36）可得名义屈曲应变为 0.0100，两者都要大于典型钢管屈服应变的 4 倍。小直径集输管线的 D/t 值通常较小，这是因为它们的运行压力较高，或是因为它们是按照由卷筒铺管船安装来设计的，有时能将这些管线进一步弯曲至塑性范围。

作为抗碰撞研究的一部分，关于管道的后屈曲只有限的研究。采用的是假定形成部分屈曲的材料对弯曲力矩不产生作用这一简化方法。

外压会降低屈曲曲率。2000 年 DNV 规范中指出如果外压大于内压，设计压缩应变应满足下式：

$$\left(\frac{\varepsilon_\mathrm{d}}{\varepsilon_\mathrm{c}/\gamma_\mathrm{c}}\right)^{0.8}+\frac{p_\mathrm{c}}{p_\mathrm{c}/\gamma_\mathrm{SC}\gamma_\mathrm{m}}\leqslant 1 \tag{10.37}$$

其中

$$\varepsilon_\mathrm{c}=0.78\left(\frac{t}{D}-0.01\right)\alpha_\mathrm{h}^{-1.5}\alpha_\mathrm{gw} \qquad 且 D/t<45$$

外压会产生作用是因为初始屈曲向内弯而不是向外，并且外压还会促进管道向内移动。另一方面内压削弱了管道在弯曲时椭圆化的趋势，因此允许应变会增加。载荷的顺序很重要。科罗娜和基里亚基茨指出，与先弯曲后加压相比，先加压后弯曲时外压和曲率较低，就会产生塑性屈曲。径向加载时压力和曲率一起增加，从而更低的压力和曲率的组合就会导致屈曲。

正如外压会减少屈曲曲率，内压会增加屈曲曲率。较高的内压也可减少弯曲中管道屈服的弯曲力矩。有人建议将内压增至较高水平并允许管道在自身重力下伸缩，使管道适应不平的海底，以此来防止形成长的悬空，在静水压试验中可能会不经意产生这种效果。

压力和轴向力与抗弯曲作用力相互作用。它们调整纵向和环向应力的分布使发生屈服的名义弯曲应力比其他情况下的要小，这一影响对悬空和垂向屈曲的管段分析十分重要。

如果管道在外压下弯至塑性范围，则屈曲的模式会改变。屈曲不再是压缩侧的局部折皱，而是会延伸开并会沿着管道前进，使管道截面变成哑铃形（就像从拇指和食指间挤出来的牙膏一样），这一过程称为屈曲传播。当且仅当外压大于由弯曲屈曲的大小所决定的初始压力时才会发生这一情况。然而一旦开始，屈曲会继续传播，甚至传播到管道上没有弯曲的部分，当且仅当外压大于传播压力 p_pr 且小于初始压力时才会发生这种情况，可由巴特尔（Battelle）公式计算得到：

$$p_\mathrm{pr}=\frac{6Y}{(R/t)^{5/2}} \tag{10.38}$$

在 2000 年 DNV 规范中也提到了几乎相同的公式，但公式中的系数用 6.19 代替 6，用外半径代替平均半径。

对海底管道来说屈曲传播是一个很严重的潜在威胁，因为屈曲可能会沿着管道延伸很远并破坏管道。一些管道通过设计使建设过程中的最大外部压差大于屈曲扩展压力。谨慎的做法是按一定间隔安装屈曲限制器来防止屈曲传播，一般为每15个节点（180m）安装一个屈曲限制器。如果屈曲已经产生并开始传播，当它到达止屈器时就会停止，仅两个止屈器之间的管段报废。只有在管道建设期才需要止屈器，一旦管线开始运行，内压几乎总是大于外压，因此不会发生屈曲传播。有一些关于止屈器的半经验设计规则，通过ABAQUS和自动动态增量非线性分析（ADINA）的大位移有限元分析可对设计进行核对，而有限元分析可进一步与实验结果比较。

使用最广泛的止屈器是一小段厚壁管段（整体式止屈器），是通过焊接与管道连接起来的。另一种是套筒式止屈器，将一小段套筒安装在管道外，向套筒与管道间的缝隙浇灌水泥浆来固定。整体式止屈器的钢材效率较低但不需要焊接，它的外径与混凝土防护加重层的外径相等，因此管道的外径统一。还有一种就是短重环止屈器，可用于支撑采用"J"形铺管方法铺设的管道（在第12章中有相关叙述）。

管道弯曲时会呈现轻微的椭圆化。在弹性范围内椭圆化是可以忽略的，但在塑性范围内椭圆化的影响就很大，在一些情况下椭圆化的影响非常大甚至足以降低管道抗外压的能力，而当要求管道横截面非常圆时，椭圆化就会造成一些麻烦。图10.7说明了椭圆化产生的原因，图10.7（a）表示一段弯管，其中有两个小单元体1和单元体2。单元体1位于中间面下部的受拉部分。作用在单元体任一端上的力垂直于局部横截面。由于管道是弯曲的，作用力不是完全共线的，单元体1上会产生向上的合力。从横截面来看，和单元体1一样的单元体上的向上的合力，会在横截面的下半部分产生一个向上的作用力，如图10.7（b）。

同样地，作用在单元体2的两端上的力会产生向下的合力，而在横截面上，其上半部分会产生向下的作用力。对横截面（b），作用力会产生环向弯曲并使初始的圆形横截面变成粗略的椭圆截面，且截面的长轴垂直于弯曲平面。这是由弯曲引起的纵向应力和弯曲曲率之间相互作用而产生的非线性影响。

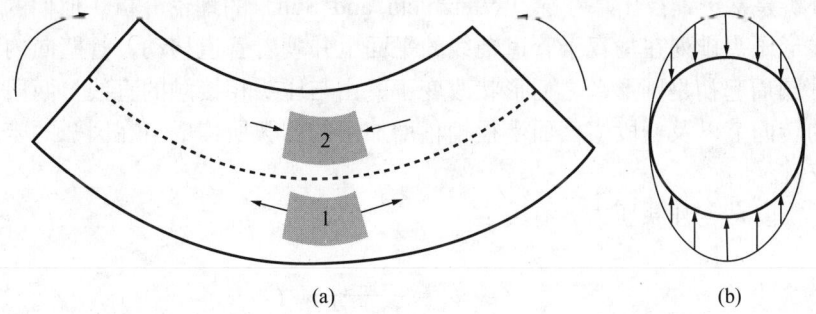

图10.7 弯曲期间的椭圆化
(a) 作用在中间面上下的单元体上的力；(b) 传到横截面上的合力

在弯曲曲率 κ 下发生的椭圆化可由以下公式预测：

$$z = \left(1 - v^2\right)\left(\frac{\kappa R^2}{t}\right)^2 \qquad (10.39)$$

式中 z——直径变化量/初始直径；
v——泊松比。

这一关系式是从布拉齐尔对弹性管的经典研究中得出来的,但雷迪的测量结果表明其在塑性范围内也适用。墨菲和兰纳的不太保守的经验公式如下:

$$z = 0.24\left(1 + \frac{1}{60}\frac{R}{t}\right)\left(\frac{\kappa R^2}{t}\right)^2 \tag{10.40}$$

有时管道被弯至塑性范围然后被矫直。在用卷筒式敷管船铺设管道时,管道先被缠绕在卷筒上,之后被松弛矫直,然后在滑道顶部的校准器中再次弯曲,最后在矫直器内反向弯曲。基里亚基茨进行的周期载荷测试表明,当管道弯曲又被矫直后,大约3/4的最大椭圆度可以得到恢复。然而,弯曲、矫直、反向弯曲、矫直、正向弯曲等循环过程会导致椭圆度累加并最终造成坍塌。应避免循环塑性弯曲的多次重复,尽管对实际管道来说可能并不是这样的。

10.6 凹痕

在管道施工过程中会有各种集中载荷施加在管道上。例如,管道从船尾托管架离开铺管船时要承受来自托管架卷筒的集中压力。管道在离开点附近脱离卷筒,而随着驳船在航道上上下颠簸,管道可能向后运动与卷筒碰触,施加在管道上的是动态载荷。渔船在运行拖网板会以3.5m/s(7kn)的速度移动,可能碰撞到管道并产生较高的局部冲击应力。

集中载荷会造成物体产生不同的变形,这取决于载荷加载的方法以及被施加载荷的物体的形状和刚度。在临界情况下,需要采用有限元的方法来进行弹性分析。在很多其他情况下,更倾向于通过塑性分析找出管壁坍塌的载荷,而不是将加载载荷与坍塌载荷进行比较。

凹痕分析是基于维兹比基和徐(Wierzbicki and Suh)的理论分析。他们的分析是将一排锋利的线形压头排列在垂直于管道轴线的平面上并朝着管道移动。管壁向内凹陷的距离为 W。局部圆周起初是圆形,之后形状改变了,由与压头相接触的直线、两段相对较尖的圆弧形成的转向节以及一段横截面半径稍稍增加了的圆弧所构成。在圆弧的末端形成了移动的塑性铰链。

压头的挠度 u_d 与压头压力 p 有关:

$$u_d = \frac{3}{32\pi}\frac{p^2}{Y^2 t^3} \tag{10.41}$$

虽然维兹比基和徐的分析中包含了一些明显的简化,但上述公式给出的预估同测试的结果十分吻合。图10.8中对式(10.41)中的预估值和测量值进行了比较,测量值是在一段外径为812.8mm(32in)、壁厚为19.05mm并有混凝土防护层的X65管道被横向小直径卷轴印压的情况下测得的,两个结果的接近程度使得式(10.41)中的预估足以用于任何实际应用。图中还表明对外部载荷厚壁管道有很强的抗载荷能力:1MN(100t)的载荷,大于刻意施加的载荷,会产生20mm的偏移。

另一种分析方法更适合于在略小于管道半径的大致呈圆形的区域内施加点载荷的情况。

莫里斯和卡勒丁是通过完整的刚性轮毂在弹—塑性管道的径向上施加载荷，他们的研究基于内旋转部分的坍塌机理。他们发现载荷 p 以及挠度 u_d 之间的关系如下：

$$\frac{p}{Yt^2} = \phi\left(\frac{u_d}{t}, \frac{a}{\sqrt{Rt}}\right) \tag{10.42}$$

式中　　a——加载区域半径；
　　　　ϕ——Morris 和卡勒丁得到的函数。

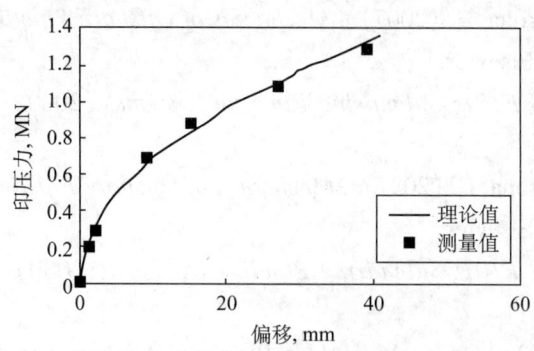

图 10.8　直径为 32in 的管道上的印压

若一个物体（如锚）钩住了管道，则在某一点会产生严重的弯曲，在该点处管道的纵向压缩边也会受到一个大的向内的径向作用力的影响。由于向内的作用力和轴向纵压缩会产生类似的变形模式，因此人们希望知道它们之间的准确关系，但是到目前为止还没有对上述情况进行实验研究。

10.7　冲击

冲击载荷常常由事故造成，例如有东西从平台上掉下来或者爆炸产生的飞射物落在管道上。对快速移动的飞射物的抗冲击是一个复杂的现象，该现象在理论上还未完全明了，但有大量的实验证据。最重要的是要知道管道是否被穿孔，防护层是否脱落以及管道内的介质是否泄漏。造成管道穿孔的飞射物的动能经验公式是：

$$U = Ct^{1.75}d^{1.75}D^{-0.5} \tag{10.43}$$

式中　　U——发生穿孔的飞射物的最小动能；
　　　　C——由经验确定的常数，目录（schedule）40 中取 $0.0056kJ/mm^3$；
　　　　t——管道壁厚；
　　　　d——飞射物直径；
　　　　D——管道直径。

这个关系式主要针对速度相对较高的飞射物，量级为 100m/s，但它也和一些低速度飞射物的实验结果十分吻合。几乎在所有的冲击计算中都没有要求高精确度，计算的主要目的是通过对管道抗穿孔的能力和可能存在的飞射物动能进行比较来预估穿孔的危险性。

参 考 文 献

1. *Rules for Submarine Pipeline Systems*. Høvik, Norway: Det Norske Veritas.
2. *Offshore Standard OS F 101: Submarine Pipeline Systems*. (2000). Høvik, Norway: Det Norske Veritas.
3. Palmer, A.C. (1996). The Limits of Reliability Theory and the Reliability of Limit-State Theory Applied to Pipelines. *Proceedings of the 28th Annual Offshore Technology Conference*, Houston, 4, 619–626, OTC8218.
4. Kyriakides, S., and Corona, E. (2007). *Mechanics of Offshore Pipelines; Volume 1,Buckling and Collapse*. Oxford: Elsevier.
5. *Offshore Standard OS F101: Submarine Pipeline Systems*. (2000). Høvik, Norway: Det Norske Veritas.
6. Kyriakides, S., and Corona, E. (2007). *Mechanics of Offshore Pipelines; Volume 1, Buckling and Collapse*. Oxford: Elsevier.
7. *Offshore Standard OS F101: Submarine Pipeline Systems*. (2000). Høvik, Norway: Det Norske Veritas.
8. McKeehan, D. (1996). Oman India Gas Pipeline Project: Technology Development. *Proceedings of the Offshore Pipeline Technology Conference*, Amsterdam.
9. Tam, C.,et al. (1996). Oman India Pipeline: Development of Design Methods for Hydrostatic Collapse in Deep Water. *Proceedings of the Offshore Pipeline Technology Conference*, Amsterdam.
10. Palmer, A.C. (1997). Pipelines in Deep Water: Interaction Between Design and Construction. *Proceedings of the COPPE-FURJ Workshop on Submarine Pipelines*, Federal University of Rio de Janeiro, 157–166.
11. Palmer, A.C. (1998). A Radical Alternative Approach to Design and Construction of Pipelines in Deep Water. *Proceedings of the Offshore Technology Conference*, Houston, 4, 325–331, OTC8670.
12. Palmer, A.C., and Ling, M.T.S. (1981). Movements of Submarine Pipelines Close to Platforms. *Proceedings of the 13th Annual Offshore Technology Conference*, Houston, 3,17–24.
13. British Standard BS 8010 Part III,British Standards Institution, London (1983).
14. Kyriakides and Corona, *Mechanics of Offshore Pipelines*.
15. Calladine, C.R. (1983). *Theory of Shell Structures*. Cambridge, UK: Cambridge University Press.
16. Reddy, B.D. (1979). An Experimental Study of the Plastic Buckling of Circular Cylinders in Pure Bending. *International Journal of Solids and Structures*, 15,669–683.
17. Murphey, C. E.,and Langner, C.G. (1985). Ultimate Pipe Strength Under Bending Collapse and Fatigue. *Proceedings of the International Symposium on Offshore Mechanics and Arctic Engineering*, Dallas, 467–477.
18. Kyriakides, S., and Shaw, P.K. (1985). *Inelastic Buckling of Tubes Under Cyclic Bending*.

Engineering Mechanics Research Laboratory [Report] , University of Texas at Austin, EMRL85.4.
19 Corona, E.,and Kyriakides, S. (1988) . Collapse of Inelastic Pipelines Under Combined Bending and External Pressure. *BOSS'88,Proceedings, International Conference on Behaviour of Offshore Structures*, Trondheim, Norway, 3,953–964.
20 Corona, E.,and Kyriakides, S. (1988) . On the Collapse of Inelastic Tubes Under Combined Bending Pressure. *International Journal of Solids and Structures*, 24,505–535.
21 Wilhoit, J.C., and Merwin,J.E. (1973) . Critical Plastic Buckling Parameters for Tubing in Bending Under Axial Tension. *Proceedings of the 5th Annual Offshore Technology Conference*, Houston, Paper OTC 1874.
22 Boukamp, J.G., and Stephen, R.M. (1973) . Large Diameter Pipe Under Combined Loading. *Transportation Engineering Journal*, ASCE, 99 TE3,521–536.
23 Calladine, C.R. (1983) . *Theory of Shell Structures*. Cambridge, UK: Cambridge University Press.
24 Corona, E., and Kyriakides, S. (1988) . Collapse of Inelastic Pipelines Under Combined Bending and External Pressure. *BOSS'88, Proceedings, International Conference on Behaviour of Offshore Structures*, Trondheim, Norway, 3,953–964.
25 *Offshore Standard OS FI01: Submarine Pipeline Systems.* (2000) . Hϕvik, Norway: Det Norske Veritas.
26 Toscano, R., Mantovano, L.O., Amenta, P.M., Charreau, R.F., Johnson, D.H., Assanelli, A.P., and Dworkin, E.N. (2007) . Collapse Arrestors for Deepwater Pipelines: Cross–Over Mechanisms. *Computers and Structures*.
27 Murphey,C. E.,and Langner, C.G. (1985) . Ultimate Pipe Strength Under Bending Collapse and Fatigue. *Proceedings of the International Symposium on Offshore Mechanics and Arctic Engineering*, Dallas, 467–477.
28 Wierzbicki, T.,and Suh, M.S. (1986) . *Denting Analysis of Tube Under Combined Loadings*. Massachusetts Institute of Technology, MIT Sea Grant College Program [Report] MITSG 86-5.

第 11 章 稳 定 性

11.1 概述

管道在海床上必须要保持稳定。如果管道太轻,那么在波浪和海流的作用下会向侧滑动。如果管道过重,则管道的建设会变得很困难而且费用很高。

设计者们可以在防腐层外添加外部混凝土加重层来增加管道重量,同时混凝土也可以保护防腐层免受机械损伤。设计者们也可采用另一种费用相对较高的方法,尤其是当管道的材料为防腐合金(CRA)时,可通过增加管道壁厚来增加管道的水下重量。埋地敷设管道的方法可以减少流体动力并增加管道的稳定性,或是通过增加淹没重量或垫层来增加管道重量。将管道埋入海床或用岩石覆盖管道的铺设方法可以减小其不稳定的概率。

考虑到海流和波浪所引起的流体动力,设计的第一步就是要决定设计海流和设计波浪的取值。在第 11.2 节和第 11.3 节中分别对海流和波浪进行了介绍,这些都是海洋研究的扩展领域。第 11.4 节中讨论了流体动力的计算。在波浪力的作用下要保证管道安全需要有足够的阻力来抵制液体动力造成的侧向移动,第 11.5 节中对侧向阻力进行了分析。

常规的设计方法是取合适的水下重量,使得横向阻力足够大可以使管道在重力和流体动力的作用下保持平衡。第 11.6 节中描述了如何将前几节的思想运用到设计过程中。

我们完全可以相信,常规的设计方法实际上在理论中往往是不合理的、是错误的。常规的设计方法错误地假设了海床是稳定的,但实际上在海床达到管道设计中的要求之前海床就会变得不稳定并且还会移动。第 11.7 节描述了这一状况的发生过程,并提出了稳定管道的几种方法,但相关研究还在不断发展。

11.2 设计海流

准稳定海流主要是潮汐。大部分地区的潮汐是半天一次,因此每天会出现两个大致相等的高潮和低潮。在其他地方则会出现全日潮,或者是高潮和低潮的高度存在很大差距。由于太阳和月球相对于地球的位置以及它们之间的距离不断变化,潮汐周期不是单纯重复。在自然月中,从高潮(恰好在满月和新月之后)到低潮的循环中潮汐高度和潮流强度增加了一倍。

经过长时间的研究,目前已建立了著名且可靠的潮汐研究理论体系。通过航海图、年鉴和之前储存在数据库中的潮流分析数据可以获得大部分沿海地区的潮流信息。这些信息对理论设计来说可能已经足够了,甚至有时对最终的设计也足够了。人们可以对潮汐高度和潮流进行数值计算,并且专家们也常常会进行此类计算。

对一个以前未被研究勘察过的地方,明智的做法是查阅已出版的或基于海洋测量计算出的潮流数据。对规划中的管道线路人们可以进行海流计量研究。通常要安装一系列至少包括3个自记流速仪的装置，这些流速仪要安装在海床上、中间以及接近海平面处，可以为建设计划提供额外数据。这些测量仪至少要在规定位置上放置一个自然月，它们可以每10min记录一次潮流的大小和方向。然后通过分析记录可得到最大潮流以及潮流大小和方向的统计分布。利用极值统计，我们可根据已经观测到的分布预测出10年或100年内的设计极端潮流。虽然人们经常这样做，但对潮汐等固定现象，它在逻辑上还是存在一些错误，并且在实际中很可能高估极端潮流。

在不同的海水深度处潮流会改变。通过范·维恩（van Veen）幂律，根据在某一深度测得的海流可以估测出另一深度的海流，范·维恩幂律中某点处的海流与海底到该点间距离的1/7次方成比例。这一公式不适用于深度距离过大的情况。

并不是所有的准稳态海流都与潮汐相关。在河口地区，有时河流会有很大影响。在浅海域如北海，强气旋天气引起的风暴潮有时高达几米，并伴随着速度为1m/s或更快的海流。在远海海域，偶尔还会出现与气象影响、密度流以及内波相关的潮汐漩涡和环流。例如，在墨西哥湾环流速度可达2m/s（4kn）。海流可到达海平面并能通过卫星检测技术探测海面温度，但根据目前的发展水平还不能进行可靠的预测。

11.3 设计波浪

设计波浪的选择取决于现有的数据。通过一些例子我们可以获得大量的波浪数据集，这些数据是通过波浪游码浮标或平台上的测波杆等仪器测得的，也可能是由灯船和商船提供的，但这只是人们的视觉测量，而且不够可靠。美国国家海洋和大气管理局（NOAA）、国家海洋局（NOS）和国家图像与地图局（NIMA）以及英国气象局和海事咨询服务处（MIAS）都有此类数据编目，都是由不同国家的类似组织提供的。石油公司和研究机构还有一些补充数据。

波浪数据集只有在至少5年或时间更长的极端波浪预测中才有用。其中有很多数据不符合这一标准。由1～2年内的数据所得到的极端波浪预测的直接推论并不可靠，还会造成很危险的误导。

一旦获得令人满意的波浪数据，就能以极值统计的标准方法为基础来预测极端波浪。在无法获得足够的波浪数据或者可以保证独立检测的情况下，设计应以风数据为基础。对未来将要发生的极端事件来说，当后预报数据（由已发生事件的数值模型获得）比测量所得的数据更可靠时，波潮和海流的数值模型就足够准确了。测量所得数据的主要作用是验证数值模型的有效性。

与波浪数据相比，我们更容易获得风数据，并且风数据还具有以下优势：

（1）风速和风向比波浪高度更容易描述、区分和测量，并且其测量技术已被很好地规范化了。

（2）在气象站和机场都存有风记录，通常包括30年或更长时间的记录，但对于波浪几乎没有如此长期的连续记录。

（3）风的水平变动要比波浪慢得多。在海湾处的极端波气候与在10km远的近海礁石上灯塔处完全不同，而在沿海地区尽管风速和风向会在短距离内发生很大的变化，但极端风气候却几乎是相同的。

(4) 与波浪记录相比，人们更容易从风记录和气象记录中分辨出与极端事件有关的统计总体。

如果没有关于风的直接记录，还可以从天气图中获得可靠的后报。

极端风暴会产生极端波浪，通过程序可以区分在至少 10 年时间里的一系列重大风暴，计算相应的极端波浪高度并将结果输入程序中，用来估算对应于可接受的发生概率的极端设计波浪。风暴数据集要包含所有发生过的风暴。

布林克—克亚尔描述了区分极端风暴的系统步骤。在一些已被广泛研究的地区，如北海，往往是利用之前的研究成果来避免重复识别操作。在标准参考中描述了由风来预测波浪的方法。尽管类似的技术，如风浪预报法（Sverdrup–Munk–Bretschneider）对初步的设计十分有用，但对于重要管道工程的初步设计仍推荐使用数值方法来预测波浪。

波浪记录可能包括：表面高度的连续记录、海面状态保持基本稳定的时间间隔内的部分连续记录（如每隔 3h 作 10min 的记录），或是在每个记录时间段内观测到的最大波浪的估计值。分析是以每个记录时间段内的最大波或有效波为基础的。如果以最大波高为基础，则可以利用极端统计从最大波高统计中推断出对应于设计重现周期的最大波。然后通过最大波和有效波之间的已知关系预测出对应的最大波高。

设计最大波浪与设计重现周期 T_R 和遭遇概率 E 有关。重现周期是指接连发生的超过设计波浪的事件之间的平均时间间隔。遭遇概率是指在设计生命周期 L 内超过设计波浪的发生概率，且

$$E = 1 - \exp\left(-\frac{L}{T_R}\right) \tag{11.1}$$

例如管道的设计生命周期为 60 年，工程师考虑到在设计生命周期内发生一次超过设计波浪的概率为 10%，则重现周期可由以下方程求得：

$$0.1 = 1 - \exp\left(-\frac{60}{T_R}\right) \tag{11.2}$$

结果是 570 年。另外需要补充说明的是，这一计算并不是常规的，普遍考虑 50 年或 100 年的重现周期就足够了。尤其因为估算中存在总体不确定性，因此遭遇概率可能相当大。考虑到那些超过设计值的结果，设计者必须要合理地选择设计重现周期。

在极端波浪预测中使用的极端统计方法也被应用在水利工程的其他领域中，如大洪水的预测。萨尔普卡亚（Sarpkaya）和艾萨克森（Isaacson）描述了其在极端波浪中的应用。

统计理论表明极端分布一定符合 3 种渐近形式之一。该方法遵循以下步骤：

(1) 对在每个记录时间段内观测到或预测到的波浪高度最大值进行排序，H_1 是最大的值，H_i 是第 i 个最大值。

(2) 每个最大值与遭遇概率 $1 - p(H)$ 有关。

(3) 极端分布是根据高度 H_i 及其相应的概率 $1 - p(H_i)$ 得到的。通过作 $1 - p(H_i)$ 关于 H_i 的图像可以发现选定的极端分布通常呈直线。

(4) 通过极端分布可以推导出设计超越概率 r/T_R，其中 r 是记录时间间隔，T_R 是设计重现周期。

实际中存在多种选择，尤其是在步骤（2）和步骤（3）中。在步骤（2）中并非只有一种方法将 $p(H)$ 与每一个最大值关联起来。如果总样本包括 N 个波浪高度最大值，自然选择是将 H_i 赋值给第 i 个最大高度并将超过概率赋值为 i/N，或赋值为 $i/(N+1)$ 或 $(i-2)/N$。然而每种选择都可能带来一个系统错误，因此萨尔普卡亚和艾萨克森提出了一个总体的描述方程。

在步骤（3）中可能存在几种极端分布。关于最佳分布仍有许多争议。同样地，关于在第 I 类和第 III 类分布中存在有限的小概率会给 H 赋负值的问题，以及除了第 III_U 类分布外，所有的分布中都允许给 H 赋无穷大的值的问题，人们对这些问题是否会造成影响仍需讨论。如果仅仅要求拟合数据和预测，那这些问题相互之间可能是无关的。

由矩量法或最大可能性的标准统计方法可以预测出极端分布，并且矩量法可以确定那些数据拟合得最好的极端分布。统计方法，如卡方测试，也可用于检测拟合的近似度。统计并不神秘，由有限数据进行的预测会不可避免地产生很大的不确定性。通过之前所描述的计算方法来预测设计波浪高度这一做法的置信限度是有限的。圣丹尼斯和博格曼对此进行了估算。人们应根据实际来估算置信限度，但往往并没有这样做，可能是因为实际估算结果总是令人沮丧。在后续计算中要谨记一个重要的事实：推断越深入，则置信界限的范围就越广，估算也就变得更不确定了。

推导过程是纯统计方法，而且没有检查设计波浪在物理上是否能实现。波浪高度可能被许多设计因素所限制，如在有关位置或在波浪穿过离岸较远的浅滩处发生的破裂。

分析中还要求有设计波浪周期和设计波浪高度，但设计周期的选择问题得到的重视较少。一种方法是从散点图的分析中来估算最可能的最大陡度。设计周期 T_{max} 与最大高度 H_{max} 有关，设计周期在 $(6H_{max})^{1/2}$ 和 $(15H_{max})^{1/2}$ 之间，其中 H 的单位是米，T 的单位是秒。一种更好的方法是试着确定波浪高度和周期的联合概率分布。而对到底是长期波浪还是短期波浪对管道稳定性更重要，并没有明确。除此之外，对一定周期范围内的重复分析十分重要。

关于极端波浪还有许多需要研究的内容。很多无法解释的船损伤可能是由两个或更多地以不同速度移动的大波浪瞬间碰撞而产生的巨大超级波造成的，或是由海流产生的汇聚造成的，但人们关于这一点的了解很少。

波浪通过震动波流对管道作用，要通过高度和周期来计算速度。这属于流体力学的内容。有许多相关的理论方法；它们并不冲突，都是尝试解决数学难题并在准确度和复杂度之间达到平衡，它们的区别是所采用的理想化方法不同。有大量文献论述过波浪理论，而对涉及的复杂问题所进行的详细讨论则需要参考标准文献。

当波浪高度 H 远远小于波浪长度 L 时，对应的最简单的方法是艾里（Airy）小振幅线性理论。当波浪陡度 H/L 增加时，在一系列干扰理论中可以认为艾里理论是首选。该方法忽略了所有与速度有关的项，并采用了在平均水面水平而不是自由水面水平上的自由平面状态。由于艾里理论的简单性，该理论运用广泛，甚至超过了其有效性的严格范围。在大多数浅滩化、折射和沉积物运移的分析中都运用了艾里理论。在分析中为了避免严重的错误需要仔细计算，尤其是在力的计算中，应力中的牵引力与速度的平方成正比，速度中

20%的误差会造成应力44%的误差。

艾里理论并不精确,仅仅适用于波浪非常小的有限情况。随着陡度H/L以及波浪高度和水深之比H/d的增加,误差会变大。斯托克斯(Stokes)和其他研究者发展了一系列高阶波理论,这些理论对于更陡的波浪来说更准确,并且使得计算机程序更稳定可靠。

对于何时运用每种波浪理论,这需要人们更多的关注。这一问题没有唯一的答案,选用哪种理论取决于要得到的结果以及需要的准确度(通过基本数据的可靠性来判断)。而针对某一目标的优化理论的评估可能与另一目标的无关。波浪理论的适用性常常是根据其在自由表面上满足边界条件的程度来进行比较,而在管道设计中最关键的恰好是在海床上的速度和加速度。有证据表明,虽然艾里理论对表面速度的预测不准确,但它能很好地预测接近底部水流的速度。

萨尔普卡亚和艾萨克森的文献中提到,Le Mehauté用图表示出了不同波浪理论适用的大致范围。坐标轴表示波浪高度和水深,分别将它们除以gT^2从而使其无量纲化。在波浪不是很陡的情况下艾里理论是准确的。对较陡的深水波浪($H/gT^2 > 0.001$)可以使用高阶斯托克斯理论。在浅水区,流函数理论或椭圆余弦理论更合适。

电脑的使用减少了人们对不同波浪理论的大量评估。如果工程师能用电脑输出由某个较复杂的波浪理论得到的数值结果,如广泛使用的流函数理论,那么该理论可以在全球范围内广泛使用。

11.4 流体动力

海流流经管道会产生流体动力。如图11.1(a)所示。在管道迎流面下部会产生高压区域。经过管道顶部的水流速度比自由流大。流体分离的位置取决于速度。在分离点下游的流体混合区域内流动不稳定,会产生一系列漩涡。在流体下游会产生低压涡区。如果管道稍高于海底[图11.1(b)],流动会大幅重建,上下游间的压力差会在管道底部造成高速的流动。如果底部是沉淀物,高速流动会侵蚀底部并加大管道和海床间的缝隙,并且速度会随着缝隙的变大而减少,直到达到一个稳定的冲刷深度。如果管道在沟里[图11.1(c)],流动会从上游端分离,并且部分管道会处于在沟渠一侧的涡区中。

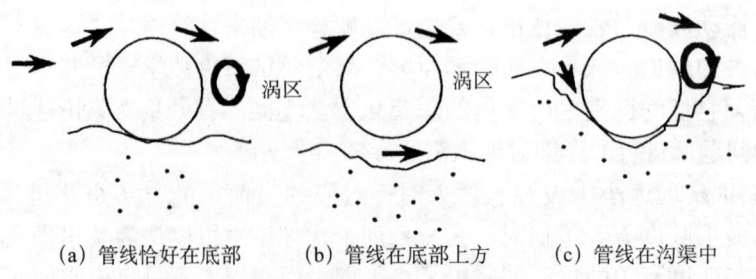

(a) 管线恰好在底部　　(b) 管线在底部上方　　(c) 管线在沟渠中

图11.1　经过海底管线的水流

在所有情况中,管道周围的压力差都会产生流体动力。流体动力可分为顺流方向的水平分力(阻力)和垂直分力(通常是向上的升力)。即便在稳定流中,由于紊流混合区中的不稳定流动，流体动力也会产生小但可测量的变化。在不稳定流动中，流体动力的波动很大，尤其是在逆向流动中。

流体动力学认为管道是一个钝体。当水流经过管道时边界层从管道顶部分离出来，并且在下游端形成涡区。经典的势理论并不能准确描述出流动。计算流体动力学在高雷诺数的流体流过迟钝体的分析中有了很大的进展，但人们并没有将该方法发展到常规设计中。

在稳定流动中，可以将水平和垂直方向上的力分量与海流和管道直径联系起来：

$$F_x = \frac{1}{2}\rho C_D D u^2 \tag{11.3}$$

$$F_y = \frac{1}{2}\rho C_L D u^2 \tag{11.4}$$

式中　F_x——管道单位长度上的水平力；
$\quad\quad F_y$——管道单位长度上的垂直力；
$\quad\quad \rho$——水密度；
$\quad\quad C_D$——阻力系数；
$\quad\quad C_L$——升力系数；
$\quad\quad D$——管道外径；
$\quad\quad u$——垂直于管道轴线方向上的水流速度。

管道通常处于海底边界层中，因此速度会随着管道与底部间的距离而改变。在系数 C_D 和 C_L 的定义中，速度 u 的参考高度要一致，这十分重要。不同的使用者选取的参考速度不同，因此常常会产生混淆。

C_D 和 C_L 是雷诺数 uD/ν 的函数，其中 ν 是运动黏度。管道粗糙度会影响流体分离发生的位置，因此 C_D 和 C_L 还与管道粗糙度有关。粗糙度可以用比率 k/D 来表示，其中 k 是绝对粗糙度。C_D 和 C_L 还取决于流体速度分布图、流体中的自然湍流强度、上游海床的粗糙度以及沉淀物运移的水平。

在塞文河口（Severn）的强潮汐流中，水利研究中心（HRS）针对直径为305mm，610mm和915mm的装有仪表的部分管道进行了测量，得到的一系列数据是最容易获得且最可靠的。该点的潮汐范围很大，因此在低潮汐时可以接触到管道上装有仪表的部分，也能在几个小时后在速度为1.3m/s、高约6m的落潮流中测量出管道上的力，此时力不受障碍物影响。其中海床是泥灰岩架。

测试的管道直径覆盖了管道设计中大部分可选范围。在测试中检查粗糙管道（k/D 取0.018，对应于非常粗糙的混凝土）和光滑管道（k/D 取0.00024，对应于光滑材料如熔黏结环氧树脂），会发现显著的区别，尤其是在升力系数上。在图11.2和图11.3中用简单的形式重画了报告中的两条曲线。

雷诺数约为 10^5 时，升力和阻力系数的显著降低与从亚临界流到超临界流的转换有关，该转换使海流的分离点向下游更远处偏离。尾流变窄，造成的阻力的减少量远大于由表面摩擦而产生的阻力的增加量。

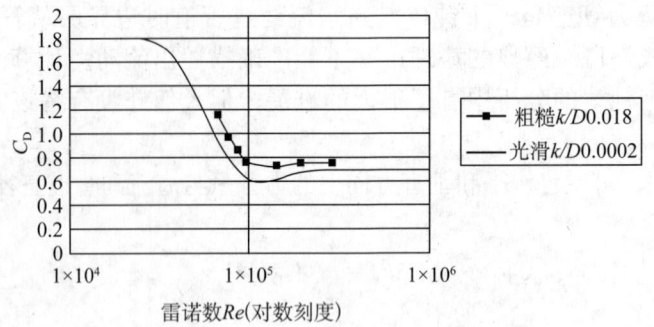

图 11.2 雷诺数 Re 和阻力系数的关系（来源于 Littlejohns）

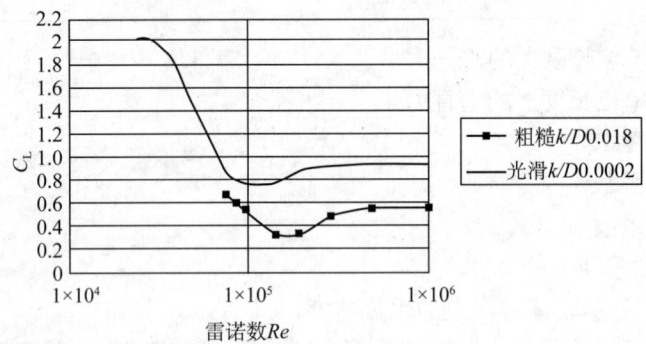

图 11.3 雷诺数 Re 和升力系数的关系（来源于 Littlejohns）

在 HRS 进行的测试系列中得到的系数比之前的研究报告中的值大体要低。一种解释是在一些早期的研究工作中，相对于管道直径而言沟槽太小从而阻断了流动，因此在管道上方会形成波浪并增加流体动力。对偏差的另一种解释是在塞文河口存在运移的沉淀物。由于沉淀物运移也可能出现在有洪流的地区，这也促进了 HRS 结论的应用。

通常管道部分被埋入海底。HRS 研究方案还包括在此情况下的升力和阻力系数的值。随着沉淀物的增加，C_D 和 C_L 的值会像预期的那样降低；当管道半掩埋时升力系数达到零。参照底部上方的投影面积来定义的阻力系数在雷诺数大于 10^5 的超临界区域内会略微减少。这样，阻力与管道在海床上方的投影面积成比例这一假设就显得略微保守。

一些管道采取挖沟敷设以避免海流及鱼钩的损害。在许多海岸交叉口处的管道建设过程中都会沿着明沟拖动管道。即便是管道稍后便要掩埋，拖拉的过程仍十分重要。至少采用了两种测试方案来测试沟渠中施加在管道上的作用力。一个典型的测试表明，如果管道在一个较陡的三角形沟渠内，此时沟渠深度约为管道的半径长，且沟渠的边与水平方向成 30°夹角，那么有一半的管道都在海底上方，阻力系数被削减至当管道全在海底上方时的一半。如果沟渠深度为一个直径长则管道顶部与海底平齐，此时阻力系数进一步减少，约为管道直接在海底上方时的阻力系数的 1/10。如果管道被部分埋入沟渠或沟渠损坏，则阻力会进一步减小。

如果流动没有以适当的角度穿过管道，则水动力流会减少。HRS 的方案中包括入射角为 15°，30° 和 45°（流体和垂直于管道的方向间的夹角）时测量管道上的应力。一种简单的理想化方法是假设应力取决于速度 u 的横向分量 $u\cos\theta$（其中 θ 是流动方向和垂直于管道轴线的方向间的夹角），并且应力与任何纵向分量都无关。对于有角度的流体流动，可以将式（11.3）和式（11.4）中的 u 替换为 $u\cos\theta$ 来定义阻力和升力系数。如果采用简单的理想化方法，则这两个系数与 θ 无关。HRS 测试表明实际上这些系数会随着 θ 的增加而略微减少，因此在超临界区域内垂直入射时 C_D 为 0.7，而入射角为 15° 时 C_D 减至 0.6，入射角为 30° 时减至 0.48，入射角为 45° 时减至 0.3。若式（11.3）和式（11.4）中简单地采用垂直速度分量以及与垂直流相同的系数，则显得有些保守。

有时需要同时安装两条或更多的管道。经过两条管道间的流动会产生复杂的相互影响。例如，水流过两个平行圆柱体且圆柱体方向与流动方向平行时，我们在直观上几乎可以肯定，上游圆柱体会保护下游圆柱体，并且下游圆柱体上的流体动力要比上游圆柱体上的力小得多。然而实验证明下游圆柱体上的力有时更大。同样地，还有一种假设似乎是合理的，即当两圆柱体之间的距离大于两个圆柱直径时，可以忽略它们之间的相互作用，但实际上并不总是如此。当有两条或更多的管道平行铺设时必须要考虑干扰的可能性。萨尔普卡亚和艾萨克森，Zdravkovich 以及比尔曼重新研究了该课题并提供了已测试过的特殊情况作参考。

不稳定流比稳定流更复杂。波浪会产生不稳定流，使管道处于震荡波致海流中，并且不稳定流也可能附加在伴随着潮汐、风暴和海洋环流的稳定流分量中。大部分分析方法都以莫里森（Morison）公式为基础，该公式被普遍地应用在海上工业中。

$$F_x = \frac{1}{2}\rho C_D D u |u| + \frac{\pi}{4}\rho D^2 C_M \left(\frac{du}{dt}\right) \tag{11.5}$$

$$F_y = \frac{1}{2}\rho C_L D u^2 \tag{11.6}$$

式中　F_x——单位长度管道上的水平力；
　　　F_y——单位长度管道上的垂直力；
　　　ρ——水的密度；
　　　C_D——阻力系数；
　　　C_L——升力系数；
　　　C_M——惯性系数；
　　　D——管道外径；
　　　u——水流的瞬时速度；
　　　du/dt——水流的瞬时水平加速度；
　　　$|u|$——u 的绝对值。

公式中的第一项与式（11.3）和式（11.4）中的相似，但仍有细小的差别。水平力公式的第一项中用 $u|u|$ 代替 u^2，因此当 u 的符号改变时力的符号也要改变。速度 u 向右时会产生向右的阻力，而速度向左时则会产生一个向左的阻力。不论流体流动的方向如何，升力

始终向上，因此升力公式 [式 (11.6)] 中的第一项用 u^2。

式 (11.5) 中的第二项表示惯性由两部分组成，说明了流体的加速作用。加速流体中的任何部分都要受到应力的限制，等于等量的液体质量与加速度的乘积，称为佛劳得—克利洛夫力 (Froude–Krylov)。通过以上的分析可得 C_M 为 1。但应力还存在另一个分量，由于流体在管道周围加速而产生额外加速度，因此 C_M 大于 1。一些研究者将莫里森公式中的参数定义为 C_1，而将 C_M 定义为 $C_1 - 1$，因此在使用那些已出版的结果时必须要认真考虑。

平面流中的水平加速度 du/dt 可以由以下公式严格定义：

$$\frac{du}{dt} = \frac{\partial u}{\partial t} + u\left(\frac{\partial u}{\partial x}\right) + v\left(\frac{\partial u}{\partial y}\right) \tag{11.7}$$

其中 x 和 y 是横坐标和纵坐标，v 是垂直速度。迁移加速度项 $u\partial u/\partial x$ 和 $v\partial u/\partial y$ 通常可以忽略。萨尔普卡亚和艾萨克森详细地研究了该问题，并为忽略迁移加速度项提出了一些依据。忽略它们会导致略微高估最大应力的值。如果近底层速度对应于前进波速，并且 v 是可忽略的，则 $\partial u/\partial t$ 和 $u\partial u/\partial x$ 的相位差为 90°；它们的瞬时最大值定为 $u_m T/L$，其中 u_m 是最大速度，T 是波浪周期，L 是波浪长度。正常情况下它们很小，因此迁移加速度分量的影响很小。

由于在海床上水没有垂直加速度，并且在管道水平上的垂直加速度也很小，式 (11.6) 中没有惯性项。

在优化并得到最合适的系数之后，对在水渠中的管道上测得的力和由莫里森公式计算所得的力进行比较，最终得到的结果令人失望。但是没有人能提出一个简单的公式来替换莫里森公式。最初并没有打算这样使用该公式，在流体动力学教科书中也有关于该公式的限制条件的详细讨论。调整系数并不能改善结果，因此，如果要有真正的进展则需要采用一种全新的方法。理论上的困难是因为流动太复杂以至于不能用 u 和 du/dt 的瞬时值来完全描述。流动可视化试验和计算表明，随着流体越过管道，涡系从顶层开始不规则地向下游移动并相互作用（有时抵消有时累加），当流体逆向流动时会向后越过管道。由于涡系以及分离的边界层的影响，从一个波浪循环到另一个波浪循环时管道周围的局部流动是不同的。布林达姆 (Bryndum) 及其合作者发现由于存在由相位所引起的逆向尾流，当自由流的速度几乎为零时会产生大的升力。这显然与式 (11.6) 不相符。

通过测试可以再次确定莫里森系数。在振动流中，该系数取决于柯立根—卡本特 (Keulegan–Carpenter) 数 $u_m T/D$ 并且还在较少程度上取决于雷诺数。柯立根—卡本特数是比率的测量值，即在振动流中水粒子能到达的极端位置间的距离与管道直径之比。如果柯立根—卡本特数很大，那么在每一次振动中水粒子移动的距离远远大于管道直径。式 (11.5) 中的阻力项大于惯性项，并且在一次循环中的情况开始接近于稳定流中的情况。如果柯立根—卡本特数很小，惯性项就变得更重要了。通过计算惯性项最大值和阻力项最大值之间的比率以及考虑发生在不同时刻的最大值就可以看出惯性项的重要性了。对于正弦振动流，阻力 (drag) 和惯性项 (inertia) 的最大值之比为：

$$(inertia)_m / (drag)_m = \pi^2 \ (C_M/C_D)/(u_m T/D) \tag{11.8}$$

因此该比率与柯立根—卡本特数成反比。

通常人们认为系数主要取决于柯立根—卡本特数，但同时还取决于一些已知的对稳定流十分重要的因素，尤其是雷诺数和粗糙度，然而这并不能说明那些在散射试验中产生的影响因素。许多管道上很快被覆盖了大量的海洋生物，但似乎没有人研究这些海底管道上的生物所产生的影响。然而在自由流中关于被生物覆盖的圆柱体进行的类似研究表明，圆柱体上覆盖的生物对流体动力有巨大的影响。

大部分研究结果都来自在实验室水管道内进行的关于振动流的实验。在实验中合理地设定了流动状态，但其雷诺数通常低于实际值。在由 HRS 进行的大量的系列测试中，安装一段直径为 273mm（10in）的管道穿过水渠，由水渠中活塞的强制振动可得到位移关于时间的正弦函数。水经过旁通由泵输送至活塞处可以产生一个稳定的速度分量，并与活塞移动产生的振动分量叠加。管道中心部位的力可由载荷单元系统测量，通过谐波分析可知测得的力随时间的变化值与莫里森公式一致。布林达姆进行了一个单独的试验，得到的系数略高于 HRS 测试得到的系数。来自同一个研究团队的第二份报告具有很强的说服力，报告中表明当莫里森公式中的速度是在接近管道处测得的而不是采用自由流速时，观测得到的力和计算得到的力能更好地吻合。

在挪威进行了一项关于管道稳定性的重要调查。它解决了莫里森公式中已知的缺陷并检验了该公式的修正，在修正中考虑到了尾流对逆流的影响。当流体在水平压力梯度的作用下开始逆向流动时，管道后尾流中的水几乎是静止的；压力梯度加速了水的回流，水流越过管道顶部，从而产生一个会对升力和阻力产生巨大影响的高速低压区域。

在一些试验中对实际管道上的力进行了测量。HRS 的一个研究方案是在英格兰西南部佩兰波斯（Perranporth）附近的佩兰（Perran）海湾进行的，在 25m 深的海底安装了一段长度已知的管道并测量了波浪下的应力。通过接近管段的流量计测得由波浪产生的流速。通过最小二乘法，由测量得到的力可以计算莫里森系数。计算结果呈现高度的散射（通常是在将海洋波浪力与理论结合起来时发生的），并且低于那些在水渠和沟槽测试中得到的结果。可能是因为海洋中的流动比沟渠中的流动具有更复杂的随机湍流结构，在海洋中很容易使某一方向的作用力被不远处的管道上的反向力部分抵消了。

在夏威夷，格雷斯和同事们对波浪中的管段进行了测量。在一个测试系列中，一段直径为 323.8mm（标准 12in）、长为 8.5m 的管道在 5m 深的水中呈鞍形并与波峰成 55°角。在 12～16s 的周期内测量 2.2m 高的波浪下 1.2m 中心处的力。通过一个接近管道的流量计来测量瞬时速度。最后采用 8 种不同的方法来分析结果。最简单的零运动学分析是指通过加速度为零时测得的力来计算阻力系数及惯性系数。

由分析可得 C_D 的平均值为 1.204，标准方差为 0.207，范围为 0.5～1.4；C_M 的平均值为 1.646，标准方差为 0.370，范围为 0.9～2.5，虽然此时的系数与测得的速度有关，而不是与由波浪理论计算所得的速度有关，但这仍然再次验证了莫里森公式的局限性。

通过最小平方回归分析以及不同的技术（有时测得的最大力偏大）可以实现对其的改进；但格雷斯发现仍有 10% 的不可减少的标准预测误差。他指出在分析中每个波浪都有自己的应力系数并循环使用测量速度，因此该分析过于乐观。

在目前的分析中将管道周围的流动看作是二维的，假设沿管道长度方向的横流是均匀的。当且仅当与管道严格平行的无限长的波浪产生震荡流时才会出现这种理想的情况。实际的波浪都是短峰波,并且会倾斜地到达管道,尤其是在浅水区内管道往往与深度等值线粗略地垂直,并且波折射会使波传播速度与管道几乎同向。由波浪产生的底部海流与管线长度方向不是同相位的,并且会随着振幅变化。这些影响会减少管道上的最大作用力。

还有一些研究人员关心管道上的波浪作用力,尤其是格雷斯倾向于使用另一种不同的方法。格雷斯定义了一个极端水平力系数 C_{max} 和极端垂直力系数 κ_{max},因此:

$$F_{xmax} = \frac{1}{2} C_{max} D u^2_{max} \tag{11.9}$$

$$F_{ymax} = \frac{1}{2} \kappa_{max} D u^2_{max} \tag{11.10}$$

其中下标"max"表示的是波浪循环中的最大值,其他值与之前定义的一样。这两个系数是关于 A_{max} 的函数,其中 A_{max} 是最大加速度。

在理论上有人反对该方法。它只给出了最大值并不能描述出某一次循环中力的变化,也不能区分出阻力和升力的最不理想的合并结果。鉴于此,有人认为莫里森公式不能真正识别循环中力的变化,并且要使用应力系数方法则应假定最大升力和阻力同时发生。格雷斯说,"最好使用足够大的结构安全系数来避免那些不能令人满意的非预测环境。"这一说法与莫里森公式的计算结果是相符的(与其他海底管线工程也相符)。

有时人们认为一种方法比另一种更合理,但实际并不是这样的。

11.5 横向阻力

如果要保证管道稳定,它的重量必须要能产生足够的横向阻力来抵抗流体动力。海底对管道的作用力有垂直分量 R 和水平分量 S。维持管道稳定的限制条件可以在以 R 和 S 为轴的示意图(图11.4)上表示出来。可由两条曲线来描述限制条件,其中一条对应于向左的初始运动而另一条对应于向右的初始运动。两条曲线上的交点表示 R 和 S 共同作用点,该点是稳定的,并且在曲线外没有合力。

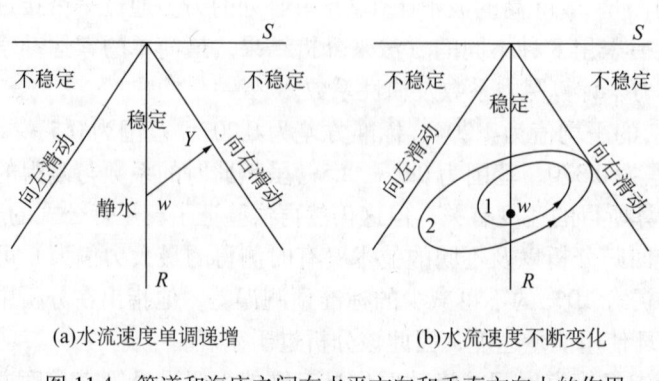

(a)水流速度单调递增　　　　(b)水流速度不断变化

图11.4　管道和海床之间在水平方向和垂直方向上的作用

对 S 和 R 的相互限制作用，管道设计者通常采用摩擦模式，其限制条件如下：

$$S = \pm fR \tag{11.11}$$

式中 f——摩擦系数。

f 在很大程度上是根据经验和少数实验来选择的。莱昂斯在沙上进行实验，发现在比率 S/R 相当小时管子开始有小的移动，但大的运动极限对应的 f 为 0.7。在黏土上的作用更复杂：如果管道足够轻不至于大幅沉入黏土中则 f 值很小；但如果一个较重的管道下沉，则 f 和横向阻力会增加。在管道设计中，很少遇到强海流和软黏土海底同时发生的情况，因为强海流会侵蚀黏土。Lambrakos 在一个方案中现场测量横向阻力，在该方案中，在海底上拖拉装有仪表的托运器；其结果有很大的离散度，并且人们不能很好地控制测试。他得到的系数与莱昂斯发现的系数一致。

以下两个研究方案都对 R 和 S 间的有限关系进行了较彻底的研究。挪威水力学实验室的一个方案中对管道与沙和黏土之间的关系进行了测试。主要结果表明当埋入海底的程度很小时，管道与沙之间的相互关系与人们普遍接受的模型是一致的；但如果埋入程度大，横向阻力包括大的被动压力分量，该分量是由重力以及管道前端的沙子造成的内摩擦所产生的。

丹麦水力研究所对沙子进行了许多测试。它对两种载荷历史进行了调查，第一种是单调递增的横向阻力（表示稳定流缓慢增加并越过管道），第二种是稳定增加的交替力（表示交替力循环增加，该力是由对应于风暴递增的波致海流所产生的）。当 S/R 的值很小时会产生非常小的移动，直到 S/R 达到 0.5 之前管道都不会有长距离的移动。然后移动快速增加，并且在 S/R 为 0.7 时移动可达管道直径的一半。将管道埋入海底会产生更大的阻力，即便是只埋入了直径的一小部分。S 的交替循环使管道沉至海底并在之后进一步增加其对横向运动的阻力。S/R 的极限值（当移动达到直径的 0.2 倍时）远远大于在单调递增的载荷下（但在同样的测试条件下）所观察到的值。一般来说，循环载荷会使 S/R 极限值增加约 1 倍。

管道在沟渠中移动的阻力比在海底上移动的阻力大。沿着沟渠的 侧滑行或使沟渠一侧的土壤变形会使管道变得不稳定。在第一种情况下，系数 f 会增加至 f'，其中

$$f' = \tan(\alpha + \arctan f) \tag{11.12}$$

式中 α——沟渠边的坡度。

f' 比 f 大得多。只有在土壤非常软的情况下管道上的流体动力才能使沟渠的边变形。

11.6 稳定性设计

稳定性设计过程是将波浪和海流的预测方法、由海流计算出的液体动力以及横向阻力分析结合起来。对非锚定管道稳定性，一种有效方法是考虑定义在横向阻力段上的管道和海底间作用力中的 R 和 S 分量的变化。例如，在海流稳定且没有振动分量 [图 11.4 (a)] 的情况下，S 为零且 R 等于静水中单位长度管道的水下重量 w。当海流加强时，S 增加而 R 降低（由于液体动力升力）。在对应于点 Y 的海流中管道变得不稳定，而此时任意加强海流都会冲走管道。设计的问题是要保证 w 足够大从而使 R 和 S 的合力能维持在稳定区域内。

做一个关于波浪下不稳定振动流 [图 11.4 (b)] 的简单图表。在波浪循环中 R 和 S 会

改变，表示它们的点会沿着曲线移动。在常规波浪中曲线是闭合环。在随机波浪中则是一系列不规则的环。如果振动流很小（环1），则管道稳定。如果振动流较强，则管道会失去稳定性。环2表示波浪和海流都存在的情况，此时管道恰好稳定。

在设计中，工程师要确保能满足稳定性条件。如果不能，则需要增加重量来产生更多的横向阻力。从外部增加重量（如增加混凝土加重层的厚度）会使直径变大，并需要对流体动力重新计算。简单的计算机程序就可以迅速地完成计算。

有时人们认为不需要通过管道的设计来抵制可能的最大横向力这一保守的做法，因为最大应力不可能在整个管道长度上同时作用。这一观点的局限性是当剪切力沿着管道传递时，管道上负荷较少的管段只能用于帮助支撑负荷较重的管段。只有当管道水平弯曲时才会出现剪切力。而且管道上还可能出现渐进的不稳定性，使管道不会一次性整体移到一边而是每次只有一部分移动。丹麦水力研究所（Danish Hydraulic Institute）、挪威流体动力实验室（Norwegian Hydrodynamic Laboratory）和美国天然气协会（American Gas Association）进行了三维的时间域分析，考虑了上述影响。他们已经研究出了可以详细表示管道递进移动的计算机模型。目前将管道设计成完全稳定的似乎是一种较好的做法；可在程序中允许用户决定并设计管道的移动使它不会超过可接受的最大极限。但结果很容易受到输入假设的影响。

有时人们认为应该通过设计来抵制大波浪而不是最大波浪的最大应力。这一观点没有什么合理的依据，因为当最大波浪越过管道时会产生相应的底部速度，而管道则需要抵制由底部水流速度所引起的力。人们可以用大波浪的统计参数来描述现有的海况，这一事实并没有改变人们的观点。但人们可以将大波浪方法作为一种原始的近似方法来说明不同的三维影响，如波浪定向频谱扩展、短峰波浪以及沿管道长度的瞬时力变化。目前还没有可以将这些影响结合在一起的简单分析方法，但是通过全三维有限元分析可以进行计算。

Veritec提出了一种稳定性分析的改进方法，该方法基于对不同管道进行详尽的动力学分析结果，并通过一系列无量纲参数来表示。该方法是挪威推荐的作法RP E305的基础。动力学分析以管道稳定性的时间域解法为基础，并包含了三维影响、表面波谱以及非线性土壤阻力。

通过比较已知的无量纲参数和一系列参数曲线可以进行全面的稳定性分析。但这一过程并不能给出涉及的物理过程以及流体动力和土壤阻力的大小。它不需要模式化的物理步骤就可以运行。

该分析以以下无量纲参数为基础：

有效柯立根—卡本特数　　　　　$K=u_s T_u/D$

管道重量参数　　　　　　　　$L=W_s/(0.5\rho_w D u_s^2)$

海流与波浪速度比　　　　　　$M=u_c/u_s$

相对土壤重量（砂土）　　　　$G=\rho_s/\rho_w - 1$

剪切强度参数（黏土）　　　　$S=W_s/(DS_u)$

时间参数　　　　　　　　　　$T=T_l/T_u$

比例横向位移 $\delta = Y/D$

式中 u_s——有效的波致海底速度；

T_u——相关零跨越周期；

u_c——在管道直径上积分求得的海流速度；

ρ_w——海水密度；

ρ_s——土壤密度；

S_u——黏土的不排水抗剪强度；

T_l——海况持续期；

Y——管道的允许横向位移。

如果不能获得任何信息，则在砂土 DNV1 区（与平台间的距离超过 500m）内推荐的允许位移为 20m 或在 DNV2 区（与平台间距离小于 500m）中推荐的位移为 0m。在黏土中不允许有任何位移。波致速度 u_s 和周期 T_u 取决于北海联合计划（Jonswap）表面波谱。该标准包含由表面峰值周期直接得到这两个值的方法。

通过比较这些参数和无量纲曲线可以求得保持稳定所需的下沉重量。对黏土而言设计下沉重量推荐的安全系数为 1.1。

对动力分析有效的参数范围，总体分析是有效的。这些参数如下：

$$4 < K < 40$$

$$0 < M < 0.8$$

$$0.7 < G < 1.0 \quad （对砂土）$$

$$0.05 < S < 8.0 \quad （对黏土）$$

$$D > 0.4\text{m}$$

在这些范围以外，Veritec 推荐简化的静态稳定性分析，以常规的稳定性设计程序和总体稳定性分析之间的关系为基础。两种不同方法使用的是两个校正因子，但结果是一致的：一种方法以土壤条件为基础，另一种则是以柯立根—卡本特数和波浪—海流速度之比为基础。校正因子可以确保简化分析与综合分析的结果一致。简化分析中的每一步也许并不能真正代表实际的步骤，但两个标定系数的使用则可以保证结果正确。在将管道在砂土中的允许横向位移设计为 20m，而在黏土中的允许横向位移为 0 的基础上再次进行分析。

获得水质点速度的方法和总体分析中的一样。管道上的流体动力可由莫里森公式计算得到，其中系数为 C_D=0.7，C_M=3.29，C_L=0.9（注意这些都是公称值，是通过标定系数来修正的）。土壤阻力由线性摩擦系数来模拟。通过校正因子可适当放宽该假设条件。对黏土和砂土进行分析可得安全系数为 1.1。黑尔（Hale）对已有的设计和由美国天然气协会执行的一个类似项目进行了对比。

新标准 F 109 将取代 RP-E 305。草稿与 E 305 相比有重大修改，且已于 2006 年夏季发出以供业界评论。在本书英文原版编写期间（2007 年 11 月）还未发表新标准。

11.7 与海底不稳定性的相互作用

以上所述的传统的稳定性设计方法都是将海底看作静止不动的。这一假设在极端波浪和海流的情况下并不总是正确的，而极端波浪和海流往往会决定设计。在流体动力的作用下海底也开始移动，因此管道运动和活性沉积物运移会同时发生。

不能将管道的稳定性和管道下海底的稳定性分开来考虑。如果管道不稳定，则海底的稳定性最多只是临界状态。如果海底不稳定，管道也会随之变得不稳定。事实上对于使用传统方法设计成功的例子，一种可能的解释就是在海底先于管道变得不稳定时要确保管道足够重，之后管道会沉入移动的海底物质中。

如果最初管道被部分掩埋，海底顶层开始移动，则会发生以下3种情况：

(1) 从横截面上来看大部分管道都要承受流体动力的作用。
(2) 由于海底颗粒的存在，流过管线的流体密度比水大。
(3) 当只有一小部分管道被埋入固定物质中时，此时对管线横向移动的阻力将大幅减少。

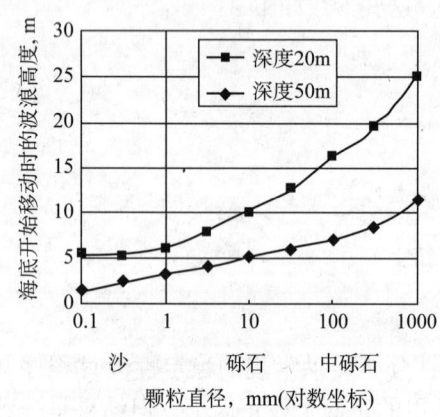

图 11.5 海底不稳定的开始

这3种情况都起到了反作用并会降低传统方法的有效性。帕尔默和达姆加德详细地研究了海底不稳定性这一论题。他们描述了离澳大利亚海岸较远的两个管道案例，毫无疑问海底在达到极端设计条件之前就变得非常不稳定了，这样常规设计计算就不适用了。这表明在极端条件下海底的移动并不是一种特殊情况，它十分常见，它适用于北海的广袤海域。图 11.5 显示了对两种水深，海底开始出现不稳定时的波浪高度，它是关于颗粒大小的函数。

从泥水分界线到海底开始移动的地方之间的深度问题中只有部分得到了解决。该深度取决于 Sleath 数：

$$S = \frac{u_0 \omega}{g(s-1)} \tag{11.13}$$

式中 u_0——波动轨迹速度的幅度；
ω——循环波频率；
g——重力加速度；
s——粒子相对密度（参照海水）。

当 S 达到临界值时上述深度快速增加。

增加海床孔隙压力会使问题变得复杂，孔隙压力是由波浪引起的周期剪切应力所产生的。这是欧盟（EU）在海底结构周围的液化（LIMAS）的项目中所研究的课题。在该项目中，对在细密的粉砂土上的管道进行测试，发现土壤被部分液化，并且管道最终达到的位置取决于管道的平均比重。

忽略海底不稳定是常规的稳定性设计方法中的主要错误，而纠正这一错误比对莫里森公式系数或更复杂的流体动力模型进行持续的争论（或持续的研究）要重要得多。未来关于管道与海底稳定性以及自行埋藏和冲刷等过程之间的相互作用的研究将会更全面。

尽管如此，但常规设计方法无论多不合理都会在实际中产生令人满意的结果。有很多因素可能造成常规方法保守，其中包括埋入产生的加强的横向阻力、通常忽略的长波峰和三维影响以及对海底波致速度的高估，其中海底波致速度是将最大波浪理想化并看作是高度相同的一系列常规波浪中的一个。

人们不应该认为不稳定性从不发生，设计失误（尤其是在最大波浪的估算中）、建设失误或加重层损失等结果都会导致不稳定。

参 考 文 献

1. Komar, P.D. (1976). *Beach Processes and Sedimentation*. Englewood Cliffs, NJ: Prentice Hall.
2. Komar, *Beach Processes and Sedimentation*.
3. Pond, S., and Pickard, G.L. (1989). *Introductory Dynamical Oceanography*. Oxford: Pergamon.
4. Brown, J., Colling, A., Park, D., Phillips, J., Rothery, D., and Wright, J. (1989). *Waves, Tides and Shallow-Water Processes*. Oxford: Pergamon.
5. Sarpkaya, T., and Isaacson, M. (1981) *Mechanics of Wave Forces on Offshore Structures*. New York: Van Nostrand Reinhold.
6. Embrechts, P., Kluppelberg, C., and Mikosch, T. (1997). *Modelling Extreme Events*. Berlin: Springer-Verlag.
7. Brink-Kjaer, O., Knudsen, J., Roodenhuis, G.S., and Rugbjerg, M. (1984). Extreme Wave Conditions in the Central North Sea. *Proceedings of the 16th Annual Offshore Technology Conference*, Houston, TX, 3, 283-293,
8. Komar, *Beach Processes and Sedimentation*.
9. Holthuijsen, L.H. (2007). *Waves in Oceanic and Coastal Waters*. Cambridge, UK: Cambridge University Press.
10. Sarpkaya and Isaacson, *Mechanics of Wave Forces*.
11. St. Denis, M. (1969) On Wind-Generated Waves. In: *Topics in Ocean Engineering*, Bretschneider, C.L. (Ed; pp. 37-41). Houston: Gulf.
12. Borgmann, L.E. (1961). The Frequency Distribution of Near Extremes. *Journal of Geophysical Research*, 66, 3295-3307.
13. Brown et al., *Waves, Tides and Shallow- Water Processes*.
14. Sarpkaya and Isaacson, *Mechanics of Wave Forces*.
15. Pond and Pickard, *Introductory Dynamical Oceanography*.
16. Sarpkaya and Isaacson, *Mechanics of Wave Forces*.

17 Sumer, B.M., and Fredsøe, J. (2002). *The Mechanics of Scour in the Marine Environment*. Singapore: World Scientific.
18 Littlejohns, P.S.G. (1974). *Current-Induced Forces on Submarine Pipelines*, Hydraulics Research, Wallingford, UK [Report], INT 138.
19 Ibid.
20 Ibid.
21 Sarpkaya and Isaacson, *Mechanics of Wave Forces*.
22 Zdravkovich,M.M. (1997). *Flow Around Circular Cylinders: A Comprehensive Guide Through Flow Phenomena, Experiments, Applications, Mathematical Models and Computer Simulations*. Oxford: Oxford University Press.
23 Bearman, P.W., and Zdravkovich, M.M. (1978). Flow Around a Circular Cylinder Near a Plane Boundary. *Journal of Fluid Mechanics*, 89,33—47.
24 Sarpkaya and Isaacson, *Mechanics of Wave Forces*.
25 Bryndum, M.B., and Jacobsen, V. (1983). Hydrodynamic Forces from Wave and Current Loads on Submarine Pipelines. *Proceedings of the 15th Annual Offshore Technology Conference*, Houston, TX, 1,95—102.
26 Wilkinson, R.H.,Palmer, A.C., Ells, J.W., Seymour, E.,and Sanderson. N. (1988). Stability of Pipelines in Trenches. *Proceedings of the Offshore Oil and Gas Pipeline Technology Seminar*, Stavanger, Norway.
27 Bryndum and Jacobsen, Hydrodynamic Forces.
28 Wolfram, W.R., Getz, J.R., and Verley, R.L.P. (1987). PIPESTAB Project: Improved Design Basis for Submarine Pipeline Stability. *Proceedings of the 19th Annual Offshore Technology Conference*, Houston, TX, 3,153—158.
29 Holte, K., Sotberg, T., and Chao. J.C. (1987). An efficient Computer Model for Predicting Submarine Pipeline Response to Waves and Currents. *Proceedings of the 19th Annual Offshore Technology Conference*, Houston, TX, 3,159—169.
30 Verley, R.L.P., and Reed, K. (1987). Prediction of Hydrodynamic Forces on Seabed Pipelines. *Proceedings of the 19th Annual Offshore Technology Conference*, Houston, TX, 3,159—169.
31 Fyfe, A. J., Myrhaug, D.,and Reed. K. (1987). Hydrodynamic Forces on Seabed Pipelines: Large—Scale Laboratory Experiments. *Proceedings of the 19th Annual Offshore Technology Conference*, Houston, TX, 1,125—134.
32 Wilkinson, R.H., and Palmer, A.C. (1988). Field Measurements of Wave Forces on Submarine Pipelines. *Proceedings of the 20th Annual Offshore Technology Conference*, Houston, TX.
33 Grace, R.A. (1978). *Marine Pipeline Systems*. Englewood Cliffs, NJ: Prentice Hall.
34 Grace, R.A.,Castiel, J., Shak, A.T., and Zee. G.T.Y. (1979) Hawaii Ocean Test Pipe Project: Force Coefficients. *Civil Engineering in the Oceans IV, American Society of Civil Engineers*, 99—110.

35 Grace, R.A., and Nicinski, S.A. (1976). Wave Force Coefficients from Pipeline Research in the Ocean. *Proceedings of the 8th Annual Offshore Technology Conference*, Houston, TX, OTC 2676.

36 Grace, R.A., J.M. Andres, and E.K.S. Lee. *Forces Exerted by Shallow Ocean Waves on a Rigid Pipe Set at an Angle to the Flow*. Proceedings of the Institution of Civil Engineers, 83,43–59 (1987).

37 Lyons, C.G. (1973). Soil Resistance to Lateral Sliding of Marine Pipelines. *Proceedings of the 5th Annual Offshore Technology Conference*, Houston, TX, 2,479–484.

38 Lambrakos, K.F. (1985). Marine Pipeline Soil Friction Coefficients from In–Situ Testing. *Ocean Engineering*, 12,131–150.

39 Brennoden, H., Sveggen, O.,Wager, D.A., and Murff, J.D. (1986). Full–Scale Pipe–Soil Interaction Tests. *Proceedings of the 18th annual Offshore Technology Conference*, OTC 5338,4,433–440.

40 Wagner, D.A., Murff, J.D., Brennoden, H" and Sveggen,O. (1987). Pipe–Soil Interaction Model. *Proceedings of the 19th Annual Offshore Technology Conference*, OTC 5504,3,181–190.

41 Palmer, A.C, Steenfelt, J., Steensen–Bach, J.O., and Jacobsen, V. (1988). *Proceedings of the 20th annual Offshore Technology Converence*, OTC 5853,4,399–408.

42 On-Bottom Stability Design of Marine Pipelines. (1988). RP E305, Veritec. 〈ls this note complete?〉

43 Hale, J.R., Lammert, W.F., and Allen, D.W. (1991). Pipeline On–Bottom Stability Calculations: Comparison of Two State–Of–The–Art Methods and Pipe–Soil Model Interaction. *Proceedings of the 23rd Annual Offshore Technology Conference*, OTC 6761,4,567–582.

44 *Submarine Pipeline On-Bottom Stability: Vol. 1. Analysis and Design Guidelines, Final Report on Projects PR-178-516 and PR-178-717*. (1988). American Gas Association.

45 Palmer, A.C. (1996). A Flaw in the Conventional Approach to Stability Design of Pipelines. *Proceedings of the Offshore Pipeline Technology Conference*, Amsterdam.

46 Palmer, A Flaw in the Conventional Approach to Stability Design of Pipelines.

47 Damgaard, J.S., and Palmer, A.C. (2001). Pipeline Stability on a Mobile and Liquefied Seabed: A Discussion of Magnitudes and Engineering Implications. *Proceedings of the 20th International Conference on Offshore Mechanics and Arctic Engineering*, Rio de Janeiro.

48 Sleath, J.F.A. (1994). Sediment Transport in Oscillatory Flow. In: *Sediment Transport Mechanisms in Coastal Environments and Rivers*, Belorgey, M.,Rajaona,R.D., and Sleath, J.F.A. (Eds.). Singapore: World Scientific.

49 Sleath, J.F.A. (1998). Depth of Erosion Under Storm Conditions. *Proceedings of the 26th Conference on Coastal Engineering ASCE*, New York, 2968–2979.

50 Zala Flores, N., and Sleath, J.F.A. (1998). The Mobile Layer in Oscillatory Sheet Flow.

Journal of Geophysical Research, 103,12783-12793.

51 Sassa, S., and Sekiguchi. H. (1999) . *Wave-induced Liquefaction of Beds of Sand in a Centrifuge. Geotechnique*, 49,621-638.

52 Teh, T.C., Palmer, A.C, and. Damgaard, J.S. (2003) . Experimental Study of Marine Pipelines on Unstable and Liquefied Seabed. *Coastal Engineering*, 50,1-17.

53 Teh, T.C., Palmer, A.C., and Bolton, M.D. (2004) Wave-Induced Seabed Liquefaction and the Stability of Marine Pipelines. *Proceedings,International Conference on Cyclic Behaviour of Soils and Liquefaction Phenomena*, Ruhruniversitat Bochum, Germany, 449-453, A.A. Balkema, Leiden.

54 Palmer, A.C, Teh, T.C., Bolton, M.D., and Damgaard, J. (2004) . Stable Pipelines on Unstable Seabed: Progress Towards a Rational Design Method. *Proceedings, Offshore Pipeline Technology Conference*, Amsterdam.

第 12 章　海底管道铺设

12.1　概述

本章将介绍海底管道铺设的主要方法。大多数海底管道采用的都是第 12.2 节中介绍的前导铺管船法。很多小直径或中等直径的管道采用的是第 12.3 节中介绍的卷筒铺管船法。管束和其他管线则是采用第 12.4 节中介绍的牵引技术来安装的。很多管道需要铺设在沟渠中，尤其是在浅水区域，还有一些管道需要埋入铺设：第 12.5 节介绍了挖沟和掩埋。

12.2　前导铺管船法

12.2.1　简介

前导铺管船法是目前为止最常用的海底管道安装方法。大多数管道建设都会选择该方法。前导铺管船法具有多功能、灵活、独立等特点。虽然将铺管船调动到一个较远的地点花费较高，但一旦就位，只需要来自岸上的最小支持，铺管船就可以在任何地方高效地开展工作。对大直径单管来说，前导铺管船法几乎没有什么竞争力（虽然不是管束）；但对直径较小的管线，该方法与卷筒铺管船法和牵引技术相比有很强的竞争力。

前导铺管船系统可以看作是岸上管道建设中管线下沟方法的发展延伸。它最初被运用在 20 世纪四五十年代墨西哥湾近海海域内的浅水区。最初的北海管道是在 1968—1975 年间铺设的，其中包括西索尔（West Sole）、莱曼（Leman）、福蒂斯（第一条长度超过 100m 的大直径管道）、弗里格（Frigg）、布伦特和弩德天然气管道（Noord gas transport），这些管道都是采用前导铺管船法铺设的。按照现在的标准，当时的铺管船作业易受天气影响造成停工和机械故障，从而使得生产率非常低并且花费很高。第一条福蒂斯管道长 170km，两条铺管船在 1973 年和 1974 年中分别花了 3 个月的时间完成该管道的铺设，而其他管线的铺设消耗了更多资源。第二条福蒂斯管道是由一条铺管船在 1990 年夏季的 3 个月内铺设完成的。图 12.1 中所示的是此工程的生产率，可以看出在一小段时间后铺管船达到了较高的铺设速度，并且在施工中出现的间断较少。现在每天几千米的铺设速率是很正常的。例如在 2003 年，英国石油公司（BP）从北大西洋到设得兰群岛（Shetland Islands）西部的克莱尔（Clair）管道工程，Allseas "纸牌" 仅仅在 18 天内就完成了直径为 22in（558.8mm）、长度为 105km 并带有混凝土涂层的管线铺设工程。每天平均铺设 6.9km，最大铺设速度是在 24h 内铺设了 7.8km 管道。

图 12.2 是前导铺管船系统的 "S" 形铺管法示意图，图中给出了一些术语。此类管道的铺设都是基于系缆停泊或动态定位的驳船，在船的滑道上连接管道。在滑道上进行检查以及管道对接，然后随着铺管船的前进管线会经过一系列焊接站。有时先通过单独的焊接

线将管段两两焊接在一起（双管焊接），然后再焊接到干线上。

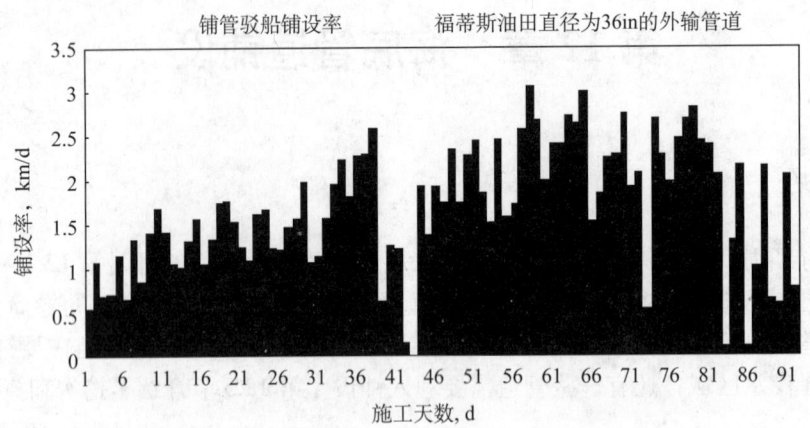

图 12.1 铺管船的生产率（由 London, C. J. 免费提供）

在滑道尾部附近的张紧器会对管道施加拉力。一旦管道从船尾部离开滑道，管道形状会马上变为上凸的曲线，称为拱弯区，它是由船尾托管架上的滚轴支撑的。船尾托管架的结构相当大，通常有 100m 长，它常常作为一个单独的无顶框架固定在铺管船上，但有时是通过一个或多个相互连接的浮力节连接到铺管船上的。

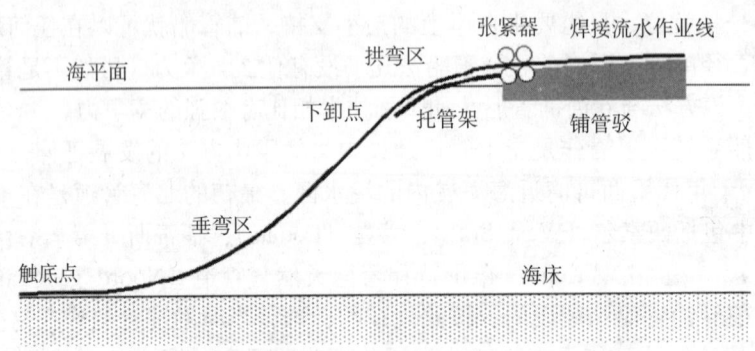

图 12.2 "S"形铺管驳铺设管道简图（不是按比例的）

管道从船尾托管架末端上方的下卸点离开铺管驳船的托管架。管道继续向下呈悬链状进入海中，形成一条长长的上凹下凸的曲线，称为垂弯区。它在触底点处与海底相切。

垂弯区内的管道形状主要取决于外加张力和管道的水下重量之间的关系，其次取决于管道的抗挠刚度。如果外加拉力增加，则垂弯区内管道的曲率下降，垂弯区变得更长更平，管道在海床上的触底点也会离铺管驳船更远，下卸点向上移动。如果外加拉力减少则垂弯区内管道的曲率增加，而弯曲曲率过大可能造成管道弯折。另一方面，拱弯区内管道的形状由托管架的几何形状决定：如果托管架是刚体（不能弯曲）则拉力对弯管区内管道的形状几乎没有影响，如果托管架是分段的则拉力对弯管区内管道形状会有较小的影响。托管架必须足够长，否则托管架曲率与悬跨段曲率不协调，在托管架端点处就会产生过度弯曲。

此类铺管驳船有很多。图 12.3 中所示是 Allseas 的铺管驳船 Tog Mor。

前导铺管船技术灵活、适应力强的特点已经得到了验证。该方法对管道长度没有任何限制，并且对管道直径也基本没有限制。一条驳船在一个工程中铺设了直径为42in的管道，而只需要对该系统做少许调整，几天后就可以运用在另一个工程中铺设直径为6in的管道。许多铺管驳船都是在很久之前建造的：LB200（现在的Acergy Piper）于1975年投入运行，Semac于1977年投入使用，Castoro 6于1979年投入使用。

图12.3 Tog Mor 铺管驳船（由Allseas免费提供的照片）

现在有很多关于该技术的新发展。其中最重要的是对铺管驳船动态定位的应用以及"J"形铺管系统的陡峭滑道的应用。

12.2.2 动态定位

进行铺管作业时要对铺管驳船精确定位。不允许铺管船向一边偏移或偏离管道方向。任何快速移动都会造成托管架端点处的管段严重弯曲，从而造成管段屈曲扭折。除了浅水区以外，可以对管道施加较大的拉力以控制托管架和海底间的垂弯区内的管道曲率。拉力也会作用在铺管驳船上，铺管驳船承受该作用力时要能保持稳定。

到近期为止，人们都是通过固定在锚上的锚绳来固定铺管驳船的位置。将锚绳连接到绞车上，操作人员通过释放或卷起锚绳来控制铺管驳的位置。一种典型的第三代锚定半潜式装置，如Acergy Piper有14条锚绳，每条长3050m。并不是所有的锚绳在任何时候都要起作用，只需要约8条锚绳就可以固定铺管驳船的位置；具体的数字取决于海流、风、海况以及水深。通过系锚拖船可以不断对锚重新定位。

通过下锚来定位有许多弊端，如：

(1) 锚泊系统的范围。在铺管驳船四周锚绳呈散射状分布，使得在有限或密集的区域内抛锚十分困难，因此在这些区域锚绳不交叉，如现有的平台、井口、管道、岛和航道。

(2) 当必须对已铺设好的管道进行大维修时，锚有可能钩到管道。

(3) 锚泊系统在深水中的机械灵活性限制了铺管驳船定位的精确度。

(4) 锚需要反复重新定位，这在波浪较大的海域内非常困难且危险，还可能限制铺管驳船继续铺管的能力。因为要经常对锚重新定位，所以随着铺管速度的增加该因素的影响也越来越大：如果实际上有12个锚在作用，每前进3000m就要对所有的锚重新定位一次，铺管驳船以 6000m/d 的速度进行铺管作业，因此每过 1h 就要对其中一个锚重新定位。

长期以来动态定位（DP）原理在钻探船和潜水辅助船中的应用很成熟，人们认为在铺管驳船中使用动态定位会有许多优势。船由推进器来定位（实际上是可以旋转至任何需要方向的套筒推进器），可通过全球定位系统（GPS）或声学定位系统进行电脑控制。在 1974 年，Acergy Piper 的设计者就已经考虑到了添加驳船推进器，其中驳船推进器是 DP 系统的一部分。

铺管驳船上有两个因素会对 DP 产生不利的影响。第一个因素是系统的可靠性以及管道屈曲和驳船损伤所产生的严重后果，任何失效都会迅速造成管道屈曲和驳船损伤。第二个因素是平衡外力所需的功率：典型的拉力为 1MN（100t），对应的推进功率约为 7.5MW（10000hp）。除此之外还需要额外的稳定力来抵消海流外加的阻力，这也使系统变得更难控制并且需要消耗更多的燃料。

Allseas 的铺管驳船罗蕾莱（图 12.4）首次在管道铺设中运用了动态定位原理。它占据了北海和墨西哥湾的很大一部分管道铺设市场。Allseas "纸牌"（Solitaire）和 Audacia，Acergy Polaris，麦克德莫特 DB50，Saipem S-7000 以及 Heerema 巴尔德都采用了动态定位原理。它们都是由综合控制系统测量并控制驳船的位置以及与驳船相连的管道布置。目前深水铺管驳船所有的发展都是基于动态定位而不是锚泊系统。

图 12.4 罗蕾莱（Lorelay）铺管驳船（由 Allseas 提供的免费照片）

12.2.3 "J"形铺管

传统的铺管驳船是"S"形的（根据驳船与海底间的管道形状得来的）。图 12.2 中所示是铺管驳船系统。水平或接近水平的滑道为焊接站、张紧器、X 射线站以及现场连接站提供了空间；长度合适的托管架能提供适当的水平拉力。

北海的大多数管道铺设、墨西哥湾的深水管道铺设以及挪威沟渠中水深 300m 处的管道铺设均采用"S"形铺管方式。早期最具挑战性的工程之一是在突尼斯和西西里之间的西西里海峡跨越，当时使用了专为该跨越而建造的 Castoro Ⅵ 半潜式铺管驳船。驳船的滑道相对较陡，滑道与水平方向成 7° 的角，还有一个弯曲的陡托管架，其离船角度为 39°。

在深水中"S"形铺管方式遇到了很多困难。管道几乎水平地离开驳船尾端，然后呈拱弯形（向上凸）越过托管架，在下卸点离开托管架。之后管道向另一个方向弯曲悬跨呈垂弯形（向下凹），此时由施加在管道上的拉力支撑管道。施加在倾斜管道的悬跨上端的拉力要足够大，能与托管架的倾斜度匹配，这样可以避免管道在托管架的末端扭折。悬跨倾斜段的上端斜率取决于施加的拉力：拉力越大，倾斜度越小。另外，拉力应足够大从而可以保证垂弯区的曲率在合适的范围内并且管道不会过度弯曲。

在浅水区内不需要很长的托管架或较大的拉力就可以满足这些条件。托管架不必过长，越长就越容易受到波浪力和海流的影响。由于张紧器可能会对管道涂层造成损伤，而且拉力是通过驳船的锚泊或动态定位系统来平衡的，因此拉力过大也不是我们所期望的。

"S"形铺管船在深水中的正常作业要求拉力足够大，托管架足够长。"J"形铺管可以避免这些限制。它并不是让管道水平地离开驳船。相反的是在一个陡滑道上装配管道，该滑道与水平方向成 75° 角，管道越过一个托管架笔直地离开驳船。此时不存在拱弯区，整个悬跨的形状像一个扩大了的字母 J。图 12.5 是"J"形铺管的示意图。

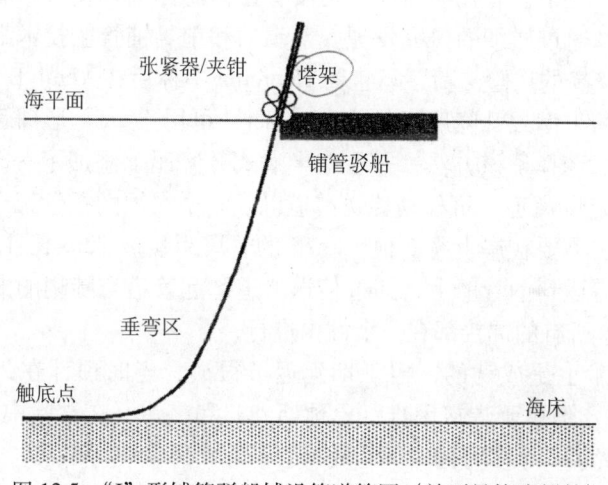

图 12.5 "J"形铺管驳船铺设管道简图（并不是按比例的）

"J"形铺管有许多优势，如：

（1）由于管道垂直地离开驳船，因此只需要限制垂弯区内的管道弯曲，不需要再考虑托管架上的悬跨弯曲，此时拉力往往会大幅下降。

（2）管道垂直地离开驳船，除了接近海平面的一小段区域以外管道受波浪影响很小。

（3）没有托管架。

（4）由于拉力减小了，海床着地点并不像在"S"形铺管中那样远离驳船，因此很容易对驳船进行定位从而可以精确铺管。

（5）随着拉力的减小，悬跨变短。

（6）在恶劣的天气条件下，驳船可以将管道降低一小段距离，使管道恰好在驳船下方，驳船像风标一样绕管道移动，以便迎向海风使波浪引起的运动最小。

同样地，"J"形铺管也有许多弊端，尤其是：

(1) 由于在大多数情况下滑道都远高于海平面，因此很难为一系列操作都提供空间，如对管、焊接、焊接射线照射、施加拉力以及在滑道上的间歇性现场连接等。

(2) 在高处增加的重量会影响驳船稳定性。

(3) 如果驳船要在浅水区铺管则需要将滑道降低至稍平缓的角度，使管道能水平地到达海底，否则管道在垂弯区内将不得不以小曲率弯曲。

第一个因素表明所有的焊接和射线检验都应在位于滑道低端的站内进行。因此有人建议，在滑道上依次焊接的应该是由若干根标准长为12m的管段焊接而成的较长的管段，这样完成一次焊接后，驳船就可以前进一个多标准管段的长度。也有人建议，在焊接站内采用比传统的自动或手动焊接快得多的一次焊接系统，或是用螺纹连接等其他连接方法代替焊接。

很久以前人们就意识到"J"形铺管在深水领域具有很大的竞争力。在20世纪60年代，在深水中由钻探船铺设3in或4in的小直径管道，管道是垂直的"J"形管且具有最小的水平拉力。最近的第一次"J"形铺管的应用是1991—1992年从毛伊岛（Maui）B到A的直径为20in的管道铺设，管道经过塔斯曼海（Tasman Sea）与新西兰北岛西部间105m深的海域。该工程有一些非常特殊的地方。和乔治亚海峡一样，新西兰远离所有的海上工业中心，并且在海上几乎没有任何活动，也没有任何海洋铺管设备。对于卷筒铺管船法来说管线的直径太大，通过详细的研究发现底部牵引和前导铺管船技术都是可行的。当时人们认为底部牵引有较高的风险。荷兰承包商 Heerema 中标后在 Maui B 平台安装了导管架。有人指出该承包商的半潜式升降船巴尔德（Balder）可用于"J"形铺管，并且不需要额外的铺管船。最终人们选择了该方法，并且在半潜式升降船上添加了一个"J"形铺管支架。它包括80m高的固定陡滑道、可移动传送滑道以及一个很短的托管架，其中托管架的一端恰好在海平面上。它需要在岸上将6根12m长的管段组装成72m长且内部有涂层的管道，然后通过货船将管道运到铺管船上，通过传送滑道举起管道与陡峭的滑道对准。用夹钳将管道固定在甲板上，所有的焊接都在一个站内进行。

这项工程在技术上是成功的，但工期延迟了很久。当时预计在2~3周内可以完成15km长的管道铺设。但由于焊接困难（已预期到）和夹钳（在试验中人们并没有意识到）的问题，该工程花费了3个多月的时间才完成。

该方法的第二次应用是麦克德莫特的DB50起重驳船，该驳船于1993年在墨西哥海湾内870m深的水中铺设了直径为12in的安杰（Auger）管道。该系统包括一个可以在驳船之间移动的独立支架、一个复杂且能实时操作的管道操作系统以及传输滑道。在不同的管道铺设工程中人们可以在船体之间移动支架。

在墨西哥湾、巴西和非洲西部的深海，一些承包商通常采用"J"形铺管系统进行铺管作业。许多承包商在"S"形铺管系统中投入了大量资金，过去他们认为"S"形铺管系统可以完成任何"J"形铺管系统所能完成的任务，因此没有必要使用"J"形铺管系统。而最近这一形势有了逆转，一些之前反对"J"形铺管系统的承包商们也开始认同有时甚至热衷于"J"形铺管系统了。Saipem 拥有著名的 Saipem 7000 "J"形铺管系统，是该领域内的技术引领者。该铺管系统适用的直径范围是4~32in，支架角度为70°~90°，还有一个焊接站和一个无损检测站。滑道是专为四管段连接（48m）设计的。系统可在张紧模式（在该模式中自动控制的张紧器可拉紧或放松管道从而将拉力维持在规定的范围内）

或夹紧模式(在进行焊接时将管道紧紧地夹在驳船上,当驳船向前行进时放松管道)中运行。在张紧模式中张紧力为 5.1MN(525t)。在夹紧模式中最大承受力为 20MN(2000t)。

Heerema 是另一位主要的承包商。起初针对大型工程"狂欢节"(Mardi Gras)改造了巴尔德以适应深水"J"形铺管。该工程在水深为 2000m(6500ft)的墨西哥湾,采用了长约为 400km、直径为 28in(711.2mm)的管道和立管系统。巴尔德的最大拉紧力为 525t,标准配置是针对四管段连接的,但支架设计载荷是 1050t,因此可以扩展应用到六管段连接中(hexjoints)。

图 12.6 S-7000 铺管驳船(由 Saipem 免费提供)

图 12.6、图 12.7 和图 12.8 中所示为铺管驳船 S-7000,巴尔德和"纸牌"。前两个采用"J"形铺管而第三个采用"S"形铺管。究竟是"J"形铺管还是"S"形铺管将主导深海铺管市场这一问题引起了很大的争议。Allseas 已经采用了"S"形铺管在深水中铺设管道,并且驳船"纸牌"是按"S"形铺管结构建造的,能承受的最大张紧力为 10.5MN,还有一个很长的托管架,几乎能容许垂向 85°的离开角度。

很多人认为"J"形铺管会主导水深超过 1000m 的深海铺管市场,同时在水深超过 300m 的区域内也有很大的竞争力。其他人则认为兼具长托管架和较大拉力的"S"形铺管方式将更有优势,因为它能将"J"形和"S"形铺管方式的优点结合在一起。

图 12.7 巴尔德铺管驳船(由 Heerema 免费提供)

图 12.8 "纸牌"铺管驳船(由 Allseas 免费提供)

12.3 卷筒铺管船法

欧洲第一条海底管道铺设于1944年,是PLUTO工程中建造的一条天然气管道,该管道穿越英吉利海峡为法国北部的联军供应天然气。它的发展吸取了石油工业的经验,尤其是英国石油公司前身之一的英伊石油公司(Anglo-Iranian Oil Company)的经验;在战争的驱使下,那些关心管道的人们受到了鼓舞,一小部分工程师表现出了特殊的创造力和想象力。在第一次会议结束一个星期后就进行了第一次测试,现在的石油公司根本做不到如此快速的反应。

PLUTO对直径为3in的管道提出了两种设计,一种是常规的钢管而另一种是由缆索技术制成的有防护的铅管。由于使用时间并不是很长因此没有采取任何防腐保护措施。这个工程在开始的时候将40km长的管道缠绕在直径为15m的漂浮卷轴上。拖船牵引卷筒,随着拖船的前进逐渐松开管道,仅花费了10h就完成了从英格兰到法国的管道铺设。如果要问为什么现在不能在10h内完成100km长的海底管道的铺设,那工程师们只能沮丧地回答,这是因为我们在这一领域内有了如此多的研究和发展。更重要的是,PLUTO还遇到了很多技术上的问题,如屈曲传播,之后人们忘记了这一问题,但在30年后又重新提起。

卷筒方法在20世纪60年代有了更进一步的发展,最初是在墨西哥湾,一位来自路易斯安那州的承包商吉尔特勒·休伯特(Gurtler Hubert)将一艘登陆艇的外壳改装成卷筒驳船U-303(即后来的RB-1)。它采用竖轴卷筒来铺设直径为6in的管道。管道在水平面上塑性弯曲,而在铺设之前必须将管道拉直,否则悬跨部分会弯向一边并在海底形成一系列扭折。第二艘驳船RB-2〔即后来的契卡索(Chickasaw)〕建造于1970年,它通过水平卷筒铺设了300m长的管道。

这一技术首先由福陆(Fluor)获得,然后由圣达非(Santa Fe)运用,进一步设计并制造了卷筒船阿帕奇(Apache)。利用岸上组装管线,将管道绕在卷轴上并在定点处在几个小时内松开管道,该船自1979年投入使用以来在铺管市场上占据了越来越多的份额。McQuagge和戴维描述过一个关于该技术的典型工程。阿帕奇现在由德希尼布-科弗莱西普(Technip-Coflexip)公司所有,该公司还拥有另一艘卷筒船"深蓝"(Deep Blue)。

直到最近,在北海只有德希尼布-科弗莱西普公司仍积极采用卷筒船来铺设管道。现在更多的承包商选择以市场为导向确定铺管方式。全球工业公司在墨西哥湾和非洲西部采用水平卷筒式铺管船契卡索和"大力士"(Hercules)。"大力士"是专为铺设直径达20in的管道而设计的。ETPM在非洲西部通过Norlift卷筒式铺管船来铺设小直径管道。

DSND在"芬兰"(Fennica)上安装了卷筒,它是破冰船和海洋工程船的组合体,充分考虑到了在冬天非常需要"波罗的海"(Baltic)破冰船而在夏天往往需要工程船的情况。"芬兰"的卷筒轴直径约为10m,远小于阿帕奇上直径为16.4m的卷筒。因为管道的最大弯曲应变与轴直径成反比,因此卷筒的直径很重要。该船于1996年9月投入使用,帮助LASMO恢复了已堵塞的直径为8in的斯塔法(Staffa)管道,之后为班夫(Banff)油田铺设了直径为12in、10in和6in的管道。

图 12.10 "深蓝"卷筒船（由德希尼布－
科弗莱西普公司免费提供）

图 12.9 "契卡索"卷筒式铺管驳船
（由全球工业公司免费提供）

图 12.9 和图 12.11 中所示的是全球工业公司的卷筒式铺管船契卡索和"大力士"。图 12.10 中所示的是德希尼布－科弗莱西普公司的卷筒式铺管船"深蓝"。

人们已经探索出了许多改进卷筒式铺管船的方法，但截至目前并没有得到有效的提高和改进。有人指出无论有没有载体，卷筒方法都可用于管束的安装。由于轴向弯曲应变过大（在阿帕奇卷筒上对直径为 16in 的管道，弯曲应变是 0.022）会造成混凝土破裂崩落，卷筒管的外面不能用混凝土覆盖，因此这始终是一个限制。关于卷筒方法的使用范围有严格的限制要求，因为选择该方法不仅仅意味着要在管道上增加额外的壁厚使其在海流和波浪中保持稳定，还意味着直到业主确定了铺设方法后才能最终确定管道规范并开始采购管道。但可卷的混凝土可以将这两个决策区分开。现在已经发明了可卷的聚合物改良混凝土涂层，但遗憾的是这并没有引起业主与运营商的足够重视和深入的研究。

有人认为卷筒铺管是一项在工艺本身上具有吸引力的技术，目前还没有开发出其全部的潜力。它遵循的准则是尽可能多地在岸上、在一个可控的工厂环境中、在对气候变化不敏感的情况下完成工作，因此在涉及的海上操作中无需大量的资金支持。

图 12.11 "大力士"卷筒式铺管驳船
（全球工业公司免费提供）

12.4 牵引

12.4.1 简介

另一种铺设管道的方法是先在岸上组装好管道,然后通过海平面上、海平面下或海底牵引的方式将其拖拉至指定位置。该技术的优势是在拖动管道之前可以对其进行检测。该技术对单管和管束都适用,而且对管束的大小和复杂度没有限制。

在北海目前只使用了深度可控的牵引和底部牵引来安装管线,而在其他地方则使用了其他类型的牵引。它们要单独考虑。

12.4.2 表面牵引

在此方法中管束是向上浮的。先将管束牵引至海平面然后沉至指定位置,通常是由注水浮筒或拉力使其下沉。该方法被用于墨西哥湾和阿拉伯湾的保护性环境内浅水区短管线的安装,并被用于英国出口油气产品管道的铺设。

表面牵引方法中管束易受大波浪运动的损害,因此在可能发生大波浪的地方不使用该方法。例如在北海夏季的典型风暴会形成持续时间 10s、高 5m 的波浪,此时直径为 36in (914.4mm) 的钢支架的弯曲应力至少为 $200N/mm^2$,这占了屈服应力的大部分并且足以造成疲劳损害。

表面拉力还受横向海流的影响。如在管束末端,表面海流预计达到 0.5m/s (1kn),对应地需要 100N/m (7lbf/ft) 的横向力来牵引管束穿过海流。因此,相对于海平面来说拖船不会沿直线拖拉管束。相反的,管道会沿曲线移动,而该曲线与拖船的轨迹成一定角度。

表面牵引的另一个困难是在流体动力的作用下拖动管道可能是不稳定的。在德拉科恩 (Dracone) 挠性驳船的发展中人们观察到了这一现象,在现场和模型试验中发现以中等速度牵引浮管容易产生剧烈的横向振动。但是我们可以通过增加管束上的拉力来降低其不稳定性,即将非流线型的连接托运器添加到拖曳端或是增加设计精密的尾翼。

对支架上有正浮力的管束只能通过下降或对支架注水来将管束降至底部,但对支架注水很难控制,而表面拖曳需要有外浮力。

总的说来人们并没有接受漂浮法拖管作为深海流体管线的铺设方法,尽管它在浅水区内是一种有效的方法。一旦克服了添加浮筒难度这一问题人们就会更倾向于将管束悬浮在浮筒上的方法,此时管束远远低于海平面,波浪运动也会相应减弱。在第 12.4.3 节中对近表面牵引技术进行了论述。

12.4.3 近表面牵引

此方法中的管束悬浮在海平面下及浮筒上。波浪的直接作用会减弱,但要完全消除波浪运动是不可能的:此时要求管束降低的深度超过最长波浪波长的一半,一般是 100m 或以上。将管道下沉至该深度可以避免浅水区的管道被波浪拖动,但在释放浮筒时会产生很多困难。在逐步将管道沉至牵引深度的过程中,在浅水区内管束可能恰好在海平面下而在深海区管道可能需要下降得更深，这是因为深水区的波浪运动更剧烈。

杆状浮标本身易受波浪运动的影响，而且拖管器的动力学原理非常复杂，它是一个很长很复杂的系统并带有独立的浮标单元，浮标单元没有固定到管道上。这一问题以及下沉的困难是阻止那些潜在用户在已有油气开发活动的深海区域进行表面和近表面拖管作业的主要原因。

从20世纪60年代开始在深海管道的铺设中试用了近表面牵引技术，这是法国天然气公司（Gaz de France）针对阿尔及利亚和西班牙之间的管道进行的部分研究。该公司还用类似的方法铺设了Cassidaigne的深海出油管线以及日内瓦湖城（Lake Geneva）的天然气管道。1975年，在北海进行了全面的近表面牵引测试，并在苏格兰东北部将长为1000m、直径为16in的管道拖动了900km的距离。在两年后进行了第2次测试，作为道达尔-法国/埃尔夫-阿基坦（CFP-Total/Elf Aquitaine）连接方案中拖曳—连接—拉力方法（remorquage-aboutage-tension，RAT）的一部分。先将4根直径为20in的管柱组装好，为其装配浮筒并存放在峡湾里，然后拖入5m的波浪和30kn的大风中。管柱上的挠曲应力作为测试方案的一部分被记录下来了。

最具有挑战性的近表面牵引技术试验是1980年在美孚（Mobil）的领导下由一组研究及施工人员进行的。管束长600m，包括3个内径为50.8mm（2in）的管段以及若干用于水力控制的软管，将管束捆在一起放在直径为324mm（12in）的支架上。在墨西哥湾的马塔戈达湾（Matagorda Bay）的岸上废弃机场里将管束组装好。在牵引过程中，管束由15个杆状浮标和14个水平浮标支撑。在下水过程中和浅水区内，将杆状浮标系在水平支架上，管束浮在3m水深处。一旦管道穿过沿岸航道后将浮标两端从支架上释放然后管束浮在水深12m处。在整个拖动过程中，管束始终受到拉力的作用，起初在浅水湾承受两个钻井驳船的拉力，之后在开阔水面要承受两个拖船的拉力，最后还要承受钻机和起重驳船的拉力。到达指定位置后，反向悬链对管束两端施加拉力使管束降低。然后将浮标从支架上解下来，当管束在速度为0.15m/s的横流中时，管束将偏向一侧（就像表面接管的最后一步那样）。人们原以为可以从听觉上来判断是否释放了浮标，但并不可行。为了安全起见在浮标变动操作中添加了尼龙安全线，因此需要一个人工操作的潜水器来释放浮标。

12.4.4 中等深度牵引

在中等深度牵引中管道或管束的浮力大于重力，并且管道悬跨在拖管器间的长的平悬链上，其中两个拖管器分别位于平悬链两端。它们对管束施加拉力，拉力的大小决定了悬链的平坦度。连接管束和拖船的链索长度是可以改变的，因此在浅水区中管束的位置会尽可能高一些，而在其他时候要将管束降得低一些以避开波浪作用。拖船自身也会受波浪的影响。波动的变化特别重要，因为波浪使管道相应地产生沿管线的纵向移动，而这也会影响拉力。拖管速度为2~6kn（1~3m/s）。

在中等深度位置进行的大多数拖管作业中，管束本身的浮力是正的，但每隔一段距离添加的悬挂链会使净浮力变为负值。索链在水中穿过会产生水动升力（以及拉力），这可以帮助调整被拖动的管束。之后管束沉至海底，恰好在海底上方悬浮，就像是在海底上方拖管一样。另外在整个系统中必须加入大量链索以防止振动。

悬链的形状完全取决于管束所承受的拉力、管束水下重量以及链索上的水动升力之间的关系。大多数被拖曳的管束足够长，能够抵制管束有限抗挠刚度引起的可忽略的小变形。由于可用的拖管器上的系缆桩拉力会限制管道上的拉力，因此为了保证该方法的可行性需要将水下重量精确地控制在较低的范围内。这暗示了支架及内部零件的重量、外涂层和衬垫的重量以及支架外径的允许误差的范围很小。例如在1984年进行的"鸬鹚"（Cormorant）中等深度拖拉管束作业中，水下重量为22.1N/m（1.5 lb/ft）。这一水下重量是由实施拖管作业的Smit-Kestrel合资企业推荐的。

悬链的垂度受可到达的水深影响。水下重量的最大允许值与管束长度的平方成反比，因此随着长度的增加，想要快速达到正确的水下重量就会变得更困难。由此及其他原因，在中等深度牵引可行的情况下，人们认为管束的最大长度应为8500m。但对那些在北海实践此方法的承包商来说不应该将它看作是固定的上限。

康诺克（Conoco）和哈密尔顿（Hamilton）首先尝试了该方法，但早期在北海的尝试失败了，因为螺旋焊的承载管失效造成哈密尔顿阿盖尔油田的两捆管束下沉丢失了，而这可能是疲劳损伤的后果。壳牌英国勘探与生产公司（Shell Expro）和西部石油公司（Occidental）继续对其进行研究，并且已经成功地在北海广泛运用了。

12.4.5 离海底牵引

在离海底牵引中管道本身具有浮力，在海底上方拖拉悬挂在管道上的链索可以使管道保持在离海底1~2m处漂浮。管道本身并没有与海底接触，因此与海底没有摩擦。如果遇到了地势较高的丘陵或沟渠等不平坦的海底地形则管道会顺应地形，但由于管道本身塑性和链索重量间的相互关系，此时管道承受的摩擦力比两者直接接触时要小。如果拖管路线与另一条管道交叉，应保证只有链索与管线接触。如果第二条管道的外涂层可以承受链索带来的影响，则穿越时可能不需要采取任何特殊措施，正确设计的混凝土加重层往往能满足这一要求。否则需要在跨越处放置垫层或沙袋，或找出第二条管线被掩埋处作为交叉点。

离海底牵引法和中等深度牵引法之间的分界线很窄。如果离海底拖管的速度足够快，或者拖船的拉力足够大，此时管道就会上升离开海床成为中等深度牵引。人们还常常将离海底牵引法和底牵法结合起来。使用底牵法铺设管道时，管道两端装配有链索并浮在海床上方，管道其余部分与海底连续接触。管道两端在横向和纵向上是有挠性的，在初步校准操作中可以弯曲。

在默奇森（Murchison）油田，人们起初计划采用离海底牵引法来安装3组管束，但之后计划改变了，拖管作业是在中等深度处进行的。

12.4.6 底牵法

在底牵法中管道直接与海床接触，拖管器沿着海床拖动管道。大多数在岸上的跨越都是用这种方法建造的，而此方法也被广泛用于河流穿越以及岸间跨越的建设中。有时管道上的拉力来自固定绞车或牵引驳船。增加浮筒也可以减少水下重量使拖管变得更容易。使用此方法安装的最长的单管是在伊朗，长度为30km。

底牵法在墨西哥湾和澳大利亚巴斯海峡运用广泛，该方法主要用于管束的安装，但不局限于管束的安装。在北海，于 1978 年安装了国家湾（Statfjord）A 装油管线，以后该海域就再也没有使用过该方法了。该方法在施工过程中有许多困难，如：

(1) 由于海底对管道的摩擦作用，因此要求在管道外使用厚且坚固的涂层；

(2) 当需要将管道拖拉过另一条已经安装好了的管线时需要采取一些特殊措施，如挖沟铺设、掩埋或用衬垫保护第一条管道；

(3) 要找出一条拖管路线避开陡壁、沉船残骸以及巨砾等障碍；

(4) 同中等深度拖管一样，在底牵法中需要找到一个足够长又平坦且没有障碍物的组装点以便于管道从该处下水，选择的入水点应尽量远离不平坦的海底并且没有障碍物。

在拖管作业中管道会与海底接触，因此在海流和波浪存在的情况下与其他两种方法相比采用此方法更安全。如果海况变得过于剧烈以至于不能继续作业，则拖船可以简单地断开管道连接，中断该线路，之后再恢复，不需要采取任何其他措施。

将管道拖过海底的过程中外涂层会受到严重磨损。为了找到能承受此磨损的涂层，人们进行了大量的测试研究。在 1975 年，在挪威南部的塔南厄尔（Tananger）组装了直径为 762mm 和 406mm（30in 和 16in）、总长度为 610m 的 4 段管道。部分管道上有混凝土加重层，而其他部分则有不同的薄膜涂层。沿着海上低礁之间的弯曲路线拖曳管柱，先将管柱拖至最大深度为 350m 的挪威海峡，然后管道进入沟渠西部的浅水区，第二次穿过沟渠最后回到塔南厄尔。人们发现混凝土加重层几乎没有损伤，摩擦造成的混凝土厚度损失也不超过几毫米，而环氧树脂和聚乙烯树脂涂层则磨损严重。

在一个现场测试中对深海底牵法中的涂层进行了调查。测试中包括墨西哥湾的许多拖管路线，拖管路线还会经过砂土和黏土底层。测试结果表明有二氧化硅填充的液体环氧树脂涂层是最理想的，它被应用在"Placid Green Canyon"工程中，该工程是目前使用底部牵引方法的案例中最困难的一个。该工程中有许多管线都是在马塔戈达岛的海滩上组装的，其中马塔戈达岛是墨西哥湾的一个障壁岛。组装好的管线由两侧入水，一系列履带式吊管机沿着海滩前进同时将管道送入水中。之后将管道拖至 600m 深的指定位置并与无潜偏移系统连接。在拖管过程中最长的管束与暗礁碰撞断裂，导致部分管束漂浮在海面上，最终下沉。之后分段回收管道，拖回岛上重新焊接后再次将管道拖至指定位置，这次作业成功了。这次事故强调了底部拖管与海底的相关度，也表明了掌握详细的最新的海底情况以及对测量路线仔细定位的必要性。自此之后许多其他管线也成功地从马塔戈达岛拖出。

12.5 沟渠铺设

12.5.1 宗旨

为了满足更多的需求，人们开始发展海底管道挖沟实践。目前有两类需求，一种是在岸上穿越段中相对短的距离内挖沟渠，另一种是在开放海域中挖较浅但较长的沟渠。对第一类问题往往采用疏浚技术，有时也要使用开沟犁和喷射机。第二种需求在过去是由喷水驳船上的喷射设备来解决的，但喷射挖沟不仅成本高，而且只能对管道提供有限的防护。因此近 10 年以来开沟犁和机械开沟机系统也占据了部分市场。

但现在人们对喷射的兴趣有恢复的迹象，一部分原因是 ROV（Remotely Operated Vehicle）技术的应用。许多承包商可以通过该技术来控制喷射的范围。据估计，喷射方法几乎占据了管道挖沟铺设市场的一半，同时在缆绳挖沟市场上也有近似的比例。

在北海的早期发展中，人们认为所有的管道都应采用挖沟铺设，并且政府当局对此提出了非常严格的要求。1976 年设计的国家湾 A 装油管线，最初挪威当局要求在不排水抗剪强度为 150kPa 的硬质黏土中挖 3m 深的沟渠，后来他们同意减少要求的沟渠深度，先是减至 2m，最终减为 1.2m。同荷兰和德国的大直径管线一样，在英国中部和北部地区，对早期的大直径管道需要挖掘 1.5m 深的沟渠。

壳牌英国勘探与生产公司引领人们向着沟渠更少的方向发展，他们提出了一个大胆的方案，该方案的目的是要证明对直径为 36in 的 FLAGS 管道不需要挖沟铺设。尽管每一个案例都是作为不同的情况单独考虑的，但根据该方案及其他方案的结果，当时英国当局允许对部分直径为 16in 的管道不采用挖沟铺设。到现在这一政策已经执行了很多年，而执行该政策的结果也是令人满意的。在荷兰对沟渠深度的要求也有类似的降低，在自然海床水平下只要挖 0.2m 深的沟渠就可以获得令人满意的效果，但因为在巨波浪地区海床形态有大规模运动，所以对巨波浪地区提出了特殊的要求。在挪威，大多数 Statpipe 系统都没有采用挖沟铺设。

虽然小直径管道受波浪和海流的影响较小，但它们更容易受到鱼钩的伤害。尽管有少数操作者不选择挖沟铺设，但平台附近的小直径管道基本上都是挖沟铺设的。在北海将需要挖沟铺设的管道直径设定为 16in，这一限制有些随意。目前已经采取了一项联合工业计划来决定是否能安全地放宽这一限制，但尚未达成统一，而该计划表明冲击力的程度受拖网板形状的影响较大。在世界上很多其他地方，海底钓鱼使用的是非常轻的渔钩，因此海底管道并没有挖沟铺设。

如果拖网的工具刮到了管道，不仅对管道有风险，还会导致拖网上的拉力突然增加从而造成渔船翻船。1997 年 3 月在北海发生的威斯特海文（Westhaven）事故中有 4 人丧生，这次事故使人们更深刻地认识到了这一问题。

12.5.2　挖沟系统

12.5.2.1　喷水驳船

在该系统中驳船沿着管道拖动喷水滑橇。喷水滑橇有一个垂直的凸起，它由两根软管组成，分别位于管道两端且都带有喷嘴。驳船上通过软管将水泵至喷头，然后冲蚀海床形成水土泥浆。喷射系统将泥浆喷向一边。滑橇上还装有监控其与管道间作用力的工具设备。一个典型的大型喷水驳船上的水泵的发动机功率为 24MW（32000hp），且泵在 17MPa 的压力下每分钟可供应 $7m^3$ 水。用锚钩住喷水驳船，喷水驳船与铺管驳船一样沿着锚索的方向前进。通常前进速率为 70m/h。而在某些情况下往往需要多次往返喷射，在荷兰的一个著名案例中共进行了 13 次才将管道降至自然海床下 2m 处的指定位置。

喷射技术在 20 世纪 50 年代开始发展，并且直到 25 年前它仍是唯一在深海中使用的挖沟系统。早期北海管道的挖沟铺设都采用了该技术。该方法简单并且可以保护管道不受伤害。适用的底部土壤的范围很广，从砂土到中黏土，但沟渠的形状变化很大。在中黏土中可以喷射出整洁的长方形沟渠，但在疏松的砂土中喷射出的沟渠宽且浅，其中沟渠的边与水平方向的夹角小于10°，而这对管道的防护几乎没有起到什么作用。

热衷于喷射系统的人们认为对该系统缺少资金投入和研究开发。如果将挖沟和开沟的研发投资投入喷射系统中，那喷射系统将具有更强的竞争力。

12.5.2.2 喷射机

该系统以一个独立的机器为基础，由地面电缆供电。该机器像喷射驳船工艺中的喷水滑橇一样跨过管道。典型的代表机器是 Land & Marine TM4，带有两个喷射泵和两个砂泵，每个喷射泵的水排量为 $52m^3/min$，每个砂泵的排量为 $40m^3/min$。该机器的参数如下：

长	6.6m
宽	5.8m
高	8.2m
空气中重量	85t
管道直径	0.7～1.1m

挖沟速度为 100m/h。一次喷射后沟渠深度达 2m，但这取决于很多因素，其中包括土壤类型、管道的重量和直径。这类机器常常被用于沟渠排水和岸上跨越的建设中。

现代喷射机采用的是 ROV 技术，是由光纤电缆系统的深海掩埋发展而来的。

另一种喷射挖沟方案是采用 PSL 能源服务喷射（Energy Services Jetprop）系统，该系统的液压驱动推进器沿着管道及管道上方前进并在低压下向下排出大量水。

12.5.2.3 机械开沟机

开沟机通过安装在链条上或切割硬盘上的槽来减少管道下的土壤，由泥浆泵运输介质并将其喷向一边。在北海已经开展的许多项目中都运用了此类机器。

卡瓦纳－迈伦（Kvaerner–Myren）挖沟机发展于 1974—1978 年，是国家湾油田到挪威海岸的管道建设计划的部分成果。该机器是由轮子支撑跨在管道上的，而开沟机在管道下方挖设沟渠，其中开沟机直径为 1.8m、高为 2.1m，并且开沟机绕着垂直轴旋转。开沟机和泥浆泵的驱动系统是功率为 1200kW 的电液压系统，该系统由 6.6kV 的电缆供电。在空气中该机器重 90t，是为在远离挪威的 350m 深的海中工作以及无潜定位而设计的。该泥浆泵具有复杂的定位导航系统，可以通过专用的辅助船将其定位在管线上。如果配以特殊的切割齿，该机器可以慢慢穿透砾石。

该机器运行表现良好但并没有得到广泛的运用，这可能是经济因素造成的。正常的沟渠深度大约是 2.5m，但在测试中该机器挖出了 4.5m 深的沟渠。该机器在居尔费克斯（Gullfaks）油田的沟渠以及位于爱尔兰海的北莫克姆（North Morecambe）和互联（Interconnector）管道中成功修正了 Statpipe 系统的悬空。

Heerema 发明的"拼命三郎"（Eager Beaver）挖沟机的工作原理有所不同。它有 3 条倾斜的切割链条，链条与水平方向成 60°角，其中有两条链条在管道的一侧而另一条链条在管道的另一侧，因此可以切割出"V"形沟渠。泥浆泵将挖掘物向一侧喷出。该机器并不是由管道来支撑而是在轨道上运行的。在砂土中，链条会在沟渠内产生流动的泥浆，而泥浆可以长时间地支撑沟渠的边从而保证机器的前行以及管道在沟渠中的安装。沟渠的最大深度为 2.5m。挖沟速度是变化的，可以达到 200m/h。在北海的一些工程中使用了该机器，包括在荷兰境内的 Unionoil Q1 管道。Allseas Digging Donald 挖沟机与"拼命三郎"大致相似，但它有 4 条切割链。

12.5.2.4 开沟犁

很多年前人们使用开沟犁来挖沟铺设管道，但由于其深度控制能力的欠缺以及易于下沉的特点，因此口碑较差。从 1975 年开始，该方法进入了现代发展阶段，最初是在国家湾油田出油管线的挖沟铺设方案中。

最早使用的两个开沟犁用于预先开沟，在管道安装到位之前挖出一条沟渠。后挖沟的开沟犁自 1977 年开始发展，在已经铺设好了的管道底部挖出一条沟渠。后挖沟的开沟犁有一根水平梁，梁的前端在自然海床上由轮子或滑板支撑，末端有两个铰链连接端，它们可以绕着平行于梁的轴旋转。使开沟犁低于放置在海床上的管道，同时连接端向外通过铰链连接到光滑的管道上。向前拉动开沟犁，通过缆绳将开沟犁固定到梁的前端，而连接端旋转并在管道下方连接，切割出"V"形沟渠。管道会经过连接端的切口。

早期典型的后挖沟开沟犁重约 150t、长为 25m。开沟犁由锚定驳船或拖船沿海底拖曳。开沟力的大小取决于土壤：对 1.5m 深的沟渠，在黏土中开沟力为 20t，但在砂土中可高达 400t。

在黏土中，开沟力受速度的影响并不是很大。随着对开沟犁控制能力的增强，运行速度逐渐增加。但运行速度对细颗粒的膨胀砂岩和粉砂岩有很大影响。这大大增加了开沟力但也造成了许多问题。

最近的后挖沟开沟犁在设计上有所改进，变得更轻更小了。这些开沟犁配有复杂的控制系统，可以在安全的情况下以更快的速度拖曳，通常可以达到 1000m/h 的平均速度。在北冰洋服务公司（Northern Ocean Service）的高级开沟犁中一个智能控制系统（SMART）可以改变沟渠深度使沟渠底部变得平缓并消除过度弯曲缺陷，而这些缺陷可能造成垂向屈曲。

作为喷射机替代品的挖沟犁已经为越来越多的人所接受，并且已经在世界上的很多地方投入使用了。

12.5.2.5 绞吸式挖掘

绞吸式挖掘是使用最广泛的挖掘技术。它适用的土壤范围从烂泥、淤泥到软岩石等。绞吸式挖掘机往往用于切割浅水区的海滨管线沟渠，该机器的优势是切割出的沟渠深度只由开沟机能达到的最大操作深度决定，深度通常是 20m。而它的劣势是为保证挖掘机安全漂浮需要一个最小水深，并且可能需要为机器本身切割出一个能保证工作水深的沟渠。

绞吸式挖掘机大小不一，并且其切割硬材料的能力也不一样。最大的机器在软黏土和砂土中的挖掘速率为 1500m³/h，而在岩石中为 400m³/h。一个典型的大型自动推进绞吸式挖掘机"波斯卡里斯金牛座"（BosKalis Taurus）尺寸为 113m×19m×5.85m，总装机功率为 15.6MW（21000hp），吸泥管直径为 850mm（33in），最大疏浚深度为 30m。

12.5.2.6 斗式挖泥船

叶轮式挖泥船和多斗式挖泥船通过轮上的移动叶片来挖沟渠。通过轮上的铲斗或是重力和吸入系统可以将废土移开，或者是将铲斗向上带至斗架或将铲斗倒空至装料斗。斗式挖泥船的一个优势是它能接收砾石以及爆炸所产生的破碎岩石。

一个典型的斗式挖泥船"天蝎座"（Scorpio）的参数如下：

长（外壳）	50.5m
梁	13.6m
吃水	1.9m
最大挖沟深度	18m
叶轮功率	550kW
吸入管直径	800mm

生产率会随着设备和材料而改变，但大体上在泥中的生产率是 $1000m^3/h$，在黏土中是 $500m^3/h$，而在岩石中是 $350m^3/h$。与绞吸系统相比铲斗系统对气候条件更敏感，因此斗式挖泥船不适用于恶劣环境。

12.5.2.7 反铲挖掘机

使用反铲挖掘机挖沟渠相对较慢，并且要有效地完成沟渠挖掘还需要大量的技术。其生产率较低，约为 $100m^3/h$。"波斯卡里斯北欧巨人"（BosKalis Nordic Giant）反铲挖掘机的最大挖掘深度为27m，带有一个 $22m^3$ 的泥铲斗并需要2MW的安装功率。

在丹麦和瑞典之间19km长的厄勒海峡（Oresund）跨越就是一个管沟挖掘的例子，其中反铲挖掘机在3个月的时间里在砂土、白垩和泥砾中挖掘出了一条2~3m深的沟渠。

12.5.2.8 拉铲挖土机

拉铲挖土机可以安装在驳船上，或在两艘驳船之间拖曳拉铲斗。因为要将铲斗快速地提升到水面、偏向一边并倒出废土，这就增加了循环时间，并且操作者无法看到正在进行的操作，因此在深水中的生产率会迅速下降。预期的生产率小于 $100m^3/h$。该方法只适用于浅水区中较短的沟渠。

12.5.3 埋设

与明沟中的管道相比，埋地管道受到更好的保护。

埋设可以保护管道完全不受鱼钩伤害，可以保护管道免受除了最大的锚和缆绳以外的其他伤害，还可以保护管道免受大多数坠落物所带来的伤害。该方法大大增加了管道和海水间的热阻，因此可以将流体温度维持在较高水平，从而减少天然气管道中的水合物问题，并将原油管道中的蜡沉积和泵损耗降至最低。如果覆盖层足够深，还可以消除在高温高压下运行的流体管线的垂向屈曲。

埋设的缺陷之一就是回填使泄露难以被发现，并且在进行维修之前必须要将回填的土壤移开。由于这些原因，在挖沟完成后马上回填似乎并不合理，但人们仍是这样做的。先挖沟后进行静水压试验然后再回填，这样的顺序会更好一些。

岩石倾倒是最常用的埋设方法，目前是一项可由若干承包商提供的成熟技术。倾倒的材料可能是挖掘出的岩石或在近海浅滩上挖掘出来的粗砾石。岩石沿一条可控的降落线下落，用声剖面图对降落管末端定位可以使岩石的损失最低。该方法常常用于在平台附近的冲刷保护点放置岩石、保护电缆跨越处以及在管道悬跨下方填充。它还可以用于对长输管道进行覆盖，例如北阿尔温（North Alwyn）工程，但其花费相当高。

另一种方法是用沟渠中挖掘出来的废土回填覆盖管道。挖掘出的废土会整齐地堆在沟渠两侧，回填机可沿着管道将废土回填。

挖掘和回填联合系统的第一个应用实例是 1986 年长为 12km 直径为 8in 的奥克（Auk）管道。该管线挖沟铺设的深度为 1m，采用的是 Brown & Root 挖掘机，之后用一个新的回填机回填。该工程的挖掘花费了 42h，所需的力的范围是从疏松砂岩上的 40t 到大面积硬黏土上的 110t，并在 36h 内对该沟渠进行了回填。现在大多数承包商都拥有回填机并且回填已经成为了惯例。

回填的一个潜在问题是在回填操作中部分管道可能从沟渠底部上升。一部分是因为浮力作用，而另一部分是因为动力作用，即便是在管道比回填物重的情况下仍可能发生这一情况。这属于多海流研究的范畴。当回填物的机械性质取决于上升阻力时，其机械性质就变得很重要；将回填物看作隔离系统的一部分时，其热力学性质就很重要。

参 考 文 献

1 London, C.J. (1991). Forties Export Pipeline Project. *Proceedings, Offshore Pipeline Technology Seminar*, Copenhagen.
2 *J-lay step ahead* [Video], (1993). Heeremac.
3 McQuagge, C.H., and Davey, S. (1991). Bass Straits—An Australian Experience. *Proceedings, Offshore Pipeline Technology Seminar*, Copenhagen.
4 Holm, E. (1998). An Overview of Technical Aspects and Practical Operation of the Reel Pipelay System on the MSV Fennica. *Proceedings, Offshore Pipeline Technology Conference*, Oslo.
5 Palmer, A.C., Carr, M., Lunny, E., Hulls, K., and Hobbs, R. (1993). Reeled Pipeline Bundles. *Proceedings, Offshore Pipeline Technology Seminar*, Amsterdam.
6 Van Dongen, F.A. (1983). Het Ingraven van Onderzeese Leidingen (Trenching Undersea Pipelines). *Civiele en Bouwkundige Techniek*, 7,22–26.
7 Palmer, A.C. (1999). Speed Effects in Cutting and Plowing. *Geotechnique*, 49(3), 285–294.
8 Brown, R.J., and Palmer, A.C. (1985). Submarine Pipeline Trenching by Multipass Plows. *Proceedings, 17th Annual Offshore Technology Conference*, Houston, 2,283–291.
9 Palmer, A.C. (1998). Innovation in Pipeline Engineering: Problems and Solutions in Search of Each Other. *Pipes and Pipelines International*, 43,5–11.
10 Finch, M., and Fisher, R. (1998). The Right Tool for the Job: Selection of Appropriate Trenching and Backfilling Equipment. *Proceedings, Conference on Subsea Geotechnics*, Aberdeen, Scotland, UK.
11 Cathie, D.,Machin, J.B., and Overy, R.F. (1996). Engineering Appraisal of Pipeline Flotation During Backfilling. *Proceedings, 28th Annual Offshore Technology Conference*, Houston, OTC8136.
12 Finch, M. (1999). Upheaval Buckling and Floatation of Rigid Pipelines: The Influence of Recent Geotechnical Research on the State of the Art. *Proceedings, 31st Annual Offshore Technology Conference*, Houston, OTC 10713.

第13章 管道接岸

13.1 概述

通过管道接岸可以将海底管道连接到陆地上。在浅水区内的管道接岸比其他地方更重要，因为浅水区内的管道接岸更容易受到波浪作用和沿岸流的影响。由经验可知管道接岸工程的要求非常严格，在海底管道建设过程中发生过许多严重事故和预算超支，其中很多都发生在极浅水区的恶劣环境中。

管道接岸遇到的其中一个困难是海岸环境异常多变，将在第13.2节中具体讨论。另一个困难是可用的勘查信息不足，将在第13.3节中讨论。在本章的最后讨论了在沙滩、水平钻、岩岸、潮坪以及隧道中的沟状穿越。

13.2 海岸环境

在与自然地理学和海岸进化过程有关的专业文献中都对海岸线的不同形式有相关叙述。海岸地形是由海洋环境与地质及生物情况（有时是人类活动）之间的复杂关系所决定的。所有这些因素都是动态的并且会随时间变化。在最近的地质年代中，相对于陆地来说海平面产生了变化。由于气候变化或海岛侵蚀，海洋环境变得更具有挑战性了。当然海洋环境的挑战性也可能变得较弱，这是沉积物堆积或人类对海岸进化过程的有意无意地干扰所产生的结果，如海岸维护工程、新防浪堤和桥墩的建造或是对沙丘和暗礁的损害。有一些海岸的变化很慢，但另一些海岸可能在一次风暴中就被侵蚀了上百米。海岸线上会发生长期缓慢的变化，同时在夏季剖面图和冬季剖面图往往还可看到季节性变化。夏季剖面图相对较陡并且它是由波谱上长期呈隆起的部分所决定的，而这些隆起的部分往往在很远的地方；而冬季剖面图的倾斜度较小并且还存在着与海岸平行或交叉的线条和凹槽。

在管道设计生命周期内沉积物运移可能有重大的长期影响。例如，在英格兰东部的大部分海岸正在后退，但防沙堤和海堤等海岸防护结构有时会阻挡海岸的后退。越来越多的人认为稳定的海岸可能不划算，因此应该允许一些海岸自然后退。显然其对经济和社会环境的影响还需要仔细验证，但人们已经开始接受对此提出的应对方针了。海岸上其他部分会出现淤积，但在沿海岸较远处的稳定可能会阻止淤积或使其逆转。

形成海岸线的物理因素有波浪、海流和海风。最大的波浪是在海上形成的。随着向海岸移动，波浪会变得更高更陡。折射会改变波浪传播方向：与光的折射类似，随着深度的减小波浪速度会降低因而产生了该现象。旋转可以改变波浪的传播方向，使传播方向接近于与等深线垂直的方向。在突出的岬和海角处容易集中波浪能量，这也是为什么在那些易发生山崩的地方不期望它出现的原因之一。

波浪朝着倾斜的海岸移动并且最终会变得非常陡而破碎。由于波浪之间的差异，并且波浪与由之前的波浪所产生的液流之间存在一定的关系，当波浪高度达到当地水深的0.8倍左右时大多数波浪都会破碎。碎波的形状不同且其形状取决于海滩坡度。在近似水平的海滩上、在溢出的碎波中，波浪会变得陡峭直到波峰不稳定，并且会以水和空气组成的白色泡沫混合液的形式向前移动。在卷跃碎波中，在更陡峭的海滩上波浪的前进界面越来越陡直到波浪变得垂直，而波峰向前下降会产生一个强烈的快速移动的喷射，喷入波浪前方的凹槽。在最陡峭的海岸上，激散碎波上升然后崩塌。

海岸和碎波线之间的区域被称为破浪带。碎波线是指波浪开始破碎的地方。碎波线的位置取决于即将到来的波浪的高度和方向以及潮汐情况。在破浪带内破碎波变形并朝着海岸方向传播，并且破碎波还可能二次破碎。通常破浪带内的碎波高度约为当地水深的0.4倍，但碎波高度的变化往往很大。碎波对吸入沉积物特别有效，然后沿岸流会沿着海岸线输送这些沉积物或是将其输送至更远的海中。

波浪作用会产生很大的流体动力效应。波浪倾斜地接近海岸从而产生一个沿岸流，沿岸流会输送沉积物，而在接近海底处由波浪引起的水运动会搅动沉积物。朝着海岸的动量通量会导致海平面上升，它可能产生向海的局部离岸流。这些海流通过沉积物运移改变了海底地形，而反过来这些变化也会改变波破碎的模式。

偶然的风暴往往伴随着热带风暴发生，而气压大幅降低对海岸的形成有很大的影响，并且强海流以及随之而来的强波浪作用决定了极端情况，而此极端情况决定了管道接岸的设计。有3种影响会导致海流和海平面上升：向岸风应力的直接影响、低气压时的气压效应以及风暴潮（Bathystrophic），其中该潮汐是由强沿岸流和与地球自转有关的科里奥利（Coriolis）加速度相互作用而产生的。它们共同作用导致海平面升高数米，还产生了速度约为1m/s的沿岸流。1953年发生的大风暴造成荷兰境内1800人丧生以及英国境内200人丧生，并在15h内将北海南部的海平面提升到正常水平以上2.9m处。由其他地方的气压变化产生的陆架拦获波也可能造成沿岸流。

生物过程在海岸进化过程中也起到了一定作用。在一些海岸，植物向浅水区延伸并减缓流动从而促进沉积物沉积，同时海岸线逐渐向外扩张。这些现象发生的环境就像热带红树林沼泽和北海受保护的海湾一样多样化。在其他海岸，由于污染、过度放牧以及旅游者徒步或乘车旅行对植被造成损害，使得沙丘和峭壁变得不稳定并导致海岸线被侵蚀。污染和外来物种对珊瑚礁的侵害也降低了其对波浪的防护能力，从而造成海岸后退。

人类活动对海滩进化过程也有很大的影响，尽管有时候这些影响是无意中造成的。海岸的动态平衡往往取决于沉积物沿海岸的主动运移这一稳定过程。如果该过程被打断了，例如为保护海港入口而进行的防波堤建设，则沉积物会在防波堤朝向海流的一侧堆积，但在另一边由于沉积物运移会造成海岸上沉积物缺乏。直到达到新的平衡海岸才会恢复。在管道的建设期间这可能会产生很大的影响。

管道着陆地点的选择十分重要，与建设方法的研究类似，需要对海岸水力情况、岩土工程情况以及环境进行非常仔细的工程校阅。与好的着陆点相比，一个坏的着陆点可能要付出巨大的代价。

13.3 现场勘查

海底调研是针对海岸地形、海洋和潮汐流以及海底地形测量的，它们决定了局域波折射。通过土工现场勘查可以获得海底物质的土工描述和强度性质等信息。

有效的现场勘查计划应该以初步勘察为基础，尽可能多地了解地形学、地质学以及海岸的发展变化。通过很多渠道都可以获得有用的信息，如旧地图（从地图上可以看出海岸是后退还是前进了）、旧照片（从照片上可以看出海岸冬季和夏季的区别）、导航和渔区图、之前出于其他目的所进行的调研以及当地调查。

大多数管道接岸都采用挖沟铺设。由岩土工程学可以确定挖沟方法及速度，因此在土工性质中至少要确定沟渠的最大深度。经验表明在土工勘查上的吝啬往往是一种假节约，因为错误的土工信息往往是工程承包商和业主之间争论的源头。例如，表面是单一砂质的海滩下有一条窄岩岭，所以不能采用犁耕或喷射，因此要提前制定合适的计划，否则挖沟操作的工期可能会延迟几个月。同样地，大砾石也会阻碍挖沟。

将岩心样品、钻孔、现场测试以及声学浅地层剖面探测资料正确地结合起来可以获得土工信息，其中现场测试是由锥形透度计或压力计来进行的。声学方法能确保得到海底下岩层的连续剖面图从而找到一条可以避开岩石的路线。通过岩心样品可以正确识别海底土壤并为机械测试提供样品。通过现场测量可以避免取样扰动这一问题。梅钦（Machin）已经提出了关于管道现场土工勘查的指导。

承包商有时没有进行充分的土工调查就开始海岸穿越的建设。这种做法就像赌博一样，往往会造成灾难性的后果。

13.4 海滩穿越

最直接的海滩穿越建造方法是从高水位线到水足够深的地方挖一条直沟渠，使得铺管驳船或卷筒驳船可以安全到达。将绞车安装在沟渠前端的海滩上。从铺管驳船上拉出牵引缆绳并将其连接到管道尾端的拉头上。然后绞车沿沟渠将管道从铺管驳船拉到岸上，此时驳船保持固定不动。如果要求通过拉力控制悬垂区的曲率，那么绞车拖拉的方向与铺管驳船施加的拉力方向相反。当拉头到达岸上时，铺管驳船停在一旁。

对所有需要穿越海滩和破浪带的管道采取的几乎都是海底埋设，否则管道容易损伤，沉积物运移会引起海底平面的变化从而对管道造成损害，在风暴中管道会受到流体动力的作用以及船只和浮木的损害。沟渠的设计是管道系统设计中的一部分。因此工程师需要将安装计划与挖沟铺设管道的需要结合在一起。在浅水区可以选择先挖沟渠后再将管道铺设在沟渠中，或是先铺管然后在管道下方挖沟渠。在深海中先铺管后挖沟较容易，而且大家几乎一直都是这样做的。

工程师们可以利用沟渠使设计和安装变得更简单。由于水在沟渠中比在沟渠上方的移动要慢一些，因此在沟渠中的管道的流体动力比没有挖沟铺设的相同管道上的流体动力小得多。再者，沟渠的倾斜边会增加管道的横向阻力，因为与推动管道穿过水平的海底相比，沿沟渠的边向上推动管道更困难。管道在沟渠中比没有沟渠时要稳定得多。

图 13.1 中详细介绍了一种管道岸上穿越广泛使用的技术。要注意的是该图并不是按比例的，它在水平方向上压缩了，按照实际比例所作的图在水平方向更长。该图适用于先挖沟后铺设管道的情况，同样也适用于先铺管后挖沟的情况。

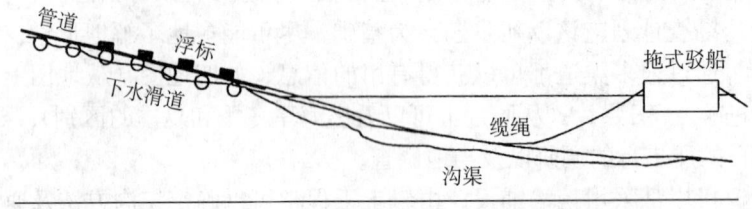

图 13.1 管道接岸示意图

在岸上分段（"管柱"）组装管道，组装点与海岸线粗略垂直。管道的朝海端是通过螺栓连接或焊接到拉头上的（是指带有系缆环板和旋转接头的加强管段，带有阀门时还可以控制管道注水）。一条或多条牵引缆绳将拉头与锚定驳船上的绞车连接。绞车拉紧牵引缆绳并沿着下水滑道将管道拖入海中。在下水滑道中管道在滚轴上移动，滚轴一直延伸到海平面。

管道的水下部分常常带有浮筒，浮筒的作用是通过浮力来减轻管道的水下重量，但浮力还不足以将管道从海底举升起来。罐状浮筒内充满空气，浮筒往往是两端焊接封闭的一段钢管。每个浮筒都是通过坚固的带子连接到管道上的，它还包括一个松开装置，在拖管完成后可以随时将浮筒从管道上解开。浮筒可以连接到下水滑道上，也可以连接到海岸线或悬在水中。有时可以用空气袋来替代或补充浮筒，这些空气袋都是柔软的塑料袋，袋子的高比宽要大，而且袋子是在底部打开的，因此袋内充满空气，通过绳子和连接带可以将空气袋固定在管道上。

当某一管段的尾端与下一管段的前端相接触时，将这些管段对准并焊接到一起，直到管道的起始端到达计划的位置为止。在拖管过程中需要重新对驳船定位以减少需要的缆绳长度以及拖动缆绳穿过海底所需的力。

随着管道向水下移动，管道将经过浅碎波带。在水中波浪会产生很大的速度并能产生水动升力和阻力，导致管道不稳定。这些力倾向于将管道举升起来并移到一边。潮汐和波浪引起的海流还会在管道上产生附加力。如果波浪破碎则力会增加，因为卷碎浪会产生强烈的喷射，喷射向下并产生很大的作用力。如果海底由泥、沙、粗砾或中砾等移动物质组成，则波浪和海流会造成海底不稳定及沉积物运移。沉积物运移会产生局部的和大规模的影响，局部影响包括在砾石和岩石露头周围的冲刷，而大规模影响则包括沉积物沿海岸线或与海岸线垂直的方向的运移。

拖曳水下管段所需的力是管道长度、单位长度管道的水下重量（要考虑到浮筒的净浮力）以及纵向阻力（摩擦力）系数的乘积。如果管道很重，则拖曳较困难。如果管道变轻了，则拖曳变得较容易但在流体动力的作用下管道会变得不够稳定。这就要求设计者找到一个折中的方法，使管道足够重能维持稳定，但又足够轻可以在不需要过度增加拖曳系统负担的情况下将管道拖拉至指定位置。

尽管谨慎的拖曳承包商认识到实际上确定拉力可能需要采用较小的摩擦系数，但在他们设计的拖曳系统中仍将该系数设定为大于等于1。一旦管道开始运动，维持管道运动所需要的力就比产生该运动的力要小。

在拖曳过程中，部分管段仍在海面上的下水滑道中。要拖动海面上的管段所需要的力是水面上的管道长度、空气中单位长度的管道重量（要考虑所有浮筒的重量）以及纵向阻力（摩擦力）系数的乘积，而由于下水滑道内的滚筒会使管道的移动相对容易一些，因此该系数大体上小于海底的阻力系数。这一较小的摩擦系数取决于卷轴系统的设计，通常取0.15左右。

除非驳船与拉头非常接近，否则会有部分牵引缆绳在海底并需要沿着海底拖曳缆绳。不能忽略拖曳缆绳所需的力，并且需要对此进行计算。我们假定预计的最大拉力为1.4MN（140t），而且拖曳是通过单根钢索进行的。对最小断裂载荷，一个谨慎的设计者取的系数最小是2，因此钢索要承担的最小断裂载荷至少为2.8MN。满足这一条件的钢索的最小公称直径为60mm，在空气中重16.60kg/m，在海水中相应重14.43kg/m。如果要将1000m长的牵引缆绳拖过海底，摩擦系数取0.85（对管道也取相同的值，这是合理的），只拖动缆绳所需的力就达 $14.43 \times 1000 \times 0.85 = 12300$ kg（12.3t）。

在拖曳过程中浮筒或空气袋可以暂时降低管道的水下重量。但波浪和海流会在浮筒和袋子上产生流体动力。添加浮筒会产生两种效果，即减小水下重量和增加流体动力因此添加浮筒会降低横向稳定性。设计者不应该增加过多的浮力，否则会造成拖曳过程中的管道失控。

如果工程师们计划采用岸上拖曳的方法来安装，那他们必须决定是在拖曳前还是拖曳后挖沟渠，以及是否需要针对波浪和海流保护沟渠。

选择有：
(1) 选择Ⅰ：先拖管，后挖沟渠。
(2) 选择Ⅱ：先挖沟渠，后拖管，但不保护沟渠。
(3) 选择Ⅲ：先挖沟渠，后拖管，并保护沟渠。

原则上还有第4种选择，就是在管道的某一边建沟渠防护，然后拖曳或铺管，最后挖沟渠。但目前还没有任何工程选择该方法。

人们可以想到的最简单的方法可能是在岸上组装管道，组装成一定长度的管段，然后将管道拖入水中并沿海底拖曳，并且在整个过程中没有任何沟渠。随着管道的移动在海底产生一条浅沟。沟的深度取决于土壤强度和管道重量，但在大多数土壤中这条沟相当浅，其深度远远小于一个管道直径。即便是一条小沟也有助于增加管道的横向阻力。

如果波浪和海流产生作用的可能性很大，那选择Ⅰ就有风险。选择Ⅰ适用于受保护的地方，在露天的地方由于一些重要的原因人们从未选择过此方法。海洋不可能完全平静，往往存在着沿岸流。管道易受波浪作用的影响。流体动力的大小取决于海流的速度以及波浪的高度和周期。除非海底全都是岩石，否则就像在任一个海滩上看到的那样，波浪和海流能轻易地使底部沉积物移动。波浪越大作用力就越大，海底沉积物就越容易被移动。海底的运动会损害管道并使管道变得更容易受波浪影响。

沿着线路拖管时管道和海底之间的摩擦力方向与管道平行（因为摩擦力方向与运动方

向相反)。不幸的是,管道移动时对横向位移的阻力很小。而且在浅水区内波浪破碎会产生很大的作用力。所有这些因素综合在一起会使管道在拖管期间和拖管后变得不稳定。

还有一个问题就是由于管道突出在海床平面上,海流和波浪引起的近底速度与管道之间的相互作用会产生次海流,它会侵蚀任何可移动的物质,而管道铺设在这些可移动的物质上。次海流还会在管道下方(隧道侵蚀)和某一边(背风倾斜侵蚀)产生冲刷。冲刷十分有效,会产生一个冲刷穴使管道沉入,从而使管道部分或完全埋入土中。

另一种选择(选择Ⅱ)是先挖沟渠后沿沟渠铺管。沟渠可以保护管道并减少流体动力,还可以提供额外的阻力阻止管道的横向移动。

如果海底是坚硬且不能移动的岩石,那就不存在水流带来的或悬浮的碎石泥沙移到沟渠中,沟渠仍能保持空的。如果海底是可移动的(或者在沟渠中的海底是岩石,但附近有可移动物,那水将带来一些沉积物),任何海底沉积物的运移都会使沟渠失稳并填充沟渠。波浪和海流能轻易地在一夜之间填满沟渠。如果在填充沟渠时还没有开始拖管,那我们就需要重新挖沟。如果填充沟渠时拖管已经开始了,那么管道很快就会部分或完全埋入沙中,而继续拖管所需要的力也会大大增加。此时再将管道拖回岸上也同样变得困难了,由于管道的存在,要在不造成任何损害的情况下重新挖沟渠也是很困难的。如果管道在一个未受保护的沟渠中,则一旦发生风暴就会有风险,在管道被淹没之前沟渠中将充满由沙和水组成的高密度混合物,管道比混合物轻得多因此会从沟渠中漂浮出来。这一现象曾经发生过并且造成了灾难性的后果。

由于这些原因,选择Ⅱ也是有风险的,除非在铺管的地方已经采取了针对波浪和海流的保护措施。一位承包商可能在了解这些情况后选择接受风险,冒险地认为在填充沟渠之前能及时完成拖管。

选择Ⅲ是最安全谨慎的方法,但花费要高得多。因为在该方法中沟渠得到了保护,所以沟渠不会被填充。最常用的方法是沿着沟渠建一个临时的钢栈架,从栈架上驱动板桩的两条平行边并在板桩之间挖沟。将管道放置在指定位置后板桩会被切断或拔出。可以使用岩石进行人工回填沟渠,或由自然沉积物运移回填沟渠。另一种安装板桩的方法是先沿管道修建岩石护坡(像粗石防波堤),然后用护坡上的设备挖沟,将管道拖到指定位置后移除栈道。如果波浪和沉积物运移只发生在一侧,那么只在迎风侧建一个护坡就够了。

人们需要对建设期内的沉积物运移和风暴风险进行详细分析,这样才能确定沟渠的延伸距离。选择Ⅲ在北海的英国和荷兰海岸上已经运用了多次,在那里风暴可能发生在一年中的任何时候。

挖沟的方法取决于土工情况、要求的沟渠剖面和覆盖深度、深度剖面图、沿岸沉积物运移的程度以及是否暴露在风暴中。在较深的部分则需要采取疏浚技术、绞吸式挖泥船、吸泥机、斗式挖泥船,有时是拉铲挖土机或抓斗式挖泥船。在较浅的部分可以采用陆地挖掘设备,如反铲挖掘机,尤其在高潮汐范围内可以允许设备进入低水位区的碎浪带。有时需要在沟渠的一边建堤坡,并从堤坡上运行设备。如果沟渠相对较浅,可能要用犁来挖沟。有时允许对沟渠进行自然回填,有时用砂、滤层和岩石护板进行人工回填,它的设计与粗石防波堤的设计原理一致。

假定土壤和海洋的情况适当并且要求的深度也不是很深，将管道拖至指定位置后可以使用喷射或犁耕的方法来挖沟。人们可以沿着管道拖曳喷射机，如 Land & Marine TM4：在喷射之前该机器将沙流体化，再输送沙－水混合物并射向一边。

13.5 水平钻

在过去的 25 年里水平定向钻有了重要发展。其工作原理是设置倾斜钻头并在海滩和碎波区下钻导向孔，钻孔方向是由可控的钻头控制的。然后将扩孔钻刀向回拉以扩大钻孔，再将管道拉入。可以使用胶质黏土泥浆来稳定钻孔。在一些案例中还可以将套管拉入钻孔中，然后将管道拉入套管中，之后套管会变成扩大的"J"形管。

该方法首先被运用在得克萨斯州和路易斯安那州境内河流中的管道穿越段上。第一个发生在欧洲的岸上跨越的例子是由阿莫科石油公司于 1985 年在荷兰角港 (Hoek van Holland) 进行的。自此之后它就得到了广泛的应用，尤其是在环境敏感的地区。例如，英国石油公司要在英格兰南部的威奇法姆油田内的福泽（Furzey）岛井场和戈桑（Goathorn）半岛之间铺设管束。该地区拥有优美的自然风光，环境非常适宜鸟类生存，还有帆船等休闲活动。因此人们认为挖一条穿过海峡的沟渠具有破坏性，并且可能伤害环境，于是 BP 决定采用水平钻孔，将直径为 24in 的套管拉入钻孔中，并将管束拉入套管中。

水平钻孔的优势如下：

(1) 水平钻孔能避开海滩和碎波区，在这些区域管道都暴露在波浪中，易受损害。
(2) 对环境的影响很小。
(3) 整个操作过程对天气和海洋情况不敏感。
(4) 对其他海岸使用者的影响很小，例如在荷兰角港的海岸穿越中，其他方法会扰乱平行于海岸的沙丘并针对沙丘后浸满海水的洼地形成初级海岸防护。而该方法中将钻机放置在离海岸 100m 处且在沙丘的初级防护前，这样可以保持沙丘不受干扰，而沙滩的使用者也不会感觉到钻孔操作的进行。
(5) 可以对海滩下的管道精确定位，一般在 20m 深处，因此由侵蚀引起的海岸水平线的变化并不会产生任何影响。
(6) 大多数钻孔操作与海底操作不同，因此可以更有效地安排工程。

现在有许多承包商都拥有这项技术，并且对这项技术已经拥有了大量的经验。在几米内可以精确地控制断点的位置。目前可达到的最大水平距离约为 2000m，因此有时在距离上存在限制。直径是没有限制的，最近关于大定向钻头的调查中，许多承包商都采用 1219mm（48in）的最大直径。大多数已完成的工程都是针对直径小于 24in（610mm）的管道。

水平钻会使那些由于障碍和环境的影响导致其他方法不可行的岸上穿越点变得可能。

第一个已完钻的岸上穿越的应用例子是在软地层上，但它现在已经被运用在岩石中了。土工情况很重要：渗透性很好的土壤如砾石会使胶质黏土泥浆易于流失，而巨砾会阻碍钻孔。

13.6 岩石海岸

岩石海岸常常暴露在剧烈的波浪作用中，波浪会将沉积物移走并且波浪会对铺设造成许多困难。破碎波会在管道上施加很大的作用力，因此在碎波区内暴露管道的设计必须非常谨慎。

有时通过爆破之后的抓斗式挖掘或绞吸式挖掘可以使挖沟变得可行。如果爆破不能实现则将管道锚定在钻孔锚桩上。该技术被用于南非的露天排水口以及远离澳大利亚海岸的未挖沟管道的锚定中。另一种选择是通过非常重的加重块来固定管线。其中的一个困难是波浪对管道的作用力很大，由于存在船只冲击及搁浅的风险，需要对管道采取保护措施。

一种替代方法是建造一条有混凝土防护的暗渠，类似于放置在完工底架上的水下管隧道，其中完工底架是固定在海底上的，然后将管道拖入暗渠中。此方法被用在挪威卡斯托（Karsto）Statpipe 的着陆中了。

在岩石上水平钻孔的可行性的置信度持续增加，这也使得该方法被广泛地应用在岩石海岸上。1999 年在美国东北部的佩诺布斯科特河（Penobscot River）花了 93 天穿过石英和云母完成了 845m 长的管道穿越。在石油钻探的文献中记录的钻孔更深，目前延伸钻孔的记录在水平方向已经达到了 10700m，这一记录是从英吉利海峡到英格兰南部的威奇法姆油田的管道水下部分。因此认为钻孔深度已经达到了极限的观点是毫无依据的。

13.7 隧道

另一种方法是在岸上到海床上的管道离开点之间建一个轴或隧道系统。这种方法相对较慢而且费用高，但它可以用于外露的海岸并且必须对管道高度保护的地方，以及地质条件不允许进行水平钻孔的地方。

通过隧道来安装管道的方法有几种。考斯蒂宁（Kaustinen）针对北极管道提出了一个方案。在隧道末端处挖一个竖井，并将一段两端封闭的弯管降低到井内并在此注浆。然后在井下方挖沟渠，并在弯管较低端下方挖出一个腔。管道铺设在隧道中并在腔内通过焊接口将管道与弯管的一端连接起来，腔内的操作都要在干燥的环境下完成。弯管与海底管道是通过高压焊接、常压焊接及恢复并埋入来连接的。克茨（Koets）描述了挪威的一个隧道案例。另一种方法是在海床上的管道离开点之前在隧道中安装"J"形套管，然后将管道拖入"J"形套管中。

13.8 潮滩

在潮滩中的管道建设往往会产生很多问题，在第 15 章中描述了一个这样的例子。

第 12 章中描述的挖沟方法可以用于潮滩穿越。其中的一个困难是潮滩上的排水特征是不规则不稳定的，而且有可能使流体流到挖好的沟渠中从而导致严重的侵蚀并使水道发生大的改线。通过"浴缸"方法可以避免这种情况，该方法已经被用于德国北部和荷兰的潮泥滩管道穿越建设中了。绞吸式挖掘船可以为浅水区铺管驳船挖一条足够宽且深的渠道。

铺管驳船在挖掘机后铺设管道。铺管驳船系缆停泊在沟渠外的海面上,在高潮期由施工船拖动锚。在铺管驳船后紧跟着填充驳船,填充驳船通过挖掘机上的浮管接收挖掘出的泥石,回填到沟渠中并覆盖管道。

参 考 文 献

1. King, C.A.M. (1972). *Beaches and Coasts*. London: St. Martin's Press.
2. Komar, P.D. (1976). *Beach Processes and Sedimentation*. Englewood Cliffs, NJ: Prentice Hall.
3. Guilcher, A. (1963). *Coastal and Submarine Geomorphology*. Methuen.
4. Komar, *Beach Processes and Sedimentation*.
5. Muir Wood, A., and Fleming, C. A. (1981). *Coastal Hydraulics*. Macmillan.
6. *Shore Protection Manual*. (1984). U.S. Army Corps of Engineers.
7. *Coastal Engineering*. (1976). Coastal Engineering Group, Delft University of Technology, Delft, Netherlands.
8. Niedoroda, A.W., and Swift, D.J.P. (1991). *Shoreface Processes*. Handbook of Coastal and Ocean Engineering (Ed. Herbich, J.) 2, 736−770.
9. Komar, *Beach Processes and Sedimentation*.
10. *Shore Protection Manual*.
11. *Coastal Engineering*.
12. Komar, *Beach Processes and Sedimentation*.
13. Muir Wood and Fleming, *Coastal Hydraulics*.
14. *Shore Protection Manual*.
15. *Coastal Engineering*.
16. Niedoroda and Swift, *Shoreface Processes*.
17. *Shore Protection Manual*.
18. *Coastal Engineering*.
19. Palmer, A.C. (1979). Application of Offshore Site Investigation Data to the Design and Construction of Submarine Pipelines. *Proceedings, Society of Underwater Technology Conference on Offshore Site Investigation*, London, 257−265.
20. Niedoroda, A.W., Palmer, A.C., Pittman, R., Vandermeulen, J., and Frisbee Campbell, J. (1985). Oahu OTEC Preliminary Design: Sea Floor Survey. Advances in Underwater Technology and Offshore engineering. *Proceedings, Offshore Site Investigation 1985 Conference*, London: Graham & Trotman, 3, 15−27.
21. Machin, J. (1996). Guidance Notes on Geotechnical Investigations for Marine Pipelines. *Proceedings, Offshore Pipeline Technology Conference*, Amsterdam.
22. Machin, Guidance Notes on Geotechnical Investigations.
23. Sumer, B.M., and Fredsøe, J. (2002). *The Mechanics of Scour in the Marine Environment*. Singapore: World Scientific.

24 Brown, R.J., and Palmer, A.C. (1985) . Submarine Pipeline Trenching by Multipass Ploughs. *Proceedings*, *17th Annual Offshore Technology Conference*, Houston, TX, 2, 293-291.
25 Palmer, A.C. (1985) . Trenching and Burial of Submarine Pipelines. *Proceedings*, *Subtech 85 (Society for Underwater Technology)* . Aberdeen, Scotland, UK.
26 2002 Large directional drilling rig census. (2002) . *Pipeline & Gas Journal*, 229, 72-76.
27 Bjorndal, T.A., and Sharland, A. (1996) .The Construction of the Troll Oljerør Pipeline. *Proceedings*, *Offshore Pipeline Technology Conference*, Amsterdam.
28 McManus, G. (1999, July 27) . Gas Pipeline Buried Under Penobscot. *Bangor Daily News*.
29 McManus, Gas Pipeline Buried Under Penobscot.
30 Kaustinen, O.M., Brown, R.J., and Palmer, A.C. (1983) . Submarine Pipeline Crossing of M'clure Strait. *Proceedings*, *Seventh International Conference on Port and Ocean Engineering Under Arctic Conditions*, Helsinki, VTT Espoo, 1, 289-299.
31 Koets, O.J., and Guijt, J. (1996) . Troll Phase 1 Pipeline: The Lessons Learnt. *Proceedings*, *Offshore Pipeline Technology Conference*, Amsterdam.
32 Park, C.A., Palmer, A.C, McGovern, R., and Kenny, J.P. (1986) . The Proposed Pipeline Crossing to Vancouver Island. *Proceedings*, *European Seminar on Offshore Oil and Gas Pipeline Technology*, Paris.

第 14 章　上浮屈曲、侧向屈曲及悬空

14.1　概述

本章介绍的是不同但又相关的几种现象,即管段向上运动离开海底、侧向移动或是在海底洼地上方形成悬空。

埋地管道有时向上拱起离开海底,形成一个可延伸数米的拱环,称为上浮屈曲。海底管道也可能偏向一侧呈蛇形弯曲,即侧向屈曲,当管道被埋入软土中时也可能发生这种情况。长期以来,人们已经认识到在陆地管道上这两种情况都可能发生,但对海底管道上的屈曲仅仅在最近 20 年里才予以重视。有时屈曲伴随着意外发生。上述现象会导致管壁上产生过应力,有时还会导致断裂,并且如果管线延伸到海中还会造成流体动力载荷过大等其他问题,因此我们应该认真对待这些问题。

如果海底不平整,则管线会离开海底跨过海底剖面图上的低点形成悬空,不仅如此,挖沟铺设的管道上有时也存在悬空。悬空处的管道可能要承受过应力并且容易受到鱼钩和锚的损伤,并且漩涡引起的振动可能导致疲劳损害,因此管道工程师们很重视悬空问题。

14.2　上浮屈曲

通常情况下运行温度和运行压力会导致管道上产生轴向压力,其与管道轴向局部曲率间的相互作用会造成管道的上浮屈曲。这与结构分析中著名的轴向压缩圆柱体的屈曲大致相似,并与在高温下受到轴向约束的铁轨屈曲十分接近。

如果将管道埋入土中,那管道就不能轻易地向下或向侧移动,但管道向上移动的阻力要小得多。因此管道可能发生上浮屈曲,而且几乎都发生在剖面图中向上凸起的拱弯区。图 14.1 大致说明了其发生的过程。图 14.2 是在乌兹别克斯坦的管道上发生的上浮屈曲,说明了此类问题的严重性。图 14.3 给出了该屈曲的剖面图。

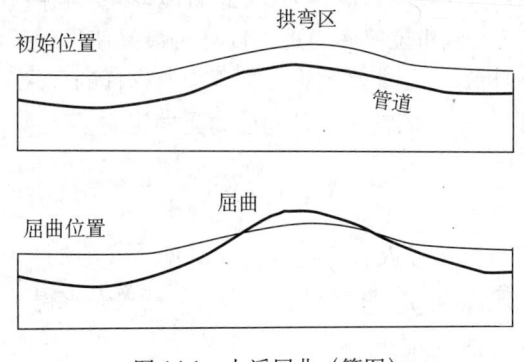

图 14.1　上浮屈曲(简图)

图 14.2　乌兹别克斯坦境内直径为 1020mm 的海底管道上浮屈曲

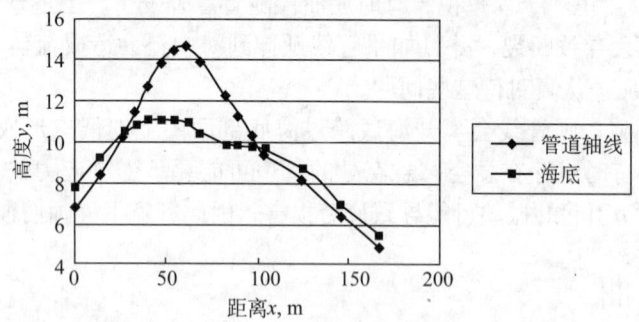

图 14.3　在图 14.2 中的屈曲中的管道轴线和海底的剖面图

第 14.3 节讨论了上浮屈曲和侧向屈曲的驱动力，第 14.4 节分析了上浮运动。第 14.5 节讨论了防止屈曲的措施，第 14.6 节讨论了在屈曲发生后可以采取的矫正措施。

14.3　上浮屈曲和侧向屈曲的驱动力

上浮屈曲和侧向屈曲是由管壁上的轴向压力和管内流体压力造成的。如果没有进行系统的处理，轴向应力和作用力的计算很容易出错。计算中要遵循统一的符号规定，最好采用固体力学的约定，即拉应力和拉应变为正。计算时最好使用理想的薄壁管模型，虽然在需要的情况下使用厚壁分析并不是非常困难，但很少有这样的要求。

首先，考虑没有任何外压力的情况。环向应力是静定的：

$$s_H = \frac{pR}{t} \tag{14.1}$$

式中，p 是内压，用两倍平均半径 R 代替巴劳公式 [见式 (10.3)] 中的 D。

轴向应力 ε_L 可由线弹性各向同性材料的应力—应变关系求得：

$$\varepsilon_L = \frac{1}{E}(-\nu s_H + s_L) + \alpha\theta \tag{14.2}$$

式中 ε_L——轴向应变；

s_L——轴向应力；

s_H——环向应力；

E——杨氏模量；

ν——泊松比；

α——线性热膨胀系数；

θ——温度变化（增为正）。

与理想化的薄壁壳一致，已忽略管壁上径向应力的影响。

轴向应力 s_L 并不是静定的，而是取决于轴向运动的约束条件。如果存在完全轴向约束，则：

$$\varepsilon_L = 0 \tag{14.3}$$

将式（14.1）、式（14.2）和式（14.3）结合起来可得到轴向应力：

$$s_L = \frac{\nu p R}{t} - E\alpha\theta \tag{14.4}$$

其中轴向应力有两个分力，第一个分力与压力有关，第二个分力与温度有关。压力分力是正的（拉伸的），而温度分力通常是负的（压缩的）。

管壁的横截面面积为 $2\pi Rt$，在管壁上的轴向作用力为：

$$2\pi Rts_L = 2\nu\pi R^2 p - 2\pi RtE\alpha\theta \tag{14.5}$$

管内的流体会产生一个附加的轴向分力。管内流体横截面的面积为 πR^2，流体产生的轴向应力为 $-p$（通常在计算中将拉力设为正的），因此管内流体产生的轴向作用力为：

$$-\pi R^2 p \tag{14.6}$$

将式（14.5）和式（14.6）加在一起，总轴向应力为：

$$-(1-2\nu)\pi R^2 p - 2\pi RtE\alpha\theta \tag{14.7}$$

公式中包括压力项和温度项。在大多数情况下 θ 和 p 都是正的，且 $(1-2\nu)$ 总是正的，而在式（14.7）中这两项都是负的，因此都是压缩的。

压力项的存在说明仅压力就可以造成上浮屈曲，这已经得到了理论、实验室规模的试验和现场实验的验证。帕尔默和鲍德里（Baldry）对此进行了更详细的讨论，并通过一个简单的试验验证了此类屈曲。

如果有外力存在，式（14.7）中的 p 可用内压与外压之差来代替。剩余铺管拉力可能很大：为了确定运行中的轴向作用力则需要描述出管道上拉力作用的全过程，包括铺管和压力测试，并且要注意避免重复计算。

式（14.7）求得的是全约束管道上的合力，全约束管道是指管道上所有的轴向移动都被阻止了。在管道末端，膨胀环和膨胀弯允许一些轴向膨胀移动，因此轴向压力相对较小。而在膨胀环处轴向力的合力小是因为管壁上的轴向拉力基本平衡了被压缩流体的压力。

14.4 上浮运动分析

关于上浮屈曲的研究很多，至少已经衍生出了三大类。

第一种最接近于结构力学中的经典屈曲理论。早期马丁内特（Martinet）和克尔（Kerr）曾经研究过铁轨的屈曲，霍布斯（Hobbs）采用了马丁内特和克尔早期的研究结果，将一段非常直的管道放置在平坦的地基上，并考虑到了初始直管的横截面像一个上升的圆环一样能保持平衡的情况，以及在管道任一端所产生的轴向移动。这解决了屈曲管如何保持平衡的问题，但没有解释管道是如何从初始形状变为屈曲形状的。

在力学中，绝对直的管道有无穷大的屈曲力和缺陷敏感度。管道所在海底的剖面图上的缺陷是该问题的主要特点。下一步要考虑的是不同种类的剖面图缺陷，包括高度、长度以及用数学定义的形状。例如：

$$y = (1/2) H [1-\cos(2\pi x/L)] \quad 0 < x < L \tag{14.8}$$

其中，y 是高度，x 是水平距离，正弦剖面缺陷的高为 H、长为 L。

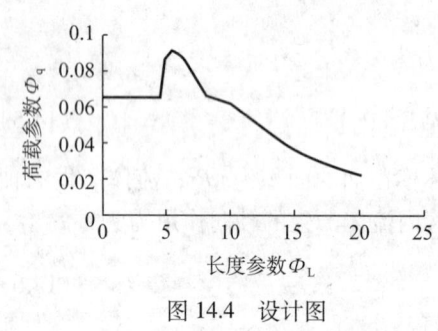

图 14.4 设计图

在剖面图上通过分析可以确定在什么情况下管道会变得不稳定并上升。帕尔默等对此进行了详细的研究，并根据两个参数以及一个无量纲载荷参数推导出了图 14.4 中的通用设计曲线：

$$\Phi_q = \frac{qF}{Hp^2} \tag{14.9}$$

以及一个无量纲长度：

$$\Phi_L = L\sqrt{\frac{p}{F}} \tag{14.10}$$

式中　q——总载荷（当管道被埋入土中时为管道重量与提升阻力之和）；

F——管道弯曲刚度（弯曲力矩和曲率之间的比率）；

H——剖面缺陷高度；

p——轴向压力（由第 14.3 节可得）。

该方法存在一些限制。它假定管道是弹性的，并且依赖于简单的理想化无缺陷形状，但实际的剖面图很复杂也不容易进行理想化处理。

同时，第二类方法也发展起来了。它使用专用的有限元方法 UPBUCK，通过数值方法来求解。该方法可用于较复杂缺陷的剖面图，考虑到了管道的非弹性影响，并且十分符合在运行温度和运行压力增加时管道的动态特性。目前 UPBUCK 已经成为商业软件 PCUPBUCK。

第三类方法更简单，如果我们可以对管道的初始剖面图进行测量和计算，当管道投入使用且轴向应力增加时需用什么外力来固定管道？考虑任一剖面图上的管段，该剖面图是根据高度 y（基准以上的测量为正值）来定义的，其中 y 是关于水平距离 x 的函数。图 14.5 中是长为 dx 的管道微元。

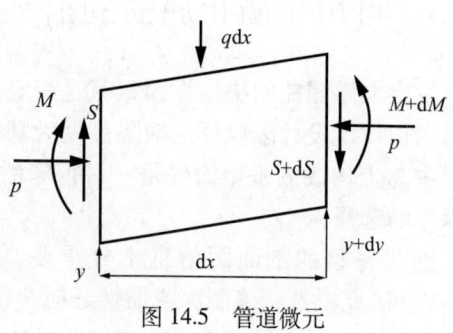

图 14.5 管道微元

在图 14.5 中，p 是轴向力（压缩为正），S 是剪切力，q 是单位长度管道上的垂直外力，M 是弯曲力矩。S，q 和 M 会随着长度变化。通过单元体垂直方向上的力平衡和力矩平衡可得：

$$q = -\frac{dS}{dx} \tag{14.11}$$

$$p\frac{dy}{dx} + \frac{dM}{dx} - S = 0 \tag{14.12}$$

将式（14.12）对 x 求导，然后代入式（14.11）消去 S，有：

$$q = -p\frac{d^2y}{dx^2} - \frac{d^2M}{dx^2} \tag{14.13}$$

如果管道是弹性的，则弯曲力矩 M 与曲率成正比，有：

$$M = F\frac{d^2y}{dx^2} \tag{14.14}$$

其中 F 是第 10 章中推导出的弯曲刚度，因此：

$$q = -p\frac{d^2y}{dx^2} - F\frac{d^4y}{dx^4} \tag{14.15}$$

在式（14.13）和式（14.15）中，右边第一项是曲率项，是轴向力和曲率 d^2y/dx^2 的乘积，在过度弯曲中曲率是负的（当管道开始向上弯时，需要有正的 q 值来阻止这一弯曲），而在"S"形弯管中曲率是正的。第二项的影响较小。

通过式（14.13）、式（14.15）以及管道剖面图我们就可以确定将管道维持在原位所需要的力，而不需要通过更复杂的分析来确定管道如何运动、何时变得不稳定以及何时到达新位置。对于实际中遇到的大多数问题，这是最好的方法，并且该方法还可用于防范措施的设计，但略微保守。

14.5 可用于防止屈曲的措施

发生上浮屈曲的决定性因素就是海底剖面图的光滑度。实际的定量数据是不可替代的。有时人们建议设计应以标准缺陷高度为基础，如 0.3m，但这并没有合理的依据。0.3m 的高度对中黏土构成的平坦海底是一种保守的选择，但对于不平整的砂岩海底而言这就是一种非保守的选择。

因此完整的剖面图信息十分重要，这可通过遥控潜水器（ROV）或独立水下设备（AUV）研究以及精确测深或惯性导航获得，有时还需要通过潜水员获得信息。如果管道已经就位，则可以通过惯性导航清管器对其进行精确测量。

目前人们已经研究过很多防护方案，并且部分方案已被应用在建设中了。最简单的方法是减少驱动力，可通过降低操作温度和压力或将管道壁厚降至可能的最小值来实现；从式（14.7）可以得出驱动力中的温度项与 t 成正比，且减少温度项所引起的变化要大于减少 F（与 t 成正比）所带来的反作用，这是第 10 章中描述的允许应变设计方法获得发展的主要原因之一。另外，将管道铺成"Z"字形、加入冷却环与海水热交换来降温或是沿着管线将一定间隔的膨胀环合并起来，这些方法都可以减少驱动力并且已有应用。

第二种方案使管道线路轮廓更光滑。选择铺管线路时避开粗糙区域可以达到这一目的，而且这样做还可以减少悬空长度和数量。小心地铺管，尤其是在地形高点处采用"智能耕犁"将管道埋得更深，从而增加线路轮廓的光滑度。

如果这些措施都不能达到要求则必须要将管道埋入海底并埋在岩石下，或者是在挖沟铺设时将管道埋入之前就挖掘出的自然的海底土壤下。管道若被埋入无黏性土壤或岩石中，则管道上浮的阻力通常为：

$$q' = \gamma HD\left(1 + f\frac{H}{D}\right) \tag{14.16}$$

式中　q'——上浮之前单位长度管道所受的力；

γ——水下土壤单位重量；

H——跨度（从管道顶部到管道中心线上方的土壤表面）；

D——管道外径；

f——实验测得的上升系数，大体上对岩石是 0.7，而对砂土是 0.5，但在疏松砂岩中有时会更小。

很多研究方案对上浮阻力都有研究。

将岩石覆盖在整个管道上是一种实用但花费较高的方案。不仅在那些需要的地方（在突然过度弯曲的地方），在不需要的地方（在"S"形管的下半部分以及整体上过度弯曲的地方）也要放置岩石，因此花费很高。另一种方法是断断续续地按一定间隔放置岩石。还有一种更经济的方法是区分出那些可能发生隆起的临界过度弯曲，只在过度弯曲处放置岩石。该方法中使用的岩石较少，但显然该方法取决于对过度弯曲的定位以及在过度弯曲处放置岩石的可操作性。选择的岩石要能在海床运动速度下保持稳定，不会沉入海床中。岩石下的土工织物可以增加岩石的上浮阻力。

从开式泥驳向下扔岩石或从专用卸载船的一边推出岩石可以实现在浅水区放置岩石。这些操作要非常仔细地进行，因为如果一次投下的岩石过多就像一团重物下落，可能对管道造成很大的伤害。在深水区，岩石从水面会自由下落并四处散开，因此通过降落管来扔岩石是一种比较好的方法，专用船可以实现这一功能。

14.6　屈曲发生后的改进方法

并非所有的屈曲都需要改进，但有时管道向上屈曲进入海水中就容易受到强流体动力作用或被捕鱼拖网和锚勾住。在没有对管道施加过度应力的情况下，最经济的方法是在管道周围放置岩石或垫层将其固定在新的位置。管道自身必须要能保持稳定，必须要有足够的重量才能阻止更进一步的移动。

在其他情况下人们通过判断认为需要切除并移开管道的屈曲段然后用新的短管代替，通过高压焊接、表面连接或机械连接将新的短管与管道连接起来。显然这需要通过附加的覆盖层或合并膨胀套管来确保屈曲不会重复发生。

14.7　侧向屈曲

由于管道向上运动时受到的阻力小于侧向运动时受到的阻力，因此几乎所有的埋地管道都会发生上浮屈曲。另一方面，如果管道没有埋入铺设，那么管道的侧向移动就变得更容易了：侧向移动受到的阻力是管道水下重量与侧向摩擦系数的乘积，该系数通常小于 1。在平面内偏离直线的侧向偏移通常比在垂向剖面上的偏移大得多。

侧向屈曲的驱动力与上浮屈曲的驱动力相同。很多管道的侧向屈曲达到了一定程度但往往检测不到。就像在平面上那样，侧向屈曲会发生在管道侧向上的蛇形缺陷处。这些缺陷的幅值和波长取决于铺设的方法。虽然只有很少的数据，但我们知道在管道上出现某种程度的弯曲是不可避免的，尤其是在浅水区中采用拖管驳船以较小拉力铺设管道的过程中。

侧向移动造成的损害往往很小，这是因为侧向移动会发生在一段很长的管段上，弯曲应力很小并且屈曲不是局限在尖锐的弯折处。在某个案例中，大直径天然气管道离开平台后被弯成半径为 3000m 的曲线，而该平台是在 500m 的范围内抛石锚定。在管线投入运行一段时间后，管道上有 6 个地方都出现了侧向移动，这些移动发生的地方大体上是均匀分布的，而且总是向曲线外侧移动。但是这些移动很小（在 1～2m）并且发生在很大范围内（100～200m）。直接的计算表明其相应的弯曲应力很小且总弯曲应力恰好在屈服点以下。不需要采取任何措施。因为侧向屈曲会减小轴向压力，而轴向压力可能造成上浮屈曲，因此有人认为侧向屈曲确实有好处。

但是在某些情况下侧向移动可能较大，而侧向屈曲的发生可能导致所有的移动都集中在一个屈曲处。在侧向移动最大的位置，管道可能发生局部弯折，而此处的应变足以使管壁断裂。

直到目前，对侧向屈曲的研究仍比上浮屈曲要少，而且关于侧向屈曲的文献也很少。帕尔默等回顾了有关侧向屈曲研究的现状，迈尔斯（Miles）和卡勒丁（Calladine）通过物理模型和有限元模型对侧向位移进行了研究。最近这一课题引起了人们更多的关注，尤其是2000年在巴西发生的侧向屈曲事故更是增加了人们对此的关注。埋在岸上软泥中的热油管道上出现了侧向弯曲并发生了弯折。薄管壁弯折，管道断裂，从而导致灾难性的漏油事故。在北海和非洲西部也发生过类似事故。

目前已经有许多与此相关的联合工业项目，如SAFEBUCK和HOTPIPE，其中很多项目的成果已经和指南一起出版了。

在很多情况下，管道上很多地方都会发生侧向移动，但每个弯曲变形都很小。如果允许侧向屈曲自由发生，那就会导致所有的变形都集中在某一处或两处，而最大的变形会危及管道的完整性。侧向屈曲的一种较好的解决方法是按一定间隔审慎地在管道上制造一些小弯曲。每个弯曲都会产生侧向屈曲，但因为有许多屈曲存在，所以在最大屈曲处并不会产生过度的移动。有一种简单的方法可以产生侧向移动就是在轨枕上铺设管道，与线路成一定角度来铺设管道。轨枕上的管道上升，但上升不稳定时管道会越过垫座向侧滑。图14.6是在墨西哥湾应用此技术的扫描声纳图，相对于初始位置给出了管道的侧向移动（在图上的水平方向上）、轨枕（垂直方向上）以及海底缩进的阴影。

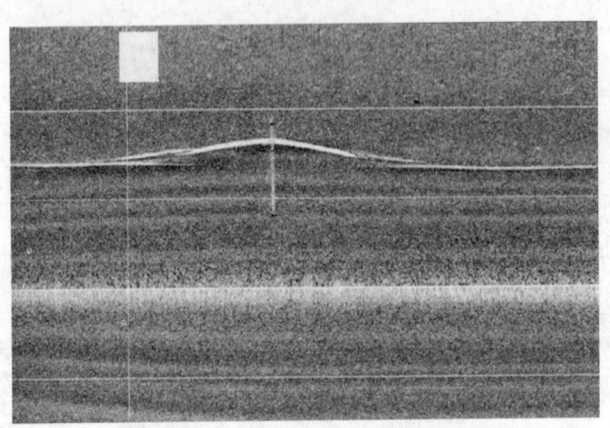

图14.6　在轨枕上侧向移动的管道

14.8　悬空形成

海底塌陷处上方的管道会形成悬空。但不要夸大悬空的影响，因为与悬空相比管道上存在一些不稳定以及上浮屈曲等其他问题，这些问题在实际中还可能导致更多麻烦。在北海还没有管道因为悬空而失效，在很多地方人们对悬空的关注也很少。但人们已经知道北海的一些管道上有很长的悬空，如：

(1) 铺管后在管道上发现了约9根管长（约110m）的无支撑悬空。

(2) 在已经投入运行很多年的管道上发现了约70m长，离底部2m高的悬空。

(3) 在运行中的管道上发现了550m长的悬空，而且这一情况已经出现了一段时间，甚至达几个月之久。

提出这些实例是为了能正确地解决该问题。在例1和例2中，发现悬空后并且最初发现的悬空段仍在原来位置的情况下，管道又继续运行了许多年。如果认为这3个例子中的某一条管道绝对安全，那是毫无根据的，现在有两条管道已经停止运行了。在第一个例子中，对管道进行水压试验后长距离悬空消失了。在第二个例子中，通过抛石保护管道以免被钩从而使悬空稳定，此时不需要采取其他措施。只有在第三个例子中才需要采取较多的措施来保证管道完整性（在第16章中有相关叙述）。

有一些悬空需要修正。运行者每年都要为此分配大量的资源，即通过抛石以及安装垫层和水泥浆袋来稳定悬空。在铺管之前需要清扫海底使海底剖面更平缓，这就需要花费大量资金。工作量的大小取决于需要修正的悬空数量以及是否要进行修正的判别标准。对那些长度小于会发生技术难题的任意长度的小悬空，不需要大量的修正和文献记录。

对此已经有了很多研究计划，因此现在可以制定出一个合理的悬空标准。工程师们完全可以通过该标准来评估旧管道和新管道上的悬空，同时还要依次考虑疲劳损伤、过度应力、被钩住等潜在问题。

14.9 涡流产生的振动

水流经过管道悬空处会有涡系形成并溢出，这通常发生在管道的顶部或底部，其速率由流体速度决定。管道上每个漩涡的形成都会产生小的流体动力，而涡系和流体动力还会产生振动力。由管道顶部附近的漩涡溢出所产生的作用力的垂直分力，与管道底部附近漩涡溢出所产生的作用力的垂直分力方向相反，但这些力的水平分力较小且方向相同。总激发力的垂直（交叉流）分力按涡流的频率振动，而较小的水平（线型流）分力则是按两倍频率振动，重叠在稳定线型流上。

管道悬空可以在弯曲方向自由振动。由于管道是轴对称的，并且通常情况下垂直弯曲和水平弯曲的末端条件是一样的，因此水平和垂直运动的固有频率几乎相等（但对较长的悬空来说并非如此）。如果外部流体动力的频率分量之一与悬空振动的固有频率十分接近，那很可能会发生共振。这可能在管道上、环形焊缝以及涂层上产生疲劳损伤。

这是对复杂现象的简单概述。因为这些运动中流量可以自动调节，因此振动发生在流体速度的很大范围内，而且不要求涡流频率和固有频率精确吻合。因为自动跟踪系统会滞后，因此结果取决于流体速度是增加了还是减少了，而不是现有的流体速度的大小。管底悬空段会改变海水流动，其振幅受结构阻尼、流体动力阻尼以及端部阻尼的影响，这些阻尼都趋向于减少或消除振动。

一些研究计划对由涡流产生的振动进行了调查研究。最直接的应用结果是由两个全规模测试系列所确定的，这些测试是由英国水力研究所（HRS）在塞文河口的某个地方进行的，起初是为了极地采气项目（Polar Gas Project），后来是为了英国能源部。进行测试的地方有速度为1.4m/s的最大潮汐流，在低潮期河口干涸而在高潮期水深为6m。在相关报告和文献中都对上述测试进行了详细的描述。在极地采气测试中，支撑钢柱上直径为20in的管道上会产生悬空。在能源部的测试中管段更长并且被安装在万向节上，万向节对管道的每一端都有简单的支撑,这种布局存在限制,使得管道上或两端的结构阻尼很小。对砂质海底上实际的管道悬空,其两端阻尼更高,如果管道采用的是混凝土涂层则会有较高的内部阻尼。

图14.7中是典型的测试结果,给出了约化速度 v_R 与运动幅值和管道直径之比之间的关系,无量纲参数定义如下:

$$v_R = \frac{u}{ND} \tag{14.17}$$

式中 u ——流体速度;
   N ——振动的最小固有频率;
   D ——管道外径。

这是对涡流激发的振动进行测量的常规报告方法。

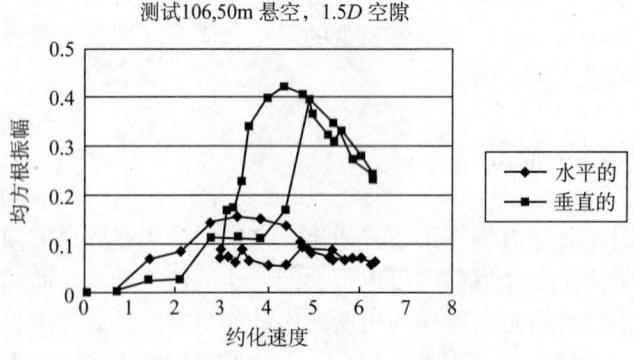

图14.7 约化速度和振动幅度间的关系

上述结果表明,约在1.4的约化速度下会发生轴向的水平移动,但移动很小。当约化速度为2~3时会发生漫流垂直移动,且移动幅度较大。在已出版的报告中对比了光滑管道和表面有类似混凝土的粗糙管道之间的差别,以及管道和海底间的缝隙所带来的影响。测量结果显示了粗糙管道和光滑管道之间的涡流频率的差别。因为粗糙度会扰乱边界层并在涡流分离点上游转换到完全湍流状况,所以两者的频率会有差别。它强调了雷诺数的重要性,并表明对在大幅降低雷诺数的模型试验中得到的结果要持怀疑态度。但是对粗糙管道和光滑管道,大幅移动的响应临界值并不是截然不同的。

由于涡流所激发的振动大小取决于约化速度 $\frac{u}{ND}$,因此在分析中需要采用悬空固有频率 N 的估计值。将悬空理想化为均匀的没有轴向力的均匀线弹性梁,此时悬空的固有频率为:

$$N = \frac{C}{L^2}\sqrt{\frac{F}{m}} \tag{14.18}$$

式中 L ——悬空长度;
   C ——取决于末端情况的常数;
   F ——弯曲刚度,由式(10.34)定义可得;

m——单位长度的质量。

单位长度管道的质量 m 要能承受周围的流体。通过对管道增加补充质量可以达到这一要求，添加的质量等于所代替的水的质量。观察到的管道悬空（可见的管道离开海底的长度）的两端并不是完全不能旋转，对一端固定而另一端用销钉钉住（固定/用销钉钉住）的悬空，习惯上 C 取 2.45，而对两端固定的悬空（固定/固定）则取 3.56。这是相当随机的。较好的做法是将悬空看作两端都是固定的并且 C 值取 3.56，但考虑到缺少端点固定性的情况，采用的 L 值略大于观察到的悬空长度。

测量的数据证实了该方法的有效性。DEI 代表英国石油公司采用电磁力激发测量了悬空管道的固有频率，并分析了动态响应。由于结果没有全部公布，因此只能获得有限的测量数据。结果表明测得的固有频率总是高于假设终端处于固定/自由状态时计算出的值。这些测量结果有助于人们理解实际的悬空。

轴向力的影响显著，有效的轴向力几乎总是压缩的并且会降低固有频率。对于悬空管段来说，如果轴向力达到了临界欧拉（Euler）轴向力，则固有频率会降至零。有的人认为当临界轴向力等于轴向完全约束下的有效轴向力时悬空长度就会达到临界轴向力的水平，但这是错误的，至少对长度逐渐增加的悬空管段来说并不正确，因为悬空管段的挠度会改变轴向力。管道凹陷会产生轴向拉应变分量并且轴向力的压缩性也会变小，而这一影响被朝着悬空的轴向移动部分平衡了，这是平衡轴向力所必需的。

移动会产生振动应力，但小移动所产生的应力很小，甚至是在疲劳极限以下。在图 14.7 中，约化速度为 2 时会产生 50mm 的均方根（RMS）反应幅度。在直径为 20in 的管道上有 40m 长的悬跨，管道上有简单的支撑并被弯成半周期正弦波的形式，相应的 RMS 弯曲应力大小为 16MPa（2320psi），但该值很小甚至不会产生疲劳损伤。若约化速度较大，则漫流运动会产生更大的移动和疲劳。

疲劳是人们所关心的问题，最直接的方法就是明确地计算出疲劳寿命，然后与设计周期比较。例如 DNV 2000 规范 5 D 709 条中，对高安全等级，要求有限的损伤率不超过 0.1，即在此情况下疲劳寿命必须至少为设计周期的 10 倍。

因此确定悬空管段的疲劳寿命的简单方法步骤为：

（1）确定固有频率（通过计算或测量）；

（2）估计侧向速度的频率分布；

（3）对每一级速度，通过 HRS 测试中得到的结果确定 v_R 及响应幅值；

（4）预估一个振型并将其与测试结果结合起来以确定波动应力的大小；

（5）确定每个循环中的伤害等级，考虑疲劳极限、利用 $S-N$ 曲线并采用常用方法得到应力范围和疲劳寿命之间的关系；

（6）对频率分布中的每一级速度重复步骤（3）到步骤（5），并与 Miner 规范结合起来以确定常规方法下的累积伤害。

DNV 推荐的一个实例描述了其中一个版本。

格拉布雷斯（Glabraith）和凯（Kaye）使用此方法进行悬空管段评估。分析包括两部分，由发现悬空的测量船进行初步分析，之后在岸上进行详细的最终分析。图 14.8 给出了一个典型结果：已发现 178 个悬空，其中有 20 个在初步分析中失效。在最终分析中失效的数量减少了9个，因此最初的178个悬空中只有11个需要修正。

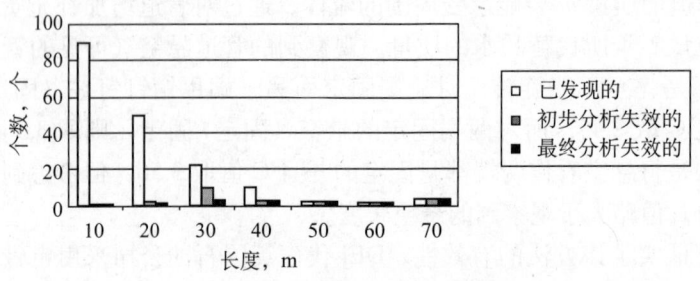

图14.8 悬空长度和悬空估计

（悬空长度，贝里尔A～贝里尔B的气体输气管道）

当然还有更复杂的疲劳计算方法。在一种断裂力学方法中，从实际或假设的裂缝或焊接缺陷开始，通过帕里斯（Paris）定律来计算裂缝的增长，该定律将每个周期内的裂缝增长与应力强度范围联系起来。在这种情况下裂缝增长明显，而在疲劳寿命的末期则认为裂缝增长达到了可接受的最大值。赛兰特（Celant）在已出版的著作中给出了关于帕里斯定律参数的管道钢材数据。

关于如何说明波致海底速度和悬空之间的关系一直存在争议。在HRS计划中没有明确地研究波浪影响，但该地区处于西南强风引起的波浪作用中。1984年2月2日进行的一个测试中出现了约1m高且持续时间为2～3s的波浪，还观察到了漫流反应的增强，由稳定速度分量计算得到的临界约化速度比没有波浪时低30%。

一种简单的方法是由波浪循环中的最大侧向速度来确定周期的运动幅值，因为在临界状态下管道固有频率比波谱中的最大值要大得多。波致速度的影响显著。但是将最大波致速度与最大潮流结合起来确定海底设计速度的作法是非常保守的，因为这忽略了统计中的波浪和潮汐往往不相关这一事实，因此最大波浪与最大潮流不会同时发生（除非两者是由相同的风暴大潮造成的）。

通过对上述疲劳寿命显式计算进行推广可以较容易地说明这一问题。假定波浪高度和潮流不相关，通过波浪高度和潮流的联合概率分布可以估计海底速度的频率分布。数值实验表明在深水中波致海流的夹杂物对允许的悬空影响很小。因为只有最大的波浪才会产生大的海底速度，而且它们不会与最大的潮流同时发生。波致速度与涡流之间的关系是正在研究的课题，但与立管和穿透水面的结构相比，它对海底管道的影响要小得多。

14.10 过应力

管道悬空的变形能反映出过应力的整个过程，包括制造、工厂水压试验、铺管、挖沟、填充、水压试验、排水、试运行以及最终运行。要想弄清楚整个过程是一项非常艰巨的任务，尤其是塑性变形可能发生在多个阶段，而且早期变形的影响可能由后期变形改变。例如，局部塑性变形总是发生在环形焊缝附近，之后在流体静压试验中发生的进一步的局部塑性变形会消除部分残余应力。

不一定要完全清楚整个变形过程，只需要确定施加在悬空上的但不会产生大变形的应力，如屈曲和能产生断裂的大应变等。如果我们采用一个极限状态方法，很久以前该方法就被用于常规结构设计中，而现在被管道规范采纳。极限状态方法的结果表明：由悬空的静态变形不大可能导致极限状态，它恰好能导致局部塑性变形（的确常发生在水压试验中），但塑性变形本身并不会威胁到管道安全，屈曲只以某种方式在塑性范围内发生。

通过对发生在过应力环境下的应变进行数量级估算可以对此进行说明。假定直径为762mm（30in）、壁厚为19.1mm 的管道上产生了悬空，且沉积物运移使悬空长度增至60m，悬空在此处发生塑性坍塌，形成了3个塑性区域（在两端和中心）。在悬空坍塌之前悬空下方的间隙是1m；悬空开始偏移直到悬空的中部塌陷触底。塑性区域并不是可精确定位的塑性铰接，因为塑性弯曲的几何和力学特性决定了变形是分散的（分布的距离取决于载荷的详情以及钢材的应变硬化特性）。估计每个塑性区域的长度为直径的5倍。每个塑性区域内的曲率为0.0175/m，且轴向弯曲应变约为0.0067，这比屈服应变的3倍还要大得多，但远远小于屈曲应变，由式（10.37）可以计算出屈曲应变为0.0150，其中最大屈服与拉伸比取0.85且环形焊缝系数取1。

对于在北海南部遇到的各种悬空以及在其他由沉积物运移造成砂层不平的海底区域，人们得到的结论是在这些区域过应力不可能产生极限状态。但是该结论并不总是适用于世界上其他地方，如挪威的朗格（Ormen Lange）工程、墨西哥湾的锡尔斯比悬崖（Silsbee Escarpment）、远离阿尔及利亚海岸的海比拜斯悬崖（Habibas Escarpment）以及在加拿大和阿拉伯湾的一些地方遇到的陡坡。在这些地方海底有时更粗糙，有更多的岩石，地形可能更深更尖锐，较长的悬空出现的概率更高，而且悬空处的管道很可能被弯曲至一个不能接受的程度。因此需要进行详细的弹塑性分析，该分析可以由ABAQUS等有限元程序直接进行。

14.11 管道钩挂

在世界上很多地方，海底和海中常常有密集的捕鱼活动。主要形式是拖网捕鱼，使用拖网渔船将袜状网拖过海底，通过拖网板（就像水翼船）或横梁使渔网保持开口，该设备可能很大很重。如果遇到了管道，船舷或船梁可能钩住下面的管道。

这可能威胁到渔船的安全、导致渔具丢失，还可能威胁到管道的安全。一艘功率为2000hp（1.5MW）的拖网渔船能产生约200kN 的系缆桩拉力，在拖网被钩住之后随着渔船速度的减少可能产生更大的作用力。一般30mm 的渔网拖索的断裂载荷约为600kN，在拖网/管道测试中测得的最大拖拽力约为200kN。在长的管道悬空中心附近施加作用力，这足以在弯曲上造成更大的塑性变形。这些力也足以对拖网船的运动和稳定性产生显著的影响。

拖网板有很多不同类型的。已经有一个研究计划对在沟渠内进行的模型测试中的拖网板和管道之间的相互作用机理进行研究，结果表明某些类型的板要比其他类型好得多。同样也可以调整桁拖网使其更容易越过缆绳和管道。

在实践中并没有将大直径管道上的悬空钩挂看作是一个大问题，但一些已发生的事故改变了人们的观点。对大直径管道的悬空钩挂问题采取了以下的判别准则：频繁地拖动拖网穿越大的管道悬空，如果此时发生的钩挂很多，那么事故可能频繁发生。

通过简单的数量级计算就可以将其量化。如果拖网作业强度是 I（在单位观测时间内和单位海底面积上在拖网作业时间内测得的），拖网作业速度 v，所有的拖网方向都相同，且拖网方向与垂直于管道的方向之间的入射角为 ϕ，则在单位长度的管道上单位时间内预期的穿越数量为：

$$c = Iv\cos\phi \tag{14.19}$$

其中，I 和 v 的单位是一致的，如 I 的单位是拖网作业年数 $/（km^2 \cdot a）$，v 采用 km/a，c 的单位是每年每千米管道上的穿越次数。如果拖网的方向是随机的，则可以用平均值 $2/\pi$ 来代替 $\cos\phi$；如果拖网方向不是随机的，那么可以用加权平均值来代替 $\cos\phi$，该加权平均值符合 ϕ 的频率分布。只有当拖网方向与管道一致时才会有较大的区别。渔民都知道鱼儿会受到管道的吸引（被食物、鱼礁、可能是温暖所吸引），因此渔民会沿着管道拖网，造成拖网方向与管道方向经常出现一致的情况。

如果现在悬空与整个管道长度之比为 p，则预期的管道单位长度上单位时间内悬空的穿越个数为：

$$sc = (2/\pi)\, pIv \tag{14.20}$$

取一个捕鱼频繁的北海英属（UK）地区的一般数据：

$$I = 1.14 \times 10^{-3}/km^2\ [10h/（km^2 \cdot a）]，$$

$$v = 7.88 \times 10^4 km/a\ (2.5m/s\ 或\ 5kn)，$$

$$p = 0.05，$$

则预期的悬空穿越个数为 2.9 个 $/（km \cdot a）$。因此在一条 300km 长的管道上每年几乎有 1000 个悬空穿越。将北海管道系统看作一个整体，拖网造成的悬空穿越每小时都会发生几次，并且在数据资料中还没有任何合理的依据可以改变此结论。

结论是以现有的实例为基础的，在实例中对小直径管道挖沟铺设而对大直径管道没有采取挖沟铺设。然而拖网可以轻易地进入管道沟渠，拖网和悬跨在沟渠上的小管道之间存在很多接触。而这些接触似乎不会造成钩坏事故。这可能是因为很少有挖沟铺设的小直径管道在较高处出现悬跨经过沟渠底部的情况，这是小管道的相对灵活性和伴随着大多数挖沟过程的剖面磨光共同作用造成的。

最近的事故表明，钩伤偶尔会产生严重的后果。拖网渔船威斯特海文发生倾覆并有几人丧生，这次渔船倾覆是由拖网钩在管道上造成的。管道悬空被钩住的风险不断增加，这与现有规范中对小管道挖沟需求的尺寸放松有关。埋入铺设当然比挖沟铺设好得多。

14.12　悬空修正

在移动的沙泥海底上，很多悬空都可以自然修正。在两端触地点下方的加强冲刷延长了悬空，并在管道自重作用下悬空向下倾斜直到中心接触海底为止，这就形成了两个短悬空来代替之前的一个长悬空。活跃的沉积物运移常常会填充悬空下方的空隙，也可能在其他地方形成新的悬空。净效应通常是管道的持续下降，因此在管道运行期间悬空的数量会减少。

在移动的海底和较硬的岩石海底上长的管道悬空可能需要修正。可用的方法包括沙袋、水泥浆袋、垫层、挖沟、抛石以及机械支撑。这些方法可以解决漩涡引发的振动问题以及过应力的可能性。有时将几种方法结合起来使用，扰流器、侧板或船底板都能抑制涡流。

沙袋几乎在所有的地方都能轻易地获得并且可以由潜水员来放置。沙袋里面可以由水泥—沙混合物来填充，因此在沙袋放置好后它们就可以硬化。沙袋本身要能在波浪作用、冲刷以及沉淀中保持稳定，而小沙袋往往不够重。尽管有时候安装的是那些由钢钉围起来的加工过的沙袋堆，但它们常常移动，因此从长远来说这种解决方法并不能令人满意。

泥浆袋更大也更稳定。ROV 的潜水员可以将其拖至管道下方，然后从海面将水泥浆泵入袋中使泥浆袋膨胀。管道下方的袋子像垫衬一样上升还能防止振动或沉降。但在水泥浆凝固之前膨胀的袋子可能不稳定还可能轻易地旋转。

垫层包括由绳子连接起来的长方形或六边形的混凝土单元。可以将垫层拖至管道悬空的下方或铺设垫层穿过管道，为管道提供支撑及减震，从而防止震动。还必须考虑垫层本身的稳定性。波浪作用可以使垫层的上游边界升高并将其翻转过来，在很多实例中都发生过垫层完全被冲走的情况。

另一种方法是通过降低两端的管道而不是支撑悬空中点来减少悬空的长度。只有在海底足够软、易于挖掘的情况下才能这么做。可以使用第 13 章中描述的挖掘技术，或由潜水员或 ROV 通过喷头来冲走沙子。

还有一种方法是通过在悬空附近放置岩石来阻止悬空的移动，这些岩石要足够大才能保持稳定。通过水落管系统可以放置岩石，或是从海平面向下扔岩石，但必须很小心地操作，否则可能使管道受到损害。在管道下安装可调节的钢支架也是一种可能的方法。该方法并不常见，但它已经被应用在西西里岛和加拿大的陡峭多岩海滩上了。

如果涡流激发的振动是唯一需要考虑的问题，那通过添加不同的扰流底板和遮蔽设备可以减少激发。它们是通过打断流体动激发力沿翼展方向的修正（因此力向上作用在一段管道上，向下作用在稍远的另一段管道上），或是增加流体动力阻尼来发挥作用的。这些设备常常用于抑制由风激发的振动，有时也将它们用于立管。但一个劣势是它们会增加流体动拉力。可以由潜水员或 ROV 来安装。为使该方法继续有效，使用时需要避开海底生物。

参 考 文 献

1　Hobbs, R.E. (1984). In-Service Buckling of Heated Pipelines. *ASCE Journal of Transportation Engineering*, 110, 175–189.

2　Martinet, A. (1936). Flambement des Voies sans Joints sur Ballast et Rails de Grands Longueur [Buckling of Jointless Track on Ballast and Long Rails]. *Revue Generale des Chemins de Fer*, 55/2, 212–230.

3　Kerr, A.D. (1979). On the Stability of Railroad Track in the Vertical Plane. *Rail*

International, 9, September, 759—768.
4　Hobbs, In-Service Buckling of Heated Pipelines.
5　Martinet, *Flambement des Voies sans Joints*.
6　Kerr, On the Stability of Railroad Track.
7　Palmer, A.C., and Baldry, J.A.S. (1974). Lateral Buckling of Axially-Compressed Pipelines. *Journal of Petroleum Technology*, 26, 1283–1284.
8　Palmer, A.C., Ellinas, C.P., Richards, D.M., and Guijt, J. (1990). Design of Submarine Pipelines Against Upheaval Buckling. *Proceedings, 22nd Offshore Technology Conference*, Houston, 2, 551–560, OTC6335.
9　Klever, F.J., van Helvoirt, L.C., and Sluyterman, A.C. (1990). A Dedicated Finite-Element Model for Analysing Upheaval Buckling Response of Submarine Pipelines. Proceedings, 22nd Offshore Technology Conference, Houston, 2.
10　*PCUPBUCK*, PLUSONE Documentation. (1996). Andrew Palmer and Associates.
11　Palmer, A.C., Carr, M., Maltby, T., McShane B., and Ingram, J. (1994). Upheaval Buckling: What Do We Know, and What Don't We Know? *Proceedings, Offshore Pipeline Technology Seminar*, Oslo.
12　Klever, F.J., Palmer, A.C., and Kyriakides, S. (1994). Limit State Design of High-temperature Pipelines. *Proceedings, Offshore Mechanics and Arctic Engineering Conference*, Houston.
13　Rich, S.K., and Alleyne, A.G. (1998). System Design for Buried High Temperature and Pressure Pipelines. *Proceedings, Offshore Technology Conference*, Houston, 341–347, OTC8672.
14　Faranski, A.S. (1997). Unpublished MPhil Dissertation. Cambridge, UK: University of Cambridge.
15　Baumgard, A.J. (2000). Unpublished PhD Dissertation. Cambridge, UK: University of Cambridge.
16　Fisher, R., Powell, T., Palmer, A.C., and Baumgard, A.J. (2002). Full Scale Modelling of Subsea Pipeline Uplift. *Physical Modelling in Geotechnics Conference*, St. John's, Newfoundland.
17　Palmer, A.C., White, D.J., Baumgard, A.J., Bolton, M.D., Barefoot, A.J., Finch, M. Powell, T., Faranski, A.S., and Baldry, J.A.S. (2003). Uplift Resistance of Buried Submarine Pipelines, Comparison Between Centrifuge Modelling and Full-Scale Tests. *Geotechnique*, 53, 877—883.
18　Palmer et al., Design of Submarine Pipelines Against Upheaval Buckling.
19　Locke, R.B., and Sheen, R. (1989). The Tern and Eider Pipelines. *Proceedings, Offshore Pipeline Technology Seminar*, Amsterdam.
20　Palmer et al., Upheaval Buckling: What Do We Know, and What Don't We Know?
21　Palmer, A.C., Calladine, C.R., Miles, D., and Kaye. D. (1997). Lateral Buckling of

Submarine Pipelines. *Proceedings, Offshore Oil and Gas Pipeline Technology Conference*, Amsterdam.

22 Miles, D.J., and Calladine. C.R. (1999). Lateral Thermal Buckling of Pipelines on the Sea Bed. *Journal of Applied Mechanics*, 66, 891–897.

23 Almeida, M.S.S., Costa, A.M., Amaral, C.S., Benjamin, A.C., Noronha, D.B., Futai, M.M., and Mello, J.R. (2001). Pipeline Failure on a Very Soft Clay. *Proceedings, Third International Conference on Soft Soil*, Hong Kong, 131–138.

24 Carr, M., Sinclair, F., and Bruton, D. (2006). Pipeline Walking : Understanding the Field Layout Challenges and Analytical Solutions Developed for the SAFEBUCK JIP. *Proceedings, Offshore Technology Conference*, Houston, OTC17945.

25 Bruton, D., White, D., Cheuk, C., Bolton, M., and Carr, M. (2006). *Pipe-Soil Interaction Behaviour During Lateral Buckling*. Society of Petroleum Engineers, Projects, Facilities and Construction, SPE 106847.

26 Carr, M. (2004). *SAFEBUCK JIP: Safe Design of Pipelines With Lateral Buckling: Design Guideline (Restricted)*. Aberdeen, Scotland, UK : Boreas Consultants.

27 Palmer, A.C., and Kaye, D. (1991). Rational Assessment Criteria for Pipeline Spans. *Proceedings, Offshore Pipeline Technology Seminar*, Copenhagen.

28 Blevins, R.D. (2001). *Flow-Induced Vibration*. Malabar, FL: Krieger.

29 *Vibration of a Pipeline Span in a Tidal Current*. (1977). Report EX 777. Wallingford, UK: Hydraulics Research.

30 *Vibration of Pipeline Spans*. (1984). Report EX 1268. Wallingford, UK: Hydraulics Research.

31 Raven, P.W.J. (1986). *The Development of Guidelines for the Assessment of Submarine Pipeline Spans -Overall Summary Report*. Offshore Technology Report OTH 86 231. J.P. Kenny and Partners for the Department of Energy, HMSO.

32 Grass, A.J., Raven, P.W.J., Stuart, R.J., and Bray. J.A. (1983). The Influence of Boundary Layer Velocity Gradients and Bed Proximity on Vortex Shedding From Free Spanning Pipelines. *Proceedings, 15th Annual Offshore Technology Conference*, Houston, 1, 103–112.

33 Raven, P.W.J., Stuart, R.J., Bray, J.A., and Littlejohns. P.S.G. (1985). Full–Scale Dynamic Testing of Submarine Pipeline Spans. *Proceedings, 17th Annual Offshore Technology Conference*, Houston, 3, 395–404.

34 Blevins, *Flow-Induced Vibration*.

35 Carr et al., *Pipeline Walking*.

36 Bruton et al., *Pipe-Soil Interaction*.

37 Offshore Standard OS F101. (2000). *Submarine pipeline systems*. Høvik, Norway:Det Norske Veritas.

38 Recommended practice DNV–RP–F105. (2002). *Free Spanning Pipelines*. Høvik,

Norway: Det Norske Veritas.
39 Kaye, D., Galbraith, D., Ingram, J., and Davies, R. (1993). Pipeline Freespan Evaluation: A New Methodology. *Proceedings, Offshore Europe Conference*, Aberdeen, Scotland, UK, Society of Petroleum Engineers, Paper SPE 26774.
40 Hellan, K. (1984). *Introduction to Fracture Mechanics*. New York: McGraw-Hill.
41 Celant, M., Re, G., and Venzi, S. (1982). Fatigue Analysis for Submarine Pipelines. *Proceedings, 14th Annual Offshore Technology Conference*, Houston, 2, 40-49.
42 Palmer and Kaye, Rational Assessment Criteria for Pipeline Spans.
43 Ellinas, C.P., Walker, A.C., Palmer, A.C., and Howard, C.R. (1989). Subsea Pipeline Cost Reductions Achieved Through the Use of Limit State and Reliability Methods. *Proceedings, Offshore Pipeline Technology Seminar*, Amsterdam.
44 *Otterboard Pipeline Interaction* [Video]. (1997). Trevor Jee Associates.

第 15 章　内部检测和腐蚀监测

15.1　概述

　　检测分为有损和无损检测。有损检测会造成被检测系统的物理损坏从而导致其不能再使用，这常常被称为测试而不是检测。拉伸实验和摆锤实验都属于有损测试。而无损检测所采用的技术，如射线显影法和超声波壁厚测量法，不会影响被检测系统的持续运行。

　　常规的无损检测和测试贯穿于管道的整个运营期。在铺设前和铺设中必须要进行检测以保证管道的建造是按预期进行的。运行期间的检测主要针对管道是否符合预期目标。尽管可以使用累积检测数据来估计历史腐蚀速率，但考虑到材料状况和实际数据的可信度，人们通常将现场检测看作实时记录，通过这些测试到的情况和数据可以推断管道过去的情况并预测管道的剩余寿命。

　　腐蚀监测的作用不同于检测。监测的频率比检测高得多，提供的信息更全面。传统的监测技术是侵入性的，要求探针或取样设备与管道中的流体接触。通过监测可以得到腐蚀速率的估计值，以决定腐蚀控制方法。监测还可以确定流体腐蚀性的变化。虽然腐蚀信息是检测中的重要部分，但人们只能将由监测数据得到的腐蚀率看作是一种趋势，而这些数据通常不能用于管道自身情况的评估。检测和监测技术的发展，尤其是允许半连续非侵入性评估的实时技术的出现，削弱了检测和监测之间的区别。

　　检测数据和腐蚀率测量值因测量探针位置的不同而不同，并且对整条管道腐蚀状况的推断需要全面的考量。以有限的局部数据（如 ASTM G-16）为基础，通过统计技术可以对最坏情况下管道的金属损耗做出合理的推测。有越来越多的计算机模型被用于管道系统中不同区域的量化，而这些模型可以与监测和检测数据同时用于计算和绘制管道沿线的腐蚀剖面图。但仍然需要定期检测整条管道。

　　在未来，单独的腐蚀监测可能逐渐被淘汰，而由半连续检测技术来代替。监测只是检测的附属部分，并且只用于一些有特殊需求的情况，例如在一小段测试期内估算腐蚀抑制剂的效率，或是要完成检测技术范围以外的某项要求。检测和监测之间仍然存在根本差异。例如检测工程师会使用与剩余壁厚有关的信息来计算管道的允许运行压力，而腐蚀工程师会通过壁厚的变化来估算腐蚀率。

　　目前一个重要的发展趋势是将检测计划与风险评估联系起来。该方法欲通过降低常规检测等级来减少检测成本，同时引导操作者关注那些较危险的管线或管道配件。尽管在理论上进行风险评估是很容易的，但要合理地应用这些理论则需要深入了解管道上的腐蚀过程。

　　风险是发生概率与发生后果的乘积。在腐蚀风险评估中需要对腐蚀过程发生率进行量化。后果是以成本为基础的，所以比概率更容易定义。评估发生率是一个很复杂并且不确定的过程。在第 16 章中将进一步论述该问题。统计模型也许有助于评估发生率，但不能消除不确定性。但是与获得完美的分析相比,做出正确的决定更重要,而往往正确的决定对模型的细节并不是特别敏感。

运行情况和腐蚀危害程度都会随时间变化。检测数据往往不如预期的那么有用。由检测数据得到的趋势是与过去有关的,并没有考虑到操作参数变化、过去的累积效应或操作参数未来的变化所带来的影响。

因此需要开发一个系统,包含可以模拟管道上正在发生的腐蚀过程的预期模型。该系统考虑到了可评估操作参数变化的影响,并且对临界腐蚀情况下的紧急事故有预警作用。典型的反馈模式以及与管道状况评估检测之间的关系示意图如图15.1所示。随着管网复杂程度的增加,对计算机模拟模型的需求也增加了。与传统的方法相比,规模庞大的管网可以采用按风险等级高低优先检测监测机制。

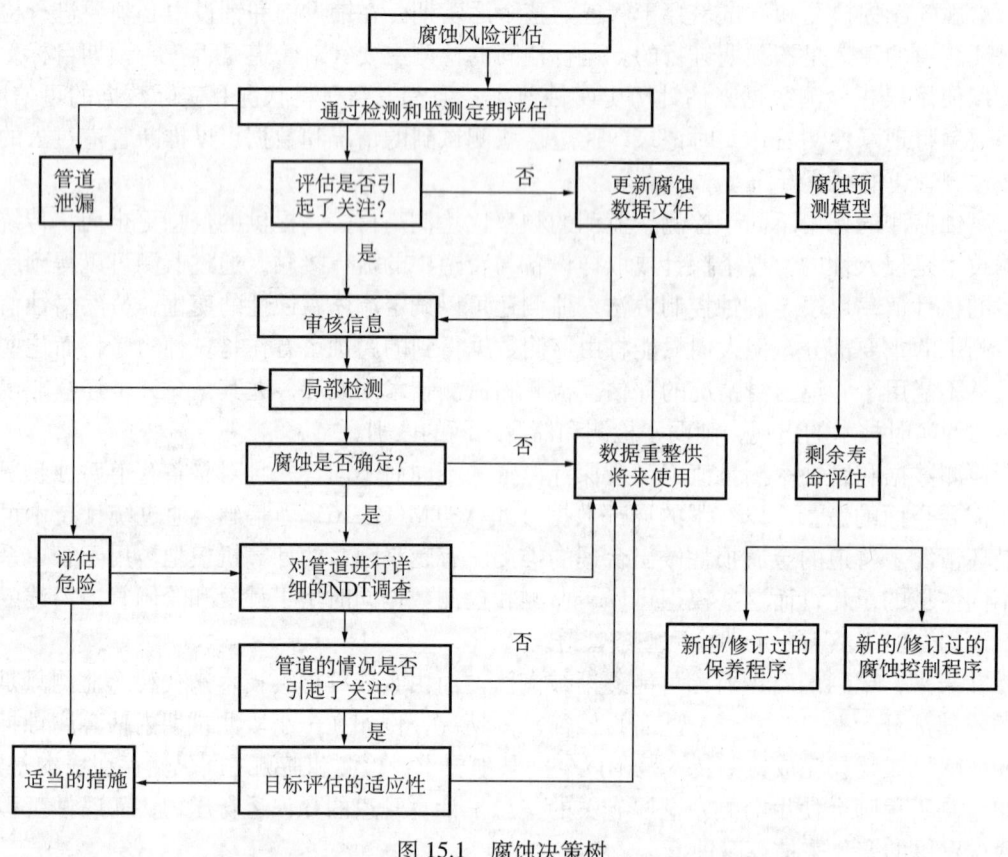

图 15.1 腐蚀决策树

15.2 接入

常规的腐蚀监测技术需要与流体接触,因此管道上必须要有接入点来采样或放入探针。通过阀系统或特殊的接入装置可以实现管道接入。大多数接入系统在设计时就考虑到了要在管道不停运的情况下插入和回收测量探针的需要。例如,通过清管器发射器将智能清管器发射到管道中,然后在接收器中回收。操作发射器和接收器的阀系统很复杂。采用系缆式或脐带式检测设备时常常要求管道停运或减压。

与清管中的阀系统和接入装置相比,腐蚀监测中使用的设备更适合接入操作。将接入装置安装在管道上可以通过管线不停输热开孔,将接头安装在运行的管道上。操作步骤如下,将接头焊接到管道上,插入刀具在管壁上凿出一个插入孔。通过磁石来控制和移动磁盘进行切割,然后将孔扩至指定大小。

目前检测和监测技术的发展趋势是既不需要进入管道也不会干扰管道运行。最新的发展包括薄层激活（TLA）、氢封闭探测器、真空单元、场特征技术以及超声波连续监测。一些技术的分类在某种程度上是片面的,往往取决于采用该技术的目的,如检测或监测。表15.1是对该类技术的总结。

表 15.1 检测和监测技术

进入方式	频率	
	连续的或经常的	间歇的或不常见的
侵入性	电化学监测技术 压力波动监测	重量损失监测 流体样本 智能清管器 控制管缆检测工具
非侵入性	薄层激活 场特征技术 固定超声波探针 氢封闭探测器	射线检验法 常规超声波 自动时差测距超声波系统

人可以在所有安全的地方接触陆地管道,不需要很多复杂昂贵的技术。但对海底管道来说,尽管 TLA、固定超声波检测、真空单元以及场特征技术改变了这一限制,但仍然只能在平台上或着陆点才能接触到管道。虽然在维修中仍然要求潜水员接触管道,但检测和监测方法中数据点的反馈是直接的。

在信号传输方面的新发展实现了通过低频无线电波沿管道传送信息。这些信号可以触发安装在管道表面上的探针,将管道上的读数传递到平台上或海面上的探测器。探针可以测量阴极保护（CP）电位、流体密度、壁厚、氢损伤、换热、压力以及温度。在陆地管道上 CP 系统可以为探测器提供电源,而针对海底牺牲阳极系统已经开展了类似的电源研究。

15.3 检测技术

15.3.1 射线检验法

射线检验法使用的是由电机（如 X 射线）或放射源（如伽马射线）产生的高能电磁辐射。在可行的情况下优先选择 X 射线检验法,因为检测员可以控制其灵敏度和再现性。该方法的另一个优点是通过调节辐射源可以帮助人们区分出那些可接受的最小缺陷,并且不显示那些可以忽略的缺陷。

在管道安装过程中将放射源放置在管道的一侧而将胶片放置在另一侧，透过双层管壁拍摄 X 射线照片。这种做法只适用于小管径薄壁管道。另一种方法是将放射源安装在管道内，然后将摄像胶片绕在管道外。这是最常用的方法，该方法也大大改进了对焊接缺陷和材料缺陷的检测。这些照片作为负像来判读，通常不采用正像。裂缝、孔隙以及未熔合点等材料缺陷都是有效的金属损失区域，这些区域吸收的辐射较少。如果放射源的放射强度是针对管道的公称壁厚的，则这些金属损失区相对于未感光底片的黑色部分来说呈白色。

在管道运行过程中在管道的一侧放置放射源而在另一侧放置合适胶片的做法是比较容易实现的。与未被腐蚀的管壁相比金属损失区域吸收的射线较少，胶片换算密度可以表明金属损失情况。射线检验法比较复杂，而且只能用于特殊地区的检测。该方法通常用于弯头和汇管处。现代技术通常使用照相记录仪代替胶片进行实时检测。现在已开发了超高压系统，可用于检测其他完整性系数，如已堵塞阀门的关闭程度。

对于运行管道的金属损失估测，射线检验技术有两个优势，一是运行速度快，二是能提供永久记录。现场接头、隔热层以及管道涂层中的胶泥不需要去除即可被射线穿透。但该技术的劣势是它只能对局部区域进行检测。因此，一段长管道的检测需要花费大量时间。但 X 射线照相记录仪在一定程度上可以克服这一限制，例如，在绝热条件下可以使用实时照相射线检验法来检测腐蚀。该技术只提供缺陷处平面投影的三维（3D）信息。金属内部的缺陷位置并不总是清晰的。要求放射源和检测器能自由进入管道。

15.3.2 超声波

超声波（U/S）系统可以提供缺陷位置的 3D 信息，可以单独使用或是作为射线检验法的辅助系统。超声波来源于探测器上的振动压电晶体产生的高频声波，频率范围在千赫兹到兆赫兹之间，通过耦合装置可将探测器置于管道中。在密度变化区域内声波会反射，如在管道另一侧管壁上或是在金属内任何缺陷处。检测到部分反射信号后，根据发射信号到接收信号之间的时间间隔就可以确定金属厚度和/或缺陷位置。声波频率越高，波长越短，定位就越清晰；但是波长受到金属颗粒平均大小的限制，对较短的波长来说噪信比会很大。

简单的壁厚测量仪接收压缩超声波并能给出壁厚或金属缺陷的深度。复杂的手动超声波系统采用阴极射线管来描绘反射信号。如果可以进入管道，则局部 U/S 检测速度很快并且大多数技术都很灵活。通过 3D 信息可以对缺陷进行严格的工程评估。但对大面积区域，手动方法很慢而且属于劳动密集型，因此自动化技术的使用越来越多。

自动化仪表可以迅速地扫描管道表面，将数据记录在电脑里并通过颜色图或颜色黑度图来表示金属厚度。该技术的扫描速度可达到 $3m^2/h$，而且有较高的分辨率。通过扫描图还可以对腐蚀模式进行鉴别，例如在手动检测中可能会漏掉的与流态有关的腐蚀。

U/S 检测可以对运行中的管道进行外部检测。由于胶泥比加强的混凝土加重涂层更容易去除，所以通常 U/S 监测工作在补口处进行，也可以考虑焊接区域。将这些区域清理干净并裸露出来，之后安装在支架上的 U/S 探测器就可以沿管道表面自动移动，其中支架是夹在管道上的。如果补口已经移开，也可以使用海底探测设备来填充钢管和海床间 50mm

（2in）的间隙。然而自动压缩超声波检测系统不能检测到焊缝根部的腐蚀，需要有角度的探测器才能显示焊接附近的信号。

在飞行时间法中使用有角度的 U/S 发射器和接收探测器，探测器可以沿着与管道平行的方向移动。声束在内缺陷附近折射，用电脑分析反射信号后可生成内表面的层析成像模型或扫描段的立体成像卷。该技术已经被运用在管道和立管上的高压修复焊接处的检测，速率达到了 1m/min。该技术有很大的潜力，可以代替射线检验法来评估焊缝质量，并且可以通过机器来分析数字信息，因此可以确定缺陷对焊接适应性的实时影响。该技术允许使用工程临界评估方法，可以减少需要维修的焊缝数量。

采用超声波技术可以在不移除夹钳的情况下，通过径向发送信号穿过管壁并测量弱返回信号来辨识立管管夹下的腐蚀。虽然不能很好地确定腐蚀程度，但能辨识出管夹下需要进一步评估的地方。

现在 U/S 系统已经可以辨识出氢伤害的程度了（在第 7 章中有具体描述）。将剪切波和压缩波引入钢材，通过两种波的声速或声波的衰减变化可以区分微裂缝和氢损伤的程度。飞行时间法也可用于硫化物应力开裂及氢致开裂（HIC）的检测。这些技术已经在管道外侧得到了广泛运用。最近已经将这些技术应用到智能清管器中来辨别内压腐蚀裂缝。裂缝对天然气管道的威胁最大，但不幸的是该技术要求在传感器和管壁间有耦合介质，因为管道里必须要有部分液体或管道里浸满液体时清管器才能通过管道。

15.3.3 磁性颗粒检测（MPI）

磁性颗粒检测（MPI）可用于检测表面突发裂缝。除了水下钢材，还可以用于对导管架上结构节点处的疲劳裂缝进行定期检测。电磁铁或永久磁铁可以将管道表面磁化。在裂缝处及其他与磁通量不平行的表面突发缺陷处，磁场会变得扭曲。将包含铁磁性（通常是铁）颗粒的流体涂刷在金属表面或轻吹过表面。铁磁性颗粒集中在磁通量畸变的地方，这样就可以辨识出裂缝。铁磁性颗粒可以被密封在塑性涂层中，在 UV 光下会发光。该技术可以辨识坡口焊缝上的纹理并检测出运行管道上的疲劳裂缝和其他外部裂缝。

MPI 技术的主要优势是可以检测出肉眼看不到的小裂缝。但要求管道表面清洁，检测速度相对较慢且无序。如果将它用于叠层检测，在检测后要对管道消磁以免在环形焊缝处剩余磁场使焊弧变形。

15.4 清管器

15.4.1 简介

最早的清管器是原始的设备，如绑着钢线的稻草捆，沿管道移动来清理杂质。现在已经出现了成熟且复杂的清管技术。可以使用多种清管器来清除管道内的施工碎屑、蜡、沥青质以及腐蚀产物，还可以隔开不同的流体。图 15.2 中所示的是一些可用的清管器。

本节主要介绍用于监测管道状况的清管器。这些清管器被称为智能清管器或智能工具。从管道内进行测量比从管道外进行相同的测量要方便得多。外部进入只能在管端进行，而对于在海水中和岸上的管道都可以进行同样的内部检测。检测型清管是一项正在迅速发展的技术并且已经吸引了大量的投资。似乎越来越多的状态监测都将由智能清管器完成。

15.4.2 漏磁通（MFL）检测清管器

漏磁通（MFL）是第一项针对完整管道检测并且融入检测清管器中的技术。MFL清管器包括电子或永久磁铁、一系列检测器、记录单元以及动力供应系统。在液压的作用下清管器以 1~5m/s 的速度在管道内运行。磁铁要能完全磁化或者磁感线要能穿透管壁。在金属损失区域会出现磁场变形。检测器可以捕捉到磁场变形的强度和变化率，并将数据传输到记录组件。回收清管器后可以下载并分析数据。在没有磁铁或移除磁铁的情况下重复运行或是使用安装在磁铁后的另一列传感器，就可以测量剩磁并辨识内外缺陷。

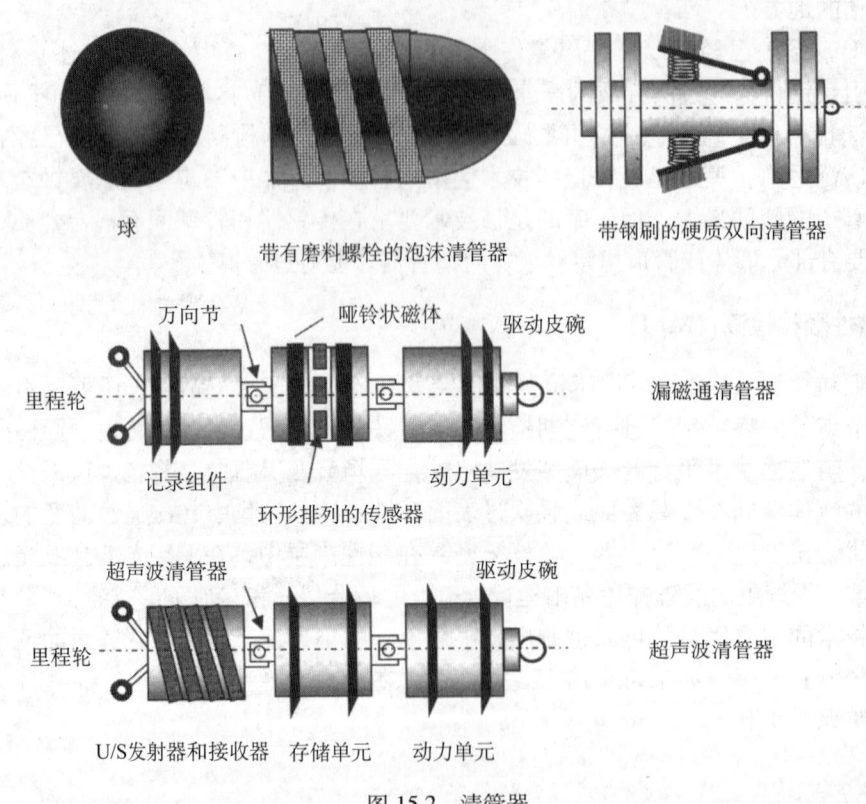

图 15.2 清管器

有一些供应商可以提供 MFL 清管器。根据灵敏度和分辨率可以对清管器分类，有时甚至是通过"选美比赛"对清管器分级。所有的清管器都可以明确地分辨出高达壁厚 30% 以上的金属损失。分辨力低的清管器花费少，可以区分出 $100mm^2$ 的缺陷。分辨力高的清管器可以分辨出面积较小的金属损失（约 $5mm^2$），但在壁厚损失辨识的灵敏度上的提升并不十分显著，一般只能识别出 10%~20% 的壁厚损失。

缺陷的几何形状会影响检测器的灵敏度。锐缘缺陷会造成显著的磁变形，而清管器会将此变形当作比实际的金属损失更严重的情况而识别出来。软边缘缺陷产生的磁场变形较小，传感器会低估这些缺陷的深度。典型的缺陷通常需要使用外部 U/S 检测来量化。

MFL清管器可用于多种类型的管道中,因为它不要求管壁和传感器之间有耦合介质。MFL清管器可能不适用于小直径厚壁管道(如气体回注管道),因为磁铁磁感线可能无法浸透较厚的钢管管壁。另一种直接磁共振技术可以辨识出内部金属损失。由于电子组件可能过热或会被压毁,因此MFL清管器受管道运行压力和温度的限制。尽管MFL清管器可以在脏管道内运行且灵敏度的降低很小,但在投入MFL清管器之前仍须清除内部锈垢。一些腐蚀产物(如有机成因的硫化铁)是有磁性的,而它们对MFL检测准确度的影响是不确定的。MFL清管器不能检测出裂缝、氢蚀起泡或外部疲劳裂缝,并且在纵向裂缝的监测应用上存在限制。

15.4.3 U/S检测清管器

在20世纪80年代带有U/S检测系统的智能清管器有所发展。带有一系列U/S探测器的清管器发射高频声脉冲,通过反射波经过管壁内外所产生的时间延迟可以估算壁厚。U/S清管器的运行费用比高分辨率的MFL清管器贵得多,但有人认为它们的灵敏度更高,可以检测到10%的壁厚损失,有时灵敏度甚至还会增加1%~2%,金属损失分辨率约为$5mm^2$。

同MFL清管器一样,U/S清管器可以在对管道运行干扰最小的情况下提供整段管道的信息。此类清管器要求传感器和管壁之间存在耦合介质;因此当清管器周围有段塞液或管道内浸满液体时才能在天然气管道中使用清管器。与MFL清管器相比,U/S清管器对管道的清洁度要求较高,不能检测出充满了压实碎屑的凹坑。常规的U/S清管器不能检测出应力腐蚀产生的裂缝,但能检测出严重的氢致起泡。新的清管器上配有带角度的传感器可以检测出环向裂缝,但到目前为止还不能分辨出纵向裂缝。

15.4.4 涡流(E/C)检测清管器

探头产生振动电流,可以在管壁上产生诱导涡流。表面突发缺陷会改变诱导电流,而检测器可以检测到这一变化。涡流(E/C)探测器被广泛用于在换热器内和工艺管道中的极小直径管子的检测,也被运用到小直径管道的检测中了。

E/C清管器对流体的速度很敏感,但不如U/S清管器;它可以检测到20%~30%的壁厚损失。该技术可以检测出横向裂缝,但其动力消耗很高,并且只适用于短管道或系缆/控制单元中。

15.4.5 系缆清管器

系缆清管器是另一种可选的由液压驱动的在管道内自由运行的清管器。测量端与控制管缆连接,控制管缆可以提供动力以及信号传送和清管器回收。将清管器发射到管道内,在液压马达的作用下清管器沿着管道慢慢前进。一旦到达最大距离,要按控制速率通过回收控制管缆来回收清管器。在发射或回收清管器时都可以进行测量,超声波测量通常在回收时进行。一般的测量端包括摄像机、超声波扫描仪以及E/C检测器。

一般的系缆清管器可用于1~2km长的管道检测。在使用零浮力光纤控制管缆和自行式单元的情况下能延伸可检测的距离。在不能使用智能驱动清管器的情况下可以选择系缆清管器，如带有密集的立管弯头的小直径管道、不能被 MFL 清管磁铁完全浸透的厚壁管道以及短管道。在任何情况下都必须要有能安全发射清管器的方法。这意味着生产管道必须要降压和放气。录像前要将管道放空，但对注水管道，如果管道内部比较干净则在管道注满时就可以对其进行检测。超声波检测要求有耦合介质，因此管道内必须要充满液体或者要在段塞流中将清管器引入管道。

15.4.6 测径清管器和几何清管器

管道工程师们要知道管道现在的变形以及最终的形状。他们需要知道管道是否被压出凹痕、变成椭圆形、突然移动（如拱起）或处于悬跨中。在运行上述智能清管器之前，常常要检查管道上是否有凹痕和堵塞以确保清管器不会被卡住。

最简单的测量方法是使用测径板，即一个直径略小于管道内径的软铝盘，安装在硬清管器的前端（图 15.2）。如果清管器经过了一个凹陷处，在下游取出清管器时会发现测径板的边缘向后弯曲，通过视觉检测就可以得出最大凹陷的深度。

通过测径清管器可以进行更精确的测量，测径清管器上有许多径向探头。凹陷会使探头变形，而圆周上不同点的变形都将作为管道横截面的测量记录。探头可以检测到内部焊缝，当清管器检测到直径异常时，对焊缝计数就可以确定直径异常处的位置了。

还可以通过惯性导航来记录清管器的位置。惯性导航系统通过加速计和陀螺仪来测量清管器的加速度，对加速度关于时间积分求速度，再对速度积分可以确定清管器的位置。由于飞行器和弹道导弹的军事要求，惯性导航的精确度已经提升到了一个很高的水平。带有惯性导航系统的清管器可以精确展现整个管道的 3D 图形，并能检测出 100mm 数量级的移动。

15.4.7 替代设备

针对天然气管道检测发明了可以激光成像的清管器（Optopig）。清管器在径向发射激光并记录管道表面的反射。对照相机的信号进行整合，然后将激光反射数字化并转换为管道内表面的黑白照片。数字化图像可以立即用于应力分析。该方法需要预先对管道进行高度清洁。

一些常规的清管器可用于管道情况的估测以及管道内蜡沉积和堆积情况的检测。在清管器上装配其他设备可以检测压差、加速度和温度。其中速度的变化（加速度）可能是由蜡或腐蚀引起的，而且压差和局部温度是允许变化的。

15.5 腐蚀监测：侵入技术

15.5.1 压力波动监测

管道运行的方式与风琴管相似，运行过程中产生的压力波沿着管道方向向后或向前传播并最终衰减。如果在管道两端装有灵敏的压力监测设备，并在现场个人计算机上（PC）

记录下压力波动的特征，经过一段时间就可以得到正常运行中的压力分布模式的连续记录。如果发生泄漏，则压力分布模式会改变，而 PC 程序可以识别这些变化。

该技术的成本很低，而且据称该技术可以检测到整体损失的 0.1%。通过分析压力波动特征的变化可以将泄漏点位置确定在 5～10m 的范围内。

15.5.2 失重试片

试片相对不敏感，因此它被用于腐蚀程度和缓蚀剂作用的长期估测。重量损失方法正越来越多地由电阻和电化学监测方法所替代。

将一个干净并预先称过重的钢样品在管道中放置一段规定时间，然后取出并记录重量的变化。腐蚀率的计算大体上以整个样品的面积为基础，这样得到的值相对乐观。但针对试片腐蚀区域计算腐蚀率可以得到一个更实际的值。失重试片可以是置于管道液流中的小长方形板或小硬盘（硬币大小的垫圈）（图 15.3）。对试片进行冲刷可以保证试片的情况与管壁状态尽可能一致，从而使实验结果具有代表性，这样还可以避免在清管期间造成损害。取回试片后可以将上面的腐蚀产物刮下来进行化学和微生物分析，清理干净的试片可用于点蚀检测。

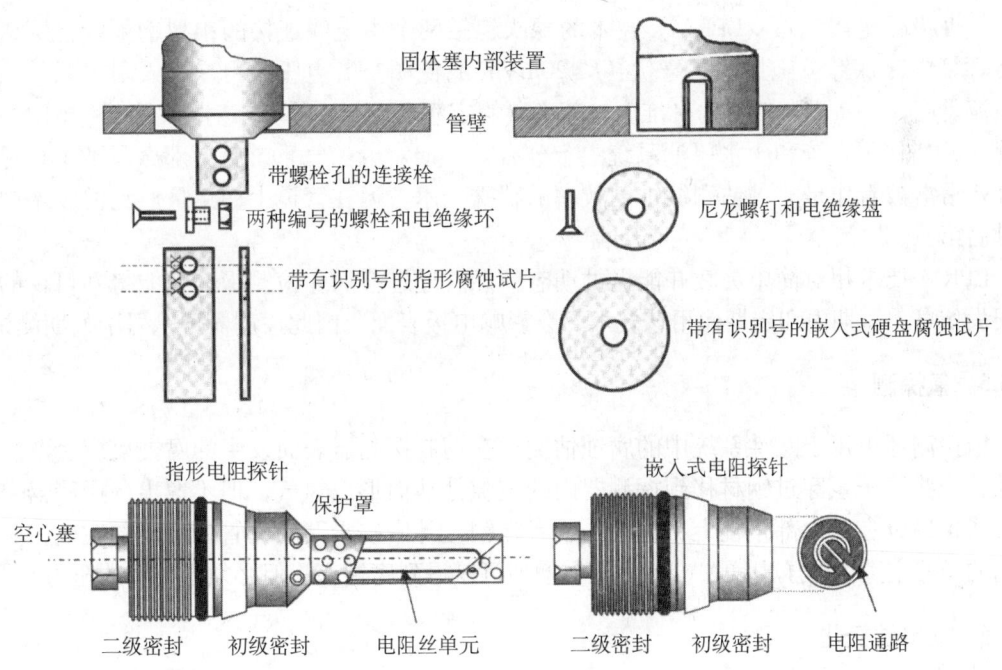

图 15.3　失重和电阻探针

现在也可以使用弱放射性样品，样品在原位或被移除后可以通过放射性的损失来确定重量损失。通过该技术可以测出非常低的腐蚀率。

失重试片很简单并且可以看作是硬拷贝，因此从视觉上就可以分辨出点蚀和其他腐蚀形态。我们可以在任何系统中使用试片，但是只有当自由水或活性水存在时才可能发生腐蚀，因此必须将试片放在管道底部以及水可能聚集的地方。尽管通过一系列重量损失数据可以得到一些动态信息，但相对而言试片并不灵敏，而且不能提供动态信息。几乎所有的管道运行者都会通过插入重量损失试片来监测腐蚀。

15.5.3 电阻（ER）

电阻方法是将一段电绝缘金属丝、管段或金属板放在液流中（图15.3）。在金属上会产生固定电压，并能测量出金属丝或管段中的电流。由于腐蚀的原因，管段或金属板逐渐变薄，电阻增加导致电流减小。如果探头上的金属丝很细，则其灵敏度很高，但探头的使用寿命会很短。粗金属丝、管段和金属板持续时间久但灵敏度较低。

ER探头是另一种最受欢迎并能在很大范围内应用的监测技术，包括高电阻系统（如天然气管道）。一种新型探头包含冷却单元，因此气相可以冷凝成水。该探头可用于平台上的测量，平台上的气体是热的，因此使用ER探头可以模拟海底管道中出现冷凝水的情况。ER探头简单可靠，在所有环境中其灵敏度都是符合需求的。探头非常灵敏并可以提供动态信息，但通常不能测出点蚀。

15.5.4 线性极化电阻测量（LPRM）探头

线性极化电阻测量（LPRM）技术的探头包括两个由电线连接的小型钢探针，探头曝露在环境中，探针被施加了几毫伏（≤20mV）的低频交流电压。用户输入阻力系数，测量电流反应，并将电流转换为标准腐蚀速率（假定满足欧姆定律）。该技术对环境电阻率很敏感，尤其在水系统和含水原油系统中十分有效，但对天然气系统就不那么灵敏了。尽管LPRM常常被看作是一种估测缓蚀剂效率的特殊技术，但在管道上使用最广泛的技术中它仍排名第三。

LPRM技术相对简单灵敏并能提供动态信息。通过移除和检测探针也能得到可视的重量损失信息。短期内和定期使用该技术不会影响电极表面，因此探测器可以用于长期测试。

15.5.5 氢探测器

氢探测器可用于酸性系统中的腐蚀估测。在钢制探测器表面发生的腐蚀反应会产生原子氢，一些原子氢穿过钢材移到探测器内的空隙处从而形成氢气，但不逸出。探测器空隙的形成可以是在其内部钢柱上钻盲孔，或者在钢柱外安装紧贴的套管所形成的空间。随着时间的推移空隙内的压力增加，测量压力增加可以得到腐蚀率，但必须定期释放压力。

15.5.6 动电位极化

动电位极化方法是将包括几个管道材料样品和一个参比电极的探测器引入管道中。通过恒电势器，使其中一个金属样品的电化学电位连续变化或逐步变化。恒电势器是一个电子仪器，它可以将金属样品的电位维持在对应于参比电极的规定水平。通过另一个辅助电极可以增加或减少输入到电解质中的电流从而维持样品电位。随着电位的变化，测量反应电流并通过 $E-\log i$ 曲线图来描述电位 E 和电流 i。

动电位极化技术被广泛运用在材料腐蚀机理和腐蚀率的实验研究中，该方法还可以提供机械理论方面的信息。它可以检测出材料点蚀的倾向，并能提供腐蚀机理和缓蚀剂作用方式等有关信息。动电位极化方法十分复杂，对该方法的运用和结果分析都需要使用特殊的技术。如果要获得高质量数据，则该方法相对较慢。但新的计算机控制系统简化了该技术，并且在那些复杂且重要的系统的常规运用中还可以采用自动化系统。

15.5.7 先进的电化学技术

15.5.7.1 阻抗光谱

该技术中探针上的钢电极与 LPRM 技术中的类似。在电极间施加毫伏（<50mV）交流电压。交流电压频率从高频逐渐变为低频。电极上的腐蚀会产生双层带电离子，就像一个漏电电容器，有电阻抗和阻力。还可以记录反应电流以及电压和电流之间相位角的变化。

通过电脑分析可以将数据集转换为波德（Bode）图表，即蜗形曲线，该曲线表明随着频率的变化，阻抗和阻力间的关系也会发生变化。阻力轴上曲线的截距表示溶液电阻和腐蚀率。整个图表表示了发生在金属表面的电化学过程。例如，通过低频时阻抗和阻力间 45°的直线关系可以分辨出扩散控制过程。

该技术还可以提供动力和机械方面的信息。低电压不会影响电极表面，因此通过探针可以获得半连续的信息。它还可以用于高电阻情况，例如，测量钢筋混凝土或油水乳状液中的钢腐蚀。该技术很复杂并且需要昂贵的设备，但对结果的解释有时并不可信。若要获得良好的数据就需要很长时间，因此除了一些专业研究外很少使用。通过有限的数据交集可以将该技术与常规技术进行比较。

15.5.7.2 电化学电势和电流噪声（ECN）

该技术中将 LPRM 型探针连接到灵敏的电压表上，测量暴露在腐蚀环境下的钢探针的电化学电势。在腐蚀过程中在探针之间会产生小电压振荡，然后被放大并数字化。在一段时间内，一般是 1~5min 内，对数据进行分析并得到电压频谱。信号波谱与粉红噪声类似，并且与主要的腐蚀过程间存在特定的关系。在电流噪声监测中将两个样品通过一个零电阻电流表连接起来将电流信号转换为电压，对该电压的分析处理与潜在噪声类似。同时测量电势和电流噪声可以得到更多与化学过程有关的信息以及腐蚀率测量值。

该技术能快速提供与动力学以及材料点蚀倾向有关的信息。目前该技术十分昂贵，并且由于电压很小常常会出现外部信号导致的错误。该技术的使用记录有限，但它可以区分出主动—被动转变，例如，由双相不锈钢和奥氏体不锈钢上的点蚀以及在硫化环境和微生物腐蚀中的钢的点蚀产生氯化物的风险（通过 ECN 系统的评估可以决定注水管道中的抗微生物剂的加剂量）。

15.5.7.3 零电阻安培表（ZRA）

零电阻安培表中使用了 LPRM 探针，该方法最初用于电化学腐蚀的研究。通过一个设备将金属探针相互连接以平衡电流测量电路的电阻，因此样品就像是短路连接起来的。现代电路允许在单一金属的腐蚀过程的研究中使用该技术。该技术还常常被用于注水系统的腐蚀测量。

ZRA 方法连续简单。它是一项完善的技术，随着现代电路电子学而复兴。该技术使用的是简单的标准探头。主要的缺陷是该技术和 LPRM 一样仅局限于在导电液中测量。

15.5.7.4 恒电位极化探针

探针包括两个钢电极和一个参比电极。钢电极与电子仪器连接，该仪器可以将其中一个电极维持在比正常的管道腐蚀性稍强的状态中，持续测量样品的反应电流。在不利条件下，电位越活跃样品就越容易腐蚀，因此环境发生变化时探针会预先发出警告。该技术有助于研究那些发生主动或被动点蚀的材料上的点蚀倾向，例如双向不锈钢或奥氏体不锈钢。在管道表面测量出点蚀之前，在样品上就可以检测到点蚀的开始。它能连续提供腐蚀动态和点蚀迹象。

15.5.7.5 恒电流极化

恒电流极化技术中使用的探针包含两个金属电极，这两个电极与仪器连接，电极间存在固定电流。记录下电极间的电压变化。该技术被广泛应用于电化学效应、缓蚀剂效应以及牺牲阳极反应的研究中。恒电流极化可用于连续监测，并且该方法可以简单有效地测试注水系统中的氧污染。但是该方法仅限于在导电液中使用，并已被更简单的电流探针普遍代替。

15.5.8 沙监测

一种沙监测探针是由耐腐蚀合金制造的 ER 探针。随着耐腐蚀合金（CRA）被侵蚀，电阻会改变并需要对其进行周期性检测。电阻单元通常呈螺旋状，其厚度决定了灵敏度和预期寿命。该技术简单可靠，但必须将探针安装在预计会发生腐蚀的地方。并且要将防腐材料的侵蚀与碳钢钢管的侵蚀联系起来。

另一种探针是通过气体压降来显示的。由 CRA 制造的空心管管内充满气体并且密封。在液流中预计会发生腐蚀的地方插入探针。当侵蚀穿透探针管壁时气压降低并传输电信号。该技术简单可靠但只能显示一个值。壁厚决定了灵敏度及使用寿命，因此需要平衡两者。

通过被动模式中的常规 U/S 探针可以检测出管道中的沙。沙子碰撞探针会产生带有特征频率—幅度分布的信号，通过电子组件中的滤波电路可以估测信号。该系统的主要缺陷是要求有大量的背面布线，并且该系统局限于可辨别的较低的检测水平。

15.5.9 安装插入监测探针

通过腐蚀监测接入装置可以在管道上安装失重试片和探针，如图 15.4 所示。关于这些设备的在线应用将在本章后面的部分中进行描述。接入装置是一个密集加工的金属管，可焊接到管道上（也可使用带法兰的设备）。钻一个直径为 45mm 的孔，通过装置底部进入管道。该装置有内外螺纹，通过一个内部螺纹塞来支撑失重试片或腐蚀探针以及密封。在外部安装钢螺帽作为第二层密封，并能避免损害外螺纹。

对安装来说，通常采用的方法是将装置组装成短管段，然后安装在管道或附属管路顶部的适当位置。安装短管段时要非常小心，接入装置不能与海水直接接触，也不能朝着其他管子或结构装置，在这些情况中都需要使用支架，否则就无法与装置接触。也可以通过焊接将接入装置安装在现有的管道上，然后在管壁上开孔，但通常需要关闭管道来焊接。

通常较好的做法是将腐蚀监测装置安装在管道底部，因为预计管道底部的腐蚀率最高。缓蚀剂注入（CI）装置与接入装置相似，但它还包含了一个 CRA 制造的支流三通。通过一

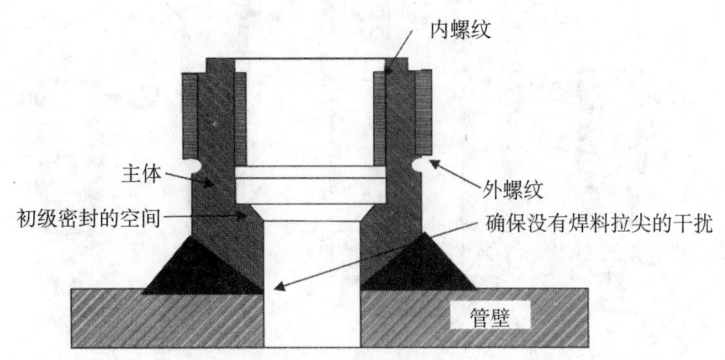

图 15.4　腐蚀监测接入装置

个隔离止回阀将缓蚀剂加入接入装置，然后通过注入套管或雾化器进入管内工艺流体。CI 装置通常安装在管线顶部。

应在 CI 装置的上下游安装腐蚀监测接入装置，可以比较未受抑制和受抑制的腐蚀率。下游装置应该安装在下游离 CI 装置 5～10 个管道直径长度的地方，从而保证缓蚀剂有足够的时间扩散到工艺流体中。在管道安装期间安装接入装置的成本很低，成对安装接入装置可以节省成本，在一个装置损坏的情况下还有另外一个监测点可以采用另一种技术或替代系统。

只有获得认可的施工方才被允许安装腐蚀监测装置。在安装后使用固体塞子对该装置进行密封。在固体塞子和腐蚀监测装置之间通过一个大面积的软垫圈和附属圆环来密封。塞子的细螺纹并不是密封元件，不需要用碳氟化合物胶带来实现密封。最重要的一点是装置中的固体塞子不能过紧。经验表明，在投入使用之前，由于接入装置上的密封塞过紧对约 50% 的接入装置造成了不可恢复的损坏。对于新的探测接口的安装，如针对失重试片腐蚀探测时，只需安装固体塞子，因为当系统即将投入运行时，腐蚀监测人员可以用 ER 或者 LPRM 探针对塞子进行替换。应该安装外部塑料帽来保护接入装置上的外部螺纹。如果固体塞子或进入装置的安装不合格，那么在水力测试中塑料帽会失效。运行管道上的装置投入使用后可以用钢或合金帽来代替塑料帽。

图 15.5 描述了失重试片或探针的在线回收及替换过程。在此过程中采用了隔离阀和取回器的联合装置。取回器是一个双重压力容器：内部套管/壳承受工艺压力，还可以调整外部滑管将固体塞子或探针从接入装置上拧下来。通过圆柱面之间的密封和防尘器可以限制压力。可用的取回器有 3 类：简单双室类、套筒机械类和水力类。使用最广泛的（并且问题较少的）是双室类。取回器的压力可达 240bar（3500psia）。但对天然气处理装置，当压力在 140bar（2000psia）以下或系统关闭且压力降低时往往要安装取回器。取回器的长度取决于隔离阀和内部腐蚀装置的总长度以及腐蚀监测装置的位置和管道的直径。如果在管线底部安装了接入装置，则取回器的长度与管道直径无关。当变径的管子和大直径管道都需要测量时，这就是一个主要优势。

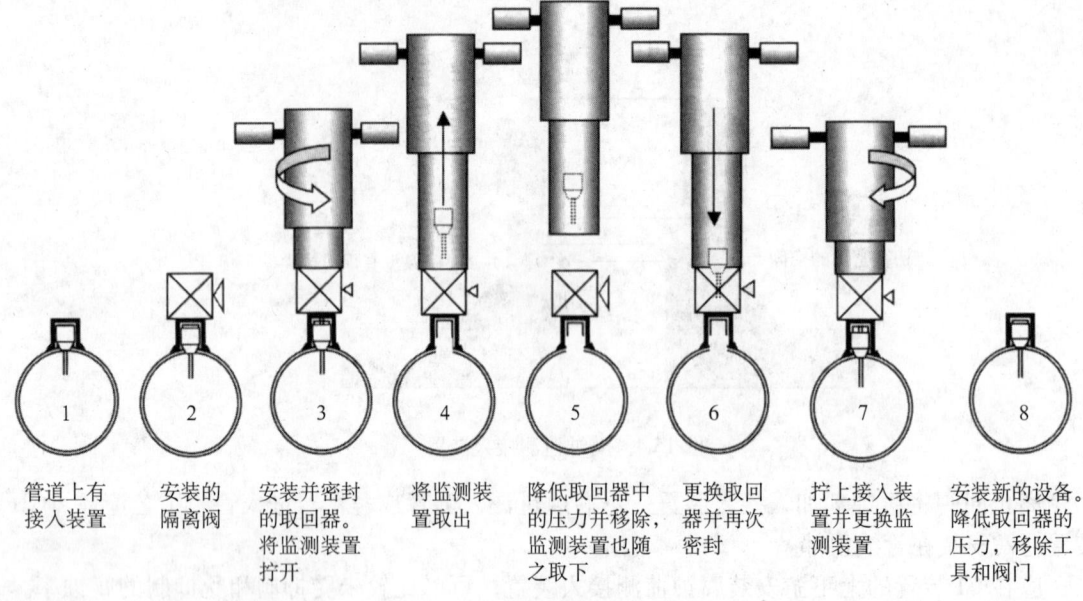

图 15.5 监测装置的安装和回收

15.6 腐蚀监测：非侵入技术

15.6.1 氢探测器

氢探测器用于测量酸性系统中的腐蚀。按某种形式将圆柱体单元夹在管道外侧，将钯箔压在管道表面。圆柱体内充满了碱溶液，内腐蚀产生的原子氢经过碱溶液中的箔内表面时会减少。测量出减少氢所需要的电流就可以将电流与管道内的腐蚀过程联系起来。

真空防护是另一种氢渗漏监测。金属盘通过边缘胶粘或焊接连接到管道底部，检测系统装有一个真空仪表。金属盘和运行管道之间的环形空间是真空的。内部腐蚀所产生的原子氢通过管壁进入环形空间，因此真空度会降低。通过计量仪表可以得到一个近似腐蚀率。

这两种方法都是简单的、非侵入的技术，并且在本质上是安全的。为了将氢渗透率与腐蚀率联系起来需要设定一个大的校准系数，但在没有独立的检测和监测数据的情况下该系数不能保证确立的联系是正确的。在 HIC 存在的情况下存在读数错误的风险，并且根据经验可知要确保精确的灵敏度常常需要恢复真空。

在一项最近的发明中使用了一种对氢污染十分灵敏的半导体。按一定的控制率将空气吸出管道表面并测量氢浓度。

15.6.2 薄层活化（TLA）辐射卷筒

辐射被广泛用于旋转设备磨损的估测。薄层活化（TLA）是该技术的推广。管道卷筒内表面的辐射度较低。该卷筒是焊接在管道上的。考虑到辐射力的自然衰减，按周期测量卷筒的剩余辐射力，辐射力的减少就相当于金属损失。至少有两条北海海底管道已经安装了潜水员可进入的 TLA 卷筒，而在实践中也已经证实了该技术运行良好。由于辐射的深度有限，卷筒的使用寿命相对较短，但该技术灵敏度较高。该系统还可以检测到由固体或沙造成的腐蚀。

TLA 辐射卷筒技术简单并且十分灵敏。它并不要求进入管道。但附着的腐蚀产物和辐射积垢会产生干扰。该技术较昂贵且作业者需要持有证书。在本质上该技术使用的是一个大的有效的失重试片，但不能提供任何机械信息。

15.6.3 固定 U/S 探测器

核工业中发明了使用寿命较长的 U/S 探测器，这些探测器可以焊接到容器或管道上。这些探测器的分辨能力比手持探测器要好得多，通常分辨力可达 0.1mm。将探测器连接到控制中心可进行连续监测，或是由潜水员或远程操作潜水器进行周期检测。这些探测器已安装在一条北海海底管道上了。

测量结果虽然准确但对温度十分敏感，该方法不要求探入管道并且能与常规检测联系起来。探测器很昂贵并且在管道上突出了 3 ~ 4in，易于受到损害，若安装在一个受保护的组件中，整个装置的总体积就很大。

15.6.4 现场特征监测（FSM）技术

现场特征监测（FSM）是电阻方法的一种变体。焊接在短管上的螺栓是按一定间隔排列的。螺栓连接到多路传递的电压表上。进行测量时将大电流注入管道上游，然后电流流向下游穿过螺栓阵。记录阵列中每组螺栓之间的电压，并将其转换为金属厚度测量值。

一旦安装后，该技术就可以对管道运行段的状况提供一个快速准确的估计。为了保证准确性，需要输入强电流。多路导线和电流输入要求限制了设备的位置。目前，整体安装很昂贵，并且为了获得有价值的结果需要仔细考虑设备位置。

15.7 流体样品

通过对运动流体的分析可以收集到与管道状况有关的大量信息。谨慎的做法是定期对流体进行检查，以判断化学参数或工作参数是否产生了变化从而导致腐蚀率变化或缓蚀剂失效。并且往往需要检查流体组成的变化与管道运行状况。管道工程师应复查表 15.2 中列出的参数。

表 15.2　与腐蚀有关的运行参数

化学参数	物理参数
原油密度	入口压力
气油比（GOR）	出口压力
水杂淀积（BS&W）	入口温度
二氧化碳	出口温度
硫化氢	原油流速
微生物含量	天然气流速
铁、锰含量	

这些主要参数可以运用到腐蚀率预测公式中，可以判断腐蚀率是否已经增加了。例如，二氧化碳或运行压力的增加被认为会导致腐蚀率增加；含水率的增加及原油流量的减小会导致在抗腐蚀管道内发生腐蚀。如果变化很大，则可能需要对管道进行水力分析以区分流态。

如果水中含有硫酸盐，只要求得到硫酸盐还原菌（SRB）的微生物数量。在注水管道中每周都要统计微生物数目。在成品油管道中，可以将铁和锰的浓度与含水率结合起来估测管道的整体腐蚀。在清管器运行期间常常要测试排出来的水。

参 考 文 献

1　ASTM G15: Definitions of Terms Relating to Corrosion and Corrosion Testing.
2　NACE RP-0175: Control of Internal Corrosion in Steel Pipelines and Piping Systems.
3　ASTM G16: Applying Statistics to Analysis of Corrosion Data.
4　Horner, R.A. (1996). The Technical Integrity Management of Sour Service Ageing Facilities.*UK Corrosion*, 96, London.
5　Commercial Programmes, including *Electrical Corrosion Engineer*, Intetech, Waverton, UK; *Corrosion Watch*, Corrosion Watch, Calgary, Canada; *Predict*, InterCorr, Houston, TX.
6　King, R.A. (1998). *Production Flowline Analysis as an Aid to Corrosion Management of Networks*：*Advances in Pipeline Technology*. Dubai: IBC Gulf.
7　BP Exploration, (1993). *Costs of Corrosion 1990 to 1992*. Aberdeen, Scotland, UK: Marine Offshore Management.
8　ASTM G1: Preparing, Cleaning and Evaluating Corrosion Test Specimens.
9　NACE RP-0775: *Preparation and Installation of Corrosion Coupons and Interpretation of Test Data in Oil Production Practice*.
10　ASTM G46: Examination and Evaluation of Pitting Corrosion.
11　ASTM G59: Potentiodynamic Polarization Resistance Measurements.
12　ASTM G5：Standard Reference Method for Making Potentiostatic and Potentiodynamic Anodic Polarization Measurements.
13　ASTM G3: Conventions Applicable to Electrochemical Measurements in Corrosion Testing.
14　ASTM G102: Calculation of Corrosion Rates and Related Information from Electrochemical Measurements

第 16 章 风险、事故及维修

16.1 概述

管道运输在安全性和可靠性上保持着良好的记录,但有时仍会发生失效。失效有时会造成管道泄露,有时可能影响管道的使用性能,如由于管道堵塞而限制或阻断了管内介质流动。偶尔还会发生更严重的事故。美国和俄罗斯的陆地管道都曾发生过事故并造成人员丧生。在英国和美国曾发生过海上事故,最终造成人员死亡和污染并由此产生了清洗和维修费用与生产损失,使运行者陷入困境。

使风险最小化的最佳方法是调查特殊的事故并试着从中吸取教训。第 16.2 节的内容是管道事故及经验教训,它们可以作为可靠性理论方法的补充。目前可靠性理论方法已得到了广泛的应用,它不仅可以使规范和设计经验更合理,还可以使我们对可靠性的决定因素有更深入的了解,并为新的研究合作奠定了基础。第 16.3 节中介绍了可靠性理论的概念。第 16.4 节中介绍了最终的目标,即降低失效的风险性。第 16.5 节中讨论了维修。

16.2 失效事故

16.2.1 简介

失效事故的发生率在整个系统的使用周期内不断变化,遵循图 16.1 中所描述的特征,有时称为浴缸曲线。对于系统的使用年限来说,失效的发生率是指在单位时间内发生失效的次数。

图 16.1 中没有区分不同类型的事故,而且图中也没有表示出事故的严重程度,但显然该图表是可以重新规划的,可以用另一条轴来表示事故的严重程度。

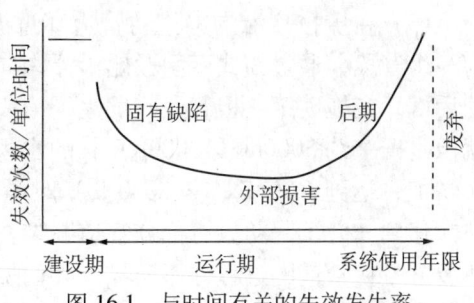

图 16.1 与时间有关的失效发生率

管道建设期间的失效风险相当高。一旦管道投入运行,在最初的一两年里那些在设计或建设过程中的固有缺陷就会暴露出来;单位时间内的失效次数也相对较多。之后失效的概率降低,此时失效基本上都是由外部损害引起的,如锚、落下物、异常大的风暴、地震以及沉船等。最终管道运行进入后期,与时间有关的因素如腐蚀和疲劳会使失效的次数增加。而维修本身也是损害事故发生的原因。

这一模式在机械系统(汽车、洗碗机、空间站)和生物系统(我们自身、猫、室内植物)中很常见。在这些例子中,通过更好的设计并控制制造和安装过程以及运行期间的检测维护都可以减少与固定缺陷有关的失效次数。通过更好的保护以及仔细的运行操作可以减少与外部因素有关的失效次数。通过检测、管理以及预防性检修可以使曲线右部向右移动。

下面列举了一些例子。一些著名的事故已经刊登记录在报告中和报纸上了。记录过去发生的事情是一种很好的做法，因为这样一来我们便会记住那些教训，而企业和操作者也可以从中吸取经验教训。但在有些案例中会有意地不去区分管道公司和操作员，而且没有任何暗示批评是要将事故的原因归咎于哪一方。

现实中，由于害怕遭受不当的公众批评和法律责难，一些操作者往往会尽可能少地报告事故信息。但我们也因此损失这些信息，而要重新获得这些信息往往代价很大，有时还是那些第一次获得并丢失了这些信息的人重新发现的。

下面各小节中对多起事故进行了分析。

16.2.2 建设期发生的事故

（1）在北海原油管道建设期间，对环形焊缝进行 X 射线检测后，在一些焊缝的某一端出现了与管道轴线平行的白线。起初人们将这一现象归因于射线检验系统的错误，但之后意识到这是因为管线上存在着纵向裂缝缺陷，最初厂家供应的管道上就存在这些缺陷，它们与制造管道的硬盘上的轧制缺陷有关。所以最终决定废弃 42km 长的管道。这一事故表明当一些意想不到的情况发生时就需要对管道进行检测和完整的调查。一些不为人们所乐见的发现常常被看作是检测系统的错误而被摒弃。

（2）铺管驳船的动力定位系统出现故障。驳船向后朝着管道移动，拉力减小，垂弯区内的曲率增加直到管道发生屈曲。

此类事故已经发生过几次了。这表明铺管船发生不受控制的相当小的移动都能造成管道屈曲，由此能确定控制系统的冗余值。

（3）在伊拉克沿沟渠拖动管道穿过泥海坪。在岸上组装 1130m（3700ft）长的管线作为一个管段，通过锚式牵引驳船沿浮沟向海中拖拉管道。组装是将管段焊接到前一个管段的后端。在拖动第 7 根管段时发生了第一次失效。前进的潮汐在管道南面堆积重叠，管道就像是一个约 3000m（10000ft）长的水坝。水流的侧向力为 5kN/m。牵引缆索上的拉力不断增加，达到 1.39MN（312000 lb）时缆索断裂，结果导致 4300m（14000ft）长的管道断裂并移到一旁，起初只有部分管道断裂，但落潮时发生了更进一步的移动，此时管道全部断裂。打捞管道的过程并不容易。人们决定沿着一条耕过的沟来拖管。在第一次失效发生 3 个月后又恢复了拖管。在拖动到第 7 根管段后遇到了一次风暴，是风速为 18kn、最高达 23kn 的东南风，产生了 2.7m（9ft）高的海上波浪。在波浪的作用下海水和泥沙混合在一起在沟渠内形成稠泥浆悬浮液。早上从沟渠中取样，在编号 0808 处的样品密度为 1041kg/m^3（65 lb/ft^3），而另一个在编号 0812 处取出的样品密度是 1084kg/m^3（67.7 lb/ft^3）。在编号 0812 处管道从沟中上升，这是因为管道的平均密度是 1062kg/m^3（66.3 lb/ft^3），小于泥浆密度。在 10min 内，编号 0816 处 3000m（10000ft）长的管道离开沟渠并由水流带动穿过泥坪。

这次事故中的管道非常轻，仅重于海水。管道的水下重量很小，因此减少了移动管道所需的拉力，但这样一来管道会很容易受到波浪运动以及管道周围流体密度增加所产生的危害。该事故还说明了事情的恶化速度可能很快。Cutler 和 Beale 在一篇代表性的论文中对这一事故及其相关问题进行了论述。

(4) 一个喷水滑橇不慎落至管道上而没有穿过它,管道被严重印压。这一事故表明了对在管道附近所有重型设备的定位都需要仔细。

(5) 一条管道经过强潮流区,管道上的混凝土加重层脱落,管道浮至海面。这一事故发生在很多年前,加重层加固达不到现代标准。涂层疲劳可能是由悬空振动造成的,这是粗糙海底和强海流共同作用的结果。同时线路的选择也是产生该事故的原因之一。

(6) 在建设期内管道从铺管驳船掉落至深海中。吉尔克里斯特(Gilchrist)在一篇论文中讲述了该事故。

(7) 将管道从岸上拖到一条事先挖掘好的沟渠中,其中管道要穿过碎浪带。碎浪带的海底是由砂岩组成的,其表面不平整且洼地处充满了沙子。穿过砂岩的沟渠是通过爆炸来挖掘的,但结果发现拖管很困难。在拖管过程中沙子会掩埋管道,导致拖管无法继续进行。

16.2.3　固有缺陷

(1) 在北海一条管道投入运行约 18 个月后对其进行了路线调查。调查是由测量船进行的,船上有一个回声探测器,船像"之"字一样来回经过管道。在调查过程中发现不是在海底而是在海洋的水体中出现了异常反射。起初认为异常反射是设备故障造成的,但潜水员的调查表明 550m 长的管线上浮飘离了海床,离海底的最大高度有 18m,形成了一个非常长的悬空。通过分析研究潜水录像发现管道已经损失了部分混凝土加重层。

部分管道是在恶劣的天气条件下铺设的。铺管驳船上的检验员已经报告了管线撞击到船尾托管架卷筒这一情况,并且有一些混凝土已经脱落了。由于混凝土达不到现代标准,导致部分管道变轻了并形成了一个短的悬空,在管道建成后进行的调查中由于悬空恰好在海床上方并且悬空太低而没检测到。在发现悬空的 4 个月前发生了一次强风暴(大概是 10 年一遇的大风暴)。海床上方的波致振动使得悬空管道来回移动,而低配筋率的混凝土加重层逐渐疲劳并最终脱落,导致悬空的长度增加。

这一事故说明了坚固耐疲劳的混凝土加重层的重要性。它还说明了常规调研的重要性,并证实了当检测报告中有建设损害时需要主动调查,以及必须要对意料之外的检测发现进行调查。

(2) 通过检测清管器进行立管线路调查,发现有一小段短接管的内径比其他部分大。起初将这种异常归因于清管器的缺陷,但之后决定由潜水员进行外部壁厚测量。结果发现这一段管壁异常薄。调查中发现立管上原本就安装有一小段不同的薄壁管,但在已完成的报告中并没有提到。投产之前的压力测试就已经导致了管道膨胀(但没有达到断裂的程度),因此其内径会增加。

在第 16.2.2.1 节和第 16.2.3.1 节中所描述的事故表明不能轻视异常检测结果,也不能将其归因于设备故障。随着自动或半自动检测系统的广泛应用,主动追求异常结果一致的做法可能会增加。该事故也证明了人们需要进行严格的建设监督并对实际建造进行真实记录,而不是记录预计要建造的理想化结果。

(3) 浅沟渠中的管道上发生了垂向屈曲,在海床上形成了一个凸起的弯曲。

管道向上隆起会形成屈曲，这是由管道内的轴向压力引起的，而轴向压缩力是由运行温度和压力产生的。很多年以前人们就知道垂向屈曲是陆地管道上的问题，但没有明确的依据表明它不会发生在海底管道上。自从第一起北海的事故发生后，在很多海底管道上都观察到了垂向屈曲和横向屈曲，而人们在其现象分析和消除措施上做了很多努力。第14章对这一现象进行了描述。

16.2.4 外部因素

（1）在墨西哥湾，一条渔船撞击到浅水区的一条天然气管道上并致使其断裂。气体被点燃，有几名工作人员也在事故中丧生。

这一事故证实了在内压下管道很容易遭到撞击损害。如果管道是在浅水区的海底上方建造的，那就存在船只撞击管道的可能。即便是一条速度只有几节的小渔船，其动能也足以使一条管道断裂，将管道放置在船可能撞击到的位置绝不是安全的做法。解决的方法是挖沟铺设管道，通过岩石滩肩来保护管道或是重新选择管道路线。最终，美国当局决定对浅水区的管道都要求采取掩埋铺设。

（2）从管道到港口的途中一艘船拖着锚经过管道，使管道受损严重。

船上的锚施加的作用力约1MN，要使管道完全不受此类伤害的代价是非常昂贵的，尽管有时在风险很高的情况下就是采取了这样的做法。在深海中，船上没有足够长的缆索可以使锚到达海底，因此没有任何锚损害的风险。在远离港口的中等深度（>35m）处的风险很小，因为船很少在开阔的海域尝试锚定，但在紧急情况下也可能会这样做。船在等待涨潮或泊位时会抛锚停在港口，这使得靠近港口的管道风险更高。尽管在航行图上标示出了管道，但船员们可能忽视，可能使用过时的图表，可能弄错了船的实际位置，也可能为了避免其他灾害如搁浅或碰撞而冒险抛锚。应遵循海员的座右铭"不要在管道周围使用锚"。

（3）在荷兰区域内一艘船下沉经过管道，使得管道发生泄漏。在到新加坡港的途中也发生了一起类似的事故。

在其他系统中，对于没有合理保护的管道，罕见事件发生的风险并不会减少。要设计一条在船下沉经过时不会受到任何损害的管道是不可能的。

（4）在1988年北海的帕玻尔·阿尔法（Piper Alpha）平台爆炸引发的火灾中，3个气体立管没有显著压降，并且立管是从外部加热的。随着温度的升高钢材的屈服应力降低。在爆炸发生40min后，每根立管的屈服应力降低至内压引起的环向应力，立管膨胀并断裂。之后气体就不受控制地进入火中，火灾也变得更严重了。

最开始的爆炸与立管或管道无关。但是该事故表明管道中的流体也可以造成平台上的事故。公开调查建议运行者在海底管道离平台还有一小段距离处安装水下隔离阀。如果平台上发生火灾或爆炸则隔离阀会自动关闭，这样只有在阀和平台间的管段内的流体会流向平台。

除了平台上的喷水灭火系统之外，帕玻尔·阿尔法平台上的立管并没有任何针对火灾的保护系统，而且喷水灭火系统也没有运行。调查报告对于缺乏研究被动消防系统的做法持批评态度。被动消防系统能够将立管与外界隔离，从而减缓立管管壁温度的上升。这样的话，由于火势减弱或灭火成功，抑或有一定的时间使管线压力降低，立管可能就不会达到破裂的温度。

16.2.5 晚期

（1）腐蚀产物堵塞了部分管道。在一次清管作业中，将两个清管球投入管线以清除堵塞物，但只取出了半个清管球。在管线内的某个地方有一个半清管球和一堆碎屑。

这可能是因为之前并没有针对腐蚀准确地设计管线。延迟清管是一种轻率的做法，随着时间的推移，如果清管球前的杂质过多，就会堵塞管道进而阻止清管球前进。

（2）在英格兰西北部默西（Mersey）河口潮间带内的隔离管道里充满了加热重油，并且管道发生了泄漏。泄漏的第一份报告是来自河口的一艘船。一段时间之后，直到当地消防队员制作了一个原油喷涌的录像，人们才采取措施降低管道内压并关闭管道。在电视上播出了该录像。调查结果表明是某个现场接头处的外部腐蚀损害造成的管线泄漏，因为温度变化产生了纵向周期移动，对接头处的外涂层造成损害从而导致了接头的腐蚀损害。运营者遭到了批评以及严厉的惩罚，其公众声誉也受到了损害。

英国能源部门进行的研究表明管线上的温度变化会在管道上产生重复的纵向移动，导致焊缝上的防腐涂层损坏。焊缝上的隔离层也可能损坏，进而水会接触到管道上未受保护的外表面，从而产生外部腐蚀。管道运行进入晚期后还会和固有缺陷相互作用，有一些固有缺陷只在晚期才暴露出来。该研究还表明管道本身的设计和运行实践要能经得起各界的批评。目前还没有能检测出泄漏的灵敏系统。

（3）立管夹钳的失效（假定是由疲劳造成的）会增大由波浪载荷造成的立管弯矩，并导致立管疲劳并断裂。

该事件再次证实了定期对管道进行全面检测的重要性。

16.2.6 维修改进

一次维修是要将平台立管从水面上切断以进行改造。人们认为在管道和立管内没有天然气和液体，但实际上并非如此。凝析油从切口流出并被点燃，导致火灾发生并造成几人丧生。

烃类系统中始终有潜在的火灾风险，而当理论上该系统内没有烃类时，这一风险往往达到最大值。在炼油厂和油罐车上进行维修的工程师们对这一点非常熟悉，但有时管道界还是忽略了这一因素。

16.3 可靠性理论

另一种能了解失效的技术采用的是结构可靠性理论。关于在管道上可以有效运用该理论的程度存在相当大的争议。关于对立观点的陈述，可以参照索特伯格（Sotberg）和雷拉（Leira）以及帕尔默的相关文章。

该理论中对失效风险进行了论述，失效风险是关于系统不同特征的统计数据的函数，系统的这些特征是失效产生的原因。系统的强度以单一数值 R 为特征值。系统上的载荷以单一数值 S 为特征值。当载荷 S 大于或等于强度 R 时系统会失效，而当 S 小于 R 时不会失效。

现在假定系统强度并不是单一的数值,而是要通过概率分布来描述。在原理上可以通过建立多个系统并对每个系统进行检验来确定概率分布,这些系统在名义上是一致的,系统检验就是对其施加载荷直到失效为止。变化性源于组分材料、大小以及如焊接和螺栓紧固等制作过程的强度变化。可以通过概率密度函数 $f_R(x)$ 来描述强度,其中强度在 x 和 $x+dx$ 之间的概率是 $f_R(x)dx$。强度小于 R 的概率是:

$$P(强度<R) = \int_0^R f_R(x)dx \tag{16.1}$$

在载荷 S 下失效的概率等于强度小于 S 的概率,为:

$$P(在载荷S下失效) = \int_0^S f_R(x)dx \tag{16.2}$$

相反的,假定强度是单一的值 R,但载荷可由概率密度函数 $f_S(x)$ 来描述,则载荷在 x 和 $x+dx$ 之间的概率为 $f_S(x)dx$。在多数情况下按一定间隔记录载荷,这样可以检验该函数。例如在公路桥上,有时载荷为零(如清晨没有车辆通行),而有时载荷很大(如交通堵塞时车流不断)。载荷大于强度的概率为:

$$P(在强度为R时失效) = \int_R^\infty f_S(x)dx \tag{16.3}$$

假定强度和载荷都由概率密度函数来描述。要使载荷在 y 和 $y+dy$ 之间时发生失效就要满足以下两点:
(1) 载荷在 y 和 $y+dy$ 之间的概率为 $f_S(y)dy$;
(2) 强度小于 y,通过式 (16.2) 用 y 代替 S 可以求得这一概率。
因此:

$$P(载荷在y和y+dy之间时的失效) = f_S(y)\left(\int_0^y f_E(x)dx\right)dy \tag{16.4}$$

对上式中的 y 积分可以求得失效的总概率,为:

$$P(失效) = \int_R^\infty f_S(y)\left(\int_0^y f_E(x)dx\right)dy \tag{16.5}$$

该方案中只假设了一个强度参数和一个载荷参数,但可以很容易地推广到多个强度和载荷中。

在理论上该公式提供了一种量化风险概率的方法。例如,考虑到管道断裂概率的问题,管道断裂是由环向(周向)强度不足造成的。一个简单的断裂模型中可能有如下假设:
(1) 由巴劳公式(见第10.2节)来计算环向应力;

(2) 当环向应力达到屈服应力 Y 时会发生断裂。

因此断裂压力为：

$$p_{破裂} = \frac{2tY}{D} \tag{16.6}$$

式中　t——壁厚；
　　　D——直径。

假设直径和壁厚的值是固定的，并且唯一变化的就是屈服应力 Y，其概率密度函数为 $f_Y(x)$。由式（16.2），有：

$$P（在压力 p 下失效）= \int_0^{pD/2t} f_Y(x)dx \tag{16.7}$$

并且当其对压力的概率密度函数为 $f_p(x)$ 时，失效的总概率为：

$$P（失效）= \int_0^{\infty} f_p \left(\int_0^{pD/2t} f_Y(x)dx \right) dp \tag{16.8}$$

可以对该公式进行推广，将 D 和 t 的概率密度函数合并起来，并考虑其他类型的失效，如弯曲、屈曲（取决于相同的参数）或内腐蚀（取决于不同的参数，如管内流体的组成、运行温度以及钢材组成，所有参数都有单独的概率密度函数）。

结构可靠性理论的困难并不在理论本身，而在于它在实际例子中的运用。人们应通过设计使管道失效风险维持在较低的水平。在 2000 年 DNV 规范中（参考 10，第 2C603 条）对高安全等级和极限安全等级、疲劳和事故极限状态下给出了每年每条管道失效的目标概率值，其中概率数量级为 10^{-5}。这意味着 1000 条管道可以运行 100 年，而期间可能只发生一次失效。对式（16.8）的结果的实际运用完全由统计分布的边缘控制，该统计分布的边缘对应于异常高的运行压力或异常低的屈服应力。与统计分布的中心部分是无关的。边缘处很难决定，它超出了任一个可能的测量方案的范畴。

可靠性分析者尝试过使该分布遵循某一标准形式来避免这一难题，如高斯（Gaussian 标准）或对数正态分布。他们认为由少量的测量数据可以推测出边缘，其中大部分测量数据必定与中心十分接近。这是错误的：假定边缘的分布与中心一致或者采用的是某种明确的形式，这种假设是毫无依据的。据说数学家相信高斯分布是遵循物理学定律的，而物理学家认为它是遵循数学定律的。而另一种同样也不令人信服的观点认为，概率并不是估计，也不能对其进行字面解释。

相反的，有一种说法更令人信服，即通过常规的制造和建筑实践可以消除分布边缘，或至少可以对其进行修正。为海底管线制造的管段几乎全都要在工厂进行水压测试，测试的压力至少是最大运行压力的 1.25 倍。该测试可以鉴别并排除所有断裂压力低于水压测试压力的管段，并将该范围内的失效概率降至零（除了检测设备或检测步骤存在缺陷的小概率情况）。当管道铺设完成后要在整条管道上进行压力测试，再次进行测试的压力至少为运行压力的 1.25 倍，测试内容包括检测焊缝、鉴别建造期间的损害并对单位长度的管道重新检测。测试结束后，在测试压力的范围内其失效概率再次变为零。当然，之后的腐蚀或外部损害会造成管道退化。帕尔默和同事们讨论了验收试验的作用,并指出验收试验还需要进一步的研究。

我们不能认为可靠性理论完全没有价值。非均一性这一直观概念很重要,并且已得到了证实。如果选择的管道的平均屈服应力较低,但管道的制造过程是严格控制的并且该制造过程能生产出统一的产品,这比选择另一个平均屈服应力更高但变化性更大的管道可能更好一些,因为屈服应力和尺寸的较小偏离更为有利。

该方法应用在2000年DNV规范中,允许设计者运用已得到证实的屈服应力的小变化值。钢铁的强度参数定义(特征屈服和拉伸强度)与规定的最小屈服和拉伸强度有关:

$$f_y = (SMYS - f_{y,\ temp}) \alpha_U \tag{16.9}$$

$$f_u = (SMTS - f_{y,\ temp}) \alpha_U \alpha_A \tag{16.10}$$

考虑到屈服和拉伸强度会造成温度额定值的降低,在DNV 2000第B604条中有对其的指导说明。对50~100℃温度范围内的碳锰钢,其指导值为0.6MPa/℃,但在允许的情况下也能使用其他值。

α_A是各向异性系数,对轴向取0.95,但对其他情况取1.00,因此对压力容器并不重要。

α_U是一个材料强度系数,在DNV 2000第B602条的表5-1中给出。它的目的是针对高度变化的屈服应力来判定材料。对正常变化的材料,α_U值为0.96。对变化程度较低的材料要满足补充要求U,补充要求U能保证屈服强度的置信度增加,α_U可以增加至1.00。满足补充要求U的条件在DNV 2000第6节D500和E800条中进行了论述。

可靠性方法对一些问题的理论分析十分有效,如检测和预防性维护,它们本身就是通过统计得到的。

16.4 风险最小化:完整性管理

重要的工程管理任务之一是使失效事故的风险最小化,如第16.2节中所描述的事故。

大多数失效都是由过失造成的。有时是人们忽视造成的,有时是因为要节约资金或加速完工而要承担的已知风险,而有时是设备或材料失效所造成的。事故往往存在前兆,这些应该作为预警,但人们往往忽视或低估了它们。只有一小部分失效是不可避免的,例如突然发生且之前没有进行合理预测或采取预防措施的。在第16.2.4.3节中提到的事故是一个例外,但这样的例子很少。

避免过失是设计和建设管理的重要组成部分。包括培训、验算、软件确认、同行评审、检测、测试以及质量保证程序等,其中质量保证程序可以确保设计决策和材料采购的文档记录及其可追溯性。

一旦管道投入运行,它就会变成很有价值的资产,因此必须通过完整性管理系统来保护管道。完整性管理在原理上与良性管理有许多共同之处。

16.5 维修

16.5.1 总论

一些普遍原理适用于维修。"不要损害"是古代人们提出的格言，并经过了几代研究。人们很容易由于维修不慎而让情况变得更糟。维修要求至少要像新的建设一样仔细地施工。维修总是出乎意料，并且需要仔细检查所采取的措施。因此不能匆忙行事。

但有的时候别无选择。假如有一根立管损坏着火并威胁到了平台的安全，则需要立即果断地采取措施。人们常常感觉自己处于公众的关注中，而在压力中迅速采取措施，但事实上此时并不需要这样做，更好的做法是等待、周密地选择然后再行动。

维修并不是一个尝试新东西的好机会。与经过测试验证的最新水平的工艺方法相比，一般的新方法往往缺少经验，并且还可能会出现突发状况，尤其是在不确定以及对维修内容没有完全计划好的情况下。

准备充分才能成功。很多维修操作都需要额外的管段。如果操作者没有事先做好准备，而是等到事故后到管道制造工厂临时定制管道，并要求新管道的直径、壁厚、等级和兼容可焊性达到规定值，然后在管道外添加涂层，装船运输，要完成所有这些措施需要花费大量时间及资金。因此，一个谨慎的操作者购买的管道要比最初的工程要求稍微多一些，一般多出长度的 1% ~ 2%，尽可能妥善地保存剩余的管道。会计师可能对这一做法并不认同，认为多余的管道是浪费；但如果需要进行维修，则维修的费用可能是新管道的很多倍。

同样地，对补焊进行资格预审并使用夹钳和校准框架等维修设备是有效的做法，尤其是在远程定位中。

16.5.2 维修技术

工程师要掌握所有的海底管道技术，牢记第 16.5.1 节中提到的基本论点。有时可以用夹钳来修复小孔泄漏，但在大多数情况下这只是一种暂时的措施。可以将夹钳焊接到管道上从而使夹钳成为系统的固定部分。相反的，如果发现腐蚀或疲劳造成管道严重损坏但还没有发生泄漏，则应通过螺栓连接和焊接在管道周围套上一个坚固的套筒，并在环形缝隙之间填充满环氧灰浆或水泥灌浆。水泥浆可将部分内压载荷转移到套管上，而套管可以补充原管段损失了的环向强度。

维修通常采用第 5 章中描述的高压焊接技术。水浸没管线，由潜水员或 ROV 操作，用金刚石或旋转铣刀切除损坏部分，调整校准并使端口准备好，然后将一段新的短管焊接到管道上。通过水下热铸将新管段并入管道，但这可能暂时或永久地忽略了损坏的部分。

另外还可以采用很多专有的机械连接系统。机械连接的方案包括铰接连接短管段，短管段两端都有机械接头。铰接可以使接头与未损害的管端一致。通过套筒式连接器夹住管道或形成大小头连接。

另一种方法是浸没管道，切除损坏段，将浮标连接到未损坏的管端，并通过驳船上的侧吊臂将管端提升至海面。举升的方案中管端恰好在海面上，并且弯曲使得管道轴线水平。

在管端到达海面后通过常规焊接方法将短管段焊接到管端之间。然后将上升环放置在一旁，驳船向侧移动，随着吊臂放低管道从而不会压缩上升环。这一水面接管技术常常运用在浅水中，1974 年 Saipem 在 110m 深的水中采用此技术连接了两段直径为 32in 的福蒂斯 I 管道。有研究表明该技术也可在深海中运用。

对于深海中或管束的维修目前的经验较少。建设新的管束比维修旧管束要便宜得多。

参 考 文 献

1　Cutler, R.C., and Beale, P.A.H. (1972). Twin Submarine Pipelines to Khor-al-Amaya. *Proceedings of the Institution of Civil Engineers*, London. Paper 7445S, 17-43.

2　Gilchrist, R. (2000). *Proceedings of ASME J-Lay Workshop*, Houston.

3　Nielsen, R., Lyngberg, B., and Pedersen, P.T. (1990). Upheaval Buckling Failures of Insulated Buried Pipelines: A Case Story. *Proceedings of the 22nd Annual Offshore Technology Conference*, Richardson, TX, paper OTC 6488, 4, 581-592.

4　*The Public Inquiry into the Piper Alpha Disaster.* (1987). Her Majesty's Stationery Office, London.

5　*Investigation Report of the Hot Oil Pipeline Failure at Bromborough on Saturday, A-ugust 19, 1989.* (1990). Uk Department of Energy, Her Majesty's Stationery Office, London.

6　Thoft-Christensen, P., and Baker, M.J. (1982). *Structural Reliability Theory*. Berlin, Germany: Springer-Verlag.

7　Melchers, R.E. (1987). *Structural Reliability: Analysis and Prediction*. Chichester, UK: Ellis Horwood.

8　Sotberg, T., and Leira. B.J. (1994). Reliability-Based Pipeline Design and Code Calibration. *Proceedings of the Offshore Pipeline Technology Conference*, Oslo. London：IBC Technical Services.

9　Palmer, A.C. (1996). The Limits of Reliability Theory and the Reliability of Limit State Theory Applied to Pipelines. *Proceedings of the 28th Annual Offshore Technology Conference*, Richardson, TX, 4, 619-626, Paper OTC 8218.

10　Palmer, A.C., Middleton, C., and Hogg, V. (2000). The Tail Sensitivity Problem, Proof Testing, and Structural Reliability Theory. Structural Integrity in the 21st Century. *Proceedings of the 5th International Conference on Engineering Structural Integrity Assessment*, Cambridge, UK, 435-442.

11　Lamb, M., and Palmer, A.C. (1996). Reliability Analysis: Methodologies, Limitations and Applications. *Proceedings of the Conference on Risk, Reliability and Limit States in Pipeline Design and Operations*, Aberdeen, Scotland, UK.

12　Perrow, C. (1984). *Normal Accidents*. New York: Harper-Collins.

13　Reason, J. (1996). *Human Error*. Cambridge, UK: Cambridge University Press.

14　Matousek, M. (1977). *Outcomings of a Survey of 800 Construction Failures*. IABSE Colloquium on Inspection And Quality Control. Institute of Structural Engineering, ETH,

Zurich.
15 Bignell, V, Peters, G., and Pym, C. *Catastrophic Failures*. (1977). Milton Keynes, UK: Open University Press.
16 Bignell et al., *Catastrophic Failures*.
17 Peters, T.J., and Waterman, R.H. (1982). *In Search of Excellence*. New York: Harper & Row.
18 Kaustinen, O.M., Brown, R.J., and Palmer, A.C. (1983). Submarine Pipeline Crossing of M'Clure Strait. *Proceedings of the 7th International Conference on Port and Ocean Engineering Under Arctic Conditions*, Helsinki, VTT Espoo, 1, 289–299.

第17章 退 役

17.1 概述

通常因为所服务的油气田枯竭或油气输送方式改变，海底管道最终将退役。有时这些退役的管道会被严重腐蚀或是被蜡和腐蚀产物严重堵塞。在设计管线的时候很难预测需求运行周期，因为油价和新油田中未发现的潜在产量都可能对其产生影响。一个小气田的管道可能只需要运行 6 年或 7 年，而一条长距离输送管线可能要运行 100 年。

如果一个运行者只是简单地关闭管道然后离开，这是非常不负责任的，但在很久之前人们有时也会这么做。管线性能会慢慢衰退，可能释放出烃类污染环境，最终管道会断裂并产生形状各异的钢和混凝土垃圾。这些垃圾可能会对其他海底使用者造成干扰，如渔民和娱乐潜水员，当然它们也可能成为鱼类的隐蔽栖息地。大多数国家的规章和立法中规定，运行者需要继续对退役管道负责，以维持一个安全无污染的环境。海底管道退役的相关决策在广义上属于海底安装物退役的范畴。令人遗憾的是，布伦特史帕尔储油平台事件告诉我们，不当的退役决策可能会引发巨大的争议甚至演变成政治问题，而一旦出现冲突，要想进行冷静理智的对话则是极难达成的。

要做出正确的决策需要综合考虑政治、法律、环境、经济、税务和技术等因素。技术因素可能是最简单的。不同国家的法律和政治背景会有所不同。对于决策工程师，建议他们最好向专家征求意见，并且越早越好。任何决定都不可避免地会涉及多因素权衡，决策者需要在环境、可持续发展（与环境不同）、即时成本、运营公司声誉以及长远发展（相对于短期来说）等相关因素间找到平衡点。

本章第 2 节中讨论了相关的法律背景。第 3 节中讨论了不同的技术方案，从简单废弃并且不采取任何措施所产生的后果开始介绍。

17.2 法律和政治背景

在法律体制内做出管道退役的决策方案是相当复杂的，而且目前的案例很少。强烈建议工程师们不要自己决定那些与法律相关的决策，而是要征求专业意见。

在大多数国家，管道的废弃必须服从相关法规。例如英国的《海洋管道法》对管道废弃做出了如下规定，在即将要废弃一条管道时要求将此事通知部长，部长被授权可以对管道废弃提出条件。国际法如《联合国海洋法》和关于弃置废物的惯例可能与管道退役有关。但目前关于管道废弃后是否为弃置废物这一点并不明确。东北大西洋海洋环境保护委员会（OSPAR）惯例针对的是东北大西洋的海洋环境保护，于 1992 年开始生效，所有与北海和大西洋接壤的西欧国家都同意执行该惯例。OSPAR 决议 98/3 规定"在海洋区域内禁止留下任何弃置废物或已废弃的海上装置的全部或部分残留"。但是对大型的钢筋混凝土结构则允许不完全遵照这一规定,所以同沉船一样,对于该结构是否包括管道这一点目前并不十分明确。在那些只实施公共法规的国家,如果那些废弃的管道损害了部分人的利益,那么可能会有个人诉诸法律行动。里斯曼(Lissaman)和帕尔默详细地讨论了英系法律背景。在英系法律背景下,索罗科(Soroko)广泛讨论了与现有管道再使用相关的问题。大陆法系和英美法系对等。

17.3 其他方法

17.3.1 不采取任何措施

一般负责任的人不会不采取任何措施就将管道废弃。让我们从管道性能衰退机理来看看将会发生的事情。试想有一条大直径原油管道,管道外有防腐涂层和混凝土加重层,通过牺牲阳极对管道进行阴极保护,并且最初管道是半埋入砂质海底中的,假设运行者只是简单地停止原油流动而没有采取任何措施。

当流动停止后,原油中会有水析出并聚集在管道底部。在管道底部会发生内部腐蚀,之后会进一步扩展到圆周上的其他部分。最初通过外防腐涂层和阴极保护系统可以防止外部腐蚀。阴极保护系统大约是按40年设计的,这一设计考虑到了涂层破裂相当严重的情况,是十分保守的。最终防腐涂层会脱落,阳极也会损耗完。大约40年前人们才了解到聚合防腐涂层这种新材料,因此外防腐涂层彻底失效的时间很难预测,但估计可能为100年。钢材被腐蚀,之后管道开始漏油。原油会泄漏并污染环境,而渐渐地海水会替代管道中的原油(由于密度差)。很多古罗马人留下的混凝土已经存在了2000年,但很少有古罗马人留下的钢铁能保存下来,因此我们可以确信混凝土比钢铁保留的时间更久,但当混凝土中的钢铁被腐蚀后混凝土最终会断裂。

最终原油流入海中,在海域中油会被稀释并且被生物分解。废弃的管道在海底留下了铁锈、破裂的混凝土以及破裂的防腐涂层。在很长一段时间后,化学和生物过程会使剩余涂层退化。

17.3.2 稳定和挖沟

另一种方法是通过反复清管尽可能地清除原油。之后管道内充满了水,在管中注入缓蚀剂、抗微生物剂及除氧剂来减缓内部腐蚀。另外,可以将一些新阳极连接到剩余的旧阳极上来补充阳极,连接方法可以采用第8章中的任意一种方案。

该方案中向环境释放的只有少量清管后剩余的原油。假定直径为32in的管道,管道内有1mm厚的油层,则1km长的管道内剩余的原油体积为15bbl,需要在200年间释放完。这一速率是可以接受的,在自然环境的分解能力范围内。最终管道的命运与不采取任何措施的方案一样,但其经历的时间更长。

一些北海的运行者选择此方案来暂时稳定那些已停止运行但还没有永久废弃的管线。对于此方案是否可以作为一种长期的解决方法,仍需进一步研究。

如果再辅以挖沟和掩埋,那对上述方案则是相当大的改进。选定挖沟深度,使管道顶部在自然海床下。与管道断裂相比，沟渠在很短的时间内就会被自然回填。管壁破裂后沙会落入破裂管道中，在管道上方会形成新的沟渠，随后在新沟渠中会发生回填并且管道碎片会被覆盖。该方案中的管道碎片都被埋在沙子下，除非海床发生巨大的长期变化，否则这些碎片不会出现在海床上。钢铁会被腐蚀，混凝土最终会退化。

17.3.3 回收使用

为了与可持续发展的理念一致，一种理想的选择就是回收使用。但是，往往因为管道的材料、直径、可以承受的运行压力过低或是腐蚀损害等原因使其不适合再使用。还有对二手系统的半理性偏见也是管道不能再使用的一个因素。

偶尔会将小直径管道拉到新位置重复使用。也可以将它们从海底卷到卷筒船上，然后维修损坏涂层、替换阳极，之后重新铺管。也可以回收水下管道，重新添加涂层，然后在运行环境要求相对较低的陆地上重新使用。因为陆上管道的操作压力一般比海底管道低。

管道回收的一种应用就是输送二氧化碳，作为碳的捕集和储存方案的一部分。这可能十分吸引人，尤其是要将二氧化碳储存在已废弃的油田中或是要注入海底含水层时。一个关于气候变化的政府间小组的报告对该方案的技术和环境影响进行了论述。

17.3.4 废弃物修复

碎片修复是循环使用管道材料并且不会在海床上留下任何碎屑，从某种意义上来说，这对环境有益并且符合可持续发展的观念。而与回收使用或稳定相比，回收的能耗更多，修复会对环境产生更大的即时影响。政治和法律因素使得维修方案变得更吸引人。

可以通过卷筒船上的反向卷或铺管驳船上的张紧器来拖拉，沿着托管架将管道拉起来以实现管道回收。然后将管道切割成几段运到岸上，然后分成不同部分。钢铁可以作为碎片循环利用，将铝和锌阳极分开并熔化，聚合物涂层可以作为塑料碎片循环利用，混凝土断块可用作填充物或整体使用。回收物的价值远远比不上回收的成本。在本书编写时，碳钢废金属的价值为每吨 200 美元，耐腐蚀合金（CRA）废金属约为每吨 500 美元。

另一个海上设施埃科菲斯克（Ekofisk）储罐是北美中部不常见的混凝土结构，对回收的详细研究表明，与留在原地或废弃相比，回收的相关风险非常高，能耗需求很大并且伴生的 CO_2 排放量也很大。从环境的观点来看，回收绝不是最佳选择。

参 考 文 献

1　OSPAR Convention for the Protection of the Marine Environment of the North−East Atlantic. (1998) Sintra, Portugal, www.ospar.org.

2　Lissaman, J, and Palmer, A.C. (2000). Decommissioning Marine Pipelines. *Pipes and Pipelines International*, 44 (6), 35−43.

3　Soroko, A. (2005). Pipeline Reuse: A Unique Opportunity for the UK. *Global Pipeline Monthly*, October.

4　Van Bernem, C., and Lubbe, T. (1997) .*Olim Meer* (Oil in the Sea). Darmstadt, Germany: Wissenschaftliche Buchgesellschaft.

5 Doctor, R., and Palmer, A.C. (2005). Transportation. In: *Carbon Capture and Storage* (chap. 4, 179–193). Intergovernmental Panel on Climate Change.
6 nformation on the Ekofisk I cessation project. (2001). Phillips Petroleum, EPKE 10.

第18章 未来发展

18.1 概述

在任何领域内如果技术发展停滞则该领域前景黯淡,海底管道也不例外。目前海底管道技术已经取得了长足的进步,但仍有很多工作亟待完成。石油工业的用户提出应在不牺牲安全或不污染环境的条件下,更迅速、经济地建造管道。海底管道的发展涉及多个领域,本章涉及设计、材料、连接、建造等环节。但不可避免的是本章中的内容也会迅速过时。

人们曾经对本书前面的章节中所提及的许多观点持怀疑态度,并对改变感到惶恐。然而特别讽刺的是,曾经轻视或忽视这些观点的人,如今变成了坚决的拥护者。

18.2 设计

合理的设计需要关注那些与极限状态有关的问题。在岩土力学和结构工程中,这是一个旧的论点,但对管道来说则是相对较新的。极限状态是指管道连续安全运行受到限制的状态,强调的是直接而不是抽象的情况。例如爆炸是一种极限状态,一条爆炸了的管道会变得完全不能使用。另一方面,达到一定的环向应力并不是管道本身的一种极限状态,即便它可能与爆炸等极限状态有关。

极限状态概念在合理设计方法的推导和实现经济节约两方面都是有效的,这已经得到了验证。它并不是简单地用新概念重新阐述旧方法。最熟知的应用于管道的例子就是一旦发现以前的许用应力极限事实上并没有对应于极限的状态,这时候就在考虑了纵向和环向应力的综合作下对许用应力方法进行替换。旧的限制可能被废弃,并由一种对塑性应变的限制性要求少得多的情况来代替(塑性应变可以与极限状态联系起来,如在交变塑性下发生的破裂)。在第10章和附录B中详细讨论了这些内容。

现代规范对极限状态的基本原理都有论述,如 DNV 2000,API RP 1111 和 1993 德国劳埃德船级社规范。它们在结构设计和悬跨评估领域内是最具影响力的,但在内部水力学、外部流体动力学和稳定性上就不那么重要了。

目前我们需要使设计步骤更有效、费用更低、耗时更少。现在通过计算机可以快速经济地对几乎所有的管道进行设计计算,在很短的时间内就能完成主要系统设计的计算部分。同样的,通过智能系统的应用,可以基本实现自动设计,并能够自动记录设计。

但是计算本身只是设计过程中的一小部分。要有效地记录设计就必须要有关于所有材料和组分的详细说明,需要有投标文件使承包商和制造商能清楚地了解他们所要供应的材料,还必须要有标书评审等。过程仍然非常原始并且效率非常低。在使用信息技术(IT)和智能文档的情况下仍有许多工作要做。

18.3 材料

一种灵敏的管道外侧实况观察器发现,在管道建设期内钢铁的屈服应力每年增加约 2MPa,增加速率小于 0.5%。这是为什么,管道中是否采用了在其他钢铁建设领域中使用的高强度钢铁,如汽车制造业?这些 X140 及以上的钢铁不需要牺牲大量的塑性和抗冲击性就可以实现高强度。在本书英文原文的编写期间,经济上可用的管线最大等级是 API X80,其最小屈服强度为 551MPa,最小极限抗拉强度为 620MPa,夏比韧性为 68J(3 个样本的平均值)。还应指出的是同一个操作者已经在等级为 165、最小屈服值为 1140 MPa 的钻杆上试验成功了。

通过 X70 和 X80 钢铁的广泛应用以及 X100 工程,人们对这一论题进行了认真的考虑,其中 X100 工程是由许多大公司支持的。与此同时,人们也做了很多工作以使耐腐蚀合金的应用范围更大。

要在保持或增强材料强度的情况下减少管道腐蚀,最具挑战性的方法是用复合材料代替钢铁。复合材料有很多优点,包括重量轻、无腐蚀、导热性较低。玻璃纤维环氧复合材料已经被用在大型长距离管道的建设中了,其中包括一条在阿尔及利亚的直径为 28in 的原油管道。玻璃纤维增强聚合物(GRP)被广泛用于管道出口和入口中,而高密度聚乙烯(HDPE)材料则占据了气体分输出口和排污出口管线的大部分市场。复合材料技术比很多管道专家所了解的要先进得多。

要在管道上应用复合材料仍存在一些很大的困难。管道的主要结构功能是承担由环向拉力产生的内压。单位纵向长度上的环向拉力为 $pD/2$,其中 p 为内压,D 为直径。它们一般由运行要求决定,如果设计者们增加 D 则只能减少 p。假设允许的环向应力为 fY,单位长度的管壁体积为 $(\pi/2)pD^2/fY$。假设单位体积的材料费用是 C,则对单位长度的管道结构其费用为:

$$\frac{(\pi/2)pD^2}{fY/C}$$

fY/C 表示材料的价值,fY/C 越大,管道结构的花费就越低。如果单位体积的费用增加小于同比例的屈服应力的值,则较高强度的钢铁就会有更高的价值(尽管其他因素如屈曲可能在整个设计中起主要控制作用)。

从这一角度来考虑,复合材料很难有竞争力。对设计系数 f 为 0.8 的钢铁,屈服应力 Y 为 448.2 MPa(X65),密度为 7.850kg/m^3,每吨的费用为 2200 美元,fY/C 为 0.021MN m/美元。有竞争力的复合材料往往比钢铁贵 60% 左右,但随着市场和产量逐渐扩大这一差距会减小。

这一观点对复合材料来说并不公平。钢管的腐蚀常常被低估了,很多管道仅仅运行了几年就不得不停运。很明显,如果一个低成本又耐腐蚀的选择可以使管道的运行时间加倍,那这一选择在经济性上会变得更有吸引力。因此,复合材料开始在井下材料的市场上占据相当大的比例。可靠的焊缝连接的发展仍是一个问题,这也是一个研究热点。

另一种改良管道材料的发展可能是将钢铁的良好性质（通过已经成熟的技术可轻易地进行连接）与复合材料的良好性质（耐腐蚀、低重量、低导热性）结合起来。最近一篇文章中论述了将复合加强管线管（CRLP™）用于外径（OD）为48in（1219.2mm）的陆地管线的情况。管道是直径为1171mm（46.1in）的X70钢管，管道外用同素聚合酯树脂玻璃纤维复合物包裹。在复合物上将每个接头的两端各剪掉150mm为焊接留有一定的长度，并且在现场采用预浸渍的玻璃纤维粗砂来保护接头，粗砂是经过电解质加热处理的。该方案的优势之一是它可以在不超过北美管道加工厂的生产能力的情况下使用大直径的X70管道。第10章中提及均匀管道上的平均纵向应力要小于环向应力的一半，延伸该论点，则在圆周方向管道单位长度上的纵向力要远远小于轴向单位长度上的切向力。因此现场接头处的纵向力可以只由钢铁承受。

另一种方法是在管道内部使用复合材料。该方法的优势是可以提供一些内部绝热区从而降低管道温度，这会减少管道的横向和垂向屈曲。

18.4 连接

很多管道的安装速度是由焊接控制的。这存在很多矛盾。例如有时一艘非常复杂的铺管驳船上有所有类型的电子仪器以及自动的定位和移动系统，但还有不协调的老式焊条焊接以及往现场接头中填充热胶黏剂这一极其过时的操作步骤。这一矛盾会促成技术的创新和进步。

选择新的焊接系统是一种提高施工生产率的方法。对很多焊接系统进行调研发现，焊接方式有电子束焊接、摩擦焊接、电弧焊接以及单极焊接等。

电弧焊接（FBW）是俄罗斯在建设外径为1422mm（56in）的大型天然气管道系统中使用的一种先进技术。与传统焊接完全不同，FBW中由一个内焊接机抓住管道两端，几乎将它们机械地拼接到了一起，从而在整个圆周上产生一个脉冲电弧。机器慢慢将管端移到一起，当管端表面达到焊接温度时，机器将管端紧紧地推挤到一起，消除含有杂质的表面熔化层从而管道会形成连续的焊接。最后该机器可以磨掉在内外表面形成的焊接喷溅物。该系统的自动化程度相当高，并且该系统的性能和效率取决于对焊接电流和倾覆力等参数的控制而不是操作人员的技能。已公布的数据表明，交替工作的一次生产率大于自动焊接，并且对焊缝修复的需求也减少了。该系统需要专用的电源供电，但是它不需要焊接耗材，也不需要削平管端。

在1930年以前，FBW的发展被运用在轨道技术上，之后被乌克兰的巴顿焊接研究所（Paton Welding Institute）用于陆地管道中；在俄罗斯FBW作为接触焊接为人们所了解。通常情况下FBW被广泛运用于铁路钢轨以及许多其他工业中，它的优势是可以焊接不同类的金属（如铜和铝）。在北美和西欧，FBW并没有应用在管道上，据说是因为该技术并"不是在此发明的"，还有来自焊工工会的强烈反对。麦克德莫特通过一个重要方案将其运用到海洋中并对此充满热情，该技术被批准列入API 1104，但他们找不到愿意首次尝试的运行者。虽然至少有两个西方的运营者已经再次采纳了FBW的概念并进一步考虑，但进展很慢。挪威国家石油公司在1990年进行了FBW测试，其中一篇文章的摘要为：

已经在4段外径为36in、钢材等级为X65的管道上和不同类型的TMCP钢铁上进行了电弧焊接；在焊后对焊缝进行了两次热处理，最高温度接近1000℃，之后进行快速冷却处理，这是为了在焊接后对其机械性能进行优化。除了一些单一的夏比V值以外，机械测试的结果能满足指定条件；CTOD和大量的平板结果表明低的单一夏比V值并不能代表接口处的整体机械性能。根据这些测试结果，假定对其进行了正确的焊后焊缝热处理，并且采用高质量钢材来制造管道，则可以得出电弧焊接适用于海上管道铺设的结论。

亚普（Yapp）和布莱克曼（Blackman）回顾了焊接的发展，并提出在挪威国家石油公司测试中加热、保持和淬炼循环需耗时6.5min；麦克德莫特在视频中提及循环耗时是3min，事实上即使是6.5min也是不太够的。在6.5min的基础上预留出1.5min对管，总共给8min的时间来完成整个焊接循环，每个管段假设长为72m，那么一天的铺设焊接总长为12.9km。最近在一本俄罗斯的书中对该技术进行了详细的描述，但书中还提到了"目前并未将接触焊应用到实际的管道建设中"。而对造成该问题的原因所进行的研究也失败了，但有人认为商业利益可能是部分原因。

同极焊接与FBW有关。通过头尾相连将管段连接起来，然后管段之间的同极发电机会产生单一有效的强电流DC脉冲。在接口处的电阻加热会加热端部，之后它们会被用力推到一起并在几秒内形成焊接。该方法是由得克萨斯大学的电机学中心发明的，而一个联合工业项目证明了该方法在外径为324mm（公称12in）的管道中应用的可行性。遗憾的是，似乎没有人对该技术的进一步发展提供必要的支持。

一种更激进的方法是要人们放弃必须进行焊接并通过机械连接系统来连接管段的观点。从钻井领域转行到管道工程的工程师们很惊讶地发现管道基本上都是由管段组成的，而管段之间是通过焊接连接起来的。

对管道工业的保守主义来说，虽然部分原因不合理，但仍有一些是合理的。管道工程师们首先考虑到了腐蚀的风险并对泄漏产生了恐惧，他们对带有很多接头的管线长期保持整体性十分敏感。任一接头失效都可能会造成环境损害、火灾和人员伤害以及造成重大经济损失的停工。钻井工程师们习惯于螺纹连接，他们相信螺纹连接稳定可靠并且认为目前可用的连接是大量的研究发展与高质量的制造体系的共同产物。在大多数涉及管道领域的情况下人们都会使用非焊接连接技术，即便是在一些关键应用中，如核潜艇。

产油国在1998年完成了一个焊接产业项目。该项目回应了以往各方面的关注，包括焊接本身的成本降低和加快建设速度的要求、敢于质疑固有的观念以及敢于接受创新项目的精神都推动新型连接技术的发展和应用。还希望能使用13Cr和X120钢材等材料，与常规管道材料相比它们有更好的抗腐蚀能力以及更高的强度，但它们很难或几乎不能焊接。

该项目研究了机械连接系统的所有应用实例，并探索了大部分的问题。其中大多数是为了确定非焊接连接的强度。在一条常规焊接的管道上，一般的环形焊缝至少与管道接头本身的强度相同。如果能证明非焊接连接也是如此，那将会清除一个大障碍。1998年的项目表明一些非焊接连接能满足测试要求。

如果非焊接连接系统的成本具有竞争力，那么属于非焊接连接系统的时代终将来临。

这并不是故事的终点，但可能是开端的结束，而这个行业将继续发展，从最初的谨慎发展到更多的实际应用。在少数工程中已经运用了此类系统，其中包括英国石油公司的哈丁(Harding)工程。

18.5　铺设

目前已经建立并健全了 3 种主要的铺设方法（铺管船、卷筒、拖管），并且这 3 种方法具有很强的竞争力。用户的需求向越来越深的海底发展，而所有这些方法都已经运用在这类环境中了。现在业界对"J"形变型铺管方法表现出了很大的兴趣（见第 12 章中对其优势和劣势进行的讨论）。

我们应对一些管道铺设的惯例持怀疑的态度。那些由其他领域进入海底管线领域的工程师们总是会质疑为什么在铺设管道的时候管道内总是充满了空气并且其压力为大气压。他们被告知如果铺设的管道内充满了水，那管道的重量就会超出范围。在浅水区的确如此，但在深水区充满空气的管道很重，因为管道必须有足够大的壁厚来承受抵制屈曲所需要的外部流体静压。额外的管道壁厚会使成本非常高。这还会使其他问题复杂化，如垂向屈曲和焊接，并且还会限制那些有足够的竞争力能生产符合要求的管道加工厂的数量。而且只有一小部分的管道寿命期（安装建设期）会要求管道的额外壁厚，因为一旦管线经过流体静压测试并投入使用，管道的内部运行压力几乎总是高于外部流体静压，因此不会有发生屈曲的风险。

研究表明在深水中针对不同情况采用不同的铺管策略有很大的优势，例如，对设计壁厚较小的管道，在铺设时将管道完全或部分地充满水可以平衡外压（或充满戊烷等较轻的液体，在大气压和海水温度下仍能维持液体状态的最轻烃类）。采用此方法时壁厚和钢材成本会大幅下降。在中等水深处，铺管期间的水下重量大于管道内充满空气铺设时的水下重量但仍在可以接受的范围内。在水深更深处，充满液体且壁厚较薄的管道的水下重量比充满空气且壁厚更厚的管道的水下重量要小。

气体填充的方法似乎是一种很有前景的可以节约成本的方法。当然该方法会存在运行和维修的问题。由于水和原油间的密度差相对较小，因此即便是在深水中也不需要将原油管线的压力大幅降低至外部流体静压以下。但天然气管道中存在较多的问题，因为管道压力会突然降低，之后外部流体静压会远远大于内压。隔离阀和止回阀可以防止此类失效。

管道接岸和浅水区仍是频繁造成工期延迟和大幅成本超支的来源，并且提出了越来越多的关于环境破坏的问题。水平钻井已占据了大部分市场。目前认为该技术被限制在水平方向 2000m 范围内，但如果利用延伸钻井的发展成果则该技术会进一步发展。在英格兰南部的威奇法姆油田中该技术在水平方向上已达到了 11000m。

18.6　维修保养

世界上很多海底管网开始老化，因此要维持这些旧系统继续运行的需求就变得越来越紧迫了。对那些新颖并富有想象力的创意来说，这是一个很大的契机。

一种新方法是血小板（Brinker Technology Platelet）技术。如果你割伤了自己，那么血液会带着血小板一同流向伤口处。如果伤口不是特别严重，则血小板聚集并形成一个较松的结构，该结构是凝块的基础并最终使伤口完全愈合。血小板技术采用了同样的原理以阻止管道上的泄漏：将"血小板"从上游注入，"血小板"会流向泄漏处，之后"血小板"在泄漏处聚集并堵住泄漏点。针对每个应用案例特殊定制，在需要时可通过放射性示踪剂来辅助定位泄漏点。试验给人们留下了深刻的印象。

另一个方法是 Clock Spring，这是一种对复合物的精选应用，用于对金属损失缺陷或由机械损害或腐蚀而产生的裂缝进行维修。Clock Spring 是玻璃纤维增强多层聚酯套管、填充物和高效能胶黏剂的结合体。套管安装在管道外侧，通过胶黏剂使套管处于适当的位置，而填充物则将管道上的压力载荷移至套管及其周向玻璃纤维上。

这些只是该领域内现有的众多新概念中的两种而已。

参 考 文 献

1 Palmer, A.C. (1996). The Limits of Reliability Theory and the Reliability of Limit-State Theory Applied to Pipelines. *Proceedings of the Offshore Technology Conference*, Houston, 4, 619–626, OTC8218.

2 Palmer, A.C., and Kaye, D. (1991). Rational Assessment Criteria for Pipeline Spans. *Proceedings of the Offshore Pipeline Technology Seminar*, Copenhagen.

3 Palmer, A.C., Asif, K., and Bilderbeck, M. (1992). Intelligent Documents and Standardisation. *Proceedings of the Conference on Offshore Standardisation*, Aberdeen, Scotland, UK.

4 TransCanada Installs Demonstration Section of Composite Reinforced Line Pipe. (2003). *Pipeline & Gas Journal*, 230, 50–54.

5 *Flash-Butt Welding* [Video]. (1986). McDermott.

6 Turner, D.L. (1986). Flash Butt Welding of Marine Pipelines Today and Tomorrow. *Proceedings, 17th Annual Offshore Technology Conference*, OTC4870.

7 *Flash-Butt Welding* [Video]. (1986). McDermott.

8 Mustafin, F.M., Blekherova, N.G, Kvyatkovskiy, O.P., Suvorov, A.F., Vasilev, G.G., Gamburg, I.S., Spektor, U.I., Konovalov, N.I., Kotelnikov, S.A., and Kharisov, R.A. (2002). *Svarka truboprovodov* (Welding of Pipelines). Moscow: Nedra.

9 Yapp, D., and Blackman, S.A. (2004). Recent developments in High Productivity Pipeline Welding. *Journal of the Brazilian Society of Mechanical Science and Engineering*, 26, 89–97.

10 Carnes, R.W., Hudson, R.S., and Nichols, S. P. (1997). Advances in homopolar welding of API line pipe for deepwater applications. *Proceedings, International Conference on Joining and Welding for the Oil and Gas Industry*, London, paper 10.

11 Palmer, A.C. (1997). Pipelines in Deep Water: Interaction between Design and Construction. *Proceedings of the Workshop on Subsea Pipelines*, COPPE–UFRJ, Federal

University of Rio de Janeiro, 157−165.

12　Palmer, A.C. (1998) . A Radical Alternative Approach to Design and Construction of Pipelines in Deep Water. *Proceedings*, *30th Annual Offshore Technology Conference*, Houston, TX, 4, 325−331, OTC8670.

13　Evans, K., and McEwan, I. (2007) . Leak Location and Sealing using Platelet Technology. *Proceedings*, *Offshore Pipeline Technology Conference*, Amsterdam. Available online: www.brinker−technology.com

14　www.clockspring.com

附录 A 词 汇 表

3LPE，3LPP：3 层聚乙烯，3 层聚丙烯的多涂层管道，涂层顺序如下：底漆、黏合剂和聚合物。

活性腐蚀：连续腐蚀，如果不加以控制会导致管道损坏。

黏合接头：一种由黏附材料制成的应用于塑料管中的接头，可以将配合面黏合在一起，而不必过多地溶解管材。

ALARP：在可行范围内尽可能低。

合金：一种带有金属属性的材料，由两种以上的化学元素组成，其中至少有一种是金属元素。

厌氧：无空气或氧气分子。

锚纹深度：在腐蚀环境中，因为使用爆破介质来去除轧屑和氧化物而在金属表面产生的不规则的峰和谷的形态；在管道铺设条件下停泊驳船的锚的布置。

阴离子：带负电的离子。离子可能带有不止一个负电荷。例如 Cl^-，SO_4^{2-}，HS^-，S^{2-}。

各向异性现象：在固定的参照系中，同一性质在不同方向上呈现出不同的值。管道钢材的力学性能和冶金形态在轴向、径向和环向上呈现出各向异性。

阳极：电池上主要是氧化反应的一极，金属在此处溶解（腐蚀）。电子在阳极产生，流向阴极，或从阳极流入外电路，例如，阴极保护系统。

A/R 牵引头：一次性/可回收牵引头，可以将管道安放到海底。

露天部分：平台或立管上从飞溅区向上延伸的部分，暴露在阳光、风、海浪和雨中。

奥氏体：一种固溶物，含有一种或多种成分的面心立方体铁。除非特别说明（如镍奥氏体），溶质通常是碳。奥氏体的符号是 γ。碳钢是在转变温度之上的奥氏体。铬镍铁不锈钢 UNS S30000 系列是奥氏体，且通常是无磁性的，除非经过严重的加工硬化。

奥氏体钢：在室温下结构为奥氏体的合金钢。最常见的就是不锈钢，结构由镍的添加量决定。锰也可以用来做奥氏体钢。

AUV：独立的水下运输工具。与 ROV 相比，是小且无人驾驶的潜水艇，能脱离电缆独立运行。

球阀：一种靠阀体内部的带穿孔球体的旋转来控制流体的阀门。

包辛格效应：由于拉伸使材料发生塑性变形后，材料对压缩的屈服强度降低；相反的，如果由于压缩而使材料发生塑性变形，材料对拉伸的屈服强度降低。

电偶腐蚀：也叫电化学腐蚀。两种金属连接或浸没在同一电解质中时构成原电池，产生腐蚀电流，使电位较低的金属（阳极）溶解速度增加，电位较高的金属（阴极）溶解速度减小。

杀菌剂：能杀死细菌的化学药剂。用来处理水压试验所用到的水，以及运行中的管道，从而控制细菌生长。

黄铜：一种合金，主要成分为铜（50%以上）和锌，并添加少量的其他元素；最常见的合金元素是砷（用来减少脱锌）、铁和铅。

布氏硬度试验：一种测定材料硬度的试验方法。以某一载荷将特定直径的硬钢球或硬质合金球压入被测金属的表面中。结果由布氏硬度值表示（BHN），物理意义是每平方毫米表面上所承受的千克力。布氏压痕可以造成金属的应力腐蚀开裂。在 VHN 100 到 VHN 500 的范围内 BHN 和维氏硬度值（VHN）的大致关系是 BHN=0.9345（VHN）+53.61。

脆性：脆性材料在受力后发生一点形变就会突然断裂，能量吸收量很少。

碳钢：没有针对特殊性能而规定铝、硼、铬、钴、钼、镍、钛、钨、钒、锆或其他合金元素的最低含量，并且锰含量低于 1.65%，铜含量低于 0.6% 时的钢被称为碳钢。原材料中含有杂质元素（铜、镍、钼、铬等），但量很少。

钙质沉积：主要是硬质水沉淀形成的或因 pH 值变化而在阴极保护表面形成的碳酸钙和氢氧化镁。沉淀的速率和质量与水温和阴极保护的电流有关。

球墨铸铁：通常指灰铸铁，是含碳量较高的二价铁。碳以絮状的形式散布在亚铁中。

阴极：电池中主要发生还原反应的一极。在阴极区域电子在阴极反应中被中和，包括：氧化还原反应、析氢反应、碳酸还原反应、硫化氢还原反应。在某些情况下，阴极反应使元素从较高的化合价还原到较低的化合价。在阴极保护中电子通过外电路流向阴极。阴极是一个客观存在的实物，例如有阴极保护系统的管道。

阴极剥离：由于阴极反应，通常是阴极保护引起的防腐层和金属基层之间的黏合剂脱落。为了监测管线涂层，要在运行温度下在一系列电势范围内测量阴极剥离程度，以此来确定防腐层能承受的负电位极限。

阴极保护：一种通过使金属成为电化学电池的阴极来降低其腐蚀速率的一项技术。

阳离子：在电解液中流向阴极的带正电的离子。通常金属原子在阳极形成阳离子，电荷从一价到六价不等：Na^+、Fe^{2+}、Fe^{3+}、Zn^{2+}、Cr^{6+}。

气蚀：液体中气穴或气泡的形成和迅速溃破。气泡在金属表面的迅速溃破导致金属表面应变硬化，腐蚀破坏增大。气蚀主要发生在强烈湍流和压力变化较大的地方，如泵、孔板和三通。

老化：由于长时间暴露在大气中并受到紫外线照射使涂料颗粒被释放，防腐层的黏合剂性能变差的现象。

夏比"V"形缺口试验：这种方法用于测试金属的强度。在管道钢材或者焊接件上加工出"V"形槽，然后把试样冷却到最低工作温度，固定在铁砧上再用摆锤冲击。计算试件吸收的能量，并通过评估断裂表面的性质得出塑性断裂与脆性断裂的长度比。

浓差电池：由于金属表面各区域化学反应物浓度不同导致电势差而发生的腐蚀。典型例子就是氧气和盐。

腐蚀：金属或者合金与其周围环境间发生的化学反应。

腐蚀裕量：为弥补管道运行中产生的腐蚀而额外增加的管道壁厚。

腐蚀磨损：又叫侵蚀性腐蚀。高速流动的流体（包括溶液或气体）对管道产生腐蚀和磨损的双重作用，表面的保护薄膜被损坏。侵蚀性腐蚀跟一般的腐蚀不同，当流体中含有固体时会发生侵蚀性腐蚀，例如冲蚀和气蚀。

腐蚀疲劳：由于挤压和腐蚀反复共同作用引起的断裂过程。对于海底管道，普通的疲劳极限并不适用，金属管线正常的腐蚀用阴极保护就能够预防。

腐蚀电位：电解液中腐蚀表面的电位，以参比电极电位为参照标准。又称剩余电位、开路电位和杂散腐蚀电位。另见电极电位。

电偶：指发生电化学腐蚀的两块金属。

裂纹尖端张开位移：对带有沟槽的试件施加张力，来评估材料从槽沟底部开裂的速率。这些数据可用于评价断裂动力学。

缝隙腐蚀：浓差电池腐蚀的一种。因离主流体较远的缝隙或沟槽中的溶解盐、金属离子、氧或其他气体的浓度差而对金属造成的腐蚀。浓差电池使得金属的浓差电池区和金属主体区形成不同的电势，常常引起很深的点腐蚀。法兰表面和阀座的腐蚀就是典型的例子。

临界开裂电位：在该电化学电位以上将发生应力腐蚀开裂，低于该电位则不会发生。

临界裂缝电位：能使裂缝腐蚀萌生并扩展的最低电位值。与测试条件有关，它对耐腐蚀合金的排序很有用。

临界点蚀电位：能使点蚀萌生并生长的最低电位值。与测试条件有关，但它对耐腐蚀合金的排序很有用。

临界点蚀温度：能使点蚀萌生并生长的最低温度值。与测试条件有关，但它对耐腐蚀合金的排序很有用。临界点蚀电位、温度和氯化铁浓度对腐蚀的影响可以在一个图中表示成同电势下氯化物浓差的对数与温度的关系。

交联反应：连接某涂层分子结构中的两个分子链的化学反应，会改变涂层的最终状态。热固性涂层中的典型反应包括环氧树脂、聚氨酯和酚醛树脂。

CSE：铜—硫酸铜电极。由铜和饱和硫酸铜溶液制成的标准电极。它能产生300mV SHE 的电压，温度系数是 0.9mV/℃。CSE 用于测量土壤中设备的阴极保护电压。不适合在海水里使用。

CTE：煤焦油。

CTOD：裂纹尖端张开位移。用来测试裂纹生长的风险。

电流密度：电极表面单位面积上流出或流入的电流量。阳极的电流密度可以用法拉第数转化为腐蚀速率。

CVN：夏比"V"形缺口冲击试验。

去极化：在电解质溶液或电极中加入某种去极剂而使电极极化降低的现象。

沉积侵蚀：裂缝腐蚀的一种形式，是由金属表面的盐、泥沙、不溶性盐、腐蚀产物等沉积物造成的。

缺陷：材料中出现的面积足够大的斑点和瑕疵，导致材料不合格而无法使用。

破坏性试验：一种测试，在测试中试验对象的部分或全部受到破坏或损坏，测试后试件不再适合使用。通常指抗拉、疲劳和冲击试验。

脱锌：一种腐蚀现象，导致铜锌合金中的锌被选择性脱除。还有其他选择性去合金化过程，例如石墨化。

绝缘隔板：一种绝缘材料，例如位于阳极和相邻的阴极之间的塑料或树脂制成的板材或管子，能防止电流损耗并辅助电流分配；可以避免管线之间的杂散电流腐蚀。

差异充气电池：由电极表面随近氧的浓度差异引起的电位差而形成的腐蚀电池。氧气不足的区域是阳极，会被腐蚀。

覆板加强板：用在管线或平台连接处的一块附加钢板或增加的钢板厚度，用于加强强度。通常是为了避免连接牺牲阳极所需的特殊焊接。

DP：动态定位，是导航系统和推进器的结合，可以使工程船在不用抛锚停泊的情况下保持在原位。

落锤试验：用于测试金属抗裂纹扩展性能的方法。对带有脆性焊缝的管材样品进行冷却并用落锤冲击。检查裂缝的大小和性质。

DWTT：落锤试验

塑性—脆性过渡温度：在夏比"V"形槽试件断裂表面脆性断裂量超过塑性断裂量时的温度。

韧性铁：一种具有高碳含量的铸铁材料，内部的自由碳呈球形而不是絮状。与灰铸铁相比，韧性铁有很高的抗拉和耐冲击性能。

延展性：金属维持高度塑性变形且不断裂的能力。

电化电池：也叫原电池、电解池或伏特电池。一种能将化学能转换为电能的金属联合装置。水溶液中的腐蚀就是由电化电池机理产生的。

电化学当量：假设腐蚀效率为100%时，单位数量的电能所对应的某种元素或合金的重量，常用单位为克/库仑。

电极：通常指阳极或阴极。

电极电位：电极相对于参比电极的电位。国际上的参比电极（电压为0）是标准氢电极（SHE）。金属和合金的相对电极电位组成了电位序。

电动闪光焊接管：电动闪光焊是利用电流加热接合面，然后通过挤压形成纵向对接焊缝，具有这种焊缝的管子称为电动闪光焊接管。焊接区域有金属被挤出，目前多用于环向焊缝焊接。

电熔焊管：管道具有人工或自动电弧焊制成的纵向对接焊缝。该焊缝可能是单面或双面的，可能添加一种填充金属或不添加填充金属。

电阻焊（ERW）管：具有对接焊缝的管子，这种对接焊缝是通过电流流经管子加热对接区域然后对该区域加压而制成的。

电解质：一种溶液，在该溶液中电流的传导是以溶解的阴离子和阳离子为运输载体的。

电动势（EMF）序列：按照元素的标准电极电势将其排序；一种类似电势序的序列。

端面晶粒腐蚀：一种发生在不同耐腐蚀性金相学结构分层明显的材料中的腐蚀形式。当整个管壁截面均裸露在外时，管道钢材易发生端面晶粒腐蚀。这种形式的腐蚀会导致敏感钢材的表面点蚀。

疲劳极限：在疲劳试验中，应力交变循环大至无限次而试样仍不破损时的最大应力。在海水中，钢材达不到原有的疲劳极限，但如果提供足够的阴极保护，仍可恢复该极限。

环境：研究对象周围的条件，包括：物理、化学和机械方面。

环境龟裂：当腐蚀因素为化学环境时，通常表现为塑性材料的脆性破裂。与管线有关的术语有：腐蚀疲劳、氢爆皮、氢脆、氢致开裂、应力腐蚀开裂和硫化物应力开裂。

环氧树脂：含有环氧化学基团的树脂的通称：环氧酯、胺固化环氧树脂和环氧塑料。

平衡电位：一个未极化的可逆电极的电位。

埃里克森试验：一种杯突实验，在实验中将一块金属片固定住，然后用一个球形冲头使其中心变形，直到发生断裂，断裂前的变形程度是延展性的量度。

侵蚀：移动流体的研磨作用对金属或其他材料造成的破坏，通常流体中悬浮的固体微粒或固体物质会加速破坏。如果同时出现腐蚀，常称为侵蚀腐蚀。

侵蚀腐蚀：移动流体的研磨作用对金属或其他材料造成的加重破坏。流体的剪切力作用破坏了材料表面的保护层。也叫做流动强化腐蚀。

ERW：电阻焊接（见第 5 章）。

剥离腐蚀：发生在与表面平行的区域内的一种局部表面下腐蚀，导致未被腐蚀的薄层像书页一样。在管线中，这种腐蚀与端面晶粒腐蚀有关。

曝露线路：指管线在海底上突出。

疲劳：在重复的或波动的应力作用下导致断裂的现象，该应力的最大值低于材料抗拉强度。疲劳断裂是渐进的，从一个微小的裂纹开始，在波动的应力作用下扩展。立管和管线悬跨中可能发生疲劳。

疲劳强度：一种材料在规定次数的交变载荷作用下而不破坏的最大应力。

FBE：熔结环氧树脂，一种用于管线的薄涂层，使用时将 FBE 粉末涂抹于预热过的管线上。常用于卷管或管束中的内管。

铁素体：体心立方体铁中的一种或多种元素的固溶体。通常会假定溶质为碳，除非另有指定，例如铬铁素体。在某些平衡图中，有两个铁素体区，中间被奥氏体区隔开：较低的区域为 α 铁素体，而较高的区域为 δ 铁素体；人们通常说的是 α 铁素体。

丝状腐蚀：发生在一些薄膜涂层下面的腐蚀，其形式为随机分布的丝状线。

流水作业线：铺管驳船铺管时的辊筒线，管子在上面移动并通过一系列焊接台。

积垢：沉淀物的积累。

断裂力学：对于在压力作用下的破裂体的破裂行为的研究，包括所施加的力、破裂长度以及几何条件。

炉用搭焊管：具有在锻焊工艺中形成的纵向焊缝的管子。锻焊是将管子加热到焊接温度，然后将管子放在心轴和滚轴之间，挤压焊接区域，使重叠的边缘结合。

电蚀阳极：也称为牺牲阳极，是一种铸造金属，在合适的电解液中时能提供电流来保护在电化序中惰性更强的金属制成的金属结构。

原电池电流：一对电偶中的两种不相近金属或合金之间的电流。电流量与不同金属间的电压差和它们的面积比有关。

电势序：按照给定环境中金属和合金的电化学或腐蚀电压将它们排序。

镀锌：采用熔融锌浴方式给铁或钢加涂层。有时这个词被误用来描述通过电镀在钢上加的锌涂层。

闸阀：一种依靠密封面的变形来实现全开或全关的阀门。

均匀腐蚀：一种几乎均匀分布在表面上的腐蚀形式。调查显示均匀腐蚀形式占所有腐蚀的 30%，但在管线中通常观察不到。

截止阀：一种通过阀瓣来密封球形阀体中的流量孔板的阀门，阀瓣是由阀杆推动进入孔板阀座的。

石墨化：发生在灰口铸铁中的一种去合金化过程，该过程中铁被腐蚀，剩下一种含有石墨基体的腐蚀产物。如果不用喷砂处理将柔软的石墨化材料除去，就看不出金属已经被腐蚀了。石墨化常以材料局部夹杂的形式出现，可能发生在供水系统管线和铸铁阀门铸件中。

沟槽状腐蚀：台面腐蚀的一种变形。确定台面腐蚀发生可能性的一种测试。

地床：为保护目标提供阴极保护电流通道的掩埋的阳极阵列；通常是用于陆上外加电流 CP 系统的术语。

半电池：一种具有一个电化电池的直接环境的电极。

硬度：表面被硬物（通常是球体或棱锥）挤压时的变形的量度。管道工程中采用铬氏硬度、维氏硬度和布氏硬度。硬度与抗拉强度有关，并且硬度测试是一种无损检测方法。

HAZ：热影响区（详见第 5 章）。

装炉量：单炉一次熔炼可以生产的金属量。不同炉的金属成分不同，通常对每个炉进行检测，以保证金属的机械性能。

熔炼分析：对单炉材料进行的化学分析。

热影响区（HAZ）：基体金属的一部分，在焊接过程中没有被熔化，但是材料的微观结构和机械性能都被焊接过程产生的热量改变了。

漏铁点：涂层中的将金属表面暴露在环境中的坑洞或裂缝。

环向应力：管道中流体的压力导致在管壁上产生的周向应力。

带压开孔：一种对运行中的带压管道进行连接的工艺。

氢鼓泡：由于氢原子在低强度（通常）合金中的非金属杂质上聚集并形成氢气分子而形成的金属内部空洞，可能导致表面突起。

氢电极：一种铂电极，在电极表面氢离子（H^+）和氢原子间达到平衡。在某些给定条件下，这种电极的电位被定为 0.00V，这一标准氢电极作为其他电位的参比电位。

氢脆化：由于吸收氢气而导致的金属延展性降低的情况。脆化可能导致金属在低于屈服应力的应力下发生断裂。

氢致开裂（HIC）：一种氢鼓泡，由管道径向的阶梯状裂缝导致鼓泡内部的环向鼓泡连接在一起，可能损坏材料的完整性。鼓泡发生在埋弧焊管子或 U-O-E 管子的管壁中心和无缝钢管的内表面上。也可称为棉状开裂、氢压力诱导开裂和阶式破裂（SWC），发生在酸性环境中运行的管道中。

氢应力开裂：在高强度合金中发生的应力和吸氢联合作用的结果。氢气可能来自于酸性环境和过度阴极保护，但也有海水中的腐蚀导致氢应力开裂的情况。

ID：内径。

缺陷：通过可靠的检查技术能检测到的材料中可以辨认的不规则性。

冲击腐蚀：与被气泡加速的液体湍流相关的腐蚀。

免疫：指金属或环境的不腐蚀条件，通常用于描述一种金属或合金在其中不会发生腐蚀的环境条件或电位范围；E-pH 图中的一个区域。

外加电流：由阴极保护系统的电极系统外接的电源装置提供的直流电。

杂质：金属中的一种非金属相。例如：氧化物、硫化物（硫化锰）和硅酸盐。

抑制剂：由一种或几种化学物质组成，在合适的浓度下可以防止或减少某种环境中的某种化学或物理反应，但不与环境中的成分发生反应。需要使用抑制剂的典型反应是腐蚀、结垢和结蜡。阳极抑制剂是一些能够减慢阳极反应的物质；把阴极抑制剂加入阴极区域可以减缓阴极反应。多数管道抑制剂都是含有胺或其他表面活性团的有机材料，阴极和阳极区域都要添加抑制剂。

抑制剂可用性：是指在一年中抑制剂处理效率达到最高水平的时间比例；用于确定腐蚀裕量。

抑制剂效率：因抑制剂而减少的腐蚀百分比。

交互电流腐蚀：也称干扰或杂散电流腐蚀；来自其他结构的杂散电流导致的某一金属结构的腐蚀。电流可能来自阴极保护系统或其他直流电源，例如外加电源、焊接设备。

干扰电流腐蚀：也称为交互或杂散电流腐蚀。

晶间腐蚀：在金属或合金的晶粒边界处或附近出现的优先腐蚀。某些应力腐蚀过程属于晶间腐蚀。

离子：带有电荷的原子或原子团。参见阴离子和阳离子。

隔离接缝：在管段之间制造的可以阻止电流的接缝。用于隔离阴极保护系统。

"J"形铺管法：一种铺管船铺管的方法，铺管时管道呈字母"J"的形式。（见图 12.5）

J 管：设计并安装在平台上的弯曲导管，用以支撑和控制一个或多个管道立管、供送管或电缆。

接头：两个管段之间的连接或是要连接到其他管段上形成管道的一段管子。

K_{ISCC}：对于给定环境下的一块指定金属或合金，可以观察到应力腐蚀开裂时的最低应力强度。其单位是应力单位与长度单位平方根的乘积：kis $(in)^{0.5}$ 或 $MNm^{-3/2}$。

刀口腐蚀：在焊缝附近的合金上发生的晶间腐蚀，常见于敏感的不锈钢，但也发生在微氧水中的碳钢上。

兰氏指数：采用预测天然水体中发生碳酸钙结垢的可能性的结垢指数值。但在海水中用处有限。

铺管船：采用锚定定位或动态定位的用于铺管的驳船。

管长：钢管厂出厂的一段钢管。这段钢管被称为一个管长，并非实际尺寸；也常被称为一个管节。

下卸点：在铺管船铺管过程中，管道离开船尾托管架的点。

局部侵蚀：指腐蚀的普通形式，发生时金属表面的某一区域成为明显的阳极，而另一区域则是明显的阴极，导致阳极区域内不连续的材料损失。

长线电流腐蚀：由长线电流导致的腐蚀。当管道经过不同类型的土壤区域（例如黏土和沙土）时，焊接的管道上会出现长线电流；有时也会因为沉积物的低电阻率而出现在海底管道中。

LRFD：荷载和抗力系数设计。

心轴：一根金属棒，用于将某种金属铸造、浇铸、压弯或锻造成预定形状的模具。

MAOP：最大允许操作压力；管道可承受的最大操作压力。MAOP 可能由相关规范或设计标准来限制。MOP 是指在正常运行时一年中实际发生的最大操作压力，通常由运营公司设定。

马氏体：与管道有关，是从奥氏体到铁素体的转换过程中形成的亚稳相；马氏体是铁内填隙的过饱和固溶碳。其微观结构具有针状特征。马氏体结构是传统的淬火和回火钢具有相应硬度和强度的原因。

硫醇：包含具有特殊气味的硫基的有机物。在一定的温度条件下硫醇会分解释放出硫化氢，并且在评估是否需要遵守 NACE MR-0175 标准时，常常将硫醇包含在总的硫化氢浓度中。

台面腐蚀：这种腐蚀会在管道表面上留下一些相对未受腐蚀的部分，但在连接处却表现出严重的点蚀（像美国西南部部分区域的峡谷和台面地形）。

氧化皮：在热加工或热处理过程中在金属表面形成的重氧化层。在钢上它是有磁性的，并且在本质上为层状。加涂层前必须除去氧化皮，而且对于天然气和水管道以及在腐蚀性环境中的原油管道，通常还需除去管道内部的氧化皮。

密耳：1/1000in；表示腐蚀速率，mil/a，可以代替 mm/a。

混合电位：在一块金属表面上同时发生的两个或多个电化学反应所产生的电位。

整体接头：一段电绝缘接头，其中绝缘材料置于一小段互锁管道内。用于隔离阴极保护系统。

泥线：又称泥带，大陆架地区粉砂及黏土和砾及砂级物质沉积区之间的界线，不一定与实际的泥有关。

针阀：指在流量孔板内通过移动尖塞或针来控制流量的小阀门。

能斯托方程：该方程通过电池中的反应物和生成物的活动来描述电池的电动势（伏特）。能斯托层是扩散层，定义为 $d=nFD \cdot DC/i$，其中 n 是化合价，F 是法拉第常数，D 是扩散系数，DC 是表面浓度和容积浓度之差，i 是扩散极限电流密度。

贵：电化学势的正方向。这个词曾被用于描述正常环境下的耐腐蚀金属，例如金、铂和银。贵电势比标准氢电势具有更强的阴极性。

公称管壁厚度：指由最大环向应力公式计算出的管道壁厚。在某些情况下可以根据这个壁厚采购管道，而不需要增加余量来补偿规范中允许的厚度负公差。

无损检测：指在检测过程中被测试元件没有被破坏，仍能继续使用的检测方法。

正火：该过程是将钢铁温度加热到转变范围以上而产生奥氏体，并将钢铁温度维持一段时间，然后在静止的空气中将钢铁冷却到较低的温度，从而允许重结晶和回火。正火工艺是对管道钢材的最低要求，该工艺能够均衡钢材的冶金变化，从而使钢材的性质均匀。

OD：外径，有时表示为 NOD，公称外径。

开路电势：当没有电流流入或流出电极时，依据参比电极测得的电极电势，通常用于在采用阴极保护之前来定义阳极电势或耐腐蚀合金的电势。

拱弯区：指纵剖面图中向上凸的管段，像一个倒转的字母"U"；在铺管船铺设管道过程中船尾托管架上的管段。

氧化作用：在化学反应中因结合而发生的电子损失；在腐蚀中发生在阴极；也指金属和氧气在高温下发生的反应。

钝化：(1) 在潜在腐蚀环境中以低腐蚀率为特征的金属表面状态（例如金属上强烈氧化的区域）。钝化通常是由于形成薄且牢固的氧化膜而发生的，这种膜往往是肉眼看不见的。(2) 用于描述由于表面的不反应层而不再活跃的牺牲阳极。

钝态：钝化的状态。

钝化—活化电池：一种腐蚀电池，当电池中同一块金属上有些区域是活跃的而其他区域是钝化的时，金属上的开路电势导致电势差，通常发生在依靠金属表面形成的钝化膜来得到耐腐蚀性的耐腐蚀合金上。

钝化作用：由于钝化膜的形成导致腐蚀速率降低的现象。

pH：氢离子活度的量度，定义为 $pH=\lg(1/a_H)$，其中 a_H 为氢离子活度，等于氢离子的浓度乘以平均离子活度系数。

清管器：指像活塞一样的设备，被驱动穿过管道以清理管线、隔开不同的流体或是携带传感器以测量腐蚀、管壁缺陷或管道位置。

点蚀：发生在金属表面的一种腐蚀，仅在一点或小面积内形成坑洞。碳钢上的点蚀趋近于半球形，而耐腐蚀材料上的点蚀可能具有相反的深度—面积比。

点蚀系数：腐蚀产生的最深坑洞的深度与重量减少量计算出的平均渗透率之比。

极化：电极表面发生反应导致电极电势的变化，阳极极化是电势朝着正的方向偏移，阴极极化是电势朝着负的方向偏移。

极化曲线：某一特定电极—电解质组合的电流密度与电化学势关系图。通常用对数值来表示电流密度。曲线的形状提供有关腐蚀过程和腐蚀速率的特点以及抑制剂如何发挥作用的信息。

极化电阻：在有限的一段极化曲线上电流和电势变化量之比。它也可用于描述一种测量腐蚀的方法：LPRM 代表线性极化电阻测量值。

电势：也称作电极电势。电极—溶液界面上的电势差是参照另一个标准参比电极来定义的。

电势 –pH 图：一种用于表示特定电解液中某一金属的电势和电解液 pH 值间的函数关系的示意图，示意图包括免疫、腐蚀和钝化区域；也以其发明者命名为布拜图。

动电位法：一种腐蚀测量技术，其中金属或合金的电势连续改变，并测量所产生的电流密度，从而得到动电位极化曲线。

稳压器：一种可以测量动态电位的电子装置。该装置具有一个参比电极反馈回路，可以改变电流来保持电势。

膏状物影响：腐蚀性化学成分在碎屑或其他材料下集中，在金属底材上形成包覆层。管道内存在膏状物会降低腐蚀抑制剂的作用。

析出硬化：过饱和固溶体中的组分析出造成的硬化。

底漆：涂于表面的第一层漆皮。通常具有良好的黏结效果和表面湿润特性，而且可能含有抑制性颜料。对管道来说，底漆通常用于保证添加主涂层前的管道表面质量。

纵断面：因喷砂而造成的表面粗糙特征。

氧化还原电势：在铂表面测得的电化学势，表示可逆氧化还原反应的平衡电极电势。该电势用于评估差异充气电池和微生物腐蚀发生的风险。低氧化还原电势表示还原环境，例如厌氧环境或硫化物环境。

参比电极：有时被称为标准电极。电位已知且具有可重现性的半电池，可以用参比电极测量未知电极电势。在引用电势时必须说明参比电极。常用的参比电极是铜—硫酸铜、银—氯化银、甘汞（水银—氯化亚汞）和纯锌。

树脂：一种或多种塑料或聚合物，用于黏结涂层。典型的树脂有：醇酸树脂、乙烯树脂、酯树脂和环氧树脂。

立管：从海底延伸至平台的管段。

洛氏硬度：在特定载荷下将直径一定的角锥体压入材料表面，测量材料硬度的试验。测试的结果用洛氏硬度 X 来表示，不同试验可以得到不同的 X，其值取决于试验的载荷和角锥体的尺寸，洛氏硬度广泛应用于北美。通过与 ASTM E140 和 BS 860 对比发现 C 标准最适合管线钢材，并且与维氏硬度相关。当维氏硬度值（VHN）在 250~450 范围内时两种硬度之间的近似关系如下：

ASTM E140：

$$HRC=39.97\ln(VHN)-183.85$$

BS 860：

$$HRC=38.163\ln(VHN)-172.19$$

ROV：遥控潜水器。同自主式水下航行器（AUV）相比，遥控潜水器是通过控制电缆与母船相连的小型无人操纵潜水艇。

锈：铁的腐蚀产物，但也可能是其他金属和合金上的腐蚀产物。锈可以是二价铁或三价铁的氢氧化物或氧化物。颜色介于白色到绿色、棕色和红色之间，取决于产物和混合物的性质。

牺牲阳极保护：通过与活性较强的材料连接形成原电池来减少金属的腐蚀。在阴极保护中，牺牲阳极保护将牺牲合金（镁锌或者铝合金）与埋地结构或水下结构连接起来。也指牺牲涂层，如镀锌。

垂弯：垂直剖面上向下凸的管道，形如字母"U"（见图 12.2）。

SAW：埋弧焊（见第五章）。

氧化皮：金属高温氧化过程中形成的可见的厚氧化物（或硫化物）膜。

SCE：饱和甘汞电极。一种由汞合金、氯化汞盐和氯化钾溶液组成的标准参比电极，所用的是浓度为 1mol/L、0.1mol/L 或饱和的氯化钾溶液。SCE 用于测量实验室和海水中的电极电势。SCE 的电势范围为 +241~334mV SHE（标准氢电极），其温度系数为 0.22~0.59 mV/℃，该系数大小取决于溶液浓度。

光敏处理：也叫敏化作用。一种热处理，可能是偶然或意外（焊接时）发生的，会引起晶粒边界上的碳化物沉淀，并可能使耐腐蚀合金在敏化区域丧失耐腐蚀性；还会导致受影响区发生应力腐蚀开裂。

SHE：标准氢电极。国际参比电极，在 1 个大气压和 25℃ 的环境中，将一铂黑电极插入浓度为 1mol/L 的 H_2SO_4 溶液中，溶液中氢气达到饱和。HSE 电位被定义为 0，其温度系数为 0.67 mV/℃。具有正电位的金属和合金有时被称为贵金属，而带有负电位的金属和合金则被称为贱金属。

SI：国际单位制。国际公认的公制单位体制。（见附录 C）

银—氯化银电极：一种参比电极，将涂有氯化银的银线浸入氯化钾溶液和海水中，构成电极；通常简写为 SSCE。这是最常用于海上阴极保护系统评估的电极，其电势为 +242mV 或 288mV，其温度系数为 0.22 mV/℃，这取决于溶液浓度。

σ 相：高温下在铁镍铬合金中形成的极其脆弱的铁铬相。

六点钟腐蚀：管道横截面最低点处的内部腐蚀。

"S"形铺管法：一种铺管船铺管法，铺管时管道呈字母"S"形。

滑动：涉及晶体界面的剪切运动的变形过程。

缓慢应变率测试：一种评估材料对应力腐蚀开裂的敏感性的实验技术。在实验环境下，材料样品在单轴张力下发生应变失效。失效后破裂面作为应力腐蚀开裂的检验证据。

固溶热处理：将合金加热至适当的温度并保持，使一个或者多个组分进入到固溶体中，然后迅速冷却以保持溶液中的组分。

剥落：表面涂层的破碎或断裂；通常用来描述混凝土保护层的失效。

悬空：部分未与海床接触的管段。

浪溅区：由于潮汐和波浪的作用，平台或立管交替地进出海水中的区域，不包括仅在发生大风暴时被浸湿的区域。

SRB：硫酸盐还原细菌。

SSCE：银—氯化银电极。

托管架：在铺设期间，隶属于铺管船的支撑管道的刚性或铰接结构（见图 12.2）。

应变硬化：持续的塑性应变导致屈服应力的增加，与加工硬化有关。

杂散电流腐蚀：直流电沿着预期以外的路径流动造成的腐蚀；是由直流电源系统，例如焊接设备或阴极保护系统导致的，发生在阴极保护系统中时，可以称其为干扰腐蚀。

应力腐蚀开裂（SCC）：应力和腐蚀环境的应力作用导致金属开裂。应力可能是残留的、附加的或是两者共同作用的结果。还可能影响奥氏体耐蚀合金。

硫酸盐还原菌（SRB）：一种革兰氏阴性的厌氧细菌，利用硫酸根离子中的氧使有机材料氧化，因此产生大量的硫化物和硫化氢。SRB 在缺氧的偏中性土壤和水中会引起钢铁材料的局部迅速腐蚀（见第 7 章）。

硫化物应力开裂（SSC）：在水和硫化氢的环境下应力作用导致材料的脆性失效。此应力可能是残余的、附加的或是两者共同作用的结果。SSC 通常被称为硫化物应力腐蚀开裂。

浸水带：结构和立管上，从浪溅区向下延伸的区域，包括泥线下的所有管段。

塔菲尔斜率：极化曲线中的直线部分，这条曲线用对数表示电流与电势间的关系。外推剩余电势的斜率可以得出腐蚀速率。电势变化与电流的关系式为：$h=\pm\log(i/i_0)$，其中 i 和 i_0 是和金属环境有关的常数，i 是电流密度。

张紧器：在铺管船铺管过程中，履带或齿轮装置对管道施加张力以控制拱弯区的曲率。

热塑材料：一种在加热时能反复变软，冷却时能反复变硬的塑料或涂料。煤焦油和沥青瓷漆就是热塑涂料。

热固化：材料在加热与压力、催化或紫外线的作用下经过化学反应变成相对难溶的状态。通常涉及材料的交联。

电镀能力：电极与物体之间可以影响该物体电势的距离。通常受电镀路径和阴极保护的限制。

中间涂料：一种专用的中间涂层，在底层涂料和表面涂料间，以克服底层涂料和表面涂料的不相容性或应用的问题。通常指聚乙烯黏合剂和聚丙烯涂料中的黏合剂。

TOL 腐蚀：管道顶部的腐蚀；管道横截面最高点的内部腐蚀。

触地点（着地点）：采用铺管船铺设管道过程中管道与海床的接触点。

过钝化：电极的电流密度比钝态电流密度强的电势区域，与抗蚀合金的状态有关。

腐蚀瘤：在金属表面形成的类似中空土丘的局部腐蚀产物。通常用于描述水管道中的生物作用所形成的腐蚀产物。

膜下腐蚀：有机薄膜下产生的腐蚀，术语称为丝状腐蚀；也指尽管采取了阴极保护措施，仍发生在完好的涂层下的腐蚀。

氨基甲酸乙酯：一种化学的固化层，通常是以乙烯、乙烯基丙烯酸或丙烯酸为基础，在异氰酸酯转换器中反应，形成的有韧性、坚固光滑的涂层，通常用作表面涂层。

U/S：超声波测试。利用高频声波来评估管道材质和焊缝的完整性。

维氏硬度（VHN）：通过在规定的外加载荷下将坚硬的角锥体压入材料表面来测试材料的硬度。测试的结果用维氏硬度指数 X 来表示，X 表示外加的载荷，其数值通过外加载荷除以压痕的对角线获得。VHN 在欧洲应用广泛。在酸性介质中，碳钢的临界硬度是 248VHN，相当于洛氏硬度 22。

空穴：有机涂层和无机涂层的表面缺陷；铸造物和焊缝的收缩缺陷；有时用于描述金属承受过应变时的真空度。

涡流感应震动（VIV）：通过涡流脱落感应在立管和悬空上产生的震动。

磨耗增强板：在装置或平台上的损耗部件，通常在溅水区，以防止由于高速水流、冰或沙的运动产生的预计外的腐蚀和侵蚀。

焊缝腐蚀：指在焊缝上的晶间腐蚀，通常是在 HAZ 的敏化不锈钢管上观察到。但也能在微好氧海水中的碳钢上观测到。

X 射线：通过评估在 X 射线强度下底片曝光的程度来评估焊缝强度的方法。

附录 B 规范和标准

B.1 背景

为什么会有这些准则？它们从何而来？

可以从多个方面来追溯规范的历史。古罗马的工程师制定了关于输水管和道路等建筑物的比例规范。中世纪的工匠总结了关于拱形和拱顶的规范，不是由结构力学而是从不断的建造和倒塌中积累得到的。近代的规范要追溯到 19 世纪第 3 个 25 年。当时，铁路桥等基础设施迅速扩大，工业迅速发展，主要在蒸汽机和船舶方面。同时产生的还有大量的事故。Gies 在一本关于桥梁的书中称，在 19 世纪 70 年代美国每年都有 40 座桥梁坍塌。有 1/4 的桥梁都坍塌了。其中有一些事故令人印象深刻，如美国阿什塔比拉桥的坍塌事故中有 80 人死亡，还有英国泰桥事故。

泰桥是由一位优秀的工程师所设计的，但他大大地低估了风力载荷的影响，并且使用了易碎铸件作为垫片。阿什塔比拉桥是由一位设计经验有限的铁路管理人员设计的。美国土木工程师协会（ASCE）指出阿什塔比拉桥的构造违反了该协会很多常规作法，同时还提出了一个问题，就是工程师要如何知道标准惯例应该是什么样的。将能够满足标准惯例要求的规则都以正规的方式记录，作为保证人们安全的最低要求。但仍然存在这样的事实，就是一个设计可能已经满足了规范的要求，但依然是一个失败的设计：例如存在不必要的浪费、不安全、对环境造成破坏或者外形丑陋。在今天依然如此。

由谁来编写这些规范？这个问题的答案是复杂多变的。承担此重任的国内外权威机构是有名望且制度完善的委员会。通常这些委员会将初级编写任务分包给某一位或多位咨询顾问，编写草稿，再将其送到相关的工业机构进行评审。可能需要多轮复审批准认证，但最终由委员会发布规范。发布后几乎立刻就会有人抱怨和反对，并且在几年后会对其进行修正。但这一过程远不够完善。

不同国家有不同的规范，为了得到更多的注意力他们通过一种与科学交流有着奇特相似之处的方式来相互竞争。例如在欧洲，过去有很多管道规范。在英国成立了石油学会，它是非常古老的并且反映了 50 年前的观念。大约在 25 年前近海工业有了新发展，这是由挪威船级社领导的。DNV 起初就是一个船级社。它编制了 1981 年的规范，当时对信息的搜集不够严谨，但它是对挪威新工业合理的直接需求的适当反映。接着又产生了 1996 年规范，其中一部分是建立在对可靠性理论深入研究的基础上。不久之后产生了 2000 年规范，它在很多方面都有飞速的进步，是可用的最高级的规范。在本书编写时，新的规范即将出台。

其他国家一直沿用这部规范。荷兰人做了一些杰出的工作，但并没有将它提升（并且在很长一段时间内没有对其进行翻译），所以他们的 NEN3650 一直不被其他国家所知。德国人编制了劳埃德船级社规范，但在一段时间内也没有翻译。英国重新编写了 BS 8010。美国有 3 个规范，其中包括相对新的 API RP 1111，它反映了极限状态设计的概念，还有完全不同的加拿大规范。同时还有国际标准化组织（ISO）规范，ISO 13623，以及欧洲规范。当然规范越少越好，理想的情况是只有一个规范并且每个人都接受和使用该规范，这样所有的关注和研究发展都会集中在它上面。没有任何理由不支持这样的规范，但是不要期望它在不久的将来就能实现。因为民族主义和非自主发明有很大的阻碍作用。

规范是一种不完善且不可靠的人类产物。它们会有错误和不一致性，并且有时会成为特殊利益的牺牲品。英国石油公司有一位很有才华的首席冶金专家哈里·科顿，很不幸他已经去世了，他因在管道设计之前飞往日本为阿拉斯加管道购买 600mile 长的 48in 管道而闻名。哈里曾说过，"当你考虑规范时，对管道的最低要求就是它要是最好的，而且只能由极少数能代表规范委员会的工厂来生产"。

错误不可避免，在最初版本的 BS 8010 第三部分中，在起初无应力厚壁圆柱上施加内压 p_i 和外压 p_o 时的最大环向应力如下所示，其中 D_i 是内径、D_o 是外径。

$$S_H = (p_i - p_o) \frac{D_o^2 + D_i^2}{D_o^2 - D_i^2} \tag{B.1}$$

这是适用于厚壁圆筒的拉梅公式，比不同版本的巴劳公式更精确。可以很容易看出这个公式一定是错的，在公式中如果 p_i 和 p_o 相等则应力为零。但在这种情况下，应力是一直压缩的，应该等于 $-p_o$。正确的公式应该如下：

$$S_H = (p_i - p_o) \frac{D_o^2 + D_i^2}{D_o^2 - D_i^2} - p_o \tag{B.2}$$

同样的，同一个规范中在剪切应力的公式错误地加入了系数 1000，导致每一个分力都比它本来大 1000 倍。

人们需要用批判的眼光来看待规范。但另一种极端的做法是迅速地得出结论，以至于规范中存在一些原因不明的条款，这一做法并不明智。实际上它可能反映了一些可靠的经验，可能这些经验不能用数字量化但仍需要重视。

B.2 可用规范的基本原理

有一些规范设立的目标比较通用，即在合理的情况下部分失效的概率尽可能低（ALARP），这回避了太多的问题以至于没有任何作用。还有一些规范更正式并在设计上加强了量化限制，例如要求由给定公式计算出的环向应力小于指定的最小屈服应力乘以指定系数。现代安全趋势是面向目标而不是面向规定。通常规范是面向设计的一些方面，但目标的设定是针对其他方面的。关于规范应该是什么样的这一问题不同的国家有不同的见解，但这仍然是一个具有争议的问题，就像工业在逐渐缓慢地朝着普遍的国际认可的规范发展。

工程师们被反复告知不能像使用说明书一样使用规范。但工程师们仍然将规范看成说明书。也许有人认为像编写说明书一样详细地编写规范更好些，其中每个关键部分都有精确的描述，这样做能使规范更容易使用，使设计的检查更容易，也有助于消除错误。在一篇单独的论文中有关于这一问题的介绍,其中还有关于如何重新编写现有规范的例子。在规范委员会准备采用该方法前仍然有很多工作要做。

B.3 极限状态概念的影响

早期的规范适用于许用应力方法。例如,许多规范将最大操作压力下的环向应力限定为指定的最小屈服应力的 0.72 倍。这一数字是在能产生相当于指定屈服极限 0.9 倍的环向应力作用下进行压力测试得到的。因此,在测试压力和最大操作压力之间要求使用 1.25 的安全系数是合理的。1.25 这一安全系数不是依据数值计算得出来的,而是根据判断和经验得到的。尽管这个安全系数比结构工程其他领域中采用的安全系数低一些,但我们没有理由怀疑它。与被风、波浪、交通工具等更多变且更难控制的载荷所加载的结构相比,额定最大载荷以上的超负荷不易发生在受防超压保护的耐压系统中,而有人认为较低的安全系数是由上述事实来确定的。

结构工程明显背离了许用应力设计,而是趋向于基于极限状态的设计。极限状态是一种直接威胁到系统连续安全运行的状态。例如在钢架建筑中,超过最小屈服应力与指定系数的乘积时并不是极限状态,因为它不一定会威胁到连续运行。另一方面,局部塌陷是一种极限状态,因为它与连续运行不相容。极限状态的设计概念是将注意力集中在极限状态的安全系数的规定上,而不是在如特定的应力水平等间接条件上。同样以钢架建筑为例,一种极限状态是塌陷,现代的做法是计算极限载荷,并确定最大的外加载荷不大于极限载荷除以大于 1 的规定负荷系数。另一种极限状态是指过度接近破坏涂层或使用户感到不安的极限。存在一种共识是将偏离限制为有限的偏差除以一些反映各种不确定性的系数。在混凝建筑物和岩土力学的规范中也包含了同样的极限状态概念,而且有人认为岩土力学一直以极限状态为基础。在设计坡度或挡土墙时,要考虑的适当条件是针对塌陷的影响系数而不是应力。

以下是海底管道必须要考虑的极限状态:
(1) 承压能力;
(2) 局部屈曲;
(3) 大规模屈曲;
(4) 底部稳定性;
(5) 高周期和低周期的疲劳失效;
(6) 断裂;
(7) 过度椭圆化。

考虑到不同的极限状态,严格的极限状态的应用是按不同的速度发展的,而且并不总是一致的。

极限状态的设计,有时被较正式地称为载荷阻力系数设计 (LRFD),比许用应力设计更合理。如果能够消除与极限状态或实际安全无关的人为约束条件,那可能会产生经济效益。最好的例子就是消除了约束管道上纵向应力的人为限制。所有的规范对环向应力都有限制,但是传统的规范如 IP6,在等效的应力上施加了第二个条件,表示环向应力(总是拉力)和纵向应力(通常是压力)共同作用的合力,定义它是为了与屈服情况保持一致(通常为 von Mises 情况)。它成了在高温下例如在大于 180℉ 的特殊情况下管道的控制条件,这使得设计师不得不大大增加管道壁厚。的确,在非常的高温情况下,如大于 300℉ 温度的特殊情况下,就不可能设计一条管道满足规范中的条件。

在许用应变的设计中人们认为在轴向应力和环向应力的共同作用下达到屈服并不是它本身的一种屈服状态,也不会危害到管道的安全。在符合管道结构分析中的设定条件时,用塑性应力上较少的限制代替了等效应力上的限制。

关于这一观点的另一个争论是结构可靠性分析的影响,它试图通过测试载荷和强度的易变性来量化结构的安全性。在管道的应用中最确定且规模最大的就是基于海底管道可靠性(SUPERB)的设计准则,由 12 家公司参与的联合工业项目:康诺克、埃尔夫、EMC、埃克森(Exxon)、健康与安全执行局(英国)HSE (UK)、挪威阿吉普(Norsk Agip)、挪威海德鲁(Norsk Hydro)、NPD(挪威)、菲利普斯(Phillips)、壳牌、SNAM 以及挪威国家石油公司,总部设在挪威,它拥有包含管道尺寸和屈服应力的变异性的数据库。屈服应力数据库集合了来自 20 多个工程、钢管材质从 X60 到 X80 的 1000 多个数据点。管道壁厚数据库集合了来自 17 个工程以上的 1000 多个数据点。

可靠性分析应用中内在的困难是管道工程和其他土木工程建筑必须要有低失效概率的设计。失效与统计分布的极端情况,与异常的低强度和高载荷共同作用的情况有关。用任意的精度来确定极端情况需要超乎想象的且永远不可能获得的大量数据。一种避免该问题的方法是将大量的数据混合起来,而不是分别保证不同类型数据的统计可靠。以苹果和橘子为例,可能将不同果园的苹果、橘子、甜瓜还有蓝莓混合。为了公平起见,这里还应补充一点,并不是所有的研究者都持有这样极端的怀疑态度。

结构的可靠性分析有不同的级别。纯理论的极限状态设计是第一级。第二级是将统计数据加入决定性设计中,以此来选择安全裕量。大多数现代规范都受第一级的影响。DNV 1996 和 DNV 2000 得到进一步的发展,应用第二级思想,将在第 5 节中介绍。

B.4 风险

风险是概率和后果的乘积。就像经过一个窄且有弹性的板子,板子两端在 1m 高的沙堆上,当经过板子时有一定的掉落风险。但一旦掉下,后果可能是一个小问题,不会超过一个弯头的震动(除非同时带着贵重的瓷器)。想象一下在一条 100m 深的峡谷上经过同样的一块板子,出现跌落的概率是一样的,但是后果更严重,因此风险更高。人们在日常生活中每天都会多次运用到这一观点。

对失效后果严重的情况,例如危及人们生命、导致更恶劣的二次破坏或者引起污染,应采用更高的安全裕量,规范中使这一关于风险的概念形式化。DNV 2000 采用 3 种方式来描述风险:通过对管道中的不同流体、不同地点以及短暂与持久的暴露来区分。与 ISO 13283 中的分级类似,可将流体分为 5 类:

(1) 等级 A:不易燃的水;
(2) 等级 B:室温常压下的易燃/有毒的液体(如石油、甲醇);

(3) 等级 C：室温常压下不易燃 / 无毒的气体（如氮气）；
(4) 等级 D：无毒天然气；
(5) 等级 E：易燃且有 / 无毒液体，常温常压下是气体，既能作为气体也能作为液体输送（例氢气、丙烷、天然气凝析液 NGL、氯气）。

地点可分为两类：
(1) 地点 1：无频繁的人类活动；
(2) 地点 2：在平台附近或人类活动频繁的区域，通过风险分析来决定范围或对平台取 500m 的范围。

500m 是一个传统的数据，而对于风险分析就存在争议。

将这些等级与安全等级结合起来，对应于较低的人身伤害和最小的环境危害的失效可采用低安全等级。中安全等级适用于当事故造成人身伤害、大量的环境污染或严重的经济政治后果时，这也适用于平台临近区域外的地区。高安全等级适用于当事故造成了严重的人身伤害、严重的环境污染或经济政治后果时，它适用于地点 2，因此也适用于近平台区域。这就再一次增大了讨论和解释的空间。

将地点和流体的分类与安全等级结合起来见表 B.1。

表 B.1 不同地点不同流体安全等级分类

相位	流体 A，C 地点 1	流体 A，C 地点 2	流体 B，D，E 地点 1	流体 B，D，E 地点 2
暂时的	低	低	低	低
持久的	低	中	中	高

因此，安全等级决定了计算中采用的安全系数。对高安全等级压力容器的阻力系数 γ_{SC} 取 1.308，对中安全等级取 1.138，对低安全等级取 1.046。系数取 4 位有效数字给人一种很科学很精确的误导，但通过使设计与已有的良好经验一致的校准过程可以使系数更精确。DNV 2000 明确指出它的目的并不是要改变历史安全等级，而校准中考虑到了这一情况。

现在并没有新的想法。例如，通常立管比远离平台的管道中使用的设计系数小。

极限状态可分为最大极限状态（ULS）和正常使用极限状态（SLS），最大极限状态考虑到了管道完整性，而正常使用极限状态是指管道不适用于正常操作的状态。ULS 的两个子集是疲劳极限状态（FLS）和事故载荷产生的事故极限状态（ALS）。它们可以通过下面方式（表 B.2）与能接受失效概率的目标和安全等级（SC）结合起来。

表 B.2 极限状态、安全等级和失效概率

极限状态	每条管道每年的失效概率		
	SC 低	SC 中	SC 高
SLS	10^{-2}	10^{-3}	10^{-3}
ULS，ALS，FLS	10^{-3}	10^{-4}	10^{-5}

ISO 13283 的第四章中描述的条件应该可以满足这些失效概率,但这些概率很低以至于不能用一种令人信服的方式来证明。

B.5 二级结构可靠性分析的影响

二级结构可靠性正在影响规范的发展。这一观点认为强度高度变化的材料与具有同样的名义强度但变化度低的材质相比,前者获得显著低强度的概率更高。通过某些方法可以识别。

OS-F101 在强度计算的特征强度的定义中应用了这个概念,正式定义为:

确定设计强度时所采用的材料强度名义值。特征强度通常以强度分布函数中定义的下侧分位数为基础。

规定的最小屈服力与极限强度更常用,特征强度和它们之间的关系为:

特征屈服强度

$$f_y = (SYMS - f_{y,temp}) \alpha_u \tag{B.3}$$

特征拉伸强度

$$f_u == (SYMS - f_{u,temp}) \alpha_u \alpha_A \tag{B.4}$$

其中 $f_{y,temp}$ 和 $f_{u,temp}$ 考虑到了温度降低,对耐腐蚀铬合金的反应温度是 20℃(68℉),对碳锰管道为 50℃(122℉),α_A 是各向异性系数,在轴向取 0.95,对其他方向取 1;α_u 是材料强度系数,通常是 0.96,它是识别之前提到的分布函数较低端参考值的方法之一。

但是如果材料满足补充要求 U 则 α_u 可以取 1,此补充要求中对易变性有着严格的要求。U 代表高利用率,海上规范 OS-F101 中提出了这些要求。测试制度要确保平均屈服强度至少高于规定最小屈服强度(SMYS)两倍标准差,极限强度最少高于规定最小拉应力强度(SMTS)3 倍标准偏差,在图 B.1 中总结了这些算法。

$$s = (测试强度) / (名义规定最小屈服强度)$$

$s=$测试强度/名义 SMYS

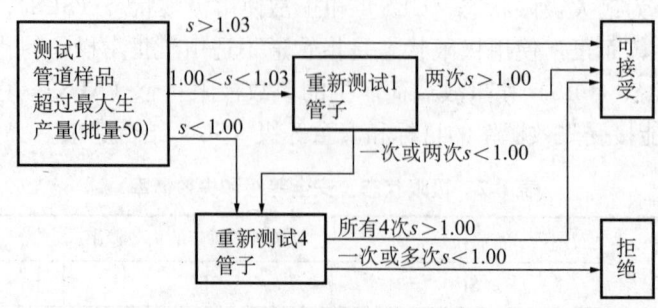

图 B.1 附加要求 U 的测试计划

OS-F101 方案中比 API 5L 的相应要求更加苛刻,例如,OS-F101 中很多管道通过某一等级的屈服应力测试的概率很大，但这些管子中可能有很大一部分的强度低于该等级的额定强度。管道工程师通常认为同等长度的 X65 管道的强度必须高于 65ksi（448.2MPa），但是实际上并不是这样的。

　　附加的因素是指一定长度的管道并没有单一的屈服应力，从同样的管道中取多个样品进行测试显示了高度的可变性。实际上可以认为管道之间的不同并不比一条管道上的可变性低。这将是以后要研究的问题。

参 考 文 献

1　Gies, J.（1963）. *Bridges and Men.* New York：Doubleday.
2　Ibid.
3　Palmer, A.C.（2007）. Pipeline Codes or Pipeline Cookbooks? *Journal of Pipeline Engineering*, 6, 69–74.
4　Ellinas, C.P., Walker, A.C, Palmer, A.C., and Howard, C.R.（1989）. Subsea Pipeline Cost Reductions Achieved Through the Use of Limit State and Reliability Methods. *Proceedings of the Offshore Pipeline Technology Seminar*, Amsterdam, IBC Technical Services, London.
5　Palmer, A.C（1996）. The Limits of Reliability Theory and the Reliability of Limit-State Theory Applied to Pipelines. *Proceedings of the 28th Annual Offshore Technology Conference*, Houston, 4, 619–626, OTC8218.
6　Palmer, A.C, Middleton, C, and Hogg, V.（2000）. The Tail Sensitivity Problem, Proof Testing, and Structural Reliability Theory: Structural Integrity in the 21st Century. *Proceedings*, 5th International Conference on Engineering Structural Integrity Assessment, Cambridge, UK, 435–442.
7　Offshore Standard OS –F101.（2000）. Submarine Pipeline Systems. Høvik, Norway：Det Norske Veritas. Table 2–1.
8　Offshore Standard OS –F101.（2000）. Submarine Pipeline Systems. Høvik, Norway：Det Norske Veritas. Table 2–2.
9　Offshore Standard OS –F101.（2000）. Submarine Pipeline Systems. Høvik, Norway：Det Norske Veritas. Table 2–4.
10　Palmer et al., The Tail Sensitivity Problem Table 5–5.
11　Offshore Standard OS–F101, section 1, C208.
12　Offshore Standard OS –F101, section 6, D500.
13　Offshore Standard OS –F101, section 6, D500.
14　Palmer, The Limits of Reliability Theory.
15　Palmer, The Limits of Reliability Theory.

附录C 单位

C.1 简介

在科技领域中的任何重要场合下，大部分都使用公制单位，目前普遍使用的是1961年在巴黎第十一届国际计量大会（the Eleventh General Conference of Weights and Measures）上批准的国际单位制（SI）。遗憾的是石油工业中只有一部分采用了国际单位制。这是因为美国工程师占了主要部分，特别是在早些年他们的语言和单位就被普遍采用。这种情况在美国可能还会持续很久，但从30多年以前其他英语国家都采用公制单位。石油工业中欧洲惯例在慢慢改变。工程计算使用国际单位制，但是体积和重量常常使用美国单位。更复杂的是，美国单位与同名称的英制单位有时并不一致。

混合的单位和关于单位的混淆通常是频繁出错的来源，有时会因此付出昂贵的代价。推荐的方式是在工程计算中最大限度地使用公制单位，或是在整个过程中选择美制单位，而不是将两者混合使用。但如果提供的输入数据的单位就是混合的，例如，体积用日产桶数而长度用千米来表示，直接的做法是转换这些输入数据，计算中全部采用公制单位或美制单位，并且在需要的情况下将输出的数据转换成其他单位。在另一本书中提到了单位转换的系统方法。

公制单位的一项优势是它们是严格的十进制，所以同样数量的不同单位之间总是相差10倍。还存在非十进制的倍数，例如12 [1ft（英尺）和1in（英寸）的比率]、2240 [1ton（英吨）和1lb（磅）的比率] 或2000 [1US ton（美吨）和1lb（磅）的比率]。最优因数是 10^3 的倍数：$1mm=10^{-3}m$，$1km=10^3 m$。一个好方法就是只采用与 10^3 有关的因数，以长度为例，测量应该用m（米）、km（千米）或mm（毫米），而不是cm（厘米）。但不是所有人都使用这种方法。

在管道直径（见C.2）、油气体积（见C.3）、力（见C.4）、压力（见C.5）、密度（见C.6）的描述中非公制单位可能持续很久。

C.2 长度

国际单位制测量长度的单位是m（米）、km（千米）和mm（毫米）。

管道直径通常用in（英寸）表示，1in精确等于25.4mm。需要注意的是公称管径，遗憾的是它的单位转换还不是很精确。公称直径10in的管道外径是273.05mm（10.75in），而不是254mm。

距离通常用mile（英里）来度量。1mile等于160934km。但是1n mile（海里）等于1.85318km。

C.3 体积

原油体积的计量单位通常是 bbl（桶）。1bbl 容积定义为 42USgal（美制加仑）[比 UKgal（英制加仑）略小]，为 $0.158987m^3$。随着温度和压力的变化体积会产生轻微的变化，标况为储罐的状态，60℉（15.56℃）和 1 个大气压（101.325kPa）。现在有这样一个趋势，尤其是在欧洲和苏联（FSU），倾向于改用公制体积单位或者以 t（吨）为质量单位。1t=1000kg，明显大于 2000lb（907.2kg）的美制吨，再次显示了它与英制单位 2240lb 的不同。

气体的测量单位是 ft^3（立方英尺），简写为 scf（有时发音为 scuff）。更高数量级为 Mscf（10^3ft^3）、MMscf（10^6ft^3）、Bcf（10^9ft^3）和 Tcf（$10^{12}ft^3$）。标况通常为 60℉（15.56℃）和 1 个大气压（101.325kPa），但有时候是 15℃和 1bar（100kPa）。这两种状况的差距非常小。公制计量单位是 m^3（标准立方米），对应于 0℃和 1bar 的正常状况，和标准条件的差别很小。

C.4 力

力的国际测量单位是 N（牛[顿]）、kN（千牛[顿]）和 MN（兆牛[顿]）。1N 相当于一个苹果的重量，恰当的说是接近 0.1kg。1kN 相当于一个重达 100kg 的人的重量。1MN 相当于一个 100000kg（100t）的火车机车的重量。一架波音 747 起飞所受的重力约为 3.5MN。

国际单位制的另一个好处是不变性。力的单位和质量单位产生了加速度的单位。1N 作用到 1kg 上产生了 $1m/s^2$ 的加速度。国际单位制中的重力加速度是 $9.80665m/s^2$，只在重力本身很大时才用于计算，并不是一个基于重量的力单位的转换因子。

1kgf（千克力）在 $9.80665m/s^2$ 的标准重力加速下是 9.80665N。1lb（0.45359273kg）在标准重力加速度 $9.80665m/s^2$ 下的重量是 4.4482N。

C.5 压力

压力的国际单位是 Pa（帕[斯卡]）。1Pa 是 $1N/m^2$，相当于 $0.00014504lbf/in^2$。由于 1Pa 的压力非常小，所以它的倍数 kPa 和 MPa 的使用更广泛：$1kPa=0.14504lbf/in^2$，$1MPa=145.04 lbf/in^2$。

在那些没有采用国际单位制的国家，有两个非国际单位制的压力公制单位 bar 和 kgf/cm^2 在广泛使用。1bar=100kPa=14.504psi（lbf/in^2）。$1kgf/cm^2$=98.0665kPa=14.22psi。

C.6 密度

密度的国际单位是 kg/m^3。$1kg/m^3$ 是 $0.06243lb/ft^3$。原油的密度经常用美国石油协会（API）比重指数来描述，定义为

$$API = \frac{141.5}{SG_{60}} - 131.5$$

其中 SG_{60} 是与 60 ℉（15.56℃）和一个大气压（101.325kPa）下的水有关的相对密度。用这个临时刻度是因为它在液体比重计上给出了一个线性的刻度。但因为重油的 API 度低，因此有潜在的困扰。大多数原油的 API 度范围是 20～45°API。

在 15.56℃时可以根据 API 度 A 来计算密度：

$$密度 = \left(\frac{141.5}{131.5+A}\right)999.01 \text{kg}/\text{m}^3 = \left(\frac{141.5}{131.5+A}\right)62.37 \text{lb/ft}^3$$

参 考 文 献

1　*Changing to the Metric System*：*Conversion Factors, Symbols and Definitions*. (1967). Her Majesty's Stationery Office.
2　Palmer, A.C. (2008). *Dimensional Analysis and Intelligent Experimentation*. Singapore：World Scientific.

国外油气勘探开发新进展丛书（一）

书号：3592
定价：56.00元

书号：3663
定价：120.00元

书号：3700
定价：110.00元

书号：3718
定价：145.00元

书号：3722
定价：90.00元

国外油气勘探开发新进展丛书（二）

书号：4217
定价：96.00元

书号：4226
定价：60.00元

书号：4352
定价：32.00元

书号：4334
定价：115.00元

书号：4297
定价：28.00元

国外油气勘探开发新进展丛书（三）

书号：4539
定价：120.00元

书号：4725
定价：88.00元

书号：4707
定价：60.00元

书号：4681
定价：48.00元

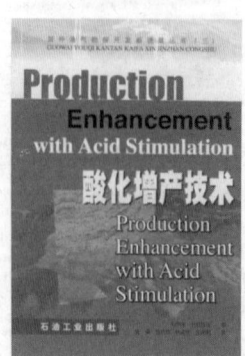

书号：4689
定价：50.00元

书号：4764
定价：78.00元

国外油气勘探开发新进展丛书（四）

书号：5554
定价：78.00元

书号：5429
定价：35.00元

书号：5599
定价：98.00元

书号：5702
定价：120.00元

书号：5676
定价：48.00元

书号：5750
定价：68.00元

国外油气勘探开发新进展丛书（五）

书号：6449
定价：52.00元

书号：5929
定价：70.00元

书号：6471
定价：128.00元

书号：6402
定价：96.00元

书号：6309
定价：185.00元

书号：6718
定价：150.00元

国外油气勘探开发新进展丛书（六）

书号：7055
定价：290.00元

书号：7000
定价：50.00元

书号：7035
定价：32.00元

书号：7075
定价：128.00元

书号：6966
定价：42.00元

书号：6967
定价：32.00元

国外油气勘探开发新进展丛书（七）

书号：7533
定价：65.00元

书号：7802
定价：110.00元

书号：7555
定价：60.00元

书号：7290
定价：98.00元

书号：7088
定价：120.00元

书号：7690
定价：93.00元

国外油气勘探开发新进展丛书（八）

书号：7446
定价：38.00元

书号：8065
定价：98.00元

书号：8356
定价：98.00元

书号：8092
定价：38.00元

书号：8804
定价：38.00元

国外油气勘探开发新进展丛书（九）

书号：8351
定价：68.00元

书号：8782
定价：180.00元

书号：8336
定价：80.00元

书号：8899
定价：150.00元

书号：9013
定价：160.00元

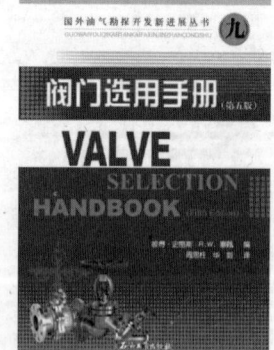

书号：7634
定价：65.00元